Teubner Studienbücher

Physik/Chemie

Becher/Böhm/Joos: **Eichtheorien der starken und elektroschwachen Wechselwirkung.** 2. Aufl. DM 36,–

Bourne/Kendall: **Vektoranalysis.** DM 23,80

Daniel: **Beschleuniger.** DM 25,80

Engelke: **Aufbau der Moleküle.** DM 36,–

Großer: **Einführung in die Teilchenoptik.** DM 21,80

Großmann: **Mathematischer Einführungskurs für die Physik.** 4. Aufl. DM 32,–

Heil/Kitzka: **Grundkurs Theoretische Mechanik.** DM 39,–

Heinloth: **Energie.** DM 38,–

Kamke/Krämer: **Physikalische Grundlagen der Maßeinheiten.** DM 19,80

Kleinknecht: **Detektoren für Teilchenstrahlung.** DM 26,80

Kneubühl: **Repetitorium der Physik.** 2. Aufl. DM 44,–

Lautz: **Elektromagnetische Felder.** 3. Aufl. DM 29,80

Lindner: **Drehimpulse in der Quantenmechanik.** DM 26,80

Lohrmann: **Einführung in die Elementarteilchenphysik.** DM 24,80

Lohrmann: **Hochenergiephysik.** 2. Aufl. DM 32,–

Mayer-Kuckuk: **Atomphysik.** 3. Aufl. DM 32,–

Mayer-Kuckuk: **Kernphysik.** 4. Aufl. DM 34,–

Neuert: **Atomare Stoßprozesse.** DM 26,80

Primas/Müller-Herold: **Elementare Quantenchemie.** DM 39,–

Raeder u. a.: **Kontrollierte Kernfusion.** DM 36,–

Rohe: **Elektronik für Physiker.** 2. Aufl. DM 26,80

Rohe/Kamke: **Digitalelektronik.** DM 26,80

Schatz/Weidinger: **Nukleare Festkörperphysik.** 2. Aufl. 248 Seiten. DM 29,80

Walcher: **Praktikum der Physik.** 5. Aufl. DM 29,80

Wegener: **Physik für Hochschulanfänger**
Teil 1: DM 24,80
Teil 2: DM 24,80

Wiesemann: **Einführung in die Gaselektronik.** DM 28,–

Mathematik

Ahlswede/Wegener: **Suchprobleme.** DM 29,80

Aigner: **Graphentheorie.** DM 29,80

Ansorge: **Differenzenapproximationen partieller Anfangswertaufgaben.** DM 29,80 (LAMM)

Behnen/Neuhaus: **Grundkurs Stochastik.** DM 36,–

Bohl: **Finite Modelle gewöhnlicher Randwertaufgaben.** DM 29,80 (LAMM)

Böhmer: **Spline-Funktionen.** DM 32,–

Fortsetzung auf der 3. Umschlagseite

Grundzüge der Quantentheorie

Mit exemplarischen Anwendungen

Von Dr. rer. nat. Werner R. Theis
Professor an der Freien Universität Berlin

B. G. Teubner Stuttgart 1985

Prof. Dr. rer. nat. Werner R. Theis

Geboren 1926 in Hamburg. Studium und Promotion (1954) bei W. Lenz in Hamburg. Als Assistent in Hamburg für $1^1/_2$ Jahre Stipendiat der DFG bei W. Pauli in Zürich. 1959 Habilitation in Hamburg, im WS 62/63 Gastdozent in Karlsruhe und 1963 o. Professor und Direktor des Instituts für Theoretische Physik der Freien Universität Berlin. Einjähriger Amerikaaufenthalt (UCLA in Los Angeles und University of Minnesota), mehrere Forschungssemester als Gast bei DESY in Hamburg.

CIP-Kurztitelaufnahme der Deutschen Bibliothek

Theis, Werner R.:
Grundzüge der Quantentheorie : mit exemplar.
Anwendungen / von Werner R. Theis. –
Stuttgart : Teubner, 1985.
(Teubner-Studienbücher : Physik)
ISBN-13: 978-3-519-03063-8 e-ISBN-13: 978-3-322-84835-2
DOI: 10.1007/978-3-322-84835-2

Satz: Elsner & Behrens GmbH, Oftersheim

Umschlaggestaltung: M. Koch, Reutlingen

Vorwort

Die Quantentheorie hat in fast alle Gebiete der Physik Eingang gefunden und ist für viele Gebiete sogar grundlegender Ausgangspunkt. Daher ist ihre Kenntnis für jeden, der sich mit Physik befaßt oder sich für Physik interessiert, unumgänglich.

Die vorliegende Darstellung konzentriert sich auf die Grundideen der Quantentheorie und ihre Auswirkungen auf die Physik als Ganzes. Sie soll aber auch den Umgang mit quantentheoretischen Methoden so weit einüben, daß sich ein Literaturstudium auf den verschiedensten Spezialgebieten wie z. B. Atom- und Molekülphysik, Kernphysik, Festkörperphysik oder Hochenergiephysik unmittelbar anschließen läßt.

Trotz des relativ geringen Umfangs wird eine gewisse Gesamtschau der Quantentheorie auch für diejenigen angestrebt, die sich intensiv nur einmal mit der Quantentheorie befassen können, wie z. B. viele Lehrer der Naturwissenschaften. Deshalb können wesentliche Aspekte der Quantentheorie nicht einfach mit dem Hinweis auf weiterführende Literatur ausgeklammert werden. Das betrifft insbesondere die Quantisierung von Feldern. Ich hoffe, der Leser gewinnt so nach intensivem Durcharbeiten ein einigermaßen zutreffendes Bild von der kulturellen Leistung, die die Entwicklung der Quantentheorie zweifellos darstellt; er ist dadurch vielleicht, auch in bezug auf weltanschauliche Fragen, eher vor Fehlinterpretationen geschützt, die durch verkürzte Kenntnis entstehen könnten.

Behandelt werden die Grundzüge der Quantentheorie einzelner Teilchen, nichtrelativistischer Teilchensysteme sowie phänomenologischer und relativistischer Felder. Der Umfang entspricht einer etwa zweisemestrigen Vorlesung für Physikstudenten und ermöglicht auch anderen Interessenten, Methoden und Resultate der Quantentheorie in angemessener Zeit kennenzulernen.

Spezifisch quantentheoretische Betrachtungsweisen und die dazugehörigen Formalismen werden ausführlich erläutert, weil in dieser Hinsicht Kenntnisse nicht vorausgesetzt werden. Dabei wird versucht, eher die wesentlichen Strukturen aufzuzeigen, als durch geeignete Ansätze möglichst rasch zu Resultaten zu kommen. Die ausgewählten Anwendungen dienen einerseits dazu, die der klassischen Physik unbekannten Phänomene und ihre Beschreibungen zu verdeutlichen, andererseits sollen sie die Tragweite der Quantentheorie vor Augen führen.

Wo etwas längere elementare Rechnungen den Text unübersichtlich machen würden, sind sie als Rechenschritte (R ...) am Ende des Buches ausgeführt. Die räumliche Trennung möge den Leser zu eigenem Durchrechnen ermuntern. Die Anhänge (A ...) sollen, mit Ausnahme eines etwas längeren Beweisganges, unterschiedliche Vorkenntnisse der klassischen Physik ausgleichen.

Viele Anregungen zu dieser Darstellung der Quantentheorie habe ich, abgesehen von der Lehrbuchliteratur, durch Fragen und Diskussionen in Vorlesungen und Übungen von Studenten erhalten. Ich danke ihnen allen sehr, wie auch den Kollegen und Mitarbeitern, die in zahlreichen Unterhaltungen zur Klärung der Frage beigetragen haben, was denn die hauptsächlich zu vermittelnden Inhalte der Quantentheorie seien. Für die Durchsicht des Manuskripts und wertvolle Hinweise möchte ich Herrn Professor Dr. A. Lindner, Universität Hamburg, danken. Mein besonderer Dank gilt Frau H. Kassner für die Ausdauer beim mühevollen Schreiben der Druckvorlage.

Berlin, im August 1984 W. R. Theis

Inhalt

Anhang

Einführung

Die Quantentheorie ist die umfassende Rahmentheorie für die Beschreibung aller bisherigen physikalischen Erfahrungen. Sie enthält die sogenannte klassische Physik als Teilgebiet. Den Anstoß, die klassische Physik zu erweitern, d. h. gewisse in ihr vorausgesetzte Vorstellungen aufzugeben, gab Max Planck im Jahre 1900 durch seine Interpolation der beiden Formeln für die Hohlraumstrahlung hoher bzw. niedriger Frequenzen. Er begründete danach seine experimentell bestätigte Interpolationsformel durch die von der klassischen Elektrodynamik abweichende Annahme, elektromagnetische Strahlung der Frequenz ω könne nur in Vielfachen der Energiequanten $\epsilon = \hbar\omega$ abgegeben werden. $\hbar$ ist dabei eine neue fundamentale Konstante der Physik. Sie heißt Plancksches Wirkungsquantum und konnte schon aus den Strahlungsmessungen genähert bestimmt werden. Ihr Wert beträgt

$$\hbar = \begin{pmatrix} 1{,}0545887 \\ \pm\, 0{,}0000057 \end{pmatrix} \cdot 10^{-34}\ \mathrm{J\,s} = \begin{pmatrix} 6{,}582173 \\ \pm\, 0{,}000017 \end{pmatrix} \cdot 10^{-28}\ \mathrm{eVs}.$$

Im Jahre 1905 zeigte Albert Einstein am lichtelektrischen Effekt, daß man das Strahlungsfeld als aus Quanten der Energie $\hbar\omega$ bestehend auffassen kann, die er Lichtquanten nannte. Damit ist nicht nur der Übertragungsmechanismus quantisiert, sondern auch die Strahlung selbst. Einstein übertrug 1907 die Plancksche Hypothese auch auf die Schwingungen im Festkörper und konnte so den klassisch nicht zu verstehenden Abfall der spezifischen Wärme in Übereinstimmung mit dem Experiment erklären.

Jahrzehnte vor Plancks Entdeckung gaben die diskreten Spektren der Atome der klassischen Physik Rätsel auf. Niels Bohr konnte 1913 die Spektrallinien des Wasserstoffatoms durch zwei Postulate erklären: Es gibt diskrete Energiewerte des Wasserstoffatoms, die durch eine bestimmte Vorschrift, die das Plancksche Wirkungsquantum enthält, bestimmt sind. Die ausgesandte Frequenz beim Übergang von einem Niveau der Energie E_1 zu einem anderen der Energie E_2 ist gegeben durch $E_1 - E_2 = \hbar\omega$. Die von Bohr geforderten diskreten Niveaus der Atome konnten von Franck und Hertz 1914 experimentell nachgewiesen werden.

Diese Entwicklung zeigte, daß die Konstante $\hbar$ nicht nur für die Strahlung eine fundamentale Rolle spielt, sondern auch für den Aufbau atomarer Gebilde, und daß die klassische Physik nur dort eine gute Näherung ist, wo die Wirkung $\hbar$ klein gegen die vorkommenden Größenordnungen ist. Da eine grundlegende physikalische Theorie im Prinzip den gesamten physikalischen Erfahrungsbereich beschreiben muß, verlangten die neuen Erfahrungen nach einer Theorie, die die gesamte Physik der Teilchen und Felder erfaßte. Die vor etwa 50 Jahren entwickelte sogenannte moderne Quantentheorie erfüllt diese Forderung. Dabei stellte sich heraus, daß die beiden Begriffe „Teilchen“ und „Felder“ in ihr zu einer einheitlichen Beschreibung verschmelzen.

Die Quantentheorie beansprucht und besitzt allgemeine Gültigkeit. Bis heute ist kein Gebiet der Physik bekannt, das nicht den Prinzipien der Quantentheorie genügt, und alle Vergleiche mit Experimenten, die man bisher durchgeführt hat, liefern im Rahmen der Fehlergrenzen quantitative Übereinstimmung. Man hat jedoch stets offen zu sein für Erweiterungen, die dann zwingend würden, wenn physikalische Beobachtungen der Quantentheorie widersprächen. Eine Erweiterung müßte allerdings die experimentell gesicherten Ergebnisse der Quantentheorie enthalten, genauso wie die Quantentheorie die gesicherten Ergebnisse der klassischen Physik enthält.

Im folgenden wird eine Darstellung der Quantentheorie mit dem Ziel versucht, dem Leser nach Durcharbeitung einen Überblick über die Struktur und die Tragweite der Quantentheorie als Ganzes zu geben. Dabei ist der Umfang den Bedürfnissen eines nicht auf Theorie spezialisierten Physikers angepaßt. Diese Zielsetzung bedingt eine Beschränkung auf das (subjektiv) Wesentliche. Anwendungen können nur die wichtige Aufgabe der Verdeutlichung der Theorie haben. Auch auf eine mathematische Fundierung muß verzichtet werden. Statt eines historischen Aufbaues soll nach Möglichkeit jeweils von den am einfachsten zu deutenden Tatsachen ausgegangen werden.

Um die Vereinheitlichung der physikalischen Beschreibung von Teilchen und Feldern darstellen zu können, die ein Grundzug der Quantentheorie ist, muß sich ein gewichtiger Teil der Ausführungen der Frage widmen, wie eine klassische Feldtheorie, also im wesentlichen die Elektrodynamik, in die Quantentheorie eingebaut wird. Die Beschreibung der Photonen als Teilchen eines quantisierten elektromagnetischen Feldes und der Entstehung eines elektromagnetischen Feldes bei der spontanen Emission ist ein fundamentaler Schritt in der Entwicklung der Quantentheorie. Die Behandlung der Erzeugung und Vernichtung von Teilchen führt auch dort auf eine Quantenfeldtheorie, wo es keine klassische Feldtheorie gibt, wie beispielsweise beim β-Zerfall oder in der Hochenergiephysik. Von zunehmend praktischer Bedeutung wird die quantenfeldtheoretische Formulierung in der nichtrelativistischen Festkörperphysik und in der Quantenoptik.

Teil I Grundbegriffe der nichtrelativistischen Quantenmechanik am Beispiel des Elektrons

Das wichtigste Anwendungsobjekt für die nichtrelativistische Quantentheorie ist das Elektron, das bei fast allen Vorgängen in der Natur mitwirkt. Die Grundbegriffe der nichtrelativistischen Quantentheorie sollen daher anhand von idealisierten experimentellen Situationen an Elektronen eingeführt werden, wobei der Spin unberücksichtigt bleibt. Wir werden dabei im Teil I zu einer inhaltlich vollständigen quantenmechanischen Beschreibung kommen, allerdings in einer speziellen Formulierung, bei der die Ortskoordinate eine ausgezeichnete Rolle spielt.

I.1 Aufstellung der Schrödinger-Gleichung

§ 1 Elektronenbeugung am Doppelspalt, Wahrscheinlichkeitsamplituden

Aus Bewegungen von Elektronen in elektromagnetischen Feldern, z. B. in Beschleunigern (Synchrotron, Betatron), die sich im Rahmen der klassischen (relativistischen) Mechanik beschreiben lassen, kennt man die (Ruh-) Masse m und die Ladung e eines Elektrons. Ihre Werte betragen

$$m_{el} = \begin{pmatrix} 9{,}109534 \\ \pm\, 0{,}000047 \end{pmatrix} \cdot 10^{-28}\,\mathrm{g} = \begin{pmatrix} 0{,}5110034 \\ \pm\, 0{,}0000014 \end{pmatrix} \mathrm{MeV/c^2},$$

$$e_{el} = \begin{pmatrix} -\,4{,}803242 \\ \pm\, 0{,}000014 \end{pmatrix} \cdot 10^{-10}\,\mathrm{g^{1/2}\,cm^{3/2}\,s^{-1}},\ ^{1})$$

$$\tilde{e}_{el} := \sqrt{4\pi\epsilon_0}\, e_{el} = \begin{pmatrix} -\,1{,}6021892 \\ \pm\, 0{,}0000046 \end{pmatrix} \cdot 10^{-19}\,\mathrm{As}.$$

Man spricht daher von einem Teilchen.

Streut man Elektronen an einem Kristall (D a v i s s o n und G e r m e r 1927), dann zeigen sich Beugungs- und Interferenzerscheinungen, wie sie bei Streuung von Licht an Raumgittern auftreten. Das ist, wie wir im einzelnen sehen werden, mit einer klassischen Teilchenbeschreibung unvereinbar. In einer adäquaten Beschreibung der Phänomene muß der Begriff des Teilchens abgeändert werden. Man sollte dann eigentlich auch ein neues Wort einführen (etwa „Massenquant"), doch behält man auch in der Fachsprache das mit klassischen Vorstellungen belastete Wort Teilchen für den neuen Begriff bei.

---

[1]) In den hier und im folgenden benutzen Einheiten ist das Potential φ einer Punktladung e_2 gegeben durch $\varphi(\mathbf{r}_1) = e_2/r_{12}$.

Wir wollen nun am Beispiel eines Doppelspaltes Folgerungen aus den Beugungserscheinungen ziehen. Läßt man Elektronen bestimmter Energie in einem Gedankenexperiment auf einen Doppelspalt auftreffen, so wird die Intensität auf dem Nachweisschirm wie bei den realen Experimenten am Gitter eine Interferenzfigur zeigen (Fig. 1a). Schließt man einen Spalt, so entsteht die Verteilung in Fig. 1b. Für klassische Teilchen würde man bei zwei geöffneten Spalten die Auftreffwahrscheinlichkeit in Fig. 1c erwarten statt der Verteilung in Fig. 1a. Das klassisch nicht zu verstehende Interferenzbild von Fig. 1a rührt nicht etwa von der Wechselwirkung der Elektronen untereinander her, was man dadurch nachweisen kann, daß man die Elektronen „einzeln" auffallen läßt (Verringerung der Intensität der Quelle, längere Beobachtungszeit). Die Intensitätsverteilung muß daher als Häufigkeitsverteilung für das Auftreffen einzelner Elektronen gedeutet werden.

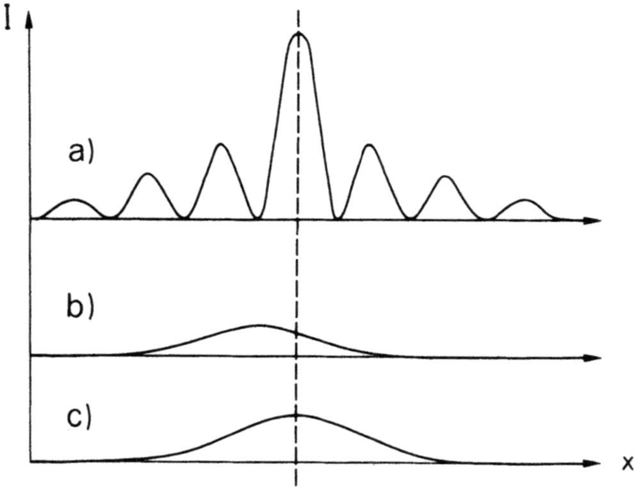

Fig. 1

In Analogie zur Optik erhält man eine Beschreibung der Interferenzen durch Superpositionen von Amplituden, also $A = A_1 + A_2$, wobei A_1 die Amplitude für den Fall bezeichnet, daß nur Spalt 1 geöffnet ist. Falls wir wie in der Optik mit komplexen Amplituden rechnen, ergibt sich für die Intensität das Betragsquadrat der Gesamtamplitude, also $I = |A_1 + A_2|^2$. Wenn nur der Spalt 1 geöffnet ist, erhalten wir für die Intensität $I_1 = |A_1|^2$. Wir können also schreiben: $I = I_1 + I_2 + A_1^* \cdot A_2 + A_1 \cdot A_2^*$, wobei die beiden letzten Summanden den Interferenzterm darstellen. Für klassische Teilchen gilt $I = I_1 + I_2$. Ein Interferenzterm ist in der Teilchenbeschreibung nicht möglich.

Zur Beschreibung des Verhaltens eines Elektrons werden also Amplituden eingeführt, die sich linear superponieren und deren Betragsquadrat die Wahrscheinlichkeit des Auftreffens eines Elektrons ergibt. Läßt man viele Elektronen hintereinander auffallen, so nähert sich mit wachsender Teilchenzahl die relative Häufigkeit definitionsgemäß der Wahrscheinlichkeit für ein Elektron.

Wir könnten nun die Frage stellen, durch welchen Spalt ein Elektron jeweils hindurchgegangen ist. Zur Beantwortung muß eine Beobachtung gemacht werden, etwa (nach Feynman) durch Streulicht einer Lampe, die beide Spalte beleuchtet. Zählt man alle Ereignisse mit Streulicht am Spalt 1, so erhält man $I_1 \propto |A_1|^2$, entsprechend $I_2 \propto |A_2|^2$; zählt man alle Ereignisse ohne Streulicht, so erhält man $I \propto |A_1 + A_2|^2$. Nur wenn keine Entscheidung der Alternativen möglich ist, gibt es Interferenzen. Die Wechselwirkung mit dem Licht zerstört die Interferenz.

Kann man diese Wechselwirkung beliebig klein machen? Dazu muß man die Energie, d. h. die Frequenz der Lichtquanten verkleinern, also die Wellenlänge des Lichts vergrößern. Wird die Wellenlänge von der Größenordnung des Spaltabstandes, so kann man das Streulicht nicht mehr einem Spalt zuordnen und somit nicht entscheiden, durch welchen Spalt das Elektron gegangen ist. Die Quantennatur des Lichts verhindert so eine Festlegung der Alternativen und damit eine Interferenzlöschung durch beliebig kleine Störungen. Die Lampe als Meßapparatur versagt um so mehr, je kleiner man die Wechselwirkung mit dem zu messenden Objekt macht.

Es sollte noch angemerkt werden, daß die Interferenzlöschung durch die Wechselwirkung mit dem Licht unabhängig davon ist, ob der Beobachter die jeweilige Alternative zur Kenntnis genommen hat oder nicht.

§ 2 De Broglie-Relationen

Die Analogie der Interferenzphänomene der Elektronen mit denen der Optik legt es nahe, für die Orts- und Zeitabhängigkeit der Amplitude A im kräftefreien Raum eine Überlagerung von ebenen Wellen $\exp(i\mathbf{kr} - i\omega t)$ anzusetzen. Damit wird dem freien Elektron, das durch Energie und Impuls gekennzeichnet ist, eine Frequenz ω und ein Wellenvektor $\mathbf{k}$ zugeordnet, der einer Wellenlänge $\lambda = 2\pi/k$ entspricht. Eine solche Zuordnung wurde schon 1924 von de Broglie vermutet und stellt eine erste Vereinheitlichung der Physik der Teilchen (Elektronen) und Felder (Photonen) dar.

Plancks Beziehung $E = \hbar\omega$ für Lichtquanten kann nur dann vom Bezugssystem unabhängig sein, wenn auch die anderen Komponenten der relativistischen Vierervektoren $\{E, \mathbf{p}\}$ und $\{\omega, \mathbf{k}\}$ die gleiche Proportionalitätskonstante haben; aus $E = \hbar\omega$ folgt daher $\mathbf{p} = \hbar\mathbf{k}$ für Photonen.

De Broglie übernahm die Beziehung $E = \hbar\omega$ auch für Elektronen und daher aus den genannten Invarianzgründen $\mathbf{p} = \hbar\mathbf{k}$. Die Relationen

$$E = \hbar\omega \quad \text{und} \quad \mathbf{p} = \hbar\mathbf{k} \quad \text{für alle Teilchen} \tag{1}$$

nennt man de Broglie-Relationen und

$$\lambda = \frac{2\pi}{k} = \frac{2\pi\hbar}{p} \tag{2}$$

die de Brogliesche Wellenlänge.

Die Beugungsversuche bestätigten diese Relationen quantitativ. Aus der Beziehung zwischen E und **p** folgt mit Gl. (1) eine entsprechende zwischen ω und **k**:

$$E^2 = p^2c^2 + m^2c^4 \Longleftrightarrow \omega^2 = k^2c^2 + \frac{m^2c^4}{\hbar^2}. \tag{3}$$

Die Dispersion $\omega(\mathbf{k})$ hängt von der Masse ab. Wegen der Beziehung $\omega = kc$ für Licht ist die Masse der Photonen Null.

Mit Hilfe der de Broglie-Relationen läßt sich die Gruppengeschwindigkeit eines Wellenpaketes durch die Teilchengrößen ausdrücken. In der Wellentheorie ist sie diejenige Geschwindigkeit, mit der sich das Wellenpaket und damit die Energie fortpflanzt (s. Anhang A1). Sie ist gegeben durch

$$\mathbf{v}_{Gr} = \nabla_{\mathbf{k}}\,\omega(\mathbf{k})\,. \tag{4}$$

Aufgrund der Dispersion (3) ergibt sie sich zu

$$\mathbf{v}_{Gr} = \frac{\mathbf{k}}{\omega}c^2 = \frac{\mathbf{p}}{E}c^2 = \mathbf{v}. \tag{5}$$

Die resultierende Gleichheit von Gruppengeschwindigkeit und Teilchengeschwindigkeit ist eine wesentliche theoretische Stütze für die de Broglie-Relationen. Photonen bewegen sich danach stets mit Lichtgeschwindigkeit.

In Tab. 1 sind die Wellenlängen von Photon λ_γ und Elektron λ_{el} zu gegebener kinetischer Energie $T = E - mc^2$ eingetragen.

Tab. 1

T/eV	10^{-9}	10^{-3}	10^{3}	10^{9}
λ_γ/cm	$1{,}2 \cdot 10^{5}$	$1{,}2 \cdot 10^{-1}$	$1{,}2 \cdot 10^{-7}$	$1{,}2 \cdot 10^{-13}$
λ_{el}/cm	$4 \cdot 10^{-3}$	$4 \cdot 10^{-6}$	$4 \cdot 10^{-9}$	$1{,}2 \cdot 10^{-13}$

Man erkennt, daß die Elektronenwellenlängen erst für sehr kleine Energien in den Bereich mechanisch herstellbarer Spaltabstände kommen. In den meisten Fällen kann man daher von Beugungsphänomenen bei Elektronen absehen und für die Wellen eine Strahlennäherung anwenden. Diese sollte der klassischen Teilchenmechanik entsprechen, worauf wir im folgenden eingehen werden.

§ 3 Schrödinger-Gleichung und klassischer Grenzfall

Die Wellengleichung für ein allgemeines kräftefreies Wellenpaket

$$A(\mathbf{r}, t) = \int d^3k\, e^{i(\mathbf{kr} - \omega t)} a(\mathbf{k})$$

folgt aus der Dispersionsbeziehung (2.3):

$$\frac{\partial^2}{\partial t^2} A(\mathbf{r}, t) - c^2 \Delta A(\mathbf{r}, t) = -\frac{m^2c^4}{\hbar^2} A(\mathbf{r}, t)$$

oder in Viererschreibweise

$$\Big(\sum_{\mu=0,1,2,3} \partial_\mu \partial^\mu + \kappa^2\Big) A(x) = 0, \qquad \{x^\mu\} = \{ct, \mathbf{r}\}, \qquad \kappa = \frac{mc}{\hbar}. \tag{1}$$

Diese Gleichung heißt Klein-Gordon-Gleichung und beschreibt z. B. π-Mesonen.

Für Elektronen wollen wir zunächst nur den nichtrelativistischen Bereich $v \ll c$ weiter untersuchen, da für hohe Geschwindigkeiten auch Spineinflüsse wesentlich sind, die erst später behandelt werden sollen.

Für $p \ll mc$ lautet die Dispersion (2.3):

$$E = mc^2 + \frac{p^2}{2m} + \ldots \Leftrightarrow \hbar\omega = mc^2 + \frac{\hbar^2 k^2}{2m} + \ldots \tag{2}$$

und daher die Wellengleichung

$$i\hbar \frac{\partial}{\partial t} A = \left(mc^2 - \frac{\hbar^2}{2m} \Delta \right) A$$

oder mit $\psi = e^{imc^2 t/\hbar} A$

$$i\hbar \frac{\partial \psi}{\partial t} = -\frac{\hbar^2}{2m} \Delta \psi. \tag{3}$$

Der Übergang von A zu ψ bedeutet nur eine für alle Wellenpakete gleiche Phasenänderung, die auf die Intensitäten keinen Einfluß hat.

Gl. (3) benutzt im Grunde nur die Formel $E = \frac{p^2}{2m}$ für die Energie. Formal gewinnt man sie durch die Ersetzungsvorschrift

$$E \to i\hbar \frac{\partial}{\partial t} \quad \text{und} \quad \mathbf{p} \to -i\hbar \nabla \tag{4}$$

oder in Viererschreibweise

$$p^\mu \to i\hbar \partial^\mu \qquad \text{mit } \{p^\mu\} = \{E/c, \mathbf{p}\}, \{\partial^\mu\} = \left\{ \frac{\partial}{\partial ct}, -\nabla \right\}$$

in Anwendung auf $\psi(\mathbf{r}, t)$.

Liegt ein Potential vor, so bietet sich die Verallgemeinerung mit $E = \frac{p^2}{2m} + V(\mathbf{r}, t)$ an, also

$$i\hbar \frac{\partial}{\partial t} \psi(\mathbf{r}, t) = -\frac{\hbar^2}{2m} \Delta \psi(\mathbf{r}, t) + V(\mathbf{r}, t) \psi(\mathbf{r}, t). \tag{5}$$

Diese Gleichung nennt man die Schrödinger-Gleichung. Sie wurde von Schrödinger 1926 mit einer etwas anderen Interpretation angegeben. Mit ihr läßt sich u. a. das Wasserstoffatom behandeln, indem man für V das Coulomb-Potential $\frac{-e^2}{r}$ einsetzt. Wie später gezeigt werden soll, bekommt man daraus die diskreten Energiewerte für die Balmer-

F o r m e l. Da die Gleichung nicht abgeleitet, sondern nur plausibel gemacht werden kann, war dieser Test historisch sehr wichtig.

Zur weiteren Begründung der Schrödinger-Gleichung wollen wir jetzt den am Ende des vorigen Paragraphen erwähnten Übergang von der Wellentheorie zur Strahlentheorie machen für den Fall, daß die relative Änderung des Potentials auf der Strecke einer Wellenlänge klein gegen 1 ist und das Potential nicht von der Zeit abhängt.

Dazu wählen wir eine feste Frequenz ω bzw. Energie E, d. h. wir setzen $\psi(\mathbf{r}, t) = u(\mathbf{r})e^{-i\omega t}$, $E = \hbar\omega$, so daß die Schrödinger-Gleichung (5) übergeht in

$$\Delta u(\mathbf{r}) + \frac{2m}{\hbar^2}(E - V(\mathbf{r}))u(\mathbf{r}) = 0. \tag{6}$$

Die entsprechende Gleichung in der W e l l e n o p t i k lautet

$$\Delta u(\mathbf{r}) + k_0^2 n^2(\mathbf{r}, \omega)u(\mathbf{r}) = 0, \tag{7}$$

wobei k_0 die Wellenzahl im Vakuum und $n(\mathbf{r}, \omega)$ der Brechungsindex des Mediums ist. Die Strahlenbahnen $\mathbf{r}(s)$, die Näherungslösungen zu Gl. (7) sind, genügen dem F e r m a t - s c h e n P r i n z i p des kleinsten Lichtweges:

$$\delta \int ds\, n(\mathbf{r}(s), \omega) = 0, \qquad \delta\omega = 0.$$

Die Strahlenbahnen von Gl. (6) genügen dementsprechend dem Prinzip

$$\delta \int ds \sqrt{E - V(\mathbf{r}(s))} = 0, \qquad \delta E = 0.$$

Dies ist aber nichts anderes als das M a u p e r t u i s s c h e P r i n z i p der klassischen Mechanik zur Bestimmung der Bahn $\mathbf{r}(s)$ (s. Anhang A2).

Damit ist gezeigt, daß unter den genannten Bedingungen an das Potential die quantentheoretische Beschreibung des Elektrons in die klassische übergeht. Wäre dies nicht der Fall, dann müßte die Schrödinger-Gleichung verworfen werden. Ob sie die Natur über die klassische Mechanik hinausgehend beschreibt, kann nur der Vergleich mit dem Experiment zeigen. Wegen des hier dargelegten Zusammenhangs zwischen Wellenoptik und Strahlenoptik einerseits sowie Quantentheorie und klassischer Mechanik des Elektrons andererseits nennt man die Quantentheorie eines Teilchens häufig auch W e l l e n - m e c h a n i k.

Wir können noch einen Schritt weitergehen und die Schrödinger-Gleichung für ein Elektron in e l e k t r o m a g n e t i s c h e n F e l d e r n angeben. Dazu schreiben wir Gl. (5) in der Form

$$i\hbar \frac{\partial}{\partial t}\psi = H(\underset{\sim}{p}, \mathbf{r})\psi =: \underset{\sim}{H}\psi \qquad \text{mit } \underset{\sim}{p} := \frac{\hbar}{i}\nabla$$

und behalten diese auch für den Fall der Anwesenheit von elektromagnetischen Feldern bei. Die Hamiltonsche Funktion mit elektromagnetischen Feldern ist in der klassischen Mechanik gegeben durch die Vorschrift

$$H_{\text{mit Feld}}(\mathbf{p}, \mathbf{r}) = H_{\text{ohne Feld}}\left(\mathbf{p} - \frac{e}{c}\mathbf{A}, \mathbf{r}\right) + e\varphi, \qquad \mathbf{E} = -\nabla\varphi - \frac{1}{c}\dot{\mathbf{A}}, \qquad \mathbf{B} = \nabla \times \mathbf{A}.$$

Für die Schrödinger-Gleichung eines Elektrons im elektromagnetischen Feld ergibt sich daraus

$$i\hbar\frac{\partial}{\partial t}\psi(\mathbf{r},t) = \underset{\sim}{H}\psi(\mathbf{r},t),$$

$$\underset{\sim}{H} = \frac{1}{2m}\left(\underset{\sim}{\mathbf{p}} - \frac{e}{c}\mathbf{A}\right)^2 + e\varphi \tag{8}$$

$$= -\frac{\hbar^2}{2m}\Delta - \frac{e\hbar}{imc}\mathbf{A}\nabla - \frac{e\hbar}{2imc}\operatorname{div}\mathbf{A} + \frac{e^2}{2mc^2}\mathbf{A}^2 + e\varphi.$$

Dabei ist im Einklang mit unserer Diskussion am Doppelspalt

$$\int_G d^3r\,|\psi(\mathbf{r},t)|^2$$

die Wahrscheinlichkeit (Aufenthaltswahrscheinlichkeit) dafür, das Elektron zur Zeit t im Gebiet G zu finden. Diese Interpretation wurde 1926 von Max Born gegeben, während Erwin Schrödinger zunächst die Auffassung einer klassischen räumlichen Verteilung der Ladung des Elektrons durch die Wellenfunktion vertrat.

I.2 Allgemeine Folgerungen aus der Schrödinger-Gleichung

Nachdem wir die Schrödinger-Gleichung postuliert haben, wollen wir einige Eigenschaften der Wahrscheinlichkeitsamplitude $\psi(\mathbf{r}, t)$ diskutieren, die nicht von der speziellen Gestalt der Hamilton-Funktion und damit des physikalischen Systems abhängen.

§ 4 Wahrscheinlichkeitsstrom und Erhaltung der Wahrscheinlichkeit

Wenn $|\psi|^2 =: w$ als Wahrscheinlichkeitsdichte interpretiert wird, dann muß das über den ganzen Raum erstreckte Integral $\int d^3rw$, das man auch als Normquadrat von ψ bezeichnet, den Wert Eins haben, da das Elektron mit Sicherheit irgendwo im Raum sein muß. Das bedeutet zunächst die Forderung

$$(\text{Norm}\,\psi)^2 := \int d^3r\,|\psi|^2 = \text{endlich}, \tag{1}$$

d. h. ψ muß quadratintegrabel sein. Nur solche Funktionen wollen wir für physikalisch interpretierbare Amplituden zulassen. Durch den Übergang $\psi \to \text{const}\,\psi$ kann man dann wegen der Homogenität der Gleichungen die Normierung auf 1 erreichen.

Soll die Normierung auf 1 auch zu allen Zeiten gelten, so muß die Norm von ψ von der Zeit unabhängig sein. Da die Zeitabhängigkeit durch die Schrödinger-Gleichung gegeben ist, stellt diese physikalische Forderung einen weiteren Test an die Brauchbarkeit der

Schrödinger-Gleichung dar. Für die Zeitableitung von w erhalten wir nach Gl. (1.8)

$$\dot{w} = \frac{\partial w}{\partial t} = \dot{\psi}^*\psi + \psi^*\dot{\psi} = \left(\frac{1}{i\hbar}\underset{\sim}{H}\psi\right)^*\psi + \psi^*\frac{1}{i\hbar}H\psi$$

$$= \frac{\hbar}{2mi}\{(\Delta\psi)^*\psi - \psi^*\Delta\psi\} + \frac{e}{mc}\mathbf{A}\{(\nabla\psi)^*\psi + \psi^*\nabla\psi\} + \frac{e}{mc}\psi^*\psi\,\mathrm{div}\,\mathbf{A}. \tag{2}$$

Dies läßt sich schreiben als

$$\dot{w} = \nabla\cdot\frac{\hbar}{2mi}\{(\nabla\psi)^*\psi - \psi^*\nabla\psi\} + \frac{e}{mc}\nabla(\mathbf{A}\psi^*\psi)$$

oder $\dot{w} + \mathrm{div}\,\mathbf{j} = 0,$

$$\mathbf{j} := \frac{1}{2m}\left\{\left(\underset{\sim}{\mathbf{p}} - \frac{e}{c}\mathbf{A}\right)\psi\right\}^*\psi + \frac{1}{2m}\psi^*\left(\underset{\sim}{\mathbf{p}} - \frac{e}{c}\mathbf{A}\right)\psi. \tag{3}$$

Man nennt j die W a h r s c h e i n l i c h k e i t s s t r o m d i c h t e.

Es gilt also eine K o n t i n u i t ä t s g l e i c h u n g für die Wahrscheinlichkeit. Die integrale Form lautet

$$-\frac{d}{dt}\int_G d^3r\,w = \int_G d^3r\,\mathrm{div}\,\mathbf{j} = \oint_{OG} d\mathbf{o}\,\mathbf{j}. \tag{4}$$

Die zeitliche Abnahme der Wahrscheinlichkeit im Raumgebiet G ist gleich dem Wahrscheinlichkeitsstrom durch die Oberfläche OG des Gebietes.

Wählen wir nun für G den gesamten Raum, so resultiert die Erhaltung der Norm, falls der Strom für $|\mathbf{r}| \to \infty$ genügend stark verschwindet:

$$\frac{d}{dt}\int_{G_\infty} d^3r\,|\psi(\mathbf{r}, t)|^2 = 0. \tag{5}$$

Unter dieser Voraussetzung und derjenigen endlicher Norm erlaubt die Schrödinger-Gleichung also eine Wahrscheinlichkeitsinterpretation der zeitabhängigen Amplitude $\psi(\mathbf{r}, t)$.

§ 5 Impulsverteilung zu gegebener Ortswahrscheinlichkeitsamplitude

Neben der Ortsverteilung kann man auch nach der Impulsverteilung fragen. In der klassischen Mechanik können zu einem Zeitpunkt Ort und Impuls beliebig vorgegeben werden, da die Newtonsche Gleichung von zweiter Ordnung in der Zeit ist. In der Quantentheorie ist dies ganz anders. Die Schrödinger-Gleichung ist von erster Ordnung in der Zeit. Die Ortsamplitude ist durch ihre Werte zu einer früheren Zeit eindeutig bestimmt. Falls keine Kräfte wirken, kann man aus der zeitlichen Änderung der Ortswahrscheinlichkeit auf die Impulsverteilung schließen, indem man auf die ursprüngliche Definition der Geschwindigkeit als Verhältnis der Ortsänderung und der dazu benötigten Zeit zurückgeht.

Wir betrachten zunächst eine Ortsamplitude $\psi(\mathbf{r}, t)$, die zur Zeit $t = 0$ stark um $\mathbf{r} = 0$ konzentriert ist. Nach der Zeit t ist die Ortsamplitude $\psi(\mathbf{r}, t)$ durch die kräftefreie Schrödinger-Gleichung bestimmt. Das Wellenpaket ist auseinandergelaufen. Für Abstände r, die groß gegen die Ausdehnung des ursprünglichen Wellenpaketes sind, kann mit $\mathbf{r} = \mathbf{v}t$ bzw. $\mathbf{p} = \frac{m\mathbf{r}}{t}$ die Impulswahrscheinlichkeit $w(\mathbf{p})$ abgelesen werden:

$$w(\mathbf{p})\, d^3p = \left|\psi\left(\frac{\mathbf{p}t}{m}, t\right)\right|^2 d^3\left(\frac{\mathbf{p}t}{m}\right). \tag{1}$$

Denn wenn das Teilchen eine bestimmte Wahrscheinlichkeitsverteilung hat, während der Zeit t vom Ort $\mathbf{r} \approx 0$ in ein Raumgebiet G um den Ort $\mathbf{r}$ zu gelangen, so hat es die gleiche Wahrscheinlichkeit für die zugehörigen Impulse $\mathbf{p} = \frac{\mathbf{r}m}{t}$. Wenn man den Grenzwert $t \to \infty$ betrachtet, kann man auch auf die starke Konzentration um $\mathbf{r} = 0$ für $t = 0$ verzichten. Um $\psi(\mathbf{r}, t)$ und damit nach Gl. (1) die Impulsverteilung zu gewinnen, muß die kräftefreie Schrödinger-Gleichung

$$i\hbar \frac{\partial}{\partial t}\psi = -\frac{\hbar^2}{2m}\Delta\psi$$

gelöst werden. Die allgemeinste Lösung kann durch Überlagerung einzelner ebener Wellen

$$e^{i\mathbf{k}\mathbf{r} - i\omega t} \qquad \text{mit } \hbar\omega = \frac{p^2}{2m},\ \hbar\mathbf{k} = \mathbf{p}$$

gewonnen werden:

$$\psi(\mathbf{r}, t) = \int d^3p \frac{e^{i\frac{\mathbf{p}}{\hbar}\mathbf{r} - i\frac{p^2}{2m\hbar}t}}{(2\pi\hbar)^{3/2}}\varphi(\mathbf{p}). \tag{2}$$

Zur Zeit $t = 0$ lautet die Lösung (2)

$$\psi(\mathbf{r}, 0) = \int d^3p \frac{e^{i\frac{\mathbf{p}}{\hbar}\mathbf{r}}}{(2\pi\hbar)^{3/2}}\varphi(\mathbf{p})$$

mit der Umkehrung (A3)

$$\varphi(\mathbf{p}) = \int d^3r \frac{e^{-i\frac{\mathbf{p}}{\hbar}\mathbf{r}}}{(2\pi\hbar)^{3/2}}\psi(\mathbf{r}, 0). \tag{3}$$

Wird $\varphi(\mathbf{p})$ aus Gl. (3) bestimmt, so ist der Ausdruck (2) eine Lösung der Schrödinger-Gleichung zu vorgegebenem $\psi(\mathbf{r}, 0)$. Substituiert man darin $\mathbf{r} = \frac{\mathbf{p}t}{m}$, so gilt asymptotisch (Rechenschritt R 1)

$$\psi\left(\frac{\mathbf{p}}{m}t, t\right) \sim i^{-3/2}\left(\frac{m}{t}\right)^{3/2} e^{i\frac{p^2}{2m\hbar}t}\varphi(\mathbf{p}).$$

Dies ergibt nach Gl. (1) für die Wahrscheinlichkeitsdichte im Impulsraum

$$w(\mathbf{p}) = |\varphi(\mathbf{p})|^2. \tag{4}$$

Damit haben wir gezeigt, daß die Fourier-Transformierte $\varphi(\mathbf{p})$ von $\psi(\mathbf{r})$ die Wahrscheinlichkeitsamplitude für den Impuls ist. Es gilt

$$\int d^3p\,|\varphi(\mathbf{p})|^2 = \int d^3p\,\varphi^*(\mathbf{p}) \int d^3r\, \frac{e^{-i\frac{\mathbf{p}}{\hbar}\mathbf{r}}}{(2\pi\hbar)^{3/2}}\,\psi(\mathbf{r}) = \int d^3r\,\psi^*(\mathbf{r})\,\psi(\mathbf{r}) = 1,$$

wie zu verlangen.

Da Impuls- und Ortsamplitude wechselseitige Fourier-Transformierte sind, hat eine räumlich stark konzentrierte Ortsverteilung eine breite Impulsverteilung und umgekehrt. Man kann nicht die Orts- und zugleich die Impulsverteilung beliebig stark konzentrieren. Wir werden darauf bei der Unschärferelation zurückkommen. In der Optik beruht die Beziehung zwischen Auflösungsvermögen und Wellenlänge auf dem gleichen mathematischen Sachverhalt.

§ 6 Erwartungswerte und ihre zeitliche Änderung

Nachdem wir gesehen haben, daß sowohl der Ort als auch der Impuls im allgemeinen keinen wohldefinierten Wert besitzen sondern eine Wahrscheinlichkeitsverteilung, liegt es nahe, Erwartungswerte und ihre zeitliche Entwicklung zu betrachten. Untersucht man viele Elektronen unabhängig voneinander, so strebt der über alle Elektronen gemittelte Wert irgendeiner physikalischen Größe mit wachsender Elektronenzahl gegen den entsprechenden Erwartungswert eines Elektrons.

Der Erwartungswert des Ortes ist gegeben durch

$$\overline{\mathbf{r}(t)} := \int d^3r\,|\psi(\mathbf{r}, t)|^2\mathbf{r}, \tag{1}$$

der des Impulses nach Gl. (5.4) durch

$$\overline{\mathbf{p}(t)} := \int d^3p\,|\varphi(\mathbf{p}, t)|^2\mathbf{p}, \tag{2}$$

wobei φ die Fourier-Transformierte von ψ ist. Setzt man diese ein, so läßt sich $\bar{\mathbf{p}}$ durch ψ ausdrücken:

$$\begin{aligned}
\bar{\mathbf{p}} &= \int d^3p\,\varphi^*(\mathbf{p}) \int d^3r\,\psi(\mathbf{r})\,\mathbf{p}\,\frac{e^{-i\frac{\mathbf{p}}{\hbar}\mathbf{r}}}{(2\pi\hbar)^{3/2}} \\
&= \int d^3p\,\varphi^*(\mathbf{p}) \int d^3r\,\psi(\mathbf{r})\left(-\frac{\hbar}{i}\right)\nabla\frac{e^{-i\frac{\mathbf{p}}{\hbar}\mathbf{r}}}{(2\pi\hbar)^{3/2}} \\
&= \int d^3p\,\varphi^*(\mathbf{p}) \int d^3r\,\frac{e^{-\frac{\mathbf{p}}{\hbar}\mathbf{r}}}{(2\pi\hbar)^{3/2}}\,\frac{\hbar}{i}\nabla\psi(\mathbf{r}) \\
&= \int d^3r\,\psi^*(\mathbf{r})\,\frac{\hbar}{i}\nabla\psi(\mathbf{r}) = \int d^3r\,\psi^*\underset{\sim}{\mathbf{p}}\psi.
\end{aligned} \tag{3}$$

Hierbei wurde in der dritten Zeile partiell integriert.

Man gewinnt also den Erwartungswert von **p**, indem man den Differentialoperator $\underset{\sim}{\mathbf{p}}$ zwischen ψ^* und ψ schreibt und dann integriert. Das kann man auf Polynome f(**p**) erweitern:

$$\overline{f(\mathbf{p})} = \int d^3r\psi^*(\mathbf{r}) f(\underset{\sim}{\mathbf{p}})\psi(\mathbf{r}). \tag{4}$$

Will man den Erwartungswert einer physikalischen Größe f(**r**, **p**) definieren, die von **r** und **p** abhängt, so wird man in Anwendung auf $\psi(\mathbf{r})$ entsprechend Gl. (4) **p** durch $\underset{\sim}{\mathbf{p}}$ ersetzen, also versuchsweise schreiben

$$\overline{f(\mathbf{r}, \mathbf{p})} = \int d^3r\psi^*(\mathbf{r}) f(\mathbf{r}, \underset{\sim}{\mathbf{p}})\psi(\mathbf{r}). \tag{5}$$

Dabei kann es aber auf die Reihenfolge von **r** und $\underset{\sim}{\mathbf{p}}$ ankommen. Das einfachste Beispiel ist

$$\underset{\sim}{p}_x x\psi = \frac{\hbar}{i}\nabla_x x\psi = \frac{\hbar}{i}\psi + x\frac{\hbar}{i}\nabla_x\psi \neq x\underset{\sim}{p}_x\psi = x\frac{\hbar}{i}\nabla_x\psi. \tag{6}$$

Die Differenz

$$\underset{\sim}{p}_x x - x\underset{\sim}{p}_x =: [\underset{\sim}{p}_x, x] \tag{7}$$

nennt man den K o m m u t a t o r von $\underset{\sim}{p}_x$ und x. Es gilt nach Gl. (6) $[\underset{\sim}{p}_x, x]\psi = \frac{\hbar}{i}\psi$ für alle ψ, man schreibt daher

$$[\underset{\sim}{p}_x, x] = \frac{\hbar}{i}. \tag{8}$$

Da z. B. $\nabla_x y = y\nabla_x$ gilt, kann Gl. (7) verallgemeinert werden zu

$$[\underset{\sim}{p}_k, x_\ell] = \frac{\hbar}{i}\delta_{k\ell} = \frac{\hbar}{i}\begin{cases}1 & \text{für } k = \ell\\ 0 & \text{für } k \neq \ell.\end{cases} \tag{9}$$

Diese H e i s e n b e r g s c h e n V e r t a u s c h u n g s r e l a t i o n e n spielen für die allgemeine Formulierung der Quantentheorie eine fundamentale Rolle.

Realität der Erwartungswerte und Hermitezität

Die durch Gl. (9) bedingte Unbestimmtheit in der Reihenfolge der Variablen einer physikalischen Größe f(**r**, **p**) in Gl. (5) wird durch eine fast selbstverständliche physikalische Forderung eingeschränkt. Es müssen die Erwartungswerte von f(**r**, **p**) reell sein ($\underset{\sim}{f} := f(\mathbf{r}, \underset{\sim}{\mathbf{p}})$):

$$\int d^3r\psi^*\underset{\sim}{f}\psi = \{\int d^3r\psi^*\underset{\sim}{f}\psi\}^* = \int d^3r\psi(\underset{\sim}{f}\psi)^*. \tag{10}$$

Gilt diese Gleichung für alle ψ, wie zu fordern, dann ist sie äquivalent zu der Gleichung

$$\int d^3r\psi_1^*\underset{\sim}{f}\psi_2 = \int d^3r\psi_2(\underset{\sim}{f}\psi_1)^* \tag{11}$$

für beliebige $\psi_{1,2}$. Der Schritt von Gl. (11) zu Gl. (10) ist durch $\psi_1 = \psi_2$ erledigt. Die Umkehrung zeigt man durch die Zerlegung $\psi = \psi_1 + \alpha\psi_2$ in Gl. (10) mit beliebigem komplexen α (R 2).

Einen Operator $\underset{\sim}{f}$, der Gl. (10) oder (11) genügt, nennt man hermitesch. Den physikalischen Größen müssen also hermitesche Operatoren zugeordnet werden, ihre Erwartungswerte für beliebige Ortsamplituden sind dann reell.

Alle Operatoren, die wir bisher physikalischen Größen zugeordnet haben, waren hermitesch:

$$\underset{\sim}{p} = \frac{\hbar}{i}\nabla, \qquad \text{reelles } V(\mathbf{r}), \underset{\sim}{\mathbf{p}}^2 \text{ und } H(\mathbf{r}, \underset{\sim}{\mathbf{p}}).$$

Die Hermitezität von $\underset{\sim}{H}$ folgt aus der in Gl. (4.5) bewiesenen Erhaltung der Norm.

Zeitliche Änderung

Wir wollen nun die zeitliche Änderung von Erwartungswerten unter der Voraussetzung berechnen, daß die Hamilton-Funktion die Gestalt $H = \dfrac{\mathbf{p}^2}{2m} + V(\mathbf{r})$ hat.

Für den Erwartungswert der x-Komponente des Ortes ergibt sich aufgrund der Kontinuitätsgleichung und des hinreichenden Verschwindens von j für $r \to \infty$

$$\frac{d}{dt}\bar{x} = \int d^3r\,\dot{w}x = -\int d^3r x\nabla \mathbf{j} = -\int d^3r\nabla(x\mathbf{j}) + \int d^3r\,\mathbf{j}\nabla x$$

$$= -\int d\boldsymbol{\sigma} x\mathbf{j} + \int d^3r\,\mathbf{j}\nabla x = \int d^3r\,j_x.$$

Setzen wir hier Gl. (4.3) für j ein, dann folgt unter Benutzung der Hermitezität von $\underset{\sim}{\mathbf{p}}$:

$$\frac{d}{dt}\overline{m\mathbf{r}} = \frac{1}{2}\int d^3r\,\{\psi(\underset{\sim}{\mathbf{p}}\psi)^* + \psi^*\underset{\sim}{\mathbf{p}}\psi\} = \int d^3r\,\psi^*\underset{\sim}{\mathbf{p}}\psi,$$

also mit Gl. (3) die klassische Gleichung für die Erwartungswerte

$$\frac{d}{dt}\overline{m\mathbf{r}} = \bar{\mathbf{p}}. \tag{12}$$

Die zeitliche Ableitung des Erwartungswertes eines Operators $f(\mathbf{r}, \underset{\sim}{\mathbf{p}}) =: \underset{\sim}{f}$ ist zunächst allgemein durch den Kommutator mit dem Hamilton-Operator gegeben:

$$\frac{d}{dt}\overline{f(\mathbf{r},\mathbf{p})} = \int d^3r\left\{\left(\frac{1}{i\hbar}\underset{\sim}{H}\psi\right)^*\underset{\sim}{f}\psi + \psi^*\underset{\sim}{f}\frac{1}{i\hbar}\underset{\sim}{H}\psi\right\}$$

$$= \frac{i}{\hbar}\int d^3r\,\psi^*(\underset{\sim}{H}\underset{\sim}{f} - \underset{\sim}{f}\underset{\sim}{H})\psi = \frac{i}{\hbar}\int d^3r\,\psi^*[\underset{\sim}{H}, \underset{\sim}{f}]\psi = \frac{i}{\hbar}\overline{[\underset{\sim}{H}, \underset{\sim}{f}]}. \tag{13}$$

Hierbei wurde die Hermitezität von $\underset{\sim}{H}$ benutzt. Bei der Berechnung des Kommutators für $\underset{\sim}{f} = \underset{\sim}{p}$ ergibt $[\Delta, \underset{\sim}{\mathbf{p}}]$ Null, da Differentiationen in Anwendung auf die zugelassenen Funktionen miteinander vertauscht werden dürfen. Es bleibt

$$[\underset{\sim}{H}, \underset{\sim}{\mathbf{p}}]\psi = [V\underset{\sim}{\mathbf{p}}]\psi = V\frac{\hbar}{i}\nabla\psi - \frac{\hbar}{i}\nabla(V\psi) = -\frac{\hbar}{i}\psi\nabla V = \frac{\hbar}{i}\psi\mathbf{F},$$

wobei **F** die Kraft auf das Elektron ist. Damit erhalten wir die Newtonsche Gleichung für den Erwartungswert

$$\frac{d}{dt}\bar{p} = \int d^3r\psi^* \underset{\sim}{F}\psi = \bar{F}. \tag{14}$$

Diese Gleichung wird auch Ehrenfestsches Theorem genannt. Ist die Ortsverteilung um $\bar{r}$ stark konzentriert und die Kraft mit r langsam veränderlich, so gilt für $\bar{r}$ näherungsweise die Newtonsche Gleichung

$$\frac{d^2}{dt^2} m\bar{r} = F(\bar{r}).$$

Im allgemeinen ist $\overline{F(r)} \neq F(\bar{r})$.

Setzen wir in Gl. (13) statt $\underset{\sim}{f}$ den Operator $\underset{\sim}{H}$ ein, so ergibt sich

$$\frac{d}{dt}\bar{H} = \frac{i}{\hbar}\int d^3r\psi^*[\underset{\sim}{H}, \underset{\sim}{H}]\psi = 0. \tag{15}$$

Dies entspricht dem klassischen Erhaltungssatz der Energie.

Für den Drehimpuls **L** = **r** x **p** läßt sich der Drehimpulssatz herleiten (R 3):

$$\frac{d}{dt}\bar{L} = \frac{i}{\hbar}\int d^3r\psi^*[\underset{\sim}{H}, \underset{\sim}{L}]\psi = \overline{r \times F} \qquad \text{mit } \underset{\sim}{L} = r \times \underset{\sim}{p}. \tag{16}$$

Die Bewegungsgleichungen für die Erwartungswerte sind eine wesentliche Stütze für die Vorschrift, einer physikalischen Größe f(**r**, **p**) den Operator f(**r**, $\underset{\sim}{p}$) zuzuordnen.

I.3 Mögliche Meßwerte

Ein wesentliches Merkmal der Quantentheorie ist das Auftreten ausgezeichneter Werte (Quanten) für physikalische Größen, wie etwa die von Planck bzw. Einstein postulierten diskreten Energiewerte eines Oszillators oder die von Bohr postulierten Energiewerte des Wasserstoffatoms. Andererseits gibt es in der Quantentheorie auch physikalische Größen, die kontinuierliche Werte besitzen, wie etwa die Energie eines kräftefreien Elektrons. Diesem Problemkreis wollen wir uns nun zuwenden.

§ 7 Eigenwerte und Eigenfunktionen

Wenn eine physikalische Größe einen bestimmten Wert besitzt, dann muß die Wahrscheinlichkeit für alle anderen möglichen Werte Null sein. Man spricht von einem scharfen Wert. Die Streuung um diesen Wert muß dann verschwinden. Dabei bezeichnet man als Streuung oder Varianz einer Wahrscheinlichkeitsverteilung der Variablen ξ den Ausdruck

$$\overline{(\xi - \bar{\xi})^2}.$$

Es ist der Erwartungswert des Quadrats der Differenz zwischen der betreffenden Größe und ihrem Erwartungswert. In der Quantenphysik wird für die Quadratwurzel aus der Streuung nach Heisenberg häufig die Bezeichnung U n s c h ä r f e verwendet.

Die Erwartungswerte in der Quantentheorie haben nach Gl. (6.5) die Form

$$\bar{Q} = \int d^3r\psi^*Q\psi, \tag{1}$$

wobei Q der Operator ist, der der betrachteten physikalischen Größe zugeordnet ist, und die Wahrscheinlichkeitsamplitude $\psi(\mathbf{r}, t)$ den Zustand des Elektrons charakterisiert. Für die Streuung ergibt sich damit

$$\overline{(Q - \bar{Q})^2} = \int d^3r\psi^*(Q - \bar{Q})(Q - \bar{Q})\psi = \int d^3r\,\{(Q - \bar{Q})\psi\}^*(Q - \bar{Q})\psi. \tag{2}$$

Hierbei wurde berücksichtigt, daß Q hermitesch, $\bar{Q}$ reell und daher auch $Q - \bar{Q}$ hermitesch ist.

Im allgemeinen ist die Unschärfe von Null verschieden. Verlangen wir ihr Verschwinden, also einen scharfen Wert, dann ist das eine Bedingung an den durch ψ gegebenen Zustand des Elektrons. Aus Gl. (2) folgt die Äquivalenz

$$\overline{(Q - \bar{Q})^2} = 0 \Longleftrightarrow Q\psi = \bar{Q}\psi. \tag{3}$$

Da im Falle des Verschwindens der Streuung mit Sicherheit $\bar{Q}$ vorliegt, schreibt man statt dessen q. Man nennt $\bar{Q} = q$ den Eigenwert des Operators Q, $\psi = \psi_q$ die Eigenfunktion des Operators Q zum Eigenwert q. Die E i g e n w e r t g l e i c h u n g

$$Q\psi_q = q\psi_q \tag{4}$$

bestimmt also in der Quantentheorie die möglichen s t r e u u n g s f r e i e n M e ß - w e r t e der physikalischen Größen.

Man kann die Eigenwertgleichung auch durch eine Extremalforderung an den Erwartungswert $\bar{Q}$ bezüglich der Amplitude gewinnen. Um keine Nebenbedingungen zu haben, lassen wir bei der Bildung des Erwartungswerts auch Amplituden zu, die nicht auf 1 normiert sind. Dann gilt

$$\bar{Q} = \frac{1}{N}\int d^3r\psi^*Q\psi, \qquad N = \int d^3r\psi^*\psi,$$

und die Extremalforderung lautet

$$\delta\bar{Q} = 0. \tag{5}$$

Aus ihr gewinnen wir

$$\frac{1}{N}\delta\int d^3r\psi^*Q\psi - \frac{\delta N}{N}\bar{Q} = 0.$$

Zu variieren sind hier unabhängig voneinander Real- und Imaginärteil von ψ oder auch ihre Linearkombinationen ψ und ψ^*. Setzen wir $\delta\psi = 0$, so ergibt sich

$$\frac{1}{N}\int d^3r\,\delta\psi^*(Q-\bar{Q})\psi = 0, \qquad \delta\psi^* \text{ bel.},$$

also die Eigenwertgleichung (4).

Damit ist gezeigt, daß für normierbare Funktionen die Lösungen der Eigenwertgleichung auch Lösungen des Extremalproblems sind und umgekehrt.

Das hat praktische Bedeutung für Näherungslösungen der Eigenwertgleichung. Läßt man z. B. bei der Variation nur eine n-parametrige Schar von Funktionen ψ zu und macht innerhalb dieser Schar den Erwartungswert von Q zum Extremum, dann erhält man die in der Schar bestmögliche Näherungslösung der Eigenwertgleichung. Die Güte der Näherung hängt dabei von der meist durch physikalische Überlegungen bestimmten Wahl der Funktionenschar ab.

§ 8 Erste einfache Beispiele von Eigenwertgleichungen

Als einfachstes Beispiel für das Auftreten diskreter Eigenwerte wollen wir ein eindimensionales Problem betrachten, und zwar die Energie eines Elektrons in einem vorgegebenen Potential. Um als Lösungen elementare Funktionen zu erhalten, behandeln wir hier das folgende stückweise konstante Potential:

$$V(x) = \begin{cases} 0 & \text{für } 0 < x < a \\ V_0 \to \infty & \text{sonst.} \end{cases} \tag{1}$$

Dieses Potential beschränkt das Elektron auf das Intervall $0 < x < a$. Den Vorteil expliziter Lösungen in jeweils konstantem Potential haben wir durch die Sprünge des Potentials erkauft, die nun ihrerseits einer mathematischen Betrachtung bedürfen. Dazu diskutieren wir zunächst kurz eine Potentialstufe

$$V(x) = \begin{cases} 0 & \text{für } x < 0 \\ V_0 & \text{für } x \geqslant 0. \end{cases} \tag{2}$$

Die Eigenwertgleichung $\underset{\sim}{H}\psi = E\psi$ oder

$$\frac{d^2}{dx^2}\psi(x) = \frac{2m}{\hbar^2}(V(x)-E)\psi(x) \tag{3}$$

verlangt für einen endlichen Sprung des Potentials an der Stelle $x = 0$ Stetigkeit der Ableitung von ψ und erst recht Stetigkeit von ψ, da sonst die zweite Ableitung von ψ singulär würde im Gegensatz zur rechten Seite von Gl. (3). Für $V_0 > E$ gilt im Intervall II $(x \geqslant 0)$

$$\frac{d^2}{dx^2}\psi_{II} = \kappa^2\psi_{II}, \qquad \kappa^2 = \frac{2m}{\hbar^2}(V_0 - E) > 0$$

mit der allgemeinen Lösung

$$\psi_{II}(x) = Ae^{-\kappa x} + Be^{\kappa x}, \qquad \kappa > 0.$$

Falls ψ normierbar sein soll, muß B = 0 gesetzt werden. Es würde sich das Elektron sonst mit überwältigender Wahrscheinlichkeit im Gebiet $x \to \infty$ aufhalten. Bei endlichem $V_0 > E$ ist $\psi_{II} \neq 0$, obwohl ein klassisches Teilchen sich in diesem Bereich nicht aufhalten kann. Man spricht vom T u n n e l e f f e k t. Mit B = 0 gilt

$$\psi'_{II}(0)/\psi_{II}(0) = -\kappa$$

und wegen der Stetigkeit an der Stelle x = 0 auch

$$\psi'_{I}(0)/\psi_{I}(0) = -\kappa,$$

wobei die Wellenfunktion im Intervalle $I(x < 0)$ mit ψ_I bezeichnet ist.
Im Grenzfall $V_0 \to \infty$ haben wir

$$\psi'_{I}(0)/\psi_{I}(0) \to -\infty \quad \text{oder} \quad \psi_I(0) = 0, \tag{4}$$

da $\psi'_I(0)$ endlich ($\psi_I(x) = a \sin kx + b \cos kx; \quad k^2 = \frac{2mE}{\hbar^2} > 0$).

Wir fassen das Zwischenresultat zusammen: Bei einem endlichen Sprung des Potentials sind ψ und $\frac{d\psi}{dx}$ an der Sprungstelle stetig. Im Gebiet mit unendlichem Potential verschwindet die Wellenfunktion, sie ist auf dem Rande des Gebietes stetig.
Wenden wir uns nun dem Eigenwertproblem

$$-\frac{\hbar^2}{2m}\frac{d^2\psi(x)}{dx^2} + V(x)\psi(x) = E\psi(x) \tag{5}$$

mit dem in Gl. (1) angegebenen Potential zu. Im Intervall $0 \leqslant x \leqslant a$ gilt

$$-\frac{\hbar^2}{2m}\frac{d^2\psi}{dx^2} = E\psi \qquad \text{mit } \psi(o) = \psi(a) = 0, \tag{6}$$

während außerhalb dieses Intervalls ψ verschwindet. Für $E > 0$ lautet die allgemeine Lösung von Gl. (6) für $0 \leqslant x \leqslant a$

$$\psi(x) = A \sin kx + B \cos kx \qquad \text{mit } k^2 = \frac{2m}{\hbar^2}E > 0. \tag{7}$$

Aus $\psi(0) = 0$ folgt B = 0 und aus $\psi(a) = 0$

$$\sin ka = 0. \tag{8}$$

Diese Gleichung legt die möglichen Werte von k und damit von E fest:

$$k_n = \frac{n}{a}\pi, \qquad E_n = \frac{\hbar^2}{2m}\frac{\pi^2}{a^2}n^2, \qquad n = 1, 2, 3, \dots$$
$$\psi_n(x) = \begin{cases} A \sin k_n x & \text{für } 0 \leqslant x \leqslant a \\ 0 & \text{sonst.} \end{cases} \tag{9}$$

Der Wert n = 0 führt zu $\psi = 0$, der Übergang $n \to -n$ liefert $\psi_n \to -\psi_n$, also keine neue Lösung.

Die Energiewerte (9) sind diskret, nur sie sind als scharfe Werte der Energie in dem gegebenen Potential möglich. Dies steht in deutlichem Kontrast zur klassischen Betrachtungsweise.

Gibt es auch Eigenlösungen zu negativer Energie E? Die allgemeine Lösung von Gl. (6) lautet in diesem Fall

$$\psi(x) = A \sinh \kappa x + B \cosh \kappa x, \qquad \kappa^2 = -\frac{2m}{\hbar^2} E > 0.$$

$\psi(0) = 0$ liefert B = 0 und $\psi(a) = 0$ die Gleichung $\sinh \kappa a = 0$, die keine Lösung für reelle κ besitzt.

Damit sind

$$E_n = \frac{\hbar^2}{2m} \frac{\pi^2}{a^2} n^2, \qquad n = 1, 2, \ldots \tag{10}$$

die möglichen scharfen Meßwerte der Energie und

$$\psi_n(x) = \sqrt{\frac{2}{a}} \sin \frac{n\pi}{a} x \tag{11}$$

die auf 1 normierten Eigenfunktionen. Sie genügen den Relationen

$$\int_0^a dx \psi_n(x) \psi_{n'}(x) dx = \delta_{nn'}, \tag{12}$$

wie man unmittelbar nachrechnen kann.

Für eine beliebige Linearkombination

$$\psi = \sum_n c_n \psi_n, \qquad \int_0^a dx \psi^* \psi = 1, \qquad \underset{\sim}{H} \psi_n = E_n \psi_n \tag{13}$$

ergibt sich mit diesen Relationen

$$c_n = \int_0^a dx \psi_n \psi \tag{14}$$

und für den Erwartungswert der Energie

$$\bar{E} = \int_0^a dx \psi^* \underset{\sim}{H} \psi = \int_0^a dx \psi^* \underset{\sim}{H} \sum_n c_n \psi_n = \sum_n \int_0^a dx \psi^* \psi_n c_n E_n = \sum_n |c_n|^2 E_n, \tag{15}$$

sowie analog

$$1 = \int_0^a dx \psi^* \psi = \sum_n |c_n|^2. \tag{16}$$

Daher werden wir $|c_n|^2$ als die Wahrscheinlichkeit interpretieren, im Zustand ψ den Wert E_n zu messen, und c_n als die entsprechende Wahrscheinlichkeitsamp l i t u d e. Dies wäre eine sehr allgemeine Aussage, wenn man jede physikalisch zugelassene Funktion in eine Reihe nach den ψ_n entwickeln könnte. Das ist nun in der Tat der Fall aufgrund der Sätze über Fourier-Reihen (R 4). Es handelt sich hier um eine Approximation im Mittel, es gilt

$$\lim_{N \to \infty} \int_0^a dx \left| \psi - \sum_{n=1}^{N} c_n \sqrt{\frac{2}{a}} \sin \frac{n\pi}{a} x \right|^2 = 0, \qquad \text{falls } c_n = \int_0^a dx \psi_n \psi .$$

Als zweites Beispiel wollen wir den Impulsoperator diskutieren. Wir hatten gesehen, daß man die Wellenfunktion $\psi(\mathbf{r})$ als Wellenpaket über ebene Wellen schreiben kann

$$\psi(\mathbf{r}) = \int d^3p \varphi(\mathbf{p}) \psi_{\mathbf{p}}(\mathbf{r}), \qquad \psi_{\mathbf{p}}(\mathbf{r}) := \frac{e^{i \frac{\mathbf{p}}{\hbar} \mathbf{r}}}{(2\pi\hbar)^{3/2}}, \tag{17}$$

wobei $\varphi(\mathbf{p})$ die Wahrscheinlichkeitsamplitude für den Impuls $\mathbf{p}$ ist.
Die ebenen Wellen $\psi_{\mathbf{p}}(\mathbf{r})$ sind nun Lösungen der Gleichung

$$\underset{\sim}{\mathbf{p}} \psi = \frac{\hbar}{i} \nabla \psi = \mathbf{p} \psi, \tag{18}$$

die eine echte Eigenwertgleichung (7.4) wäre, falls die Funktionen ψ von endlicher Norm wären. Die ebenen Wellen sind nicht auf Eins normierbar und wegen der kontinuierlichen Verteilung kann man auch keinen scharfen Wert messen, sondern nur einen endlichen Bereich des Kontinuums. Eine Lösung von Gl. (18) ist also kein sinnvoller physikalischer Zustand, aber als begrifflicher und mathematischer Grenzfall sehr nützlich. (Das gleiche gilt z. B. von der ebenen Welle in der klassischen Elektrodynamik).
Die Funktionen

$$\psi_{\mathbf{p}}(\mathbf{r}) = \frac{1}{(2\pi\hbar)^{3/2}} e^{i \frac{\mathbf{p}}{\hbar} \mathbf{r}} \tag{19}$$

genügen den Relationen (A3)

$$\int d^3r \psi_{\mathbf{p}}^*(\mathbf{r}) \psi_{\mathbf{p}'}(\mathbf{r}) = \delta^3(\mathbf{p} - \mathbf{p}') \tag{20}$$

und für alle physikalisch zugelassenen Zustände ψ gilt Gl. (17).
Wir werden daher

$$\underset{\sim}{\mathbf{p}} \psi_{\mathbf{p}}(\mathbf{r}) = \mathbf{p} \psi_{\mathbf{p}}(\mathbf{r}) \tag{21}$$

auch als E i g e n w e r t g l e i c h u n g für den Meßwert $\mathbf{p}$ bezeichnen, obgleich $\mathbf{p}$ einem Kontinuum angehört und $\psi_{\mathbf{p}}$ nicht normierbar ist. Wesentlich für die Interpretation ist aber, daß für alle physikalisch zugelassenen ψ

$$\varphi(\mathbf{p}) = \int d^3r \psi_{\mathbf{p}}^*(\mathbf{r}) \psi(\mathbf{r})$$

als Wahrscheinlichkeitsamplitude aufgefaßt werden kann. Betrachtet man statt $\psi_{\mathbf{p}}(\mathbf{r})$ eine Lösung einer Eigenwertgleichung, die z. B. exponentiell ansteigt, so ist diese Bedingung nicht erfüllt.

Es sei daran erinnert, daß für den Erwartungswert $\bar{p}$ eines beliebigen Zustands nach Gl. (6.2)

$$\bar{\mathbf{p}} = \int d^3p\,|\varphi(\mathbf{p})|^2\mathbf{p}, \qquad \int d^3p\,|\varphi(\mathbf{p})|^2 = 1$$

in völliger Analogie zu Gl. (15) gilt. Damit entspricht auch die Interpretation der Entwicklungskoeffizienten dem Fall diskreter Eigenwerte.

§ 9 Wahrscheinlichkeit von Meßwerten, Observable

Nachdem wir die Bedeutung der Eigenwertgleichung in der Quantenmechanik an zwei Beispielen kennengelernt haben, wollen wir nun genauer formulieren, welche Eigenschaften ein Operator haben soll, der einer physikalischen Größe zugeordnet wird. Diese Operatoren, aber auch die zugehörigen physikalischen Größen bezeichnet man nach Dirac als Observable.

Zunächst wollen wir die Relationen (8.12) für beliebige normierbare Eigenfunktionen zeigen und die dabei gebräuchlichen Bezeichnungen einführen.

Man nennt das Integral

$$\int d^3r\,\psi_1^*\psi_2$$

das *Skalarprodukt* der beiden Funktionen $\psi_{1,2}$ und schreibt dafür

$$\int d^3r\,\psi_1^*\psi_2 =: (\psi_1, \psi_2). \tag{1}$$

Das Skalarprodukt ist linear im zweiten Faktor

$$(\psi_1, \alpha\psi_2 + \beta\psi_2') = \alpha(\psi_1, \psi_2) + \beta(\psi_1, \psi_2') \tag{2}$$

und es gilt

$$(\psi_1, \psi_2)^* = (\psi_2, \psi_1). \tag{3}$$

Verschwindet das Skalarprodukt zweier Funktionen, so nennt man diese *orthogonal*.

Wir wollen nun zeigen, daß die Eigenfunktionen ψ_q, $\psi_{q'}$ eines hermiteschen Operators Q zu verschiedenen Eigenwerten q, q' orthogonal sind. Es gilt

$$(\psi_{q'}, \{Q - q\}\psi_q) = 0,$$

$$(\{Q - q'\}\psi_{q'}, \psi_q) = 0$$

mit der Differenz

$$(\psi_{q'}, Q\psi_q) - (Q\psi_{q'}, \psi_q) = (q - q')(\psi_{q'}, \psi_q).$$

Da Q hermitesch sein soll, verschwindet die linke Seite. Daraus ergibt sich

$$(\psi_{q'}, \psi_q) = 0, \qquad \text{falls } q' \neq q. \tag{4}$$

Man nennt ein System von Eigenfunktionen *vollständig*, wenn sich jede physikalisch zugelassene Funktion nach ihnen entwickeln läßt. Wir nehmen zunächst an, daß die normierbaren Eigenfunktionen vollständig sind. Dann gilt

$$\psi(\mathbf{r}) = \sum_n c_n \psi_n(\mathbf{r}), \qquad Q\psi_n = q_n \psi_n. \tag{5}$$

Zu verschiedenen q_n sind die ψ_n orthogonal nach Gl. (4). Liegen mehrere Funktionen zu einem Wert q_n vor, dann spricht man von Entartung des betreffenden Eigenwertes. Die entarteten Funktionen brauchen nicht orthogonal zu sein. Da aber Linearkombinationen von ihnen wieder Eigenfunktionen zu dem gleichen Eigenwert sind, kann man zu orthogonalen Funktionen übergehen: Gilt $(\psi_1, \psi_2) \neq 0$, dann ist

$$(\psi_1, \tilde{\psi}_2) = 0 \qquad \text{mit } \tilde{\psi}_2 = \psi_2 - \frac{(\psi_1, \psi_2)}{(\psi_1, \psi_1)} \psi_1.$$

Dieses Verfahren läßt sich fortsetzen. Wir wollen davon ausgehen, daß alle Eigenfunktionen orthogonal und normiert sind:

$$(\psi_n, \psi_{n'}) = \delta_{nn'} \qquad \text{für } q_n \neq q_{n'} \text{ und } q_n = q_{n'}. \tag{6}$$

Man nennt einen solchen Satz von Funktionen orthonormiert. Die Koeffizienten in Gl. (5) sind durch Skalarproduktbildung

$$(\psi_{n'}, \psi) = \sum_n c_n (\psi_{n'}, \psi_n) = c_{n'} \tag{7}$$

zu gewinnen.

Für den Erwartungswert von Q gilt

$$\bar{Q} = (\psi, Q\psi) = (\psi, \sum_n c_n Q\psi_n) = \sum_n (\psi, \psi_n) c_n q_n = \sum_n |c_n|^2 q_n \tag{8}$$

und analog

$$1 = (\psi, \psi) = \sum_n |c_n|^2. \tag{9}$$

Daher können wir allgemein

$$\sum_{\substack{n \\ q_n = q}} |(\psi_n, \psi)|^2 \tag{10}$$

als Wahrscheinlichkeit interpretieren, im Zustand ψ den Eigenwert q zu finden. Die Entwicklungskoeffizienten des Zustandes nach den Eigenfunktionen des Operators Q sind demnach die Wahrscheinlichkeitsamplituden für die Meßwerte q_n.

Wie wir am Beispiel des Impulses gesehen haben, kann eine Observable auch ein Kontinuum von Eigenwerten mit nichtnormierbaren Eigenfunktionen besitzen, die vollständig sind. Im nächsten Abschnitt werden wir ein Streuproblem explizit durchrechnen, bei dem der Energieoperator sowohl diskrete als auch kontinuierliche Eigenwerte besitzt. Erst das gesamte System der normierbaren und der nichtnormierbaren Eigenfunktionen ist dabei vollständig. Zu verschiedenen Eigenwerten sind die Funktionen auch im Kontinuum orthogonal. Wie bei allen Energieoperatoren mit $|\mathbf{r}| V(\mathbf{r}) \to 0$ für $|\mathbf{r}| \to \infty$ liegen in diesem Fall alle diskreten Eigenwerte mit normierbaren Eigenfunktionen (gebundene Zustände) bei Werten $E_n < 0$, während sich das Kontinuum (Streuzustände) über alle Energiewerte $E \geqslant 0$ erstreckt.

Ausgehend von diesen Beispielen fordern wir nun für einen Operator, der einer physikalischen Größe zugeordnet ist, daß er ein vollständiges Orthogonalsystem von Eigenfunktionen zu reellen Eigenwerten besitzt. Nur bei Erfüllung dieser Bedingung wollen wir die Bezeichnung Observable verwenden. Ein solcher Operator heißt auch selbstadjungiert, die Gesamtheit der Eigenwerte sein Spektrum. Er ist in seiner Wirkung auf eine beliebige Funktion durch seine Eigenfunktionen und seine Eigenwerte vollständig bestimmt:

$$Q\psi = Q \sum c_n \psi_n = \sum c_n q_n \psi_n = \sum (\psi_n, \psi) q_n \psi_n . \tag{11}$$

Betrachten wir nun eine Observable, deren Spektrum sowohl diskrete als auch kontinuierliche Beiträge enthält. Die Eigenwertgleichung habe normierbare Lösungen ψ_n mit Eigenwerten q_n und nichtnormierbare Lösungen $\psi_\mathbf{k}$ mit nicht entarteten Eigenwerten $q(\mathbf{k})$, wobei das Kontinuum dreidimensional angenommen ist. Die Orthogonalitätsrelationen seien gegeben durch

$$(\psi_n, \psi_{n'}) = \delta_{nn'}, \qquad (\psi_n, \psi_\mathbf{k}) = 0, \qquad (\psi_\mathbf{k}, \psi_{\mathbf{k}'}) = \delta^3(\mathbf{k} - \mathbf{k}'). \tag{12}$$

Die Vollständigkeitsforderung erlaubt dann die Entwicklung

$$\psi(\mathbf{r}) = \sum_n c_n \psi_n(\mathbf{r}) + \int d^3k\, c(\mathbf{k}) \psi_\mathbf{k}(\mathbf{r}). \tag{13}$$

Mit dieser Entwicklung erhalten wir für den Erwartungswert von Q

$$\bar{Q} = \sum_n |c_n|^2 q_n + \int d^3k\, |c(\mathbf{k})|^2 q(\mathbf{k}), \tag{14}$$

sowie

$$1 = \sum_n |c_n|^2 + \int d^3k\, |c(\mathbf{k})|^2 . \tag{15}$$

Daher gilt allgemein die folgende physikalische Interpretation der Entwicklungskoeffizienten: Die Größe

$$\sum_{\substack{n \\ q_n = q_{n_0}}} |c_n|^2, \qquad c_n = (\psi_n, \psi) \tag{16a}$$

ist die Wahrscheinlichkeit dafür, den Meßwert q_{n_0} zu finden, und die Größe

$$\int_{q_1 < q(\mathbf{k}) < q_2} d^3k\, |c(\mathbf{k})|^2, \qquad c(\mathbf{k}) = (\psi_\mathbf{k}, \psi) \tag{16b}$$

ist die Wahrscheinlichkeit dafür, den Meßwert q im Intervall $q_1 < q < q_2$ zu finden.

Würden wir die Vollständigkeit nicht fordern, dann würde es eine von Null verschiedene Funktion ψ geben, deren Koeffizienten c_n und $c(\mathbf{k})$ alle Null sind; keiner der überhaupt möglichen Meßwerte besäße für diese Funktion eine von Null verschiedene Wahrscheinlichkeit, Q entspräche daher keiner meßbaren physikalischen Größe.

Alle bisher behandelten Operatoren, die durch die Substitution $\mathbf{p} \to \underline{\mathbf{p}}$ aus klassischen Größen hervorgehen, besitzen ein vollständiges Orthogonalsystem von Eigenfunktionen, sind also Observable.

Man kann die Vollständigkeit durch die Eigenfunktionen selbst ausdrücken. Dazu setzt man die Entwicklungskoeffizienten

$$c_n = \int d^3r \psi_n^* \psi, \qquad c(k) = \int d^3r \psi_k^* \psi$$

in die Entwicklung (13) ein und erhält

$$\psi(r) = \int d^3r' \{\sum_n \psi_n(r)\psi_n^*(r') + \int d^3k \psi_k(r)\psi_k^*(r')\} \psi(r').$$

Wenn dies für beliebige Funktionen ψ gelten soll, so folgt die Vollständigkeitsrelation

$$\sum_n \psi_n(r)\psi_n^*(r') + \int d^3k \psi_k(r)\psi_k^*(r') = \delta^3(r - r'). \tag{17}$$

I.4 Die gegenseitige Beeinflussung von Messungen

Ein wesentliches Merkmal der Quantentheorie ist die Unmöglichkeit, gewissen physikalischen Größen zugleich eindeutige Werte zuzuordnen. In diesem Kapitel soll dargestellt werden, wann diese Unmöglichkeit vorliegt und wie sie durch die Heisenbergsche Unschärferelation quantitativ formuliert wird.

§ 10 Verträglichkeit zweier Messungen

Hat man durch Messung festgestellt, daß das Elektron den Wert q einer physikalischen Größe Q besitzt, dann befindet sich das Elektron in einem der (möglicherweise vielen) Eigenzustände des Operators Q mit dem Eigenwert q

$$Q\psi_q = q\psi_q. \tag{1}$$

Eine Messung des Wertes q bedeutet nämlich, daß unmittelbar nach der Messung dieser Wert q ohne Streuung vorliegt. Verschwindende Streuung ist aber nach Gl. (7.3) mit der Eigenwertgleichung (1) äquivalent.

Mißt man im Anschluß an die Messung des Wertes q eine andere physikalische Größe R mit dem Resultat r, so gilt nach der zweiten Messung für den Zustand des Elektrons

$$R\psi_r = r\psi_r. \tag{2}$$

Im allgemeinen wird der Zustand ψ_r kein Eigenzustand zu Q mit dem Eigenwert q sein. Wenn aber auch nach der Messung von R der bei der ersten Messung gefundene Eigenwert q bezüglich Q streuungsfrei erhalten bleibt, dann nennt man die Messungen von q und r miteinander verträglich. Es gilt dann $Q\psi_r = q\psi_r$, und wir schreiben für die gemeinsamen Eigenfunktionen $\psi_{q,r}$ mit

$$Q\psi_{q,r} = q\psi_{q,r}, \qquad R\psi_{q,r} = r\psi_{q,r}. \tag{3}$$

Falls die Messungen für alle Eigenwerte q und r verträglich sind, nennt man die physikalischen Größen Q und R selbst *verträglich* oder *kompatibel*.
Aus Gl. (3) folgt für den Kommutator in diesem Fall

$$[Q, R]\psi_{q,r} = (qr - rq)\psi_{q,r} = 0.$$

Wegen der Vollständigkeit der Eigenfunktionen der Observablen Q und R gilt dann auch für beliebige ψ

$$[Q, R]\psi = 0$$

und damit

$$[Q, R] = 0, \qquad \text{falls Q und R kompatibel.} \tag{4}$$

Wenn umgekehrt der Kommutator zwischen Q und R verschwindet, so ist zwar nicht notwendig jeder Eigenzustand zu Q auch Eigenzustand zu R, aber man kann stets ein gemeinsames Eigenfunktionssystem angeben. Dazu gehen wir von einer Eigenfunktion ψ_q von Q aus und entwickeln sie nach nicht normierten Eigenfunktionen von R, die noch von ψ_q abhängen:

$$Q\psi_q = q\psi_q, \qquad \psi_q = \sum_r \psi_r[\psi_q], \qquad R\psi_r[\psi_q] = r\psi_r[\psi_q]. \tag{5}$$

Während im allgemeinen die Funktionen $\psi_r[\psi_q]$ keine Eigenfunktionen zu Q sind, läßt sich dies für den Fall eines verschwindenden Kommutators zwischen Q und R zeigen. Dann sind nämlich in der aus Gl. (5) folgenden Entwicklung

$$(Q - q)\psi_q = \sum_r (Q - q)\psi_r[\psi_q] \tag{6}$$

die Funktionen $(Q - q)\psi_r[\psi_q]$ als Eigenfunktionen von R zu verschiedenen Eigenwerten r orthogonal, und aus dem Verschwinden der linken Seite von Gl. (6) folgt das der einzelnen Summanden der rechten Seite. Die Funktionen $\psi_r[\psi_q]$ sind also gemeinsame Eigenfunktionen von Q und R, und wir schreiben $\psi_r[\psi_q] = \psi_{rq}$. Es existiert also stets ein *gemeinsames Eigenfunktionssystem*

$$Q\psi_{q,r} = q\psi_{q,r}, \qquad R\psi_{q,r} = r\psi_{q,r}, \qquad \text{falls } [Q, R] = 0. \tag{7}$$

Die hier gewählte Schreibweise gilt zunächst für diskrete Eigenwerte. Die gleichen Überlegungen gelten aber auch für kontinuierliche Eigenwerte, da von der Normierbarkeit kein Gebrauch gemacht wurde.

§ 11 Beschreibung eines Zustandes mit Hilfe eines vollständigen Satzes vertauschbarer Observabler

Wir haben im vorigen Abschnitt gesehen, daß zwei vertauschbare Operatoren ein gemeinsames System von Eigenfunktionen besitzen, also zugleich scharfe Werte ermöglichen. Man kann dies zur Herstellung und Charakterisierung eines Zustands benutzen. Wenn z. B. $Q = \underset{\sim}{p}_x$ und $R = \underset{\sim}{p}_y$ gewählt werden, so kann man den Zustand durch die

Eigenwerte p_x und p_y zugleich charakterisieren:

$$\psi_{p_x p_y}(\mathbf{r}) = e^{\frac{i}{\hbar}(p_x x + p_y y)} f(z).$$

Die Eigenfunktionen sind aber (unendlichfach) entartet. Man sucht einen dritten Operator, der mit den beiden anderen vertauscht; im Beispiel etwa $\underset{\sim}{p}_z$ mit dem Eigenwert p_z. So erhält man mit

$$\psi_{\mathbf{p}}(\mathbf{r}) = A e^{\frac{i}{\hbar}\mathbf{p}\mathbf{r}}$$

Ortsamplituden, die durch die Eigenwerte der drei Operatoren $\underset{\sim}{\mathbf{p}}$ bis auf einen Faktor eindeutig bestimmt sind. Hätte man als dritten Operator $\underset{\sim}{p}_z^2$ gewählt, so wäre eine Entartung geblieben:

$$\psi_{p_x, p_y, p_z^2}(\mathbf{r}) = A e^{\frac{i}{\hbar}(p_x x + p_y y)} \begin{cases} \cos \sqrt{p_z^2}\, \dfrac{z}{\hbar} \\ \sin \sqrt{p_z^2}\, \dfrac{z}{\hbar} \end{cases} .$$

Die beiden entarteten Funktionen unterscheiden sich in ihrem Verhalten unter Spiegelung $z \to -z$ an der x-y-Ebene. Sie sind symmetrisch oder antisymmetrisch unter dieser Operation, haben also die Eigenwerte +1 bzw. −1 bezüglich der Spiegelung. Ein den Zustand vollständig charakterisierender Satz von vertauschbaren Operatoren ist

$$\underset{\sim}{p}_x, \quad \underset{\sim}{p}_y, \quad \underset{\sim}{p}_z^2, \quad \text{Spiegelungsoperator}$$

mit den Eigenwerten

$$p_x, \quad p_y, \quad p_z^2, \quad \pm 1.$$

Die Frage, ob ein Satz vertauschbarer Observabler vollständig ist, hängt von dem physikalischen System ab. Falls alle Observablen Funktionen von $\mathbf{r}$ und $\mathbf{p}$ sind, dann sind die drei Operatoren $\underset{\sim}{\mathbf{p}} = \frac{\hbar}{i}\nabla$ vollständig. Betrachten wir aber ein eindimensionales System, mit der allgemeinsten Observablen $f(x, p_x)$, so genügen zur Beschreibung der Zustände die Funktionen $\psi(x)$, da alle Observablen auf diesen Funktionen erklärt sind und wieder Funktionen von x allein liefern. Dann ist die Observable x in diesem Falle vollständig mit den nicht entarteten „Eigenfunktionen"

$$\psi_{x'}(x) = \delta(x - x'), \qquad x\psi_{x'}(x) = x'\psi_{x'}(x)$$

und der Entwicklung

$$\psi(x) = \int dx' c(x')\delta(x - x'), \qquad c(x') = \int dx\, \delta(x - x')\, \psi(x) = \psi(x').$$

Bisher sind wir davon ausgegangen, daß die allgemeinste Observable für ein Elektron durch $f(\mathbf{r}, \mathbf{p})$ gegeben ist. Wir sind aber aufgrund von Experimenten gezwungen, dem ruhenden Elektron einen Drehimpuls (Spin) zuzuschreiben, der sich nicht durch $f(\mathbf{r}, \mathbf{p})$ beschreiben läßt. Wir werden darauf später im einzelnen eingehen. Hier soll nur klargemacht werden, daß die Vollständigkeit eines Satzes vertauschbarer Observabler von den beobachteten Eigenschaften des physikalischen Systems abhängt. Häufig kann man sich in der Physik auf einen Teilbereich von Beobachtungen beschränken oder quantitativ vernachlässigbare Effekte vollständig unbeachtet lassen. Das haben wir bisher stillschweigend bezüglich des Spins des Elektrons getan und werden daran festhalten, bis wir zu den typischen Auswirkungen des Spins kommen.

Ein vollständiger Satz von vertauschbaren Observablen kann dazu dienen, einen wohldefinierten Zustand experimentell zu präparieren. Dazu führt man Messungen dieser Observablen durch. Wenn diese bei diskreten Eigenwerten eine Genauigkeit haben, die kleiner als der Abstand der Eigenwerte ist, so liegen nach der Messung wohldefinierte Eigenwerte vor

$$\psi(\mathbf{r}) = \psi_{q_1q_2q_3}(\mathbf{r}), \qquad Q_i\psi_{q_1q_2q_3} = q_i\psi_{q_1q_2q_3}, \qquad i = 1, 2, 3.$$

Der Zustand ist bis auf eine Phase eindeutig bestimmt, sofern die Q_i wirklich vollständig sind.

Haben einige oder alle Observablen des vollständigen Systems ein kontinuierliches Spektrum, so kann man ihre Eigenwerte nur auf ein Intervall eingrenzen, das von der Genauigkeit der Messung abhängt. Für die drei Impulsoperatoren $\underset{\sim}{\mathbf{p}}$ hätte man einen Zustand

$$\psi(\mathbf{r}) = \int d^3p\,c(\mathbf{p})\,\psi_{\mathbf{p}}(\mathbf{r}), \qquad \psi_{\mathbf{p}}(\mathbf{r}) = \frac{e^{\frac{i}{\hbar}\mathbf{p}\mathbf{r}}}{(2\pi\hbar)^{3/2}}, \tag{1}$$

bei dem $c(\mathbf{p})$ nur in der Umgebung eines ausgezeichneten Impulses $\mathbf{p}_0$ von Null verschieden ist. Für praktische Zwecke ist damit der Zustand oft durch Angabe von $\mathbf{p}_0$ hinreichend charakterisiert. Meist geht man in den Rechnungen dann zu dem nicht normierbaren Zustand $\psi_{\mathbf{p}_0}$ über und nimmt in Zwischenschritten formale Regeln in Kauf, die durch Bildung von Wellenpaketen (1) begründet werden können.

§ 12 Unschärferelationen

Nach den Überlegungen des vorigen Abschnittes gibt es keine Zustände, in denen die Streuung von p_x und diejenige von x zugleich beliebig klein gemacht werden können. Es gibt nämlich keine gemeinsame Eigenfunktion zu x und $\underset{\sim}{p}_x$, da sonst der Kommutator von x und $\underset{\sim}{p}_x$ in Anwendung auf diese Funktion Null wäre im Widerspruch zu der Tatsache, daß dieser Kommutator gleich der Zahl $\frac{\hbar}{i}$ ist. Das Produkt der Unschärfen $\Delta p_x \Delta x$ kann daher einen bestimmten Wert nicht unterschreiten. Es gilt

$$\Delta p_x \Delta x \geqslant \frac{\hbar}{2}. \tag{1}$$

Man nennt diese Ungleichung Heisenbergsche Unschärferelation. Sie ist die quantitative Formulierung der Unverträglichkeit zweier Messungen und folgt unmittelbar aus dem nicht verschwindenden Kommutator zwischen p_x und x. Es ist dies ein der klassischen Physik völlig fremder Sachverhalt. Zwar kann man auch dort physikalische Größen nur mit einer gewissen Ungenauigkeit messen, aber diese läßt sich für p_x und x zugleich im Prinzip beliebig klein machen. Die Heisenbergsche Unschärferelation bedeutet dagegen eine prinzipielle Schranke. Wir wollen diese für beliebige Observable Q und R nun ableiten.

Es gelten die Definitionen

$$\begin{aligned}(\Delta Q)^2 &:= \overline{(Q-\bar{Q})^2} = (\{Q-\bar{Q}\}\psi, \{Q-\bar{Q}\}\psi),\\ \bar{Q} &= (\psi, Q\psi) = \int d^3r\psi^* Q\psi\end{aligned} \tag{2}$$

und entsprechende für ΔR, wobei für das zweite Gleichheitszeichen benutzt wurde, daß Observable hermitesche Operatoren sind. Führen wir die Abkürzungen

$$(Q-\bar{Q})\psi =: u, \qquad (R-\bar{R})\psi =: v \tag{3}$$

ein, dann schreibt sich das Produkt der Streuungen in der Form

$$(\Delta Q)^2(\Delta R)^2 = (u, u)(v, v). \tag{4}$$

Wir schätzen es mit der Schwarzschen Ungleichung

$$(u, u)(v, v) \geqslant |(u, v)|^2 \tag{5}$$

ab, die man aus der allgemein für das Skalarprodukt gültigen Ungleichung $(\psi, \psi) \geqslant 0$ mit

$$\psi = (u, u)v - (u, v)u$$

unter Beachtung von $(\alpha u, v) = \{\alpha(v, u)\}^*$ gewinnt. Die rechte Seite von Gl. (5) zerlegen wir in Real- und Imaginärteil

$$|(u, v)|^2 = \{\mathrm{Re}\,(u, v)\}^2 + \{\mathrm{Im}\,(u, v)\}^2 \geqslant \{\mathrm{Im}\,(u, v)\}^2. \tag{6}$$

Nach Gl. (3) gilt

$$\begin{aligned}\mathrm{Im}\,(u, v) &= \frac{1}{2i}\{(u, v) - (v, u)\} = \frac{1}{2i}\{(\psi, QR\psi) - (\psi, RQ\psi)\}\\ &= \frac{1}{2i}(\psi, [QR]\psi) = \overline{\frac{1}{2i}[Q, R]}.\end{aligned} \tag{7}$$

Aus den Gl. (4), (5), (6) und (7) ergibt sich die allgemeine Unschärferelation

$$(\Delta Q)^2(\Delta R)^2 \geqslant \left(\frac{1}{2i}\,[\overline{Q, R}]\right)^2$$

oder
$$\Delta Q \Delta R \geqslant \frac{1}{2}\left|[\overline{Q, R}]\right|. \tag{8}$$

Das minimale Unschärfeprodukt erhält man, wenn in Gl. (8) das Gleichheitszeichen gilt. Dazu muß wegen Gl. (5) $v = \alpha u$ und wegen Gl. (6) $\mathrm{Re}\,(u, v) = 0$ sein. Das ergibt zusammen

$$(R-\bar{R})\psi_{min} = \alpha(Q-\bar{Q})\psi_{min} \tag{9}$$

mit rein imaginärem α. Für den Spezialfall $Q = p_x$, $R = x$ ergibt sich Gl. (1) und für den Zustand mit dem minimalen Unschärfeprodukt

$$(x-\bar{x})\psi_{min} = -i\gamma(p_x - \bar{p}_x)\psi_{min}, \qquad \gamma \text{ reell}$$

mit der Lösung

$$\psi_{min}(x) = A e^{\frac{i}{\hbar}\bar{p}_x x} e^{-\frac{1}{2\hbar\gamma}(x-\bar{x})^2}, \qquad \gamma > 0. \tag{10}$$

Die Ortswahrscheinlichkeit ist eine Gauß-Verteilung um den Mittelwert $\bar{x}$, die Impulsverteilung ebenso um den Mittelwert $\overline{p_x}$ (R 5):

$$\varphi_{min}(p_x) = B e^{-\frac{i}{\hbar}\bar{x}p_x} e^{-\frac{\gamma}{2\hbar}(p_x-\bar{p}_x)^2}. \tag{11}$$

Neben der Unschärferelation für die kanonisch konjugierten Größen **p** und **r** gibt es auch eine Unschärferelation für die kanonisch konjugierten Größen E und t. Da der Zeit aber kein Operator als Observable zugeordnet ist, müssen wir diese Unschärferelation gesondert diskutieren.

Für jede Observable Q gilt nach dem Vorhergehenden

$$\Delta Q \Delta H \geqslant \left| \frac{1}{2} \overline{[Q, H]} \right| .$$

Die rechte Seite beschreibt für Observable, die nicht explizit von der Zeit abhängen, die zeitliche Änderung des Erwartungswerts von Q nach Gl. (6.13):

$$i\hbar \frac{d}{dt}\bar{Q} = \overline{[Q, H]} .$$

Man erhält so

$$\Delta Q \Delta H \geqslant \frac{\hbar}{2} \left| \frac{d}{dt}\bar{Q} \right| . \tag{12}$$

Eine zeitliche Änderung von Q kann man nur beobachten, wenn sie größer ist als die Unschärfe ΔQ. Man muß also Zeitintervalle $\Delta\tau_Q$ verstreichen lassen, die durch die Gleichung

$$\Delta\tau_Q \left| \frac{d}{dt}\bar{Q} \right| \geqslant \Delta Q$$

eingeschränkt sind. In Gl. (12) eingesetzt ergibt sich

$$\Delta H \Delta\tau_Q \geqslant \frac{\hbar}{2} . \tag{13}$$

Dies gilt für jede Observable Q.

Um eine zeitliche Änderung irgendeiner Observablen messen zu können, braucht man Zeitintervalle $\Delta\tau$, die der Unschärferelation

$$\Delta H \Delta\tau \geqslant \frac{\hbar}{2} \tag{14}$$

genügen. Man bezeichnet das minimale $\Delta\tau$ auch als die Lebensdauer eines Zustands.

Befindet sich das Elektron in einem Eigenzustand ψ_n der Energie, ist also $\Delta H = 0$, so ergibt die Unschärferelation (14) eine unendliche Lebensdauer. Alle Erwartungswerte von Observablen, die nicht explizit von der Zeit abhängen, sind dann konstant. Wegen

$$i\hbar \frac{\partial}{\partial t} \psi_n = H\psi_n = E_n\psi_n$$

sieht man das auch unmittelbar:

$$\begin{aligned} -i\hbar \frac{d}{dt} \bar{Q}^{\psi_n} &= (H\psi_n, Q\psi_n) - (\psi_n, QH\psi_n) \\ &= (E_n\psi_n, Q\psi_n) - (\psi_n, QE_n\psi_n) = 0. \end{aligned} \tag{15}$$

Man nennt Eigenzustände der Energie daher auch stationäre Zustände.

I.5 Zwei für die Anwendungen typische Eigenwertprobleme

Zur Verdeutlichung der bisher eingeführten Begriffe sollen in diesem Kapitel zwei Eigenwertprobleme ausführlich behandelt werden, deren Lösung explizit angegeben werden kann. Das eine betrifft ein physikalisch wichtiges gebundenes System (harmonischer Oszillator), das andere ist ein Streuproblem mit einem gemischten Energiespektrum, bei dem allerdings zugunsten der leichten Rechenbarkeit ein stark idealisiertes eindimensionales Potential (δ-Funktion) zugrunde gelegt wird.

§ 13 Der harmonische Oszillator

Wenn ein System eine stabile Gleichgewichtslage besitzt, so kann man bekanntlich das Potential immer durch eine quadratische Funktion in den Auslenkungen approximieren, solange letztere klein genug sind. Bei einem Freiheitsgrad resultiert aus dieser Näherung der harmonische Oszillator. Er findet daher in der quantentheoretischen Behandlung von Molekülen und Festkörpern viele Anwendungen. Aber auch die Behandlung freier Felder kann aufgrund ihrer Feldgleichungen auf den harmonischen Oszillator zurückgeführt werden, wobei die Variablen natürlich nicht die Bedeutung räumlicher Auslenkungen haben.

Eigenwerte und Eigenzustände

Wegen der verschiedenen Interpretationen bei den Anwendungen wollen wir die Eigenwerte und die Eigenzustände der Energie des harmonischen Oszillators

$$H = \frac{p^2}{2m} + \frac{m}{2}\omega^2 x^2 \tag{1}$$

nach einer Methode ermitteln, die mehr von den algebraischen Eigenschaften des Operators und weniger von seiner Definition als Differentialoperator Gebrauch macht. Dies ist zugleich ein Hinweis auf eine Formulierung der Quantentheorie, die eine Verallgemeinerung auf Observable, die nicht nur von Ort und Impuls abhängen, zuläßt.

Als erstes führen wir zur Vereinfachung der Schreibweise die Variable $\xi = \sqrt{\frac{m\omega}{\hbar}}\,x$ ein und erhalten

$$H = \hbar\omega\,\frac{1}{2}\left(-\frac{d^2}{d\xi^2} + \xi^2\right) = \frac{\hbar\omega}{2}\left\{\left(\xi - \frac{d}{d\xi}\right)\left(\xi + \frac{d}{d\xi}\right) + 1\right\}. \tag{2}$$

Die hier vorkommenden Operatoren $\xi \pm \frac{d}{d\xi}$ genügen folgender durch partielle Integration gewonnener Relation

$$\int dx\psi_1^*(x)\left(\xi + \frac{d}{d\xi}\right)\psi_2(x) = \int dx\psi_2(x)\left\{\left(\xi - \frac{d}{d\xi}\right)\psi_1(x)\right\}^*. \tag{3}$$

Allgemein nennt man einen Operator b mit der Eigenschaft

$$(\psi_1, b\psi_2) = (a\psi_1, \psi_2), \qquad \psi_{1,2} \text{ bel.}$$

h e r m i t e s c h a d j u n g i e r t zu a und schreibt $b = a^*$, also

$$(\psi_1, a^*\psi_2) = (a\psi_1, \psi_2) \quad \text{oder} \quad (\psi_1, a^*\psi_2)^* = (a\psi_1, \psi_2)^* \tag{4}$$

d. h. $\quad (a^*\psi_2, \psi_1) = (\psi_2, a\psi_1)$.

Die Relationen $(a^*)^* = a$, $(a_1a_2)^* = a_2^*a_1^*$ und $(a_1 + \alpha a_2)^* = a_1^* + \alpha^* a_2^*$ für komplexe Zahlen α folgen unmittelbar aus der Definition:

$$\begin{aligned}
(\psi_1, (a^*)^*\psi_2) &= (a^*\psi_1, \psi_2) = (\psi_1, a\psi_2),\\
(\psi_1, (a_1 a_2^*)^*\psi_2) &= (a_1a_2\psi_1, \psi_2) = (a_2\psi_1, a_1^*\psi_2) = (\psi_1, a_2^*a_1^*\psi_2),\\
(\psi_1, (a_1 + \alpha a_2)^*\psi_2) &= ((a_1 + \alpha a_2)\psi_1, \psi_2) = (a_1\psi_1, \psi_2) + \alpha^*(a_2\psi_1, \psi_2)\\
&= (\psi_1, a_1^*\psi_2) + \alpha^*(\psi_1, a_2^*\psi_2) = (\psi_1, (a_1^* + \alpha^* a_2^*)\psi_2).
\end{aligned}$$

Für einen hermiteschen Operator Q gilt nach Gl. (6.11)

$$(\psi_1, Q\psi_2) = (Q\psi_1, \psi_2), \quad \text{also} \quad Q^* = Q. \tag{5}$$

Aus Gl. (3) folgt, daß $\xi + \frac{d}{d\xi}$ und $\xi - \frac{d}{d\xi}$ zueinander hermitesch adjungiert sind. Wir schreiben daher

$$a := \frac{1}{\sqrt{2}}\left(\xi + \frac{d}{d\xi}\right), \qquad a^* = \frac{1}{\sqrt{2}}\left(\xi - \frac{d}{d\xi}\right). \tag{6}$$

Der Hamilton-Operator ergibt sich damit zu

$$H = \hbar\omega\left(a^*a + \frac{1}{2}\right). \tag{7}$$

Das Eigenwertproblem für H ist dem des Operators a^*a äquivalent. Wir werden letzteres untersuchen. Aus der Definition (6) folgt die Vertauschungsrelation

$$[a, a^*] = aa^* - a^*a = 1. \tag{8}$$

Zur Bestimmung der Eigenwerte und Eigenzustände des Operators a^*a nehmen wir an, daß es einen Eigenzustand ψ_λ mit dem Eigenwert λ gibt:

$$a^*a\psi_\lambda = \lambda\psi_\lambda, \qquad (\psi_\lambda, \psi_\lambda) = 1. \tag{9}$$

Es gilt $\lambda \geqslant 0$:

$$(\psi_\lambda, \lambda\psi_\lambda) = \lambda = (\psi_\lambda, a^*a\psi_\lambda) = (a\psi_\lambda, a\psi_\lambda) \geqslant 0. \tag{10}$$

Der Zustand $a^*\psi_\lambda$ gehört wegen Gl. (8) zum Eigenwert $\lambda + 1$ von a^*a:

$$a^*aa^*\psi_\lambda = a^*(a^*a + 1)\psi_\lambda = a^*(\lambda + 1)\psi_\lambda = (\lambda + 1)a^*\psi_\lambda. \tag{11}$$

Er hat die Norm

$$(a^*\psi_\lambda, a^*\psi_\lambda) = (\psi_\lambda, aa^*\psi_\lambda) = \lambda + 1 > 0. \tag{12}$$

Durch Fortsetzung dieses Verfahrens ergibt sich mit ψ_λ die unendliche Reihe von normierten Zuständen

$$\psi_\lambda, \qquad \psi_{\lambda+1} = \frac{a^*}{\sqrt{\lambda+1}}\psi_\lambda, \qquad \psi_{\lambda+2} = \frac{a^*}{\sqrt{\lambda+2}}\psi_{\lambda+1}, \qquad \ldots \tag{13}$$

mit den Eigenwerten

$$\lambda, \qquad \lambda + 1, \qquad \lambda + 2, \qquad \ldots . \tag{14}$$

Man nennt a^* einen Aufsteigeoperator, da bei seiner Anwendung der Eigenwert um eine Einheit erhöht wird.

Der Zustand $a\psi_\lambda$ ist entweder Null oder ein Eigenzustand zu $\lambda - 1$:

$$a^*aa\psi_\lambda = (aa^* - 1)a\psi_\lambda = (\lambda - 1)a\psi_\lambda. \tag{15}$$

Man nennt a deshalb Absteigeoperator.

Durch wiederholte Anwendung von a gewinnt man so, falls der neue Zustand jeweils ungleich Null ist, folgende Reihe von Eigenzuständen:

$$\psi_\lambda, \qquad \psi_{\lambda-1}, \qquad \psi_{\lambda-2}, \qquad \ldots \tag{16}$$

mit den Eigenwerten

$$\lambda, \quad \lambda-1, \quad \lambda-2, \quad \dots . \tag{17}$$

Diese Reihe muß abbrechen, da man sonst zu negativen Eigenwerten kommt, die nach Gl. (10) nicht erlaubt sind. Es muß also ein ganzzahliges $n_0 \geqslant 0$ geben mit

$$\psi_{\lambda-n_0} \neq 0, \qquad a\psi_{\lambda-n_0} = 0, \tag{18}$$

woraus $$a^*a\psi_{\lambda-n_0} = (\lambda - n_0)\psi_{\lambda-n_0} = 0, \qquad \lambda = n_0 \tag{19}$$

folgt. Der Zustand $\psi_0 = \psi_{\lambda-n_0}$ mit

$$a\psi_0 = 0, \qquad (\psi_0, \psi_0) = 1 \tag{20}$$

wird Grundzustand genannt.

Wenn also ein Eigenzustand ψ_λ existiert, so ist λ eine nichtnegative ganze Zahl, und man erhält als Eigenwerte alle nichtnegativen ganzen Zahlen und als Eigenzustände

$$\begin{aligned} &\psi_0, \quad \psi_1 = a^*\psi_0, \quad \psi_2 = \frac{(a^*)^2}{\sqrt{2}}\psi_0, \quad \dots \quad \psi_n = \frac{(a^*)^n}{\sqrt{n!}}\psi_0, \quad \dots \\ &a^*a\psi_n = n\psi_n, \qquad n = 0, 1, 2, \dots \end{aligned} \tag{21}$$

mit $a\psi_0 = 0, \qquad (\psi_n, \psi_n) = 1.$

Es bleibt die Frage, ob dies alle Eigenzustände sind. Gehört zum Eigenwert $\lambda = n_0$ neben ψ_{n_0} noch ein (orthogonal gewählter) Eigenzustand ψ'_{n_0}, so kann man mit ψ'_{n_0} durch wiederholte Anwendung von a^* bzw. a wieder eine Serie von Eigenzuständen ψ'_n konstruieren (n ganz $\geqslant 0$). Beim Auf- und Absteigen bleibt wegen

$$(a^*\psi_{n_0}, a^*\psi'_{n_0}) = (\psi_{n_0}, aa^*\psi'_{n_0}) = (\psi_{n_0}, (a^*a + 1)\psi'_{n_0}) = (n_0 + 1)(\psi_{n_0}, \psi'_{n_0}),$$

$$(a\psi_{n_0}, a\psi'_{n_0}) = (\psi_{n_0}, a^*a\psi'_{n_0}) = n_0(\psi_{n_0}, \psi'_{n_0})$$

die Orthogonalität erhalten.

Mit $$\psi'_n = \frac{(a^*)^n}{\sqrt{n!}}\psi'_0 \quad \text{und} \quad \psi_n = \frac{(a^*)^n}{\sqrt{n!}}\psi_0$$

gilt also $(\psi_n, \psi'_n) = 0$, falls für ein beliebiges festes n_0 $(\psi_{n_0}, \psi'_{n_0}) = 0$.

Zu jedem Satz orthogonal gewählter Eigenzustände zum Eigenwert n gehört daher ein orthogonaler Satz von Grundzuständen. Umgekehrt gewinnt man sämtliche Eigenzustände durch Bestimmung aller orthogonaler ψ_0 mit $a\psi_0 = 0$ und anschließendem Aufsteigen mit a^*. Die Serien, die aus diesen verschiedenen ψ_0 aufgebaut werden, sind wechselseitig orthogonal.

Der *Entartungsgrad der Eigenwerte* ist also unabhängig von n.

Für den Differentialoperator $\sqrt{2}\,a = \xi + \frac{d}{d\xi}$ können wir die Gleichung $a\psi_0 = 0$ explizit lösen.

$$\xi\psi_0 = -\frac{d}{d\xi}\psi_0 \quad \text{liefert} \quad \psi_0 = Ae^{-\frac{\xi^2}{2}} = Ae^{-\frac{m\omega}{2\hbar}x^2}, \tag{22}$$

wobei A unabhängig von x ist. Lassen wir nur Funktionen von x allein zu, so liegt keine Entartung vor. Da die allgemeinste Observable des hier betrachteten Systems nur von x und p abhängen soll, genügen aber zur Beschreibung der Zustände Wellenfunktionen, die nur von x abhängen. Denn eine beliebige Observable f(p, x) liefert in Anwendung auf $\psi(x)$ wieder eine Funktion von x allein, d. h. keine Observable führt aus dem Zustandsraum der $\psi(x)$ heraus. Die normierte Funktion

$$\psi_0(x) = \left(\frac{m\omega}{\pi\hbar}\right)^{1/4} e^{-\frac{m\omega}{2\hbar}x^2} \tag{23}$$

ist dann bis auf eine konstante Phase eindeutig bestimmt.

Wegen $H = \left(a^*a + \frac{1}{2}\right)\hbar\omega$ lauten die Eigenfunktionen und Eigenwerte der Energie

$$\psi_n(x) = \left(\frac{m\omega}{\pi\hbar}\right)^{1/4} (n!2^n)^{-1/2} \left(\xi - \frac{d}{d\xi}\right)^n e^{-\frac{\xi^2}{2}}, \tag{24}$$

$$E_n = \hbar\omega\left(n + \frac{1}{2}\right), \qquad n = 0, 1, 2 \ldots .$$

Mit der Definition der Hermiteschen Polynome (R 6)

$$H_n(\xi) = e^{\frac{\xi^2}{2}} \left(\xi - \frac{d}{d\xi}\right)^n e^{-\frac{\xi^2}{2}}$$

gilt
$$\psi_n(x) = \left(\frac{m\omega}{\pi\hbar}\right)^{1/4} (n!2^n)^{-1/2} e^{-\frac{\xi^2}{2}} H_n(\xi),$$
$$H_0 = 1, \quad H_1 = 2\xi, \quad H_2 = 4\xi^2 - 2, \quad H_3 = 8\xi^3 - 12\xi, \quad \ldots . \tag{25}$$

Der Erwartungswert von x verschwindet für alle Eigenzustände der Energie, da nach Gl. (6) $\xi\psi_n$ eine Linearkombination von ψ_{n-1} und ψ_{n+1} ist und die Eigenfunktionen orthogonal sind.

Entsprechend schließt man, daß auch der Erwartungswert des Impulses in den Eigenzuständen verschwindet. Die Quadrate der Unschärfen von Ort und Impuls ergeben sich zu

$$\begin{aligned}(\Delta x)_n^2 &= \frac{\hbar}{m\omega}\frac{1}{2}(\psi_n, (a + a^*)^2\psi_n) = \frac{\hbar}{2m\omega}(\psi_n, (a^2 + a^{*2} + aa^* + a^*a)\psi_n)\\ &= \frac{\hbar}{2m\omega}(\psi_n, (2a^*a + 1)\psi_n) = \frac{\hbar}{m\omega}\left(n + \frac{1}{2}\right),\\ (\Delta p)_n^2 &= \frac{\hbar^2}{i^2}\frac{m\omega}{\hbar}\frac{1}{2}(\psi_n, (a - a^*)^2\psi_n) = \hbar m\omega\left(n + \frac{1}{2}\right).\end{aligned} \tag{26}$$

Das Produkt der Unschärfen

$$(\Delta x)_n(\Delta p)_n = \hbar\left(n + \frac{1}{2}\right) \geqslant \frac{\hbar}{2} \tag{27}$$

wächst mit n und nimmt für n = 0 den nach der Unschärferelation kleinstmöglichen Wert an.

In der mathematischen Literatur wird gezeigt, daß jede absolut quadratintegrable Funktion ψ durch eine Reihe

$$\sum_{n=0}^{\infty} c_n\psi_n(x), \qquad c_n = (\psi_n, \psi), \qquad \psi_n \text{ aus Gl. (25)}$$

im Mittel approximiert werden kann, die ψ_n also ein vollständiges Orthogonalsystem bilden. Es gilt die Vollständigkeitsrelation (R 6):

$$\sum_{n=0}^{\infty} \psi_n(x)\psi_n^*(y) = \delta(x-y). \tag{28}$$

Der Hamilton-Operator

$$H = -\frac{1}{2m}\frac{d^2}{dx^2} + \frac{m}{2}\omega^2x^2$$

besitzt daher die definierenden Eigenschaften einer Observablen. Bemerkenswert ist die Äquidistanz der Eigenwerte (24). Sie erlaubt eine Interpretation als Summe von Energiequanten $\hbar\omega$. Man sagt, im n-ten Zustand liegen n Quanten $\hbar\omega$ vor. Für den Grundzustand ergibt sich die Energie $\hbar\omega/2$, die sogenannte N u l l p u n k t s e n e r g i e. Sie hängt mit der Unschärferelation zusammen. Es gilt wegen $\bar{p} = \bar{x} = 0$

$$(\psi, H\psi) = \bar{H} = \frac{\overline{p^2}}{2m} + \frac{m}{2}\omega^2\overline{x^2} = \frac{(\Delta p)^2}{2m} + \frac{m}{2}\omega^2(\Delta x)^2$$

$$\geqslant \frac{\hbar^2}{4}\frac{1}{2m}\frac{1}{(\Delta x)^2} + \frac{m}{2}\omega^2(\Delta x)^2 \geqslant \frac{\hbar\omega}{2},$$

wobei die erste Ungleichung in eine Gleichung übergeht für das minimale Unschärfeprodukt und die zweite für den Wert $(\Delta x)^2 = \hbar/2m\omega$.

Die Eigenzustände der Energie entsprechen nicht den klassischen Schwingungen des Oszillators, da die Erwartungswerte von x und p zu allen Zeiten Null sind. Der Erwartungswert der Energie resultiert allein aus der Orts- und Impulsunschärfe.

Schwingungen der Erwartungswerte

Hängt H nicht explizit von der Zeit ab wie in Gl. (1), so ist die allgemeine Lösung der Schrödinger-Gleichung $i\hbar\frac{\partial}{\partial t}\psi = H\psi$

$$\psi(t) = e^{-\frac{i}{\hbar}Ht}\psi(0), \qquad e^{-\frac{i}{\hbar}Ht} := \sum_{n=0}^{\infty}\left(\frac{-i}{\hbar}Ht\right)^n\frac{1}{n!}, \tag{29}$$

wie man durch Differentiation unmittelbar bestätigt. Entwickelt man den Anfangswert

$\psi(0)$ nach den Eigenfunktionen der Energie, so läßt sich die Zeitabhängigkeit explizit angeben:

$$\psi(x,t) = e^{-\frac{i}{\hbar}Ht}\sum_n c_n\psi_n(x) = \sum_n e^{-\frac{i}{\hbar}E_n t} c_n\psi_n(x). \tag{30}$$

Für den Erwartungswert einer Observablen, die nicht explizit von t abhängt, erhält man die Frequenzzerlegung

$$(\psi(t), Q\psi(t)) = \sum_{n,m} c_n^* c_m e^{-\frac{i}{\hbar}(E_m - E_n)t}(\psi_n, Q\psi_m) = \sum_{n,m} B_{nm} e^{-i\omega_{mn}t}. \tag{31}$$

Es kommen nur die Frequenzen

$$\omega_{mn} = \frac{1}{\hbar}(E_m - E_n) \tag{32}$$

vor und wegen der Äquidistanz der Eigenwerte beim Oszillator (Gl. (24)) nur Vielfache der Grundfrequenz ω. Da die Erwartungswerte (31) den klassischen Gleichungen genügen, gibt Gl. (32) allgemein den Zusammenhang zwischen klassischen F r e q u e n z e n u n d E n e r g i e e i g e n w e r t e n an.

Eine wohldefinierte Schwingung des Erwartungswerts $\bar{x}$ kann man dadurch erzeugen, daß man eine Auslenkung etwa durch ein zeitlich und räumlich konstantes elektrisches Feld $\mathscr{E}$ vornimmt, einen Eigenzustand der Energie im Feld aussondert und dann das Feld abschaltet.

Der Hamilton-Operator für diesen Vorgang ist

$$H(t) = \begin{cases} \hat{H} \text{ für } t < 0 \\ H \text{ für } t \geqslant 0 \end{cases}, \qquad H = \frac{p^2}{2m} + \frac{m}{2}\omega^2 x^2, \qquad \hat{H} = H - e\mathscr{E}x. \tag{33}$$

Das Eigenwertproblem von $\hat{H}$ läßt sich wegen

$$\hat{H} = \frac{p^2}{2m} + \frac{m}{2}\omega^2(x-b)^2 - \frac{m}{2}\omega^2 b^2, \qquad b = \frac{e\mathscr{E}}{m\omega^2}$$

leicht lösen:

$$\hat{H}\hat{\psi}_n = \hat{E}_n\hat{\psi}_n, \qquad \hat{\psi}_n(x) = \psi_n(x-b), \qquad \hat{E}_n = E_n - \frac{m}{2}\omega^2 b^2 \quad \text{mit } H\psi_n = E_n\psi_n. \tag{34}$$

Es gilt die Taylor-Reihe

$$\psi_n(x-b) = \psi_n(x) - b\psi_n'(x) + \frac{(-b)^2}{2!}\psi_n''(x) + \ldots = e^{-b\frac{d}{dx}}\psi_n(x). \tag{35}$$

Daher können wir unter Benutzung von Gl. (6) schreiben

$$\hat{\psi}_n = e^{-\beta(a-a^*)}\psi_n, \qquad \beta = b\sqrt{\frac{m\omega}{2\hbar}}. \tag{36}$$

Der Erwartungswert von a ergibt sich damit zu

$$(\hat{\psi}_n, a\hat{\psi}_n) = (e^{-\beta(a-a^*)}\psi_n, a\hat{\psi}_n) = (\psi_n, e^{-\beta(a^*-a)}a e^{-\beta(a-a^*)}\psi_n). \tag{37}$$

Ausdrücke der Gestalt $e^{\tau A}Be^{-\tau A}$ werden öfter vorkommen. Sie lassen sich als Reihe darstellen

$$G(\tau) := e^{\tau A}Be^{-\tau A} = \sum_n \frac{\tau^n}{n!} G^{(n)}(0).$$

Mit $\quad G'(\tau) = AG - GA = [A, G], \qquad G''(\tau) = [A, G'] = [A, [AG]], \qquad \ldots$

und $G(0) = B$ erhält man sofort

$$e^A B e^{-A} = B + [A, B] + \frac{1}{2!}[A[AB]] + \ldots . \tag{38}$$

Die Anwendung dieser Formel ergibt

$$e^{\beta(a-a^*)} a e^{-\beta(a-a^*)} = a + \beta[a - a^*, a] = a + \beta,$$

$$(\hat{\psi}_n, a\hat{\psi}_n) = \beta, \qquad (\hat{\psi}_n, a^*\hat{\psi}_n) = (a\hat{\psi}_n, \hat{\psi}_n) = \beta^* = \beta,$$

woraus man mit Gl. (6) schließt

$$(\hat{\psi}_n, x\hat{\psi}_n) = b, \qquad (\hat{\psi}_n, \underset{\sim}{p}\hat{\psi}_n) = 0. \tag{39}$$

Der Zustand $\hat{\psi}_n$ beschreibt also den ausgelenkten Oszillator, dessen Impulserwartungswert Null ist. Sowohl Ort als auch Impuls besitzen eine endliche Unschärfe.

Die zeitliche Entwicklung dieses Zustandes wird durch die Schrödinger-Gleichung gegeben

$$i\hbar \frac{\partial}{\partial t} \psi(t) = H(t)\psi(t)$$

mit H(t) aus Gl. (33). Da H nur einen endlichen Sprung bei t = 0 macht, ist die Lösung an der Stelle t = 0 stetig. Wir können daher als zeitabhängige Lösung schreiben

$$\hat{\psi}_n(x, t) = \begin{cases} e^{-\frac{i}{\hbar}\hat{H}t}\hat{\psi}_n(x) = e^{-\frac{i}{\hbar}\hat{E}_n t}\hat{\psi}_n(x) & \text{für } t < 0 \\ e^{-\frac{i}{\hbar}Ht}\hat{\psi}_n(x) & \text{für } t \geqslant 0. \end{cases} \tag{40}$$

Im weiteren interessieren wir uns nur für Zeiten $t \geqslant 0$. Dann gilt

$$\hat{\psi}_n(t) = e^{-\frac{i}{\hbar}Ht} e^{-\beta(a-a^*)}\psi_n = e^{-\frac{i}{\hbar}Ht} e^{-\beta(a-a^*)} e^{\frac{i}{\hbar}Ht} e^{-\frac{i}{\hbar}E_n t}\psi_n.$$

Wir formen den Operator auf der rechten Seite mit Hilfe der Relation

$$e^{-A}e^B e^A =: e^C, \qquad C = e^{-A}Be^A \tag{41}$$

um, die man leicht aus der Potenzreihenentwicklung von e^B erkennt. Die Berechnung von

$$e^{-\frac{i}{\hbar}Ht} a e^{\frac{i}{\hbar}Ht}$$

erfolgt am einfachsten durch Anwendung auf das vollständige System ψ_n der Eigenfunktionen ($a\psi_n = \text{const}\ \psi_{n-1}$):

$$e^{-\frac{i}{\hbar}Ht} a e^{\frac{i}{\hbar}Ht} \psi_n = e^{-\frac{i}{\hbar}Ht} a e^{\frac{i}{\hbar}E_n t} \psi_n = e^{-\frac{i}{\hbar}(E_{n-1}-E_n)t} a\psi_n = e^{i\omega t} a\psi_n, \qquad n \text{ bel.}$$

Wir erhalten so

$$e^{-\frac{i}{\hbar}Ht} a e^{+\frac{i}{\hbar}Ht} = a e^{i\omega t} \tag{42}$$

und die dazu hermitesch adjungierte Gleichung

$$e^{-\frac{i}{\hbar}Ht} a^* e^{\frac{i}{\hbar}Ht} = a^* e^{-i\omega t}. \tag{43}$$

Die zeitabhängige Lösung schreibt sich damit

$$\begin{aligned} \hat{\psi}_n(t) &= e^{-\beta(e^{i\omega t}a - e^{-i\omega t}a^*)} e^{-\frac{i}{\hbar}E_n t} \psi_n \\ &= e^{-(a-a^*)\beta \cos \omega t - i(a+a^*)\beta \sin \omega t} e^{-\frac{i}{\hbar}E_n t} \psi_n. \end{aligned} \tag{44}$$

Für vertauschbare Operatoren A und B gilt $e^{A+B} = e^A e^B$, weil diese Relation für komplexe Zahlen richtig ist. Sind A und B mit [A, B] vertauschbar, so gilt

$$e^{A+B} = e^{B+A} = e^A e^B e^{-1/2[A,B]}. \tag{45}$$

Den Nachweis dieser Formel führen wir über den parameterabhängigen Operator

$$F(\tau) := e^{\tau(A+B)} e^{-\tau B} e^{-\tau A}$$

und dessen Differentialgleichung

$$\begin{aligned} F'(\tau) &= e^{\tau(A+B)} \{(A+B-B)e^{-\tau B}e^{-\tau A} - e^{-\tau B}Ae^{-\tau A}\} \\ &= e^{\tau(A+B)} \{A - e^{-\tau B}Ae^{\tau B}\} e^{-\tau B}e^{-\tau A} \\ &= e^{\tau(A+B)} \tau[B, A] e^{-\tau B}e^{-\tau A} = -\tau[A, B]F(\tau). \end{aligned}$$

Deren allgemeine Lösung lautet

$$F(\tau) = e^{-\frac{\tau^2}{2}[A,B]} F(0),$$

so daß mit F(0) = 1 die Formel (45) folgt. Wenden wir sie auf Gl. (44) an, so ergibt sich mit reellem $\alpha(t)$

$$\begin{aligned} \hat{\psi}_n(x, t) &= e^{-i(a+a^*)\beta \sin \omega t} e^{-(a-a^*)\beta \cos \omega t} e^{-i\alpha(t)} \psi_n(x) \\ &= e^{-ix\frac{m\omega}{\hbar} b \sin \omega t} e^{-i\alpha(t)} \psi_n(x - b \cos \omega t) \end{aligned} \tag{46}$$

und $$|\hat{\psi}_n(x, t)|^2 = |\psi_n(x - \bar{x}(t))|^2, \qquad \bar{x}(t) = b \cos \omega t. \tag{47}$$

Die Ortsverteilung von $\hat{\psi}_n$ um den Erwartungswert $\bar{x}(t)$ ist die gleiche wie diejenige von ψ_n um $\bar{x} = 0$. Die ganze Verteilung schwingt starr mit $x(t) = b \cos \omega t$. Der Zustand entspricht also der klassischen Schwingung mit der Maximalauslenkung b.
Die Impulsverteilung ergibt sich aus $\hat{\psi}_n(x, t)$ durch Fourier-Transformation

$$\begin{aligned} \hat{\varphi}_n(p, t) &= \int dx \frac{e^{-\frac{i}{\hbar} px}}{(2\pi\hbar)^{1/2}} \hat{\psi}_n(x, t) \\ &= \int du \frac{e^{-\frac{i}{\hbar} pu}}{(2\pi\hbar)^{1/2}} e^{-\frac{i}{\hbar} um\omega b \sin \omega t} e^{i\gamma(p,t)} \psi_n(u) \\ &= e^{i\gamma(p,t)} \varphi_n(p + m\omega b \sin \omega t), \qquad \gamma = \gamma^*, \\ |\hat{\varphi}_n(p, t)|^2 &= |\varphi_n(p - \bar{p}(t))|^2, \qquad \bar{p}(t) = -m\omega b \sin \omega t. \end{aligned} \tag{48}$$

Die Impulsverteilung schwingt also starr mit $\bar{p}(t)$ im Einklang mit der klassischen Gleichung für den Erwartungswert $\bar{p} = m \frac{d}{dt} \bar{x}$. Die Unschärfen Δx und Δp sind durch Gl. (26) gegeben. Die Energie ist nicht scharf, ihr Erwartungswert ergibt sich wegen $(\Delta Q)^2 = \overline{Q^2} - \bar{Q}^2$ und Gl. (26), (47) und (48) zu

$$\begin{aligned} (\hat{\psi}_n, H\hat{\psi}_n) &= \frac{\overline{p^2}}{2m} + \frac{m}{2} \omega^2 \overline{x^2} = \frac{(\Delta p)^2}{2m} + \frac{m}{2} \omega^2 (\Delta x)^2 + \frac{\bar{p}^2(t)}{2m} + \frac{m}{2} \omega^2 \bar{x}^2(t) \\ &= \hbar\omega \left(n + \frac{1}{2}\right) + \frac{m}{2} \omega^2 b^2. \end{aligned}$$

Der erste Summand ist durch die U n s c h ä r f e von Ort und Impuls bestimmt und hängt von n ab, der zweite ist die klassische Energie der Schwingung der Erwartungswerte.

Kohärente Zustände

Die Zustände $\hat{\psi}_n(x) = \psi_n(x - b)$ bilden ein vollständiges System für festes b. Man kann auch ein System von Zuständen betrachten, das bei festem n beliebige Erwartungswerte von x und p besitzt. Das würde dem klassischen Problem mit vorgegebenen Anfangswerten x und p am nächsten kommen. Will man außerdem eine minimale Unschärfe haben, so muß man n = 0 wählen. Das führt auf den Ansatz

$$\begin{aligned} &\psi_\alpha(x) = e^{\alpha a^* - \alpha^* a} \psi_0(x), \qquad a\psi_0(x) = 0, \qquad (\psi_0, \psi_0) = 1, \\ &(\psi_\alpha, \psi_\alpha) = (e^{\alpha a^* - \alpha^* a} \psi_0, \psi_\alpha) = (\psi_0, e^{\alpha^* a - \alpha a^*} \psi_\alpha) = (\psi_0, \psi_0) = 1. \end{aligned} \tag{49}$$

Man nennt diese Zustände kohärent. Mit Hilfe von Gl. (45) lassen sie sich in die Form bringen

$$\psi_\alpha = e^{-\frac{|\alpha|^2}{2}} e^{\alpha a^*} \psi_0. \tag{50}$$

Sie sind Eigenzustände des Operators a

$$a\psi_\alpha = e^{-\frac{|\alpha|^2}{2}} e^{\alpha a^*} e^{-\alpha a^*} a e^{\alpha a^*} \psi_0 = e^{-\frac{|\alpha|^2}{2}} e^{\alpha a^*}(a+\alpha)\psi_0 = \alpha\psi_\alpha. \tag{51}$$

Es gilt daher

$$\begin{aligned}
&(\psi_\alpha, f(a)\psi_\alpha) = f(\alpha),\\
&(\psi_\alpha, g(a^*)\psi_\alpha) = (\{g(a^*)\}^*\psi_\alpha, \psi_\alpha) = (\{g(\alpha^*)\}^*\psi_\alpha, \psi_\alpha) = g(\alpha^*),\\
&(\psi_\alpha, g(a^*)f(a)\psi_\alpha) = g(\alpha^*)f(\alpha).
\end{aligned} \tag{52}$$

Sie sind nicht orthogonal:

$$\begin{aligned}
(\psi_\alpha, \psi_\beta) &= e^{-\frac{|\alpha|^2}{2}} (e^{\alpha a^*}\psi_0, \psi_\beta) = e^{-\frac{|\alpha|^2}{2}} (\psi_0, e^{\alpha^* \beta}\psi_\beta)\\
&= e^{-\frac{|\alpha|^2}{2}} e^{-\frac{|\beta|^2}{2}} e^{\alpha\beta^*}(\psi_0, e^{\alpha^*\beta}\psi_0)\\
&= e^{-\frac{1}{2}(|\alpha|^2 + |\beta|^2 - 2\alpha^*\beta)},
\end{aligned} \tag{53}$$

$$|(\psi_\alpha, \psi_\beta)|^2 = e^{-|\alpha-\beta|^2}.$$

Ihre Entwicklung nach Eigenzuständen der Energie lautet

$$\psi_\alpha = e^{-\frac{|\alpha|^2}{2}} e^{\alpha a^*}\psi_0 = \sum e^{-\frac{|\alpha|^2}{2}} \frac{\alpha^n}{n!}(a^*)^n\psi_0 = \sum_n \frac{e^{-\frac{|\alpha|^2}{2}}}{\sqrt{n!}}\alpha^n\psi_n. \tag{54}$$

Die Wahrscheinlichkeitsverteilung für die Energiewerte E_n ist demnach eine Poisson-Verteilung

$$W_n(\alpha) = \frac{e^{-|\alpha|^2}}{n!}|\alpha|^{2n} = \frac{e^{-\bar{n}}}{n!}\bar{n}^n, \tag{55}$$

$$\bar{n} := (\psi_\alpha, a^* a\psi_\alpha) = \alpha^*\alpha.$$

Die Orts- und Impulsverteilung folgt aus der Umformung

$$\psi_\alpha = e^{\alpha a^* - \alpha^* a}\psi_0 = e^{-(a-a^*)\,\mathrm{Re}\,\alpha + (a^*+a)\,i\,\mathrm{Im}\,\alpha}\psi_0$$

und der entsprechenden Überlegung im Anschluß an Gl. (46). Es gilt

$$|\psi_\alpha(x)|^2 = |\psi_0(x-\bar{x})|^2, \qquad |\varphi_\alpha(p)|^2 = |\varphi_0(p-\bar{p})|^2 \tag{56}$$

mit $$\bar{x} = \sqrt{\frac{2\hbar}{m\omega}}\,\mathrm{Re}\,\alpha, \qquad \bar{p} = \sqrt{2\hbar m\omega}\,\mathrm{Im}\,\alpha \tag{57}$$

und den von α unabhängigen minimalen U n s c h ä r f e n

$$(\Delta x)^2 = \frac{\hbar}{2m\omega}, \qquad (\Delta p)^2 = \frac{m\omega}{2}\hbar, \qquad \Delta x\Delta p = \frac{\hbar}{2}. \tag{58}$$

Die kohärenten Zustände sind vollständig, wenn man über alle komplexen Werte α integriert (R 7)

$$\int \frac{d^2\alpha}{\pi}\,\psi_\alpha(x)\psi_\alpha^*(y) := \frac{1}{\pi}\int d\,\mathrm{Re}\,\alpha d\,\mathrm{Im}\,\alpha\psi_\alpha(x)\psi_\alpha^*(y) = \delta(x-y). \tag{59}$$

Sie sind aber nicht linear unabhängig, wie z. B. die Relation

$$\int d^2\alpha\psi_\alpha(x)\alpha^m = 0, \qquad m \text{ ganz} > 0$$

zeigt (R 7).

Die Lösung der Schrödinger-Gleichung mit einem kohärenten Zustand als Anfangszustand lautet unter Verwendung von Gl. (43)

$$\psi_\alpha(x,t) = e^{-\frac{i}{\hbar}Ht}\psi_\alpha(x) = e^{-\frac{i}{\hbar}Ht}e^{\alpha a^*}e^{\frac{i}{\hbar}Ht}e^{-\frac{i}{\hbar}Ht}\psi_0(x)e^{-\frac{|\alpha|^2}{2}}$$
$$= e^{\alpha a^* e^{-i\omega t}}e^{-\frac{i}{\hbar}E_0 t}\psi_0(x)e^{-\frac{|\alpha|^2}{2}} = e^{-\frac{i\omega}{2}t}\psi_{\alpha e^{-i\omega t}}(x).$$

Die Zeitabhängigkeit kann also im wesentlichen auf den Parameter α übertragen werden. Die Mittelwerte von Ort und Impuls führen nach Gl. (57) wieder harmonische Schwingungen aus ($\alpha = |\alpha|e^{i\varphi}$):

$$(\psi_\alpha(t), x\psi_\alpha(t)) = \bar{x}(t) = \sqrt{\frac{2\hbar}{m\omega}}\,|\alpha|\cos(\omega t - \varphi),$$

$$\bar{p}(t) = -\sqrt{2\hbar m\omega}\,|\alpha|\sin(\omega t - \varphi).$$

Der Erwartungswert der Energie ergibt sich mit Gl. (52) zu

$$(\psi_\alpha(t), H\psi_\alpha(t)) = \hbar\omega\left(\overline{a^*a + \frac{1}{2}}\right) = \hbar\omega\left(\frac{1}{2} + (\psi_\alpha, a^*a\psi_\alpha)\right) = \hbar\omega\left(\frac{1}{2} + |\alpha|^2\right)$$
$$= \frac{\hbar\omega}{2} + \frac{\bar{p}^2}{2m} + \frac{m}{2}\omega^2\bar{x}^2.$$

Für die Unschärfe der Energie erhält man

$$(\Delta H)^2 = \hbar^2\omega^2(\Delta a^*a)^2 = \hbar^2\omega^2\{(a^*a\psi_\alpha, a^*a\psi_\alpha) - (\psi_\alpha, a^*a\psi_\alpha)^2\}$$
$$= \hbar^2\omega^2\{|\alpha|^2(\psi_\alpha, aa^*\psi_\alpha) - |\alpha|^4\} = \hbar^2\omega^2|\alpha|^2.$$

Sie hängt von α ab. Die relative Unschärfe $\Delta H/\bar{H}$ geht mit wachsendem Betrag von α wie $1/|\alpha|$ gegen Null.

Die kohärenten Zustände sind aufgrund ihrer Eigenschaften die quantenmechanischen Zustände, die den klassischen Vorstellungen am nächsten kommen. Man kann die Erwartungswerte von x und p beliebig vorgeben, die Unschärfe ist minimal. Solche Zustände spielen auch in der Quantenelektrodynamik eine Rolle, wenn man Feldoperatoren konstruieren will, deren Erwartungswerte einer geläufigen klassischen Situation entsprechen. Die Bezeichnung dieser Zustände als kohärente Zustände hat dort ihren Ursprung.

§ 14 Ein eindimensionales Streuproblem mit gebundenem Zustand

Streuprobleme spielen in der Quantenphysik eine bedeutende Rolle. Man kann sie dadurch charakterisieren, daß ein zunächst freies Teilchen in einen Wechselwirkungsbereich eintritt und sich danach wieder aus ihm entfernt. Die Wechselwirkung läßt sich in den einfachsten Fällen durch ein Potential beschreiben. Dabei kann auch der Fall eintreten, daß das Teilchen im Wechselwirkungsbereich festgehalten wird, also gebundene Zustände vorliegen. Die eigentlichen Streuzustände gehören zum kontinuierlichen, die gebundenen Zustände zum diskreten Spektrum des Hamilton-Operators.

Um die typische Struktur eines Streuproblems an einem Beispiel ohne umfangreiche Rechnungen deutlich zu machen, wählen wir ein eindimensionales Problem, bei dem das Potential V(x) nur in einem kleinen Bereich ungleich Null ist, und lassen diesen Bereich dann gegen Null gehen. Damit das Potential eine endliche Wirkung auf das Teilchen hat, halten wir das Integral über V(x) beim Grenzübergang fest. Wir untersuchen also das Potential

$$V(x) = \alpha\delta(x), \qquad \int dx V(x) = \alpha. \tag{1}$$

Das Eigenwertproblem der Energie

Die Eigenwertgleichung für die Energie mit dem Potential (1) lautet

$$-\frac{\hbar^2}{2m}\psi''(x) + \alpha\delta(x)\psi(x) = E\psi(x). \tag{2}$$

Für $x \neq 0$ kann man die allgemeine Lösung für $E > 0$ sofort angeben:

$$\psi_E(x) = \begin{cases} e_1 e^{ikx} + a_2 e^{-ikx} & \text{für } x < 0 \\ e_2 e^{-ikx} + a_1 e^{ikx} & \text{für } x > 0, \end{cases} \qquad \frac{\hbar^2 k^2}{2m} = E, \qquad k > 0. \tag{3}$$

Dabei sind die Koeffizienten e_i die einlaufenden und a_i die auslaufenden Amplituden. Ist das Potential Null, so gilt $e_i = a_i$ $(i = 1, 2)$, es findet keine Streuung statt. Im allgemeinen sind die auslaufenden Amplituden lineare homogene Funktionen der einlaufenden

$$\begin{pmatrix} a_1 \\ a_2 \end{pmatrix} = S \begin{pmatrix} e_1 \\ e_2 \end{pmatrix}, \qquad a_i = \sum_k S_{ik} e_k, \tag{4}$$

die durch die Eigenwertgleichung der Energie, d. h. durch das Potential bestimmt sind. Man nennt S die S t r e u m a t r i x zur Energie E.

Aus der Kontinuitätsgleichung (4.3) $\operatorname{div} j + \dot{w} = 0$ folgt für stationäre Zustände im Eindimensionalen $\frac{dj}{dx} = 0$. Berechnet man j für $x \gtrless 0$ mit der Wellenfunktion (3), so erhält man

$$\frac{m}{\hbar k} j = |e_1|^2 - |a_2|^2 = -|e_2|^2 + |a_1|^2, \tag{5}$$

woraus $\sum_{i=1}^{2} a_i^* a_i = \sum_{i,k,\ell} (S_{ik}e_k)^* S_{i\ell} e_\ell = \sum_i e_i^* e_i$

oder $\sum_i (S_{ik})^* S_{i\ell} = \delta_{k\ell}$

folgt. Mit der Definition der hermitesch adjungierten Matrix S^*,

$$(S^*)_{ik} = (S_{ki})^*, \tag{6}$$

erhalten wir

$$S^*S = 1 \quad \text{oder} \quad S^* = S^{-1}. \tag{7}$$

Man nennt eine solche Matrix u n i t ä r.

Aufgrund der Wahrscheinlichkeitserhaltung ist also die Streumatrix eine u n i t ä r e M a t r i x. Diese Schlußweise gilt auch, wenn Gl. (3) nur asymptotisch für $x \to \pm\infty$ gilt.

Für das spezielle Potential (1) gewinnt man die S-Matrix aus den Stetigkeitsbedingungen an die Eigenfunktion. Integriert man nämlich Gl. (2) über eine Umgebung von $x = 0$, so ergibt sich

$$-\frac{\hbar^2}{2m}\int_{-\epsilon}^{+\epsilon} dx\psi'' + \alpha\psi(0) = E\int_{-\epsilon}^{+\epsilon} dx\psi(x),$$

woraus im Grenzfall $\epsilon \to 0$ die Anschlußbedingung

$$\lim_{\epsilon\to 0}(\psi'(\epsilon) - \psi'(-\epsilon)) =: [\psi'(0)] = \frac{2m}{\hbar^2}\alpha\psi(0) =: -2\eta\psi(0)$$

folgt. Die Funktion ψ selbst ist an der Stelle $x = 0$ stetig, da sonst in der Differentialgleichung eine Ableitung der δ-Funktion auftreten müßte. Die beiden Anschlußbedingungen

$$[\psi(0)] = 0 \quad \text{und} \quad [\psi'(0)] = -2\eta\psi(0) \tag{8}$$

sind nur zwei Gleichungen für die vier Koeffizienten, das Eigenwertproblem ist also entartet. Es muß mit H vertauschbare Observable geben. Wenn diese weiteren Observablen zu einfachen Eigenwertproblemen führen, so ist es zweckmäßig, diese zunächst zu lösen. Das ist hier der Fall. Da das δ-Potential an die Stelle $x = 0$ gelegt wurde, ist der Hamilton-Operator mit dem Operator der S p i e g e l u n g am Ursprung Π vertauschbar:

$$\Pi\psi(x) := \psi(-x), \qquad \Pi^2 = 1, \qquad \Pi H = H\Pi. \tag{9}$$

Die Eigenwerte ξ von Π haben wegen $\Pi^2 = 1$ die Werte ± 1:

$$\Pi\psi_\xi(x) = \xi\psi_\xi(x), \qquad \Pi^2\psi_\xi(x) = \Pi\xi\psi_\xi(x) = \xi^2\psi_\xi(x) = \psi_\xi(x).$$

Man spricht von positiver bzw. negativer P a r i t ä t des Zustandes. Für die Koeffizienten in Gl. (3) bedeutet die Spiegelung

$$\Pi\psi(x) = \begin{cases} e_1 e^{-ikx} + a_2 e^{ikx} & \text{für } x > 0 \\ e_2 e^{ikx} + a_1 e^{-ikx} & \text{für } x < 0 \end{cases}$$

eine Transformation $D(\Pi)$

$$\begin{pmatrix} e_1 \\ e_2 \end{pmatrix} \xrightarrow{\Pi} \begin{pmatrix} e_2 \\ e_1 \end{pmatrix} =: D(\Pi)\begin{pmatrix} e_1 \\ e_2 \end{pmatrix}, \qquad D(\Pi) = \begin{pmatrix} 0 & 1 \\ 1 & 0 \end{pmatrix} \tag{10}$$

und analog für $a_{1,2}$.

Da wegen der Vertauschbarkeit von H und Π die Funktion $\Pi\psi$ wieder eine Lösung der Eigenwertgleichung ist, gilt nach Gl. (4)

$$D(\Pi)\begin{pmatrix} a_1 \\ a_2 \end{pmatrix} = SD(\Pi)\begin{pmatrix} e_1 \\ e_2 \end{pmatrix}.$$

Zusammen mit der ursprünglichen Gl. (4) erhalten wir für die S-Matrix die Beziehung

$$S = D^{-1}(\Pi)SD(\Pi) \tag{11}$$

oder $\qquad S_{11} = S_{22}, \qquad S_{12} = S_{21}$

als Folge der Spiegelungssymmetrie des Hamilton-Operators. Die Eigenvektoren von $D(\Pi)$ sind sofort anzugeben:

$$D(\Pi)\begin{pmatrix} 1 \\ 1 \end{pmatrix} = +1\begin{pmatrix} 1 \\ 1 \end{pmatrix}, \qquad D(\Pi)\begin{pmatrix} 1 \\ -1 \end{pmatrix} = -1\begin{pmatrix} 1 \\ -1 \end{pmatrix}. \tag{12}$$

Wegen der Vertauschungsrelationen (11) und der Nichtentartung sind dies auch die Eigenvektoren zu S, denn die Gleichung

$$S\begin{pmatrix} 1 \\ 1 \end{pmatrix} = SD(\Pi)\begin{pmatrix} 1 \\ 1 \end{pmatrix} = D(\Pi)S\begin{pmatrix} 1 \\ 1 \end{pmatrix}$$

besagt, daß $S\begin{pmatrix} 1 \\ 1 \end{pmatrix}$ Eigenvektor zu $D(\Pi)$ mit dem Eigenwert +1, mithin $= \alpha\begin{pmatrix} 1 \\ 1 \end{pmatrix}$ ist. Wegen $SS^* = 1$ gilt $|\alpha|^2 = 1$. Man schreibt daher

$$S\begin{pmatrix} 1 \\ 1 \end{pmatrix} = e^{2i\delta_+}\begin{pmatrix} 1 \\ 1 \end{pmatrix}, \qquad S\begin{pmatrix} 1 \\ -1 \end{pmatrix} = e^{2i\delta_-}\begin{pmatrix} 1 \\ -1 \end{pmatrix}, \qquad \delta_\pm \text{ reell.} \tag{13}$$

Wir haben so mit Hilfe der Spiegelungssymmetrie die S-Matrix diagonalisiert. Die Phasen $\delta_\pm$ heißen S t r e u p h a s e n positiver bzw. negativer Parität, sie hängen von der Energie E ab. Die zugehörigen Wellenfunktionen lauten nach Gl. (3)

$$\psi_{E,\pm}(x) = \frac{1}{\sqrt{4\pi}}\begin{cases} 1\cdot e^{ikx} \pm e^{2i\delta_\pm}e^{-ikx} & \text{für } x < 0 \\ e^{2i\delta_\pm}e^{ikx} \pm 1\cdot e^{-ikx} & \text{für } x > 0. \end{cases} \tag{14}$$

Sie sind offensichtlich symmetrisch bzw. antisymmetrisch, gehören also zu positiver bzw. negativer Parität. Die Anschlußbedingungen (8) bestimmen nun die Eigenwerte der S-Matrix zu

$$e^{2i\delta_+} = \frac{k + i\eta}{k - i\eta}, \qquad e^{2i\delta_-} = 1. \tag{15}$$

Das Resultat $\delta_- = 0$ ist unmittelbar einzusehen, da für eine antisymmetrische Funktion $\psi_-(x)$ die Gl. $\psi_-(x)\delta(x) = 0$ gilt, also die Wirkung des Potentials Null ist. Mit den expliziten Streuphasen lassen sich die Eigenfunktionen etwas einfacher schreiben

$$\psi_{E,+}(x) = \frac{1}{\sqrt{\pi}}\left(\cos kx + \frac{i\eta}{k - i\eta}\, e^{ik|x|}\right) = \frac{e^{i\delta_+}}{\sqrt{\pi}} \cos(k|x| + \delta_+)$$
$$\psi_{E,-}(x) = \frac{i}{\sqrt{\pi}} \sin kx, \qquad k > 0. \tag{16}$$

Damit sind alle Lösungen der Eigenwertgleichung für $E > 0$ gefunden.

Für $E < 0$ und $x \neq 0$ lautet die allgemeinste Lösung der Eigenwertgleichung (2)

$$\psi_E(x) = \begin{cases} Ae^{\kappa x} + Be^{-\kappa x} & \text{für } x < 0 \\ A'e^{-\kappa x} + B'e^{\kappa x} & \text{für } x > 0, \end{cases} \qquad \frac{\hbar^2\kappa^2}{2m} = -E, \qquad \kappa > 0.$$

Wegen des nicht zugelassenen exponentiellen Anstiegs für $|x| \to \infty$ müssen B und B' Null gesetzt werden. Es bleibt

$$\psi_E(x) = \begin{cases} Ae^{\kappa x} & \text{für } x < 0 \\ A'e^{-\kappa x} & \text{für } x > 0, \end{cases} \qquad \kappa > 0. \tag{17}$$

Die Anschlußbedingungen (8) liefern $A = A'$ und $\kappa = \eta$.

Sie lassen sich nicht befriedigen für $\eta < 0$, d. h. für abstoßendes Potential. Sei also jetzt $\eta > 0$, dann ist

$$\psi_\eta = \sqrt{\eta}\, e^{-\eta|x|} \tag{18}$$

ein normierter Zustand.

Das Spektrum des Energieoperators ist also für $E > 0$ kontinuierlich zweifach entartet und besitzt einen diskreten Wert bei $E = -\frac{\hbar^2}{2m}\eta^2$, falls $\eta > 0$.

Die Eigenfunktionen sind vollständig. Es gilt (R 8)

$$\int_0^\infty dk\,\{\psi_{E,+}(x)\psi^*_{E,+}(y) + \psi_{E,-}(x)\psi^*_{E,-}(y)\} + \frac{\eta + |\eta|}{2|\eta|}\,\psi_\eta(x)\psi^*_\eta(y) = \delta(x - y),$$
$$k = \frac{(2mE)^{1/2}}{\hbar}. \tag{19}$$

Dabei ist die Einbeziehung des gebundenen Zustandes wesentlich. Aus Gl. (19) kann man auch die Normierung der Eigenfunktionen ablesen, indem man z. B. mit $\psi_{E,+}(y)$ multipliziert und über y integriert:

$$\int dx\,\psi^*_{E,\pm}(x)\psi_{E,\pm}(x) = \delta(k - k'),$$
$$\int dx\,\psi^*_\eta(x)\psi_\eta(x) = 1 \qquad \text{für } \eta > 0. \tag{20}$$

Interpretation mit Hilfe von Wellenpaketen

Wollen wir die gewonnenen Ergebnisse über die stationären Zustände interpretieren, so müssen wir von Zuständen ausgehen, die auf Eins normiert sind, also keine Energieeigenzustände sein können. Dazu betrachten wir ein Wellenpaket

$$g(x) = \int dk A(k - k_0) e^{ikx} \tag{21}$$

mit einer auf den Bereich Δk um $k_0 \gg \Delta k$ konzentrierten reellen Funktion $A(k - k_0)$, die für $k < 0$ verschwinden soll. Der Erwartungswert von x ist 0, weil er sonst wegen

$$\bar{x} = |N|^2 \int dk A(k - k_0) i \frac{d}{dk} A(k - k_0)$$

imaginär wäre im Widerspruch zur Eigenschaft einer Observablen. Um eine quasiklassische Interpretation zu ermöglichen, soll die Unschärfe Δx des Ortes nicht zu groß sein; sie muß allerdings wegen der Unschärferelation mindestens den Wert $\Delta x = (2\Delta k)^{-1}$ besitzen, welcher für eine Gauß-Verteilung angenommen wird.

Um die Situation eines von $x < 0$ einlaufenden Teilchens beschreiben zu können, wählen wir unter den Eigenfunktionen (3) diejenige aus, die eine einlaufende Welle (der Amplitude 1) nur für $x < 0$ besitzt:

$$\psi_E(x, t) = e^{-i\omega t} \begin{cases} 1 \cdot e^{ikx} + \rho e^{-ikx} & \text{für } x < 0 \\ \tau e^{ikx} & \text{für } x > 0, \end{cases} \tag{22}$$

$$\hbar\omega = E = \frac{\hbar^2 k^2}{2m}, \qquad k > 0.$$

Man nennt $|\tau|^2 = T$ den Transmissionskoeffizienten und $|\rho|^2 = R$ den Reflexionskoeffizienten. Gl. (5) liefert für diese die Beziehung

$$1 - R = T. \tag{23}$$

Ein Vergleich mit Gl. (14) liefert die expliziten Werte

$$\begin{aligned} 2\rho &= e^{2i\delta_+} - e^{2i\delta_-} = 2i\eta \frac{1}{k - i\eta}, \\ 2\tau &= e^{2i\delta_+} + e^{2i\delta_-} = 2k \frac{1}{k - i\eta}. \end{aligned} \tag{24}$$

Integrieren wir die Lösung (22) mit $A(k - k_0)$ über k, so bekommen wir als zeitabhängige Lösung der Schrödinger-Gleichung des Streuproblems

$$\psi(x, t) = \begin{cases} \int dk A(k - k_0)[e^{ikx - i\omega t} + \rho e^{-i(kx + \omega t)}] & \text{für } x < 0 \\ \int dk A(k - k_0) \tau e^{i(kx - \omega t)} & \text{für } x > 0. \end{cases} \tag{25}$$

Den Exponenten können wir um k_0 entwickeln und das quadratische Glied $\frac{1}{2} t (\Delta k)^2 \cdot \left.\frac{\partial^2 \omega}{\partial k^2}\right|_{k = k_0}$ vernachlässigen, falls dieses klein gegen 2π ist, also $t \frac{\hbar}{2m} (\Delta k)^2 \ll 2\pi$ gilt.

Die Funktionen ρ und τ ersetzen wir im Intervall Δk durch $\rho(k_0)$ und $\tau(k_0)$. So ergibt sich

$$\psi(x,t) = \begin{cases} e^{i(k_0x-\omega_0t)} \cdot 1 \cdot f(x-vt) + e^{-i(k_0x-\omega_0t)}\rho_0 f(-x-vt) & \text{für } x<0 \\ e^{i(k_0x-\omega_0t)}\tau_0 f(x-vt) & \text{für } x>0, \end{cases} \tag{26}$$

wobei $v = \left(\frac{\partial\omega}{\partial k}\right)_{k_0} = \frac{\hbar k_0}{m}$ die Gruppengeschwindigkeit des Wellenpaketes ist und $f(x) = \int dk A(k) e^{ikx}$ nach Voraussetzung um $x = 0$ mit der Unschärfe Δx konzentriert ist.

Für $vt \ll -\Delta x$, also negative t, enthält $\psi(x,t)$ nur einen Beitrag von der einlaufenden Welle der Amplitude 1, und zwar konzentriert um $x = vt < 0$. Für $vt \gg \Delta x$ liefert einerseits die zu ρ_0 proportionale reflektierte Welle einen Beitrag um $x = -vt < 0$ und andererseits die zu τ_0 proportionale auslaufende Welle einen Beitrag um $x = vt > 0$. Das einfallende Wellenpaket spaltet sich also in ein durchgehendes und ein reflektiertes Wellenpaket mit dem Wahrscheinlichkeitsverhältnis $|\tau/\rho|^2 = T/R$ auf. Eine Messung nach der Streuung würde das Elektron mit der Wahrscheinlichkeit T im Bereich $x > 0$ und mit der Wahrscheinlichkeit R im Bereich $x < 0$ finden.

Für $k^2 \ll \eta^2$ tritt praktisch Totalreflexion ($T = 0$, $R = 1$) ein, für $k^2 \gg \eta^2$ reflexionsloser Durchgang ($R = 0$, $T = 1$).

Man kann die Betrachtung noch etwas verfeinern, indem man die Abhängigkeit der Koeffizienten ρ und τ von k berücksichtigt. Wir wollen uns dabei auf die durchgehende Welle, also den Bereich $x > 0$ beschränken und setzen mit $\tau = |\tau|e^{i\varphi}$ für die Phase $\varphi(k) = \varphi(k_0) + \varphi'(k_0)(k-k_0) + \ldots$ ein. Damit erhalten wir

$$\psi(x,t)|_{x>0} = e^{i(k_0x-\omega_0t+\varphi_0)} \int dk A(k-k_0)|\tau(k)|e^{i(k-k_0)(x-vt+\varphi_0')}.$$

Die rechte Seite der Gleichung ist um die Stelle $x = vt - \varphi_0'$ konzentriert, weil die obige Argumentation für das Verschwinden des Erwartungswerts von x im Zustand $\int dk e^{ikx} A(k)$ auf der Realität von A beruht, also auch für $A(k)|\tau(k)|$ gilt. Die Wechselwirkung verursacht also eine räumliche Verschiebung der durchgehenden Welle um $-\varphi_0'$ oder eine zeitliche Verschiebung um $-\frac{\varphi_0'}{v} = -\hbar\frac{\partial\varphi}{\partial E}$. Für das vorliegende Streuproblem gilt mit Gl. (24) $-\varphi_0' = \frac{\eta}{\eta^2 + k_0^2}$. Für $\eta > 0$ bzw. < 0 bedeutet das ein Vor- bzw. Nacheilen des Wellenpaketes durch das Potential. Das Vorzeichen ist plausibel, da sich klassisch die Geschwindigkeit beim Eintritt in einen Bereich negativen Potentials erhöht.

Wir haben damit die Streuung eines Teilchens, das auf einen Wechselwirkungsbereich trifft, als zeitabhängigen Vorgang quantentheoretisch beschrieben. Im allgemeinen bleibt man jedoch bei der vorher durchgeführten stationären Behandlung mit nichtnormierbaren Eigenfunktionen der Energie, zumal man die beobachtbaren Koeffizienten T und R darin ermitteln kann.

Bei einer experimentellen Streusituation werden oft viele Teilchen eingeschossen. Dann muß man ein Vielteilchenproblem lösen einschließlich der Wechselwirkung der Teilchen untereinander. Sind die Teilchendichten aber so gering, daß jedes Teilchen unabhängig vom anderen gestreut wird, was fast immer der Fall ist, dann ist die Beschreibung als mehrfaches Einteilchenproblem erlaubt.

I.6 Quantentheoretisches Gemisch bei unvollständiger Kenntnis

Die Kenntnis über ein quantentheoretisch zu beschreibendes System ist maximal, wenn die Wellenfunktion $\psi(\mathbf{r})$ bis auf eine konstante Phase eindeutig bestimmt ist. Man sagt, das System befinde sich in dem reinen Zustand $\psi(\mathbf{r})$. Dieser Zustand kann z. B. durch Messung von allen Observablen eines vollständigen Satzes vertauschbarer Observabler bestimmt werden, wenn die resultierenden Eigenwerte bekannt sind. Bisher sind wir immer davon ausgegangen, daß sich das Elektron mit Sicherheit in einem reinen Zustand befindet. Es kann aber auch der Fall vorliegen, daß nur eine Wahrscheinlichkeitsverteilung über reine Zustände vorliegt. Man spricht dann von einem statistischen Gemisch. Diese im Prinzip zu beseitigende unvollständige Kenntnis, ausgedrückt durch eine Wahrscheinlichkeitsverteilung, entspricht dem in der statistischen Thermodynamik vorliegenden Informationsdefizit, ist also keine typisch quantentheoretische Begriffsbildung. Weil in der klassischen Physik ein wohldefinierter Zustand nach Durchgang durch eine Meßapparatur wohldefiniert bleibt, kann man dort Systeme mit vollständiger Information getrennt von solchen mit Informationsdefiziten behandeln. In der Quantenmechanik dagegen bewirkt eine nicht abgelesene Meßapparatur im allgemeinen einen nicht zu vermeidenden Informationsverlust, so daß ein reiner Zustand dabei in ein Gemisch übergeht (s. das Verschwinden der Interferenzen in § 1).

§ 15 Der statistische Operator

Wir wollen im folgenden eine Situation behandeln, in der für das Elektron nicht eine bestimmte Wellenfunktion gegeben ist, sondern nur die Wahrscheinlichkeiten p_i für die möglichen Wellenfunktionen ψ_i. Man spricht von einem statistischen Gemisch, charakterisiert durch die normierten Wellenfunktionen ψ_i $(i = 1, 2, 3 \ldots)$ und die zugehörigen Wahrscheinlichkeiten $p_i \geqslant 0$ mit $\sum_i p_i = 1$. Woher wir die Kenntnis der ψ_i und p_i besitzen, und warum diese Kenntnis unvollständig ist, (solange zwei der $p_i \neq 0$ sind), braucht zunächst nicht untersucht zu werden. Auch spielt es keine Rolle, ob ein anderer eine vollständigere Kenntnis besitzt, die er nicht mitteilt.

Der Erwartungswert einer Observablen Q bezüglich eines durch ψ_i und p_i beschriebenen Gemisches ist wie in der klassischen Statistik als Mitteilung mit den Gewichten p_i definiert:

$$\langle Q\rangle = \sum_i p_i \bar{Q}^{\psi_i} = \sum_i p_i(\psi_i, Q\psi_i), \qquad p_i \geqslant 0, \sum_i p_i = 1. \tag{1}$$

Es ist für das Folgende nützlich, für den Erwartungswert Q eine neue Schreibweise einzuführen. Dazu entwickeln wir ψ nach einer orthogonalen Basis ψ_α

$$\bar{Q}^\psi = (\psi, Q\psi) = \sum_{\alpha,\beta} c_\beta^* c_\alpha(\psi_\beta, Q\psi_\alpha) =: \sum_{\alpha,\beta} c_\alpha c_\beta^* Q_{\beta\alpha} \tag{2}$$

mit $\quad \psi = \sum_\alpha c_\alpha \psi_\alpha, \qquad c_\alpha = (\psi_\alpha, \psi).$

Definiert man einen Operator P_ψ durch

$$(P_\psi)_{\alpha\beta} = (\psi_\alpha, P_\psi \psi_\beta) := c_\alpha c_\beta^*, \tag{3}$$

so ergibt sich

$$\bar{Q}^\psi = (\psi, Q\psi) = \sum_{\alpha,\beta} (P_\psi)_{\alpha\beta} Q_{\beta\alpha} = \sum_\alpha (P_\psi Q)_{\alpha\alpha}. \tag{4}$$

Die Summe über die Diagonalglieder wird als S p u r bezeichnet und durch Sp abgekürzt:

$$\sum_\alpha A_{\alpha\alpha} =: \text{Sp}\, A. \tag{5}$$

Sie ist von der Wahl der Basis ψ_α unabhängig (R 9). Mit dieser Bezeichnung erhalten wir aus Gl. (4)

$$\bar{Q}^\psi = (\psi, Q\psi) = \text{Sp}\, P_\psi Q, \qquad \text{Sp}\, P_\psi = 1. \tag{6}$$

Dabei folgt die Spur von P_ψ aus dem Spezialfall $Q = 1$ mit $\bar{1}^\psi = (\psi, \psi) = 1$.
Aus der Definition (3) entnimmt man die Wirkung von P_ψ auf ψ_β:

$$(\psi_\alpha, P_\psi \psi_\beta) = (\psi_\alpha, \psi)(\psi, \psi_\beta)$$

bzw. $$P_\psi \psi_\beta(\mathbf{r}) = \psi(\mathbf{r})(\psi, \psi_\beta) \tag{7}$$

oder $$\psi_\beta(\mathbf{r}) \xrightarrow{P_\psi} \int d^3r' k(\mathbf{r}, \mathbf{r}')\psi_\beta(\mathbf{r}'), \qquad k(\mathbf{r}, \mathbf{r}') = \psi(\mathbf{r})\psi^*(\mathbf{r}').$$

Während wir bisher nur Multiplikations- und Differentiationsoperatoren bezüglich der Wellenfunktionen kennengelernt haben, wie $\psi(\mathbf{r}) \xrightarrow{\mathbf{p}} \frac{\hbar}{i} \nabla\psi(\mathbf{r})$, tritt hier ein Integraloperator auf. Man nennt einen solchen Operator auch nichtlokal, da das Resultat der Anwendung des Operators auf $\psi(\mathbf{r})$ nicht nur von der Wellenfunktion am Ort $\mathbf{r}$ oder seiner Umgebung abhängt. Der Integraloperator ist die allgemeinste Form eines linearen Operators.

Die Operatoren P_ψ sind hermitesch,

$$P_\psi^* = P_\psi, \tag{8}$$

denn die definierende Gl. (6.11) ist wegen

$$(\psi_\alpha, P_\psi \psi_\beta) = c_\alpha c_\beta^* = (c_\beta c_\alpha^*)^* = \{(\psi_\beta, P_\psi \psi_\alpha)\}^* = (P_\psi \psi_\alpha, \psi_\beta)$$

erfüllt. Nach Gl. (7) gilt ($(\psi, \psi) = 1$)

$$P_\psi^2 \psi_\beta(\mathbf{r}) = (\psi, \psi_\beta) P_\psi \psi(\mathbf{r}) = (\psi, \psi_\beta)\psi(\mathbf{r})(\psi, \psi) = P_\psi \psi_\beta(\mathbf{r}),$$

also $$P_\psi^2 = P_\psi. \tag{9}$$

Beliebige Operatoren P mit der Eigenschaft $P^2 = P = P^*$ nennt man P r o j e k t o r e n. Es handelt sich um positive Operatoren, denn es gilt

$$(\psi, P\psi) \geqslant 0, \qquad \psi \text{ bel.}\,. \tag{10}$$

Dies folgt aus $0 \leqslant (P\psi, P\psi) = (\psi, P^2\psi) = (\psi, P\psi)$. Mit P ist auch $1 - P$ ein Projektor, denn es gilt $(1 - P)^2 = 1 - 2P + P^2 = 1 - P$. Daraus folgt $(\psi, (1 - P)\psi) \geqslant 0$ oder mit Gl. (10)

$$0 \leqslant (\psi, P\psi) \leqslant 1. \tag{11}$$

Die Eigenfunktionen eines beliebigen Projektors P sind sofort anzugeben. Wegen $P^2 = P$ gilt $PP\psi = 1 \cdot P\psi$ und $P(1-P)\psi = 0 \cdot \psi$. Die Zustände $P\psi$ und $(1-P)\psi$ sind also Eigenzustände mit den Eigenwerten 1 und 0, sie sind im allgemeinen entartet. Jeder Zustand ψ läßt sich nach ihnen entwickeln

$$\psi = (P + 1 - P)\psi = P\psi + (1-P)\psi, \qquad (P\psi_1, (1-P)\psi_2) = 0.$$

P hat daher die Eigenschaften einer Observablen mit vollständigem Eigenfunktionssystem.

Für das Folgende wollen wir noch die Spur von P berechnen. Dazu wählen wir ein vollständiges Orthonormalsystem von Eigenzuständen ψ_λ zu P mit den Eigenwerten $p_\lambda = 1{,}0$:

$$\mathrm{Sp}\, P = \sum_\lambda (\psi_\lambda, P\psi_\lambda) = \sum_\lambda p_\lambda(\psi_\lambda, \psi_\lambda) = \sum_\lambda p_\lambda.$$

Dies zeigt, daß die Spur des Projektionsoperators gleich der Anzahl der linear unabhängigen Zustände ist, auf die P projiziert, oder gleich dem Entartungsgrad seines Eigenwertes +1.

Gl. (6) zusammen mit (1) erlaubt nun eine einfache Schreibweise für den Erwartungswert einer Observablen Q in einem statistischen Gemisch, das durch die Wellenfunktionen ψ_i bzw. die Projektoren P_{ψ_i} mit den Gewichten p_i gegeben ist:

$$\langle Q\rangle = \sum_i p_i \bar{Q}^{\psi_i} = \mathrm{Sp} \sum_i p_i P_{\psi_i} Q = \mathrm{Sp}\, \rho Q \tag{12}$$

mit

$$\begin{aligned} &\rho := \sum_i p_i P_{\psi_i}, \qquad \mathrm{Sp}\, P_{\psi_i} = 1, \qquad \sum_i p_i = 1, \qquad p_i \geqslant 0, \\ &\rho^* = \rho, \qquad \mathrm{Sp}\, \rho = 1, \qquad 0 \leqslant (\psi, \rho\psi) = \sum_i p_i(\psi, P_{\psi_i}\psi) \leqslant \sum_i p_i = 1. \end{aligned} \tag{13}$$

Man nennt ρ den statischen Operator des Gemisches, seine Matrix auch Dichtematrix.

Durch Einführung der Projektoren können wir nun auch die Wahrscheinlichkeit, im Zustand ψ den Eigenwert q der Observablen Q zu finden, als Erwartungswert schreiben. Nach Gl. (9.10) gilt

$$\begin{aligned} W_q^\psi &= \sum_{\substack{n \\ q_n = q}} |(\psi_n, \psi)|^2 = \sum_{\substack{n \\ q_n = q}} (\psi, \psi_n(\psi_n, \psi)) = \sum_{\substack{n \\ q_n = q}} (\psi, P_{\psi_n}\psi) \\ &= (\psi, P_q\psi) = \overline{P_q}^{\psi}, \qquad P_q := \sum_{\substack{n \\ q_n = q}} P_{\psi_n}. \end{aligned} \tag{14}$$

P_q ist der Projektor auf alle Zustände mit dem Eigenwert q; die Wahrscheinlichkeit ist der Erwartungswert des Projektors.

Für ein statisches Gemisch folgt aus Gl. (14) und (12)

$$W_q \text{ (statisches Gemisch)} = \mathrm{Sp}\, \rho P_q = \sum_i p_i \overline{P_q}^{\psi_i},$$

$$P_q = \sum_{\substack{n \\ q_n = q}} P_{\psi_n}, \qquad Q\psi_n = q_n\psi_n, \qquad \mathrm{Sp}\, P_q = \sum_{\substack{n \\ q_n = q}} 1 = \text{Entartungsgrad}. \tag{15}$$

Sind für ein Gemisch die Gewichte p_i und die Wellenfunktionen ψ_i gegeben, so ist ρ durch Gl. (13) bestimmt und damit nach Gl. (12) und (15) die Gesamtheit der beobachtbaren Größen des Gemisches. Umgekehrt bestimmt ρ die Gewichte p_i und die Wellenfunktionen ψ_i nicht eindeutig, wie man schon am Beispiel eines Gemisches aus zwei orthogonalen Zuständen sieht (R 10).

Bei maximaler Kenntnis über das System liegt eine bestimmte Wellenfunktion ψ mit Sicherheit vor, das zugehörige p_i hat den Wert 1. Dieser reine Zustand hat den statistischen Operator

$$\rho_{\text{rein}} = P_\psi, \qquad \rho_{\text{rein}}^2 - \rho_{\text{rein}} = 0. \tag{16}$$

Im reinen Zustand ist durch den statistischen Operator P_ψ die Wellenfunktion $\psi(\mathbf{r})$ bis auf eine konstante Phase bestimmt. Die Beschreibungen durch ρ_{rein} und ψ sind äquivalent, da eine konstante Phase von ψ in beobachtbare Größen nicht eingeht.

Zeitabhängigkeit

Die Zeitabhängigkeit des statistischen Operators folgt aus der Zeitabhängigkeit der möglichen Zustände ψ_i, die durch die Schrödinger-Gleichung (3.8) gegeben ist:

$$\rho(t) = \sum_i p_i P_{\psi_i(t)}, \qquad i\hbar \frac{\partial}{\partial t} \psi_i = H\psi_i.$$

Wegen Gl. (7)

$$P_{\psi_i(t)} f = \psi_i(t)(\psi_i(t), f)$$

ergibt sich für beliebiges zeitunabhängiges f

$$i\hbar \frac{d}{dt} P_{\psi_i(t)} f = H\psi_i(\psi_i, f) - \psi_i(H\psi_i, f) = HP_{\psi_i} f - \psi_i(\psi_i, Hf) = [H, P_{\psi_i}]f$$

und als Bewegungsgleichung für den statistischen Operator

$$i\hbar \frac{d}{dt} \rho(t) = [H, \rho(t)]. \tag{17}$$

Hierbei kann H von t abhängen.

Die Spur von ρ ist zeitunabhängig gleich Eins:

$$\frac{d}{dt} \operatorname{Sp} \rho = \operatorname{Sp} \frac{d}{dt} \rho = \frac{1}{i\hbar} \operatorname{Sp} [H, \rho] = 0, \tag{18}$$

da Sp AB = Sp BA (R 9).

Für nicht explizit von der Zeit abhängige Observable Q gilt

$$\frac{d}{dt} \langle Q \rangle = \sum_i p_i \frac{d}{dt} \bar{Q}^{\psi_i} = \frac{d}{dt} \operatorname{Sp} (\rho Q) = \frac{1}{i\hbar} \operatorname{Sp} ([H, \rho] Q) = \frac{1}{i\hbar} \operatorname{Sp} (\rho [QH]) = \left\langle \frac{1}{i\hbar} [Q, H] \right\rangle \tag{19}$$

in Übereinstimmung mit Gl. (6.13). Für zeitabhängige Q(t) muß Gl. (19) ergänzt werden zu

$$\frac{d}{dt}\langle Q\rangle = \left\langle \frac{1}{i\hbar}[Q, H]\right\rangle + \left\langle \frac{\partial Q}{\partial t}\right\rangle. \tag{20}$$

Liegt zur Zeit t_0 ein reiner durch $\psi(t_0)$ beschriebener Zustand vor, so befindet sich das System aufgrund der Schrödinger-Gleichung zu allen Zeiten in einem reinen Zustand, er wird durch $\psi(t)$ beschrieben. Das kann man auch aus Gl. (16) und (17) ablesen. Mit $F := \rho^2 - \rho$ gilt $i\hbar\dot{F} = [H, F]$ und die Anfangsbedingung $F(t_0) = 0$, woraus $F(t) = 0$ als Lösung folgt. Daher kann die Schrödinger-Gleichung zu keinem Übergang zwischen einem reinen Zustand und einem Gemisch führen.

Das kanonische Gemisch

Soll ein Gemisch ein System beschreiben, von dem man nur den Erwartungswert U seines Hamilton-Operators H kennt, so kann man wie in der klassischen Statistik durch Maximieren des quantitativen Maßes für die Unkenntnis den statistischen Operator bestimmen. Als Maß für die Unkenntnis dient die Entropie S:

$$S = -k \operatorname{Sp} \rho \ln \rho, \qquad k = \text{Boltzmann-Konstante}. \tag{21}$$

Verwendet man bei der Spurbildung die Eigenfunktionen ψ_λ von ρ mit den Eigenwerten ρ_λ und beachtet $0 \leqslant \rho_\lambda \leqslant 1$ nach Gl. (13), so ergibt sich die aus der klassischen Statistik bekannte Form

$$S = -k \sum_\lambda \rho_\lambda \ln \rho_\lambda, \qquad S \geqslant 0, \qquad \rho_\lambda \geqslant 0, \qquad \sum_\lambda \rho_\lambda = 1. \tag{22}$$

Für einen reinen Zustand sollte das Maß der Unkenntnis den kleinstmöglichen Wert Null annehmen. Tatsächlich ergibt sich für einen reinen Zustand ($\rho_\lambda = \delta_{\lambda\lambda_0}$) aus Gl. (22) der Wert $S = 0$.

Die Bedingung maximaler Unkenntnis bei gegebenen Werten 1 und U für $\operatorname{Sp} \rho$ und $\operatorname{Sp} (\rho H)$ lautet mit den Lagrangeschen Parametern α und β

$$\delta \operatorname{Sp} (\rho \ln \rho + \alpha\rho + \beta\rho H) = 0$$

oder $$\operatorname{Sp} \delta\rho(\ln \rho + 1 + \alpha + \beta H) = 0,$$

woraus für beliebige $\delta\rho$ das Verschwinden der Klammer folgt und damit

$$\rho = Z^{-1} e^{-\beta H}, \qquad Z = \operatorname{Sp} e^{-\beta H},$$

$$U = \operatorname{Sp} \rho H = Z^{-1} \operatorname{Sp} H e^{-\beta H}, \qquad S = k\beta U + k \ln Z.$$

Hieraus berechnet man $\left(\frac{\partial S}{\partial U}\right)_V = k\beta$; mit der Definition $\frac{1}{T} = \left(\frac{\partial S}{\partial U}\right)_V$ der absoluten Temperatur T ergibt dies $\beta = \frac{1}{kT}$ und damit

$$\rho = Z^{-1} e^{-\frac{H}{kT}}, \qquad Z = \operatorname{Sp} e^{-\frac{H}{kT}}. \tag{23}$$

Der statistische Operator (23) beschreibt die kanonische Gesamtheit zur Temperatur T. Sie stellt sich beim Energieaustausch mit einem Wärmebad der Temperatur T ein. Z heißt Zustandssumme (partition function). Wegen F = U − TS gilt

$$F = -kT \ln \mathrm{Sp}\, e^{-\frac{H}{kT}}, \qquad \mathrm{Sp}\, e^{-\frac{H}{kT}} = e^{-\frac{F}{kT}}. \tag{24}$$

Da der kanonische statistische Operator (23) eine Funktion von H ist, haben ρ und H ein gemeinsames Eigenfunktionssystem. Wir wollen es durch die Energie und einen Entartungsparameter η kennzeichnen, der von 1 bis g(E) läuft, wobei g(E) der Entartungsgrad des Eigenwertes E ist. Damit ergibt sich

$$\rho = \sum_{E,\eta} \frac{e^{-\frac{E}{kT}}}{Z} P_{\psi_{E,\eta}} = \sum_E \frac{e^{-\frac{E}{kT}}}{Z} P_E \tag{25}$$

mit $P_E = \sum_\eta P_{\psi_{E,\eta}}, \qquad \mathrm{Sp}\, P_E = g(E)$

und $Z = \sum_{E,\eta} e^{-\frac{E}{kT}} = \sum_E g(E) e^{-\frac{E}{kT}}.$

Das kanonische Gemisch zur Temperatur T kann also durch die Funktionen $\psi_{E,\eta}$ mit den Wahrscheinlichkeiten $p_{E,\eta} = Z^{-1} e^{-\frac{E}{kT}}$ dargestellt werden. Für feste Energie E sind alle (reinen) Zustände $\psi_{E,\eta}$ ($\eta = 1, \ldots, g(E)$) gleich wahrscheinlich, es liegt maximale Unkenntnis bezüglich dieser Zustände vor. Die Meßwahrscheinlichkeit für die Energie E beträgt

$$W_E(\rho) = \mathrm{Sp}\, \rho P_E = \frac{1}{Z} g(E) e^{-\frac{E}{kT}},$$

wobei $e^{-\frac{E}{kT}}$ als Boltzmann-Faktor bezeichnet wird.

§ 16 Zustandsänderung durch Messung

Bisher haben wir die zeitliche Änderung des reinen Zustandes oder des Gemisches aufgrund der Schrödinger-Gleichung behandelt. Diese Änderung wird beschrieben durch die Hamilton-Funktion des Systems, die auch die Wechselwirkung enthält. Im Prinzip könnte man auch eine Messung durch Einbeziehung des Meßapparates in das zu beschreibende System und seine Hamilton-Funktion diskutieren. Wir wollen hier aber das System ohne Meßapparat betrachten, den Meßvorgang überspringen und nur das Resultat einer Messung diskutieren. Der Übergang des Zustandes vor der Messung zu dem nach der Messung ist dann im allgemeinen unstetig.

Wir beschränken uns in diesem Paragraphen auf diskrete Meßwerte, die Verallgemeinerung auf ein gemischtes Spektrum ergibt keine neuen Gesichtspunkte.

Wie wir schon früher (Gl. (10.1)) festgestellt haben, liegen nach einer Messung der Observablen Q mit der Feststellung des Eigenwertes q Eigenzustände ψ_q von Q zum Eigenwert q vor. Eine unmittelbare Wiederholung der Messung muß ja mit Sicherheit q ergeben, d. h. die Streuung um q muß Null sein. Diese Feststellung ist unabhängig von dem (reinen oder gemischten) Zustand des Systems vor der Messung.

Wir wollen im folgenden eine getrennte Diskussion führen für den Fall, daß es zu dem festgestellten Meßergebnis nur einen Zustand gibt, und den anderen, daß mehrere linear unabhängige Zustände mit dem Meßergebnis verträglich sind. Im ersten Fall kann die Messung auch zur Präparation eines wohlbestimmten Zustandes dienen.

Messungen, die zu optimaler Kenntnis führen

Wenn ein Zustand durch das Meßergebnis vollständig festgelegt werden soll, so müssen alle Observablen eines vollständigen Systems vertauschbarer Observabler gemessen werden. Wir wollen diesen Satz der Observablen durch $\{\ldots Q_i \ldots\} =: K$ kennzeichnen, ihre Eigenwerte durch $\{\ldots q_i \ldots\} =: k$ und die Eigenzustände durch $\psi_{\{\ldots q_i \ldots\}} =: \psi_k$ oder nach Gl. (15.7) durch P_{ψ_k}. Aus der Vollständigkeit der Eigenfunktion ψ_k folgt

$$\sum_k P_{\psi_k} = 1 \tag{1}$$

wegen $\psi(r) = \sum_k \psi_k(r) c_k = \sum_k \psi_k(r)(\psi_k, \psi) = \sum_k P_{\psi_k}\psi(r)$

für beliebige ψ.

Nach der Messung von K mit dem festgestellten Ergebnis k befindet sich das System im Zustand ψ_k, der statistische Operator nach der Messung ist also P_{ψ_k}:

$$\rho_{\text{vor}} \xrightarrow[\text{mit Ergebnis k}]{\text{Messung von K}} \rho_{\text{nach}} = P_{\psi_k}. \tag{2}$$

Die Wahrscheinlichkeit für das Resultat k ist dabei nach Gl. (15.15) durch $W_k = \text{Sp}\,(\rho_{\text{vor}} P_{\psi_k})$ gegeben mit

$$\sum_k W_k = \sum_k \text{Sp}\,(\rho_{\text{vor}} P_{\psi_k}) = \text{Sp}\,(\rho_{\text{vor}} \sum_k P_{\psi_k}) = \text{Sp}\,\rho_{\text{vor}} = 1.$$

Die Messung (2) ist insofern optimal, als sie die maximal mögliche Kenntnis über das System nach der Messung vermittelt. Man kann jedoch auch nach dieser Messung nur Wahrscheinlichkeitsaussagen machen für die Eigenwerte solcher Observabler, die nicht mit K kompatibel sind.

Lag vor der Messung ein reiner Zustand $\psi \neq \psi_k$ vor, so bewirkt die Messung die Änderung der Wellenfunktion von ψ nach ψ_k; man spricht auch von einer Reduktion des Wellenpaketes oder von einer Filterung der Wellenfunktion.

Messung eines entarteten Eigenwertes

Wenn die Meßapparatur nicht einen vollständigen Satz vertauschbarer Observabler mißt sondern z. B. nur eine Observable Q, deren Eigenwerte entartet sind, dann liefert die Feststellung des Eigenwertes q zwar die Aussage $Q\psi_q = q\psi_q$, aber es gibt mehrere Eigenfunktionen zum Eigenwert q. Für den Projektor auf die Eigenzustände P_q gilt nach Gl. (15.15) $\mathrm{Sp}\, P_q > 1$.

Erfolgt die Messung an einem reinen Zustand ψ, so läßt sich schreiben

$$\psi = \sum_{q,r} c_{q,r}\psi_{q,r}, \qquad Q\psi_{q,r} = q\psi_{q,r}, \qquad r = 1, 2 \ldots .$$

Die Zustände $\psi_{q,r}$ und damit die $c_{q,r}$ können durch einen vollständigen Satz vertauschbarer Observabler charakterisiert werden. Da Messungen von vertauschbaren Observablen sich nicht stören (§ 10), geht bei einer Messung von Q der Zustand $\sum_r c_{q,r}\psi_{q,r}$ wieder in sich über. Letzten Endes ist dies eine Forderung an den Meßapparat, beliebige Eigenfunktionen von Q unverändert passieren zu lassen. Nach der Messung des Eigenwertes q gilt dann

$$\psi_{\text{nach}} = \frac{1}{c}\sum_r c_{q,r}\psi_{q,r} = \frac{1}{c} P_q\psi, \qquad |c|^2 = (P_q\psi, P_q\psi) = \mathrm{Sp}\,(P_q P_\psi) \tag{3}$$

oder für beliebige f

$$P_{\psi_{\text{nach}}} f = \psi_{\text{nach}}(\psi_{\text{nach}}, f) = \frac{1}{|c|^2} P_q\psi(P_q\psi, f)$$

$$= \frac{1}{|c|^2} P_q\psi(\psi, P_q f) = \frac{1}{|c|^2} P_q P_\psi P_q f.$$

Nach der Messung des entarteten Eigenwertes q wird das System durch $P_{\psi_{\text{nach}}}$ beschrieben mit

$$P_{\psi_{\text{nach}}} = \frac{P_q P_\psi P_q}{\mathrm{Sp}\,(P_q P_\psi)}. \tag{4}$$

Eine entsprechende Formel gilt auch für Gemische, wie wir nun zeigen wollen.

Sei ρ_{vor} durch die Wellenfunktion ψ_i mit den Gewichten p_i gegeben, dann geht nach Gl. (3) bei Messung des Eigenwertes q jede einzelne Wellenfunktion ψ_i in die Wellenfunktion $c_i^{-1} P_q\psi_i$ mit $|c_i|^2 = \mathrm{Sp}\,(P_q P_{\psi_i})$ über. Die Wahrscheinlichkeit für den Meßwert q am Zustand ψ_i ist nach Gl. (15.15) $W_i = \mathrm{Sp}\,(P_q P_{\psi_i})$. Daher liegen nach der Messung die Zustände $c_i^{-1} P_q\psi_i$ mit der Wahrscheinlichkeit $p_i W_i / \sum_j p_j W_j$ vor. Der statistische Operator nach der Messung lautet dann mit Gl. (4)

$$\rho_{\text{nach}} = \sum_i \frac{p_i W_i}{\sum_j p_j W_j} \frac{P_q P_{\psi_i} P_q}{W_i} = \sum_i \frac{P_q p_i P_{\psi_i} P_q}{\sum_j p_j W_j}.$$

Das Resultat einer Messung eines entarteten Eigenwertes q an einem System mit dem statistischen Operator ρ_{vor} lautet also allgemein

$$\rho_{\text{vor}} \xrightarrow[\text{entarteten q}]{\text{Messung eines}} \rho_{\text{nach}} = \frac{P_q \rho_{\text{vor}} P_q}{\text{Sp}\,(P_q \rho_{\text{vor}})}. \tag{5}$$

Messungen ohne Kenntnisnahme des Ergebnisses

Nimmt man das Ergebnis z. B. einer optimalen Messung nach Gl. (2) nicht zur Kenntnis, so weiß man nur, daß nach der Messung an einem reinen Zustand ψ die Zustände ψ_k mit der Wahrscheinlichkeit $|c_k|^2$ mit $c_k = (\psi_k, \psi)$ vorliegen.
Der reine Zustand $\psi = \sum_k c_k \psi_k$ ist übergegangen in das Gemisch der Zustände ψ_k mit den Gewichten $p_k = |c_k|^2$. Es gilt daher

$$\rho_{\text{vor}} = P_\psi \xrightarrow[\text{ohne Ablesen}]{\text{Messung von K}} \rho_{\text{nach}} = \sum_k |c_k|^2 P_{\psi_k}. \tag{6}$$

Für den Erwartungswert einer Observablen R gilt mit $R_{kk'} = (\psi_k, R\psi_{k'})$

$$\langle R \rangle_{\text{vor}} = \text{Sp}\,(\rho_{\text{vor}} R) = (\psi, R\psi) = \sum_{k,k'} c_k^* c_{k'} R_{kk'},$$

$$\langle R \rangle_{\text{nach}} = \text{Sp}\,(\rho_{\text{nach}} R) = \sum_k |c_k|^2 \,\text{Sp}\, R P_{\psi_k} = \sum_k |c_k|^2 R_{kk}.$$

Die Messung ohne Ablesen macht also die Interferenzterme $k \neq k'$ in den Erwartungswerten zu Null, die Phasen von c_k spielen keine Rolle mehr. Dieser Sachverhalt liegt beim Doppelspalt (§ 1) vor, wenn die Lampe den Durchgang registriert; das Interferenzmuster verschwindet.

Mit den Gln. (2), (5) und (6) haben wir für die verschiedenen Meßprozesse die Änderung des Zustandes explizit angegeben. Die zeitliche Änderung nach der Messung richtet sich dann wieder nach Gl. (15.17). Während die Änderung durch die Hamilton-Funktion keine Übergänge zwischen reinen und gemischten Zuständen zuläßt, sind solche Übergänge durch den Meßprozeß erlaubt.

Schlußbemerkung zum Teil I

Mit den bisherigen Ausführungen haben wir unter Beschränkung auf ein einfaches System (ein durch Ort und Impuls zu beschreibendes nichtrelativistisches Teilchen) alle wichtigen Begriffe der Quantentheorie kennengelernt. Wir wollen hier noch einmal wesentliche Punkte zusammenstellen, die gegenüber dem klassischen Grenzfall neu sind.

Das Teilchen besitzt im allgemeinen keine bestimmten Werte für die physikalischen Größen, sondern eine Wahrscheinlichkeitsverteilung über mögliche Werte. Die möglichen Werte sind die Eigenwerte hermitescher Operatoren, die unter gewissen Umständen diskret sind (durch Quantenzahlen charakterisiert). Impuls und Ort, oder allgemeiner zwei nicht vertauschbare Observable, können nicht gleichzeitig scharfe Werte haben, es gilt die Heisenbergsche Unschärferelation. Wenn keine Messung vorgenommen wird, ist die zeitliche Entwicklung der Wahrscheinlichkeitsamplituden durch die Schrödinger-Gleichung, eine Differentialgleichung 1. Ordnung in der Zeit, gegeben. Deshalb sind die Amplituden durch ihren Wert zu einer bestimmten Zeit vollständig determiniert. Durch Messungen verändern sich die Wahrscheinlichkeitsverteilungen in einer im allgemeinen unstetigen aber wohldefinierten Weise.

Teil II Formaler Ausbau der Theorie und exemplarische Anwendungen auf Systeme mit endlich vielen Freiheitsgraden

Im Teil I haben wir im Rahmen der Quantentheorie Operationen kennengelernt, die der klassischen Physik fremd sind. Wir haben uns zwar von einer klassischen Wellentheorie leiten lassen, aber bei der Behandlung des harmonischen Oszillators zeigte sich, daß dies nicht das Wesentliche ist. Im Teil II soll daher eine Formulierung eingeführt werden, die den Grundstrukturen der Quantentheorie speziell angepaßt ist. Diese Formulierung, die auf Dirac zurückgeht, ist auch in ihrer Notation so allgemein gewählt, daß sie auf Teilchen und Felder sowie auf nichtklassische Freiheitsgrade (Spin) anwendbar ist.

II.1 Formulierung der Quantentheorie im abstrakten Zustandsraum

Ein reiner Zustand eines Teilchens kann, wie wir in Teil I gesehen haben, durch eine komplexe Orts-, eine Impulsamplitude oder auch durch einen unendlichen Satz komplexer Zahlen beschrieben werden. Diese Amplituden transformieren sich linear homogen ineinander. Es sind sozusagen die verschiedenen Koordinaten des physikalischen Zustandes. Wie in der Vektorrechnung soll nun ein abstrakter Zustandsvektor eingeführt werden, dessen Koordinaten dann durch Skalarprodukte mit einer Basis berechnet werden, die man der jeweiligen Situation anpassen kann. Das erleichtert die allgemeine Formulierung der Quantentheorie in ähnlicher Weise wie die Vektorschreibweise die Formulierung der klassischen Physik.

§ 17 Abstrakte Zustände und Operatoren

Zu den wesentlichen Strukturen reiner Zustände in Teil I gehörte die Möglichkeit der *Superposition* mit komplexen Koeffizienten, das Skalarprodukt und die Entwickelbarkeit nach vollständigen Sätzen von Zuständen. Wir wollen nun einen abstrakten *Zustandsraum* einführen, der diese Strukturen enthält. Den reinen Zuständen sollen die Elemente Φ dieses Raumes entsprechen, die wir *Zustandsvektoren* oder einfach Vektoren nennen. Wegen des Superpositionsprinzips soll der Zustandsraum ein linearer Vektorraum mit komplexen Koeffizienten sein: mit den Vektoren Φ_1 und Φ_2 gehören auch die Vektoren

$$\Phi = \alpha\Phi_1 + \beta\Phi_2, \qquad \alpha, \beta \text{ komplex}$$

zum Zustandsraum. Den Nullvektor Φ_{Null} mit der Eigenschaft

$$\Phi + \Phi_{\text{Null}} = \Phi, \qquad \Phi \text{ bel.}$$

bezeichnen wir mit $\Phi_{\text{Null}} = 0$.

Wir definieren ein Skalarprodukt (Φ_1, Φ_2) zweier Vektoren Φ_1, Φ_2 als komplexe Zahl mit den Eigenschaften (s. Gl. (9.1–3))

$$(\Phi_2, \Phi_1) = (\Phi_1, \Phi_2)^*, \qquad (\Phi, \Phi) \geqslant 0, \qquad (\Phi, \Phi) = 0 \text{ nur für } \Phi = 0,$$
$$(\Phi, \alpha\Phi_1 + \beta\Phi_2) = \alpha(\Phi, \Phi_1) + \beta(\Phi, \Phi_2), \qquad \alpha, \beta \text{ komplex.} \tag{1}$$

$(\Phi, \Phi)^{1/2}$ heißt die Norm von Φ.

Dirac führt neben dem Raum der Zustände $|\rangle$, die er kets nennt, den dualen Raum der bras $\langle|$ ein, um aus ihnen das Skalarprodukt (bra-c-ket) $\langle 2|1\rangle := (\Phi_2, \Phi_1)$ zu bilden. Wir vermeiden den dualen Raum und damit die Diskussion der Wirkung von Operatoren auf bras, könnten aber trotzdem das Skalarprodukt $(\Phi_\alpha, \Phi_\beta)$ durch $\langle\alpha|\beta\rangle$ bezeichnen, wie es öfter geschieht.

Ferner soll der Zustandsraum eine orthonormierte Basis Φ_α besitzen, so daß jeder Vektor Φ nach ihr entwickelt werden kann:

$$(\Phi_\alpha, \Phi_\beta) = \delta_{\alpha\beta}, \qquad \Phi = \sum_{\alpha=1}^{\infty} c_\alpha \Phi_\alpha, \qquad c_\alpha = (\Phi_\alpha, \Phi). \tag{2}$$

Läßt man nur Vektoren mit endlicher Norm zu und verlangt die Abzählbarkeit unabhängiger Vektoren sowie die Vollständigkeit und Separabilität, die im wesentlichen besagen, daß Grenzwertbildungen nicht aus dem Raum herausführen und jeder Vektor Grenzwert einer Folge ist, dann handelt es sich um den sogenannten Hilbert-Raum. Wir haben aber schon in Teil I gesehen, daß es nützlich ist, auch z. B. die Impulseigenzustände mit einzubeziehen, also Zustände $\Phi_{\mathbf{k}}$, die wegen $(\Phi_{\mathbf{k}}, \Phi_{\mathbf{k}'}) = \delta^3(\mathbf{k} - \mathbf{k}')$ keine endliche Norm besitzen. Auf eine allgemeine Diskussion, wann eine Reihe $\sum_\alpha c_\alpha \Phi_\alpha$ konvergiert, d. h. ein Vektor des Zustandsraums ist, wollen wir hier verzichten, damit nicht durch etwas aufwendige mathematische Erörterungen die für die Physik wichtigen Grundstrukturen überdeckt werden. An konkreten Fällen lassen sich solche Fragen einfacher diskutieren. Sie treten natürlich überhaupt nicht auf, wenn man es mit Unterräumen endlicher Dimension zu tun hat, was auch in der Quantentheorie nicht selten vorkommt.

Den meßbaren physikalischen Größen werden gewisse abstrakte Operatoren im Zustandsraum zugeordnet.

Wir definieren zunächst allgemein lineare Operatoren A durch die Abbildungsvorschrift

$$\Phi \xrightarrow{A} \Phi' = A\Phi \tag{3}$$

mit $\quad A(\alpha\Phi_1 + \beta\Phi_2) = \alpha A\Phi_1 + \beta A\Phi_2, \qquad \alpha, \beta$ komplex.

Ein linearer Operator ist unter Umständen nur auf einem Teil des Zustandsraumes definiert, weil seine Anwendung aus dem Raum herausführen kann.

Multiplikation und Addition von Operatoren ist durch

$$(AB)\Phi = A(B\Phi) \quad \text{und} \quad (A + B)\Phi = A\Phi + B\Phi \tag{4}$$

erklärt. Einheitsoperator 1 und Nulloperator 0 erfüllen die Gleichungen

$$1\Phi = \Phi, \qquad 0\Phi = 0.$$

Wie schon in Gl. (13.4) definieren wir den zu A hermitesch adjungierten Operator A^* durch

$$(\Phi_1, A\Phi_2) = (\hat{\Phi}_1, \Phi_2) \quad \text{und} \quad \hat{\Phi}_1 = A^*\Phi_1, \tag{5}$$

wobei wieder $A\Phi_2$ und $\hat{\Phi}_1$ zum Zustandsraum gehören müssen. A^* ist ein linearer Operator, es gilt $A^{**} = A$ und $(AB)^* = B^*A^*$.

Für den Operator A der linearen Abbildung

$$\Phi \xrightarrow{A} \Phi' = A\Phi := \Phi_1(\Phi_2, \Phi)$$

führen wir die Bezeichnung

$$A = \Phi_1)(\Phi_2$$

ein, die die Wirkungsweise von A unmittelbar angibt. Es gilt

$$(\Phi_3, A^*\Phi_4) = (A\Phi_3, \Phi_4) = (\Phi_1(\Phi_2, \Phi_3), \Phi_4) = (\Phi_3, \Phi_2)(\Phi_1, \Phi_4),$$

also $$A^* = \Phi_2)(\Phi_1, \quad \text{falls } A = \Phi_1)(\Phi_2. \tag{6}$$

Aus der Entwickelbarkeit jedes Vektors nach einer orthonormierten Basis

$$\Phi = \sum_\alpha \Phi_\alpha c_\alpha = \sum_\alpha \Phi_\alpha(\Phi_\alpha, \Phi) = \{\sum_\alpha \Phi_\alpha)(\Phi_\alpha\}\Phi$$

folgt die Vollständigkeitsrelation der Basisvektoren in der eingeführten Schreibweise

$$\sum_\alpha \Phi_\alpha)(\Phi_\alpha = 1. \tag{7}$$

Dabei sind die Operatoren

$$P_\alpha = \Phi_\alpha)(\Phi_\alpha \tag{8}$$

orthogonale Projektionsoperatoren (s. Gl. (15.9))

$$P_\alpha P_\beta = \Phi_\alpha)(\Phi_\alpha, \Phi_\beta)(\Phi_\beta = \delta_{\alpha\beta}\Phi_\alpha)(\Phi_\alpha = \delta_{\alpha\beta}P_\alpha, \qquad P_\alpha^* = P_\alpha. \tag{8a}$$

Ein linearer Operator U heißt unitär, wenn gilt

$$U^*U = 1 \quad \text{und} \quad UU^* = 1. \tag{9}$$

Die erste Bedingung hat die Invarianz des Skalarproduktes zur Folge:

$$(U\Phi_1, U\Phi_2) = (\Phi_1, U^*U\Phi_2) = (\Phi_1, \Phi_2). \tag{10}$$

Die zweite Bedingung besagt unter Verwendung der Gl. (6) und (7), daß ein vollständiges Orthonormalsystem unter U wieder in ein solches übergeht:

$$\sum_\alpha U\Phi_\alpha)(U\Phi_\alpha, \Phi) = U \sum_\alpha \Phi_\alpha)(\Phi_\alpha, U^*\Phi) = UU^*\Phi = \Phi. \tag{11}$$

Sind die Basisbilder Φ'_α bekannt, so kann man U explizit angeben

$$\Phi'_\alpha = U\Phi_\alpha, \qquad U = \sum_\alpha \Phi'_\alpha)(\Phi_\alpha. \tag{12}$$

Die zweite Bedingung der Gl. (9) muß gesondert gefordert werden, da z. B. für $I := \sum_\alpha \Phi_{\alpha+1})(\Phi_\alpha$ zwar $I^*I = \sum_{\alpha,\beta} \Phi_\alpha)(\Phi_{\alpha+1}, \Phi_{\beta+1})(\Phi_\beta = 1$, aber $I\,I^* = \sum_{\alpha,\beta} \Phi_{\alpha+1})(\Phi_\alpha, \Phi_\beta)(\Phi_{\beta+1} = \sum_\alpha \Phi_{\alpha+1})(\Phi_{\alpha+1} = 1 - \Phi_1)(\Phi_1 \neq 1$ gilt.

Die den meßbaren physikalischen Größen zugeordneten Operatoren Q sollen nach § 9 hermitesch sein ($Q^* = Q$) und ein vollständiges System von Eigenvektoren zu reellen Eigenwerten besitzen. Es gilt also nach Gl. (7)

$$1 = \sum_n \sum_\eta \Phi_{n\eta})(\Phi_{n\eta} + \int d\lambda \sum_\eta \Phi_{\lambda\eta})(\Phi_{\lambda\eta} \tag{13}$$

mit $\quad Q\Phi_{n\eta} = q_n\Phi_{n\eta}, \qquad Q\Phi_{\lambda\eta} = q(\lambda)\Phi_{\lambda\eta},$

$$(\Phi_{n\eta}, \Phi_{n'\eta'}) = \delta_{nn'}\delta_{\eta\eta'}, \qquad (\Phi_{\lambda\eta}, \Phi_{\lambda'\eta'}) = \delta(\lambda-\lambda')\delta_{\eta\eta'},$$

$$(\Phi_{n\eta}, \Phi_{\lambda\eta'}) = 0.$$

Dabei ist die Entartung durch einen diskreten Index η gekennzeichnet; man wählt ihn manchmal auch kontinuierlich. Die Operatoren

$$P_n := \sum_\eta \Phi_{n\eta})(\Phi_{n\eta} \quad \text{und} \quad P_\lambda := \sum_\eta \Phi_{\lambda\eta})(\Phi_{\lambda\eta} \tag{14}$$

sind Orthogonalprojektoren:

$$P_nP_{n'} = \delta_{nn'}, \qquad P_\lambda P_{\lambda'} = \delta(\lambda-\lambda')P_\lambda, \qquad P_nP_\lambda = 0. \tag{14a}$$

Die Gl. (13) stellt also eine Zerlegung des Einheitsoperators in eine Summe bzw. ein Integral von Projektoren dar

$$1 = \sum_n P_n + \int d\lambda P_\lambda. \tag{15}$$

Wendet man diese Gleichung auf die Observable Q an, so ergibt sich

$$Q = \sum_n q_n P_n + \int d\lambda q(\lambda) P_\lambda. \tag{16}$$

Man nennt Gl. (16) die Spektralzerlegung der Observablen Q. Operatorfunktionen f(Q) werden mit ihrer Hilfe definiert:

$$f(Q) := \sum_n f(q_n)P_n + \int d\lambda f(q(\lambda))P_\lambda. \tag{17}$$

f(Q) ist mit dieser Gleichung auf allen Zustandsvektoren Φ erklärt, für die die rechte Seite in Anwendung auf Φ konvergiert. Das ist für alle Zustandsvektoren der Fall, wenn für f(Q) die unitären Operatoren $e^{iQ\zeta}$ (ζ reell) gewählt werden, weil die Koeffizienten in

$$e^{iQ\zeta} = \sum_n e^{i\zeta q_n} P_n + \int d\lambda e^{i\zeta q(\lambda)} P_\lambda$$

vom Betrage 1 sind und Gl. (13) in Anwendung auf beliebige Zustandsvektoren gilt. Bezüglich Konvergenzfragen betrachtet man daher zweckmäßig die Operatoren $e^{iQ\zeta}$ anstelle des Operators Q. Derartige unitäre Operatoren haben oft eine einfache physikalische Bedeutung, wie wir später (§ 19) sehen werden.

Die abstrakte Formulierung in diesem Paragraphen enthält die wesentliche Struktur der Quantentheorie, die unabhängig von dem speziell betrachteten System ist. Wir haben sie abstrahiert aus dem konkreten Fall eines Elektrons, für den wir in Teil I eine vollständige Beschreibung gegeben haben. Wir wollen nun die Verbindung zwischen den beiden Beschreibungen herstellen.

Das System eines Elektrons ist gekennzeichnet durch seine Observablen Ort **r** und Impuls **p**. Jede Observable soll eine Funktion dieser beiden sein. Es gelten die Heisenbergschen Vertauschungsrelationen

$$[P_k, X_\ell] = P_k X_\ell - X_\ell P_k = \frac{\hbar}{i}\,\delta_{k\ell}, \qquad [P_k, P_\ell] = [X_k, X_\ell] = 0, \qquad k, \ell = 1, 2, 3 \tag{18}$$

oder $\quad [\mathbf{Pa}, \mathbf{R}] = \frac{\hbar}{i}\,\mathbf{a}, \qquad$ a bel. komplex.

Ein vollständiger Satz vertauschbarer Observabler besteht daher zum Beispiel aus den drei Komponenten von **R**. Die Eigenzustände $\Phi_\mathbf{r}$ zu **R** sind nicht entartet, sie bilden eine Basis des Zustandsraumes. Die Eigenwerte von **R** durchlaufen aufgrund der Vertauschungsrelationen alle reellen Vektoren **r**. Existiert nämlich ein Eigenzustand zum Eigenwert **r**, dann läßt sich der Eigenzustand zum Eigenwert **r** + **a** (**a** beliebig reell) explizit angeben:

$$e^{-\frac{i}{\hbar}\mathbf{Pa}}\,\Phi_\mathbf{r} = \Phi_{\mathbf{r}+\mathbf{a}}. \tag{19}$$

Zum Nachweis braucht man nur den Operator **R** anzuwenden und die aus Gl. (13.38) und Gl. (18) resultierende Beziehung

$$e^{\frac{i}{\hbar}\mathbf{Pa}}\,\mathbf{R}\,e^{-\frac{i}{\hbar}\mathbf{Pa}} = \mathbf{R} + \mathbf{a} \tag{20}$$

einzusetzen:

$$\mathbf{R}\,e^{-\frac{i}{\hbar}\mathbf{aP}}\,\Phi_\mathbf{r} = e^{-\frac{i}{\hbar}\mathbf{aP}}(\mathbf{R}+\mathbf{a})\Phi_\mathbf{r} = (\mathbf{r}+\mathbf{a})\,e^{-\frac{i}{\hbar}\mathbf{aP}}\,\Phi_\mathbf{r}.$$

Aus dem ersten Glied einer Entwicklung von Gl. (19) nach **a**

$$\left(1 - \frac{i}{\hbar}\mathbf{Pa} + \ldots\right)\Phi_\mathbf{r} = \Phi_\mathbf{r} + \mathbf{a}\nabla_\mathbf{r}\Phi_\mathbf{r} + \ldots$$

ergibt sich die Wirkung von **P** auf $\Phi_\mathbf{r}$:

$$\mathbf{P}\Phi_\mathbf{r} = -\frac{\hbar}{i}\,\nabla_\mathbf{r}\Phi_\mathbf{r}. \tag{21}$$

Damit haben wir eine orthonormale Basis $\Phi_\mathbf{r}$ des Zustandsraumes für ein Elektron gefunden:

$$\mathbf{R}\Phi_\mathbf{r} = \mathbf{r}\Phi_\mathbf{r}, \qquad (\Phi_\mathbf{r}, \Phi_{\mathbf{r}'}) = \delta^3(\mathbf{r}-\mathbf{r}'), \qquad \int d^3r\,\Phi_\mathbf{r})(\Phi_\mathbf{r} = 1. \tag{22}$$

Die Koeffizienten $(\Phi_{\mathbf{r}}, \Phi)$ der Entwicklung

$$\Phi = \int d^3r \Phi_{\mathbf{r}} (\Phi_{\mathbf{r}}, \Phi) \tag{23}$$

sind nach Gl. (9.16) die Wahrscheinlichkeitsamplituden für den Ort **r**, und

$$\int_G d^3r \, |(\Phi_{\mathbf{r}}, \Phi)|^2$$

ist die Wahrscheinlichkeit dafür, das Elektron im Gebiet G anzutreffen (Aufenthaltswahrscheinlichkeit). Mit der Bezeichnung aus Teil I gilt also

$$(\Phi_{\mathbf{r}}, \Phi) = \psi(\mathbf{r}). \tag{24}$$

Die Schrödingersche Wellenfunktion ist das Skalarprodukt des Zustandsvektors Φ mit dem Eigenzustand $\Phi_{\mathbf{r}}$ des Ortsoperators zum Eigenwert **r**.

Der Zustand $\hat{\Phi} = P_x \Phi$ hat die Wellenfunktion

$$\begin{aligned} \hat{\psi}(\mathbf{r}) &= (\Phi_{\mathbf{r}}, \hat{\Phi}) = (\Phi_{\mathbf{r}}, P_x \Phi) = (P_x \Phi_{\mathbf{r}}, \Phi) \\ &= \left(-\frac{\hbar}{i} \frac{\partial}{\partial x} \Phi_{\mathbf{r}}, \Phi \right) = \frac{\hbar}{i} \frac{\partial}{\partial x} (\Phi_{\mathbf{r}}, \Phi) = \underset{\sim}{p}_x \psi(\mathbf{r}). \end{aligned} \tag{25}$$

Die Anwendung des abstrakten Impulsoperators **P** auf den abstrakten Zustandsvektor entspricht also der Anwendung des Operators $\underset{\sim}{p}$ auf die zugehörige Wellenfunktion. Damit haben wir die gesamte Formulierung durch Wellenfunktionen im Teil I zurückerhalten. Die Wellenfunktionen sind die „Koordinaten" des Zustandes Φ zur speziellen Basis $\Phi_{\mathbf{r}}$,

$$\Phi = \int d^3r \Phi_{\mathbf{r}} \psi(\mathbf{r}), \qquad \psi(\mathbf{r}) = (\Phi_{\mathbf{r}}, \Phi) \tag{26}$$

in Analogie zur Zerlegung eines Vektors

$$\mathbf{c} = \sum_k \mathbf{e}_{(k)} c_k, \qquad c_k = \mathbf{e}_{(k)} \mathbf{c}, \qquad \mathbf{e}_{(k)} \mathbf{e}_{(\ell)} = \delta_{k\ell}$$

nach einem speziellen Basissystem.

Die drei Komponenten des Impulsoperators **P** bilden wie die von **R** einen vollständigen Satz vertauschbarer Observabler. Ihre Eigenzustände $\Phi_{\mathbf{p}}$

$$\mathbf{P}\Phi_{\mathbf{p}} = \mathbf{p}\Phi_{\mathbf{p}}, \qquad (\Phi_{\mathbf{p}}, \Phi_{\mathbf{p}'}) = \delta^3(\mathbf{p} - \mathbf{p}'), \qquad \int d^3p \Phi_{\mathbf{p}})(\Phi_{\mathbf{p}} = 1 \tag{27}$$

können daher als Basis verwendet werden zur Entwicklung eines beliebigen Zustandes

$$\Phi = \int d^3p \Phi_{\mathbf{p}} \varphi(\mathbf{p}), \qquad \varphi(\mathbf{p}) = (\Phi_{\mathbf{p}}, \Phi). \tag{28}$$

Hier sind die Impulsamplituden die „Koordinaten". Es gilt

$$\varphi(\mathbf{p}) = (\Phi_{\mathbf{p}}, \Phi) = \int d^3r (\Phi_{\mathbf{p}}, \Phi_{\mathbf{r}})(\Phi_{\mathbf{r}}, \Phi) = \int d^3r (\Phi_{\mathbf{p}}, \Phi_{\mathbf{r}}) \psi(\mathbf{r}). \tag{29}$$

Da $(\Phi_{\mathbf{r}}, \Phi_{\mathbf{p}})$ die Wellenfunktion des Impulseigenzustandes ist, (Gl. (8.19))

$$(\Phi_{\mathbf{r}}, \Phi_{\mathbf{p}}) = \psi_{\mathbf{p}}(\mathbf{r}) = \frac{1}{(2\pi\hbar)^{3/2}} e^{\frac{i}{\hbar}\mathbf{pr}},$$

erhalten wir mit Gl. (29) die frühere Aussage zurück, daß die Impulsamplitude die Fourier-Transformierte der Ortsamplitude ist.

Man nennt die Gl. (26) und (28) die Orts- und die Impulsdarstellung des Zustandes Φ. Bilden die Eigenzustände der Energie ein nicht entartetes System wie beim harmonischen Oszillator, dann kann man auch sie als Basis verwenden und erhält die Energiedarstellung des Zustandes.

Die Verallgemeinerung auf n Teilchen ist durch die Vertauschungsrelationen

$$[\mathbf{P}_\nu \mathbf{a}, \mathbf{R}_\mu] = \frac{\hbar}{i} \mathbf{a}\delta_{\mu\nu}, \qquad [\mathbf{a}\mathbf{R}_\nu, \mathbf{R}_\mu] = [\mathbf{a}\mathbf{P}_r, \mathbf{P}_\mu] = 0, \qquad \nu, \mu = 1, 2, \ldots, n \tag{30}$$

gegeben. Sie besagen, daß eine Messung einer Observablen, die nur vom Ort und Impuls eines Teilchens abhängt, durch eine Messung einer Observablen, die nur von Ort und Impuls eines anderen Teilchens abhängt, nicht gestört wird. Ist die allgemeinste Observable eine Funktion der $\mathbf{P}_\nu$ und $\mathbf{R}_\nu$, dann bilden die Observablen $\mathbf{R}_\nu$ ($\nu = 1, \ldots n$) einen vollständigen Satz vertauschbarer Observabler, und ihre gemeinsamen Eigenzustände

$$\Phi_{\mathbf{r}_1, \mathbf{r}_2, \ldots, \mathbf{r}_n} \quad \text{mit} \quad (\Phi_{\mathbf{r}_1, \mathbf{r}_2 \ldots \mathbf{r}_n}, \Phi_{\mathbf{r}'_1, \mathbf{r}'_2 \ldots \mathbf{r}'_n}) = \delta^3(\mathbf{r}_1 - \mathbf{r}'_1)\delta^3(\mathbf{r}_2 - \mathbf{r}'_2) \ldots \delta^3(\mathbf{r}_n - \mathbf{r}'_n) \tag{31}$$

sind eine Basis des Zustandsraumes. Die Wellenfunktion eines Zustandes hängt von den n Vektoren $\mathbf{r}_\nu$ ab, die den sogenannten Konfigurationsraum bilden:

$$\psi(\mathbf{r}_1, \mathbf{r}_2, \ldots, \mathbf{r}_n) = (\Phi_{\mathbf{r}_1, \mathbf{r}_2, \ldots, \mathbf{r}_n}, \Phi). \tag{32}$$

Die Wahrscheinlichkeit, die n Teilchen im 3n-dimensionalen Gebiet G des Konfigurationsraumes zu finden, ist durch

$$\int_G d^3r_1 d^3r_2 \ldots d^3r_n |\psi(\mathbf{r}_1, \mathbf{r}_2, \ldots, \mathbf{r}_n)|^2 \tag{33}$$

gegeben.

Jeder Zustand Φ läßt sich entwickeln

$$\Phi = \int d^3r_1 d^3r_2 \ldots d^3r_n \Phi_{\mathbf{r}_1, \mathbf{r}_2, \ldots, \mathbf{r}_n} \psi(\mathbf{r}_1, \mathbf{r}_2, \ldots, \mathbf{r}_n), \tag{34}$$

wobei die Wellenfunktionen $\psi(\mathbf{r}_1 \ldots \mathbf{r}_n)$ die „Koordinaten" sind.

Auch für n Teilchen könnte man die Impulseigenzustände als Basis wählen. Man würde den Zustand dann durch Impulswahrscheinlichkeitsamplituden ausdrücken.

Der Vorteil der abstrakten Formulierung liegt darin, daß man in der Wahl der Basis nicht festgelegt ist, sondern sie je nach Problemstellung ändern kann, weil die allgemeinen Gesetze unabhängig von einer Basis formuliert sind.

§ 18 Physikalisch äquivalente Beschreibungen, Schrödinger- und Heisenberg-Bild

Die Zuordnung eines Vektors des Zustandsraumes zu einem durch Meßdaten bestimmten reinen Zustand ist nicht eindeutig. Wird ein reiner Zustand durch den Zustandsvektor Φ beschrieben, so lassen sich alle Meßdaten durch $(\Phi, Q\Phi)$ ausdrücken, wenn Q alle möglichen Observablen durchläuft. Zu den Observablen gehören auch die Projektionsoperatoren, die die Meßwahrscheinlichkeiten definieren

$$|(\Phi, \Phi_1)|^2 = (\Phi, P_{\Phi_1}\Phi), \qquad P_{\Phi_1} = \Phi_1)(\Phi_1.$$

Man erhält die gleichen Meßdaten, wenn man Φ durch $\tilde{\Phi}$ und Q durch $\tilde{Q}$ ersetzt, sofern nur

$$(\tilde{\Phi}, \tilde{Q}\tilde{\Phi}) = (\Phi, Q\Phi) \quad \text{mit} \quad (\Phi, \Phi) = (\tilde{\Phi}, \tilde{\Phi}) = 1 \tag{1}$$

für alle Q und Φ gilt und also auch speziell

$$(\tilde{\Phi}, \tilde{P}_{\Phi_1}\tilde{\Phi}) = (\Phi, P_{\Phi_1}\Phi), \qquad \tilde{P}_{\Phi_1} := P_{\tilde{\Phi}_1}. \tag{2}$$

Wenn die Gl. (1) erfüllt ist, wollen wir die beiden Beschreibungen (Φ, Q) und $(\tilde{\Phi}, \tilde{Q})$ äquivalent nennen.

Hält man beim Übergang zu einer äquivalenten Beschreibung die Operatoren fest, die einer physikalischen Größe zugeordnet sind, also $\tilde{Q} = Q$, dann ändert der Übergang

$$\Phi \to \tilde{\Phi} = e^{i\varphi(\Phi)}\Phi, \qquad \varphi \text{ reell}$$

an den Meßdaten nichts, da die Erwartungswerte unabhängig von φ sind. Die Menge der Zustandsvektoren $e^{i\varphi}\Phi$ (φ bel. reell, Φ fest, $(\Phi, \Phi) = 1$) nennt man den durch Φ bestimmten Einheitsstrahl. Man kann also stets ohne Änderung der Meßdaten einen beliebigen Vektor aus dem Einheitsstrahl wählen.

Es ergibt sich hier die Frage, ob die Phasen der auf Eins normierten Zustandsvektoren die einzige Unbestimmtheit bei gegebenen vollständigen Meßdaten ist. Zunächst ist dies sicher der Fall für die Eigenzustände eines vollständigen Satzes vertauschbarer Observabler. In § 11 war nämlich ein solcher Satz dadurch definiert, daß seine Eigenfunktionen durch den Satz der Eigenwerte bis auf einen konstanten Faktor bestimmt sind. Gilt dies auch immer für eine Superposition aus diesen Eigenzuständen, etwa $\sqrt{2}\Phi := e^{i\varphi_1}\Phi_1 + e^{i\varphi_2}\Phi_2$? Für eine beliebige Observable Q erhält man

$$\begin{aligned} 2(\Phi, Q\Phi) &= Q_{11} + Q_{22} + Q_{12}e^{i(\varphi_2-\varphi_1)} + Q_{21}e^{-i(\varphi_2-\varphi_1)} \\ &= Q_{11} + Q_{22} + 2|Q_{12}|\cos(\alpha + \varphi_2 - \varphi_1) \end{aligned}$$

mit $\quad Q_{12} = (\Phi_1, Q\Phi_2) = |Q_{12}|e^{i\alpha}.$

Man erkennt daraus, daß die relative Phase $\varphi_2 - \varphi_1$ durch Meßdaten festgelegt ist, falls es mindestens eine Observable gibt, für die Q_{12} nicht verschwindet. Unter dieser Voraussetzung ist also bei vollständiger Kenntnis aller möglicher Meßdaten jedem physikalischen Zustand genau ein Einheitsstrahl zugeordnet und umgekehrt.

Es kann aber auch der Fall eintreten, daß für alle Observablen die Übergangselemente $(\Phi_1, Q\Phi_2) = Q_{12}$ verschwinden. Dann treten für keine Observable die für Superpositionen typischen Interferenzterme auf, die relative Phase $\varphi_2 - \varphi_1$ ist nicht durch Meßdaten festgelegt.

Statt durch eine Superposition $c_1\Phi_1 + c_2\Phi_2$ könnte man ohne Änderung der Meßdaten die physikalische Situation auch durch ein statistisches Gemisch beschreiben mit den Zustandsvektoren Φ_1, Φ_2 und den zugehörigen Gewichten $p_1 = |c_1|^2$, $p_2 = |c_2|^2$. Man spricht von S u p e r a u s w a h l r e g e l , weil nicht nur wie bei Auswahlregeln das Matrixelement $(\Phi_1, H\Phi_2)$ für den Hamilton-Operator H verschwindet, sondern ebenso $(\Phi_1, Q\Phi_2)$ für beliebige Observable Q (einschließlich der Observablen H). Gilt $(\Phi_1, Q\Phi_2) = 0$ für beliebige Q, so folgt daraus $(Q'\Phi_1, Q''\Phi_2) = (\Phi_1, Q'Q''\Phi_2) = 0$ für beliebige Q', Q''. Damit steht der Zustandsraum $\{F(Q', Q'', \ldots)\Phi_1\}$, den man durch Anwendung beliebiger Funktionen aller Observablen auf Φ_1 erhält, senkrecht auf dem Raum $\{F(Q', Q'', \ldots)\Phi_2\}$. Es gibt also keine Observablen mit Übergangselementen von einem Raum zum anderen. Innerhalb des Raumes $\{F(Q', Q'', \ldots)\Phi_1\}$ sind alle relativen Phasen durch Meßdaten bestimmbar, da Φ_1 durch seine Eigenwerte bezüglich des vollständigen Satzes vertauschbarer Observabler bis auf eine Phase eindeutig bestimmt ist. Man nennt diesen Raum deswegen auch k o h ä r e n t. In ihm sind alle Projektoren auf eindimensionale Unterräume Observable, d. h. die Größen $(\Phi, P_{\Phi'}\Phi) = |(\Phi, \Phi')|^2$ sind für beliebige Φ, Φ' mit $(\Phi, \Phi) = (\Phi', \Phi') = 1$ aus dem kohärenten Raum durch Messungen bestimmbar. Innerhalb der kohärenten Teilräume, die wir im folgenden einzeln betrachten wollen, kann also Gl. (2) durch

$$|(\tilde{\Phi}_1, \tilde{\Phi}_2)| = |(\Phi_1, \Phi_2)|, \qquad (\Phi_1, \Phi_1) = (\Phi_2, \Phi_2) = 1 \tag{3}$$

für beliebige Zustände ersetzt werden.

Eine Superauswahlregel liegt immer vor, wenn es eine Observable Q_0 gibt, die mit allen Observablen kommutiert und wenigstens zwei verschiedene Eigenwerte besitzt, also kein Vielfaches des Einheitsoperators ist. Um dies zu zeigen, braucht man nur in der obigen Bezeichnung Φ_1 und Φ_2 als Eigenzustände zu Q_0 mit den Eigenwerten q_1 und q_2 zu wählen. Dann ist auch $Q\Phi_2$ für beliebige Q ein Eigenzustand von Q_0 mit dem Eigenwert q_2 und daher $(\Phi_1, Q\Phi_2) = 0$. Es gibt solche Observablen Q_0 in der Natur, z. B. die elektrische Gesamtladung eines Systems. Eine Superposition von Zuständen mit verschiedener Ladung kann also ersetzt werden durch ein statistisches Gemisch aus Zuständen, die Eigenzustände zur Ladung sind.

Läßt man in Gl. (1) $\tilde{Q} \neq Q$ zu, dann führt jede unitäre Transformation $\Phi \to \tilde{\Phi} = U\Phi$ und $Q \to \tilde{Q} = UQU^*$ zu einer äquivalenten Beschreibung. Die unitären Transformationen erfüllen neben der Gl. (3) die schärfere Bedingung der Invarianz des Skalarproduktes

$$(\tilde{\Phi}_1, \tilde{\Phi}_2) = (U\Phi_1, U\Phi_2) = (\Phi_1, U^*U\Phi_2) = (\Phi_1, \Phi_2). \tag{4}$$

Die Transformation $Q \to \tilde{Q} = UQU^*$ führt Observable wieder in Observable über:

$$\tilde{Q}^* = (UQU^*)^* = U^{**}QU^* = \tilde{Q}$$

und erfüllt Gl. (1):

$$(\tilde{\Phi}, \tilde{Q}\tilde{\Phi}) = (U\Phi, UQU^*U\Phi) = (U\Phi, UQ\Phi) = (\Phi, Q\Phi).$$

Eine andere, die Gl. (3) verschärfende Bedingung, nämlich

$$(\tilde{\Phi}_1, \tilde{\Phi}_2) = (\Phi_1, \Phi_2)^*, \tag{5}$$

läßt sich ebenfalls erfüllen. Man erkennt unmittelbar an Gl. (5), daß eine lineare Transformation

$$\Phi \to \tilde{\Phi} = A\Phi \quad \text{mit} \quad A(\alpha\Phi_1 + \beta\Phi_2) = \alpha A\Phi_1 + \beta A\Phi_2, \qquad \alpha, \beta \text{ komplex}$$

nicht möglich ist, dagegen eine antilineare Transformation, vermittelt durch einen antilinearen Operator $\bar{A}$ mit der Eigenschaft

$$\bar{A}(\alpha\Phi_1 + \beta\Phi_2) = \alpha^*\bar{A}\Phi_1 + \beta^*\bar{A}\Phi_2. \tag{6}$$

Das Produkt zweier antilinearer Operatoren ist danach ein linearer Operator.

Der zu dem antilinearen Operator $\bar{A}$ adjungierte antilineare Operator $\bar{A}^*$ wird definiert durch

$$(\Phi_1, \bar{A}^*\Phi_2) = (\bar{A}\Phi_1, \Phi_2)^*. \tag{7}$$

Einen antilinearen Operator $\bar{U}$ nennt man antiunitär, falls

$$\bar{U}\bar{U}^* = \bar{U}^*\bar{U} = 1 \tag{8}$$

ist. Es gilt

$$(\bar{U}\Phi_1, \bar{U}\Phi_2) = (\Phi_1, \bar{U}^*\bar{U}\Phi_2)^* = (\Phi_1, \Phi_2)^*. \tag{9}$$

Daher erfüllen Transformationen

$$\Phi \to \tilde{\Phi} = \bar{U}\Phi, \qquad Q \to \tilde{Q} = \bar{U}Q\bar{U}^* \tag{10}$$

mit beliebigem $\bar{U}$ die Gl. (1) und (5).

Nachdem wir zwei Arten von Transformationen kennengelernt haben, die zu äquivalenten Beschreibungen führen, entsteht die Frage nach der allgemeinsten Transformation. Sie findet eine überraschend einfache Antwort, die von E. Wigner stammt: Unter Ausnutzung der Vertreterwahl aus dem Strahl kann jede Transformation zwischen äquivalenten Beschreibungen entweder zu einer unitären oder zu einer antiunitären gemacht werden (A4). Dabei spielen die antiunitären Transformationen eher eine Ausnahmerolle, da für Transformationen, die von einem Parameter stetig abhängen und die Identität enthalten, nur die unitären in Frage kommen; man kann dann nämlich jede Transformation durch zwei aufeinander folgende ersetzen, was zu unitären Transformationen führt, weil das Produkt zweier antiunitärer Operatoren einen unitären ergibt.

Eine der wichtigsten Anwendungen äquivalenter Beschreibungen betrifft die Formulierung der Zeitabhängigkeit in der Quantentheorie. Die Schrödinger-Gleichung für die Wellenfunktion eines Teilchens

$$i\hbar \frac{\partial}{\partial t} \psi(\mathbf{r}, t) = H(\underset{\sim}{\mathbf{p}}, \mathbf{r})\psi(\mathbf{r}, t)$$

lautet in abstrakter Formulierung

$$i\hbar \frac{\partial}{\partial t} (\Phi_{\mathbf{r}}, \Phi) = (\Phi_{\mathbf{r}}, H\Phi), \qquad H = H(\mathbf{P}, \mathbf{R}). \tag{11}$$

Man erhält das sogenannte Schrödinger-Bild durch die Festsetzung

$$i\hbar \frac{d}{dt}\Phi_S = H_S\Phi_S, \qquad H_S = H(\mathbf{P}_S, \mathbf{R}_S),$$
$$\frac{d}{dt}\mathbf{P}_S = 0, \qquad \frac{d}{dt}\mathbf{R}_S = 0, \quad \text{d. h.} \quad \frac{d}{dt}\Phi_{rS} = 0. \tag{12}$$

Im Schrödinger-Bild wird die Dynamik vollständig durch den Zustandsvektor beschrieben. Für zeitunabhängige Hamilton-Funktionen ergibt sich

$$\Phi_S(t) = e^{-\frac{i}{\hbar}H_S t}\Phi_S(0) = U(t)\Phi_S(0). \tag{13}$$

Eine äquivalente Beschreibung ist das Heisenberg-Bild, in dem die Zustandsvektoren zeitlich konstant sind:

$$\tilde{\Phi} = \Phi_H := U^*(t)\Phi_S(t) = \Phi_S(0),$$
$$\tilde{Q} = Q_H(t) := U^*(t)Q_S(t)U(t), \qquad H_H = e^{\frac{i}{\hbar}H_S t}H_S e^{-\frac{i}{\hbar}H_S t} = H_S. \tag{14}$$

Es gilt wie bei jeder äquivalenten Beschreibung

$$(\Phi_H, Q_H\Phi_H) = (\Phi_S, Q_S, \Phi_S). \tag{15}$$

Die Bewegungsgleichungen lauten im Heisenberg-Bild

$$\frac{d\Phi_H}{dt} = 0, \qquad \frac{dQ_H}{dt} = \frac{i}{\hbar}[H, Q_H] + \frac{\partial Q_H}{\partial t}, \qquad Q_H = Q(\mathbf{P}_H, \mathbf{R}_H, t), \tag{16}$$

wobei der letzte Term von der expliziten Zeitabhängigkeit des Operators Q herrührt. Dies ist in Übereinstimmung mit Gl. (15.20). Durch die Transformation $\Phi \to \tilde{\Phi} = U_1(t)\Phi$ kann man eine beliebige Zeitabhängigkeit für den Zustandsvektor erzeugen. Die Wahl der Beschreibung hängt oft von rechnerischen Gesichtspunkten ab. Wenn von der Hamilton-Funktion ein leicht behandelbarer Teil abgespalten werden kann, ist es oft zweckmäßig, diesen Anteil für die Zeitabhängigkeit der Operatoren zu verwenden und den Rest für die Zeitabhängigkeit der Zustände. Man spricht dann vom Wechselwirkungsbild.

Für ein allgemeines System und für zeitabhängige Hamilton-Funktionen gilt entsprechend

$$i\hbar \frac{d}{dt}\Phi_S(t) = H_S(t)\Phi_S(t), \qquad \frac{dQ_S}{dt} = \frac{\partial Q_S}{\partial t}. \tag{17}$$

Das Skalarprodukt $(\Phi_1(t), \Phi_2(t))$ bleibt auch hier wegen der Hermitezität von H erhalten:

$$\frac{d}{dt}(\Phi_{1S}(t), \Phi_{2S}(t)) = \frac{1}{i\hbar}\{(\Phi_{1S}(t), H_S(t)\Phi_{2S}(t)) - (H_S(t)\Phi_{1S}(t), \Phi_{2S}(t)\} = 0,$$

woraus $\Phi_S(t) = U_S(t)\Phi_S(0)$ (18)

mit $\quad U_S^* U_S = U_S U_S^* = 1 \quad$ und $\quad i\hbar \frac{d}{dt} U_S(t) = H_S(t) U_S(t)$ (19)

folgt.

Die Einführung des Heisenberg-Bildes ist also auch allgemein möglich, da beliebige unitäre Transformationen zu äquivalenten Beschreibungen führen:

$$\Phi_H = U_S^*(t)\Phi_S, \qquad Q_H(t) = U_S^*(t) Q_S(t) U_S(t), \tag{20}$$

$$\frac{d}{dt}\Phi_H = 0, \qquad \frac{d}{dt} Q_H = \frac{i}{\hbar}[H_H, Q_H] + \frac{\partial}{\partial t} Q_H, \tag{21}$$

$$\frac{d}{dt} H_H = \frac{\partial}{\partial t} H_H, \qquad H_H \text{ i. a.} \neq H_S. \tag{22}$$

§ 19 Observable als Erzeugende von Transformationen

Wichtige Observable der Physik sind mit Transformationen verknüpft. Das erlaubt sehr allgemeine Definitionen, die für alle physikalischen Systeme gelten, und daher auch sehr allgemeine Aussagen über diese Observablen. Im folgenden wollen wir kontinuierliche Transformationen und ihre Erzeugenden betrachten. Daß die Erzeugenden zu Bewegungskonstanten werden, falls die das physikalische System bestimmenden Gleichungen unter der betreffenden Transformation invariant sind, ist eine weitere wichtige Eigenschaft dieser Observablen. Sie soll aber erst im übernächsten Paragraphen behandelt werden.

Impuls und Raumtranslationen

Nach Gl. (17.19) ist für ein Einteilchensystem die Transformation der Basisvektoren unter Raumtranslationen $T_{\mathbf{a}}(T_{\mathbf{a}}\mathbf{r} = \mathbf{r} + \mathbf{a})$ durch

$$\Phi_{\mathbf{r}} \xrightarrow{T_{\mathbf{a}}} \Phi_{\mathbf{r}+\mathbf{a}} = e^{-\frac{i}{\hbar}\mathbf{P}\mathbf{a}} \Phi_{\mathbf{r}} =: U(T_{\mathbf{a}})\Phi_{\mathbf{r}} = \Phi_{T_{\mathbf{a}}\mathbf{r}} \tag{1}$$

gegeben. Für einen beliebigen Vektor Φ gilt daher

$$\Phi \xrightarrow{T_{\mathbf{a}}} U(T_{\mathbf{a}})\Phi. \tag{2}$$

Die Translationen bilden eine Gruppe. Führt man zwei Translationen hintereinander aus, so erhält man wieder eine Translation:

$$T_{\mathbf{b}} T_{\mathbf{a}} \mathbf{r} = T_{\mathbf{b}}(\mathbf{r} + \mathbf{a}) = (\mathbf{r} + \mathbf{a}) + \mathbf{b} = \mathbf{r} + (\mathbf{a} + \mathbf{b}) = T_{\mathbf{a}+\mathbf{b}}\mathbf{r}. \tag{3}$$

Aus Gl. (1) und der Vertauschbarkeit der Komponenten von **P** folgt

$$U(T_{\mathbf{a}})U(T_{\mathbf{b}}) = U(T_{\mathbf{a}} \cdot T_{\mathbf{b}}) = U(T_{\mathbf{a}+\mathbf{b}}). \tag{4}$$

Die Zuordnung $T_{\mathbf{a}} \to U(T_{\mathbf{a}})$ erhält also die Gruppenrelationen (3). Man spricht allgemein von einer Darstellung einer Gruppe, wenn jedem

Gruppenelement ein linearer Operator in einem linearen Raum zugeordnet ist unter Erhalt der Gruppenrelationen. Gl. (2) ist also mit Gl. (4) eine unitäre Darstellung der Translationsgruppe.

Die Translationen vertauschen nach Gl. (3) miteinander, bilden also eine Abelsche Gruppe. Aus Gl. (4) folgt

$$U(T_{\mathbf{a}})U(T_{\mathbf{b}}) = U(T_{\mathbf{b}})U(T_{\mathbf{a}}). \tag{5}$$

Der Impulsoperator $\mathbf{P}$ läßt sich explizit aus $U(T_{\mathbf{a}})$ vermöge

$$\mathbf{P} = i\hbar\nabla_{\mathbf{a}}U(T_{\mathbf{a}})|_{\mathbf{a}=0} \tag{6}$$

ermitteln, so daß allein aus der Gruppenrelation (5) die Vertauschbarkeit der Komponenten von $\mathbf{P}$ folgt.

Nach Gl. (17.20) gilt

$$U^*(T_{\mathbf{a}})\mathbf{R}U(T_{\mathbf{a}}) = \mathbf{R} + \mathbf{a} \tag{7}$$

und aufgrund der Definition von $U(T_{\mathbf{a}})$ in Gl. (1)

$$U^*(T_{\mathbf{a}})\mathbf{P}U(T_{\mathbf{a}}) = \mathbf{P}. \tag{8}$$

Da alle Observablen in dem hier betrachteten System Funktionen von $\mathbf{P}$ und $\mathbf{R}$ sind, liefern die Gl. (7) und (8) die Transformation aller Observablen:

$$Q(\mathbf{R}, \mathbf{P}) \xrightarrow{T_{\mathbf{a}}} U^*(T_{\mathbf{a}})QU(T_{\mathbf{a}}) = Q(\mathbf{R} + \mathbf{a}, \mathbf{P}). \tag{9}$$

Aus dieser Gleichung allein folgen für die durch Gl. (6) definierten Operatoren die Vertauschungsrelationen

$$\frac{i}{\hbar}[\mathbf{P}, Q] = \nabla_{\mathbf{R}}Q(\mathbf{R}, \mathbf{P}) \tag{10}$$

und speziell für $Q = \mathbf{R}\mathbf{a}$ die Heisenbergschen Vertauschungsrelationen (17.18).

Wir wollen dies auf ein n-Teilchensystem erweitern. Die Basis des Zustandsraumes sei also $\Phi_{\mathbf{r}_1,\ldots,\mathbf{r}_n}$. Den unitären Operator der Translation des ν-ten Teilchens erklären wir auf dieser Basis:

$$U_\nu(\mathbf{a})\Phi_{\mathbf{r}_1,\ldots,\mathbf{r}_\nu,\ldots,\mathbf{r}_n} := \Phi_{\mathbf{r}_1,\ldots,\mathbf{r}_\nu+\mathbf{a},\ldots,\mathbf{r}_n}. \tag{11}$$

Durch $U_\nu(\mathbf{a}) = e^{-\frac{i}{\hbar}\mathbf{P}_\nu\mathbf{a}}, \quad \nu = 1, 2, \ldots, n$ (12)

wird dann der Impulsoperator $\mathbf{P}_\nu$ des ν-ten Teilchens definiert. Es gilt in Verallgemeinerung von Gl. (9)

$$U_\nu^*(\mathbf{a})Q(\mathbf{R}_1 \ldots \mathbf{R}_\nu \ldots \mathbf{R}_n, \mathbf{P}_1 \ldots \mathbf{P}_\nu \ldots \mathbf{P}_n)U_\nu(\mathbf{a})$$
$$= Q(\mathbf{R}_1 \ldots \mathbf{R}_\nu + \mathbf{a} \ldots \mathbf{R}_n, \mathbf{P}_1 \ldots \mathbf{P}_\nu \ldots \mathbf{P}_n)$$

bzw. $+\frac{i}{\hbar}[\mathbf{P}_\nu, Q] = \nabla_{\mathbf{R}_\nu}Q,$ (13)

speziell $[\mathbf{P}_\nu, \mathbf{R}_\mu \mathbf{a}] = \frac{\hbar}{i} a\delta_{\mu\nu}, \qquad [\mathbf{P}_\nu, \mathbf{P}_\mu \mathbf{a}] = 0.$ (14)

Hängt eine Observable Q nicht von $\mathbf{R}_\nu$ ab, ist sie also translationsinvariant bezüglich $\mathbf{R}_\nu$, so kommutiert sie nach Gl. (13) mit $\mathbf{P}_\nu$, d. h. $\mathbf{P}_\nu$ und Q haben gemeinsame Eigenzustände. Translatiert man alle Teilchen um den gleichen Vektor a

$$\Phi_{\mathbf{r}_1,\ldots,\mathbf{r}_\nu\ldots\mathbf{r}_n} \to \Phi_{\mathbf{r}_1+\mathbf{a},\ldots\mathbf{r}_\nu+\mathbf{a}\ldots\mathbf{r}_n+\mathbf{a}} =: U_{\mathbf{a}}\Phi_{\mathbf{r}_1\ldots\mathbf{r}_\nu\ldots\mathbf{r}_n}, \tag{15}$$

so ergibt sich

$$U_{\mathbf{a}} = \prod_{\nu=1}^{n} U_\nu(\mathbf{a}) = e^{-\frac{i}{\hbar}\sum_{\nu=1}^{n} \mathbf{P}_\nu \mathbf{a}}.$$

Der Operator

$$i\hbar\nabla_{\mathbf{a}} U_{\mathbf{a}}|_{\mathbf{a}=0} = \mathbf{P} \tag{16}$$

ist also der Gesamtimpuls

$$\mathbf{P} = \sum_{\nu=1}^{n} \mathbf{P}_\nu \qquad \text{mit } U_{\mathbf{a}} = e^{-\frac{i}{\hbar}\mathbf{P}\mathbf{a}}. \tag{17}$$

Während der Impuls eines Teilsystems durch die Translation nur dieses Teilsystems bestimmt ist, wird der Gesamtimpuls durch die Translation des Gesamtsystems definiert. Es gilt wieder die Darstellungsrelation

$$U(T_{\mathbf{a}})U(T_{\mathbf{b}}) = U(T_{\mathbf{a}}T_{\mathbf{b}}). \tag{18}$$

Energie und Zeittranslationen

Für Zeittranslationen T_τ

$$T_\tau t := t + \tau \tag{19}$$

definieren wir den transformierten Zustand im Schrödinger-Bild durch

$$\Phi_S(t) \xrightarrow{T_\tau} \Phi_S^\tau(t) = \Phi_S(t-\tau) =: U_{S\tau}(t)\Phi_S(t), \tag{20}$$

weil $\Phi_S^\tau(t)$ zur Zeit $t = t_1 + \tau$ gleich $\Phi(t_1)$ sein soll.
Der unitäre Operator $U_\tau(t)$ ist durch die Lösung der Schrödinger-Gleichung (18.18)

$$\Phi_S(t) = U_S(t)\Phi_S(0), \qquad i\hbar\dot{U}_S(t) = H_S(t)U_S(t) \tag{21}$$

gegeben:

$$U_{S\tau}(t) = U_S(t-\tau)U_S^*(t) \tag{22}$$

mit $$i\hbar\frac{d}{d\tau}U_{S\tau}(t)|_{\tau=0} = -H_S(t). \tag{23}$$

Die erzeugende Observable für die Zeittranslation ist danach die Energie. Im Heisenberg-Bild lautet der unitäre Operator der Zeittranslation

$$U_{H\tau}(t) = U_S^*(t)U_{S\tau}(t)U_S(t) = U_S^*(t)U_S(t-\tau). \tag{24}$$

Für ihn gilt

$$U_{H\tau}^*(t)Q(\mathbf{R}_H(t), \mathbf{P}_H(t), t)U_{H\tau}(t) = Q(\mathbf{R}_H(t-\tau), \mathbf{P}_H(t-\tau), t). \tag{25}$$

Hängt die Hamilton-Funktion nicht explizit von der Zeit ab, so gilt wegen $U(t) = e^{-\frac{i}{\hbar}Ht}$ und $H_S = H_H$

$$U_{S\tau} = U_{H\tau} = e^{\frac{i}{\hbar}H\tau}. \tag{26}$$

Drehimpuls und Drehungen

Die Drehungen können völlig analog zu den Translationen behandelt werden. Wir wollen sie durch den Drehvektor $\boldsymbol{\alpha}$ charakterisieren, wobei $\alpha = |\boldsymbol{\alpha}|$ den Drehwinkel und $\hat{\alpha} = \boldsymbol{\alpha}/|\boldsymbol{\alpha}|$ die Drehachse angibt. Den mit $\boldsymbol{\alpha}$ gedrehten Vektor $\mathbf{r}$ bezeichnen wir mit $R_\alpha \mathbf{r}$ (siehe R 11):

$$\begin{aligned} R_\alpha \mathbf{r} = e^{\boldsymbol{\alpha}\times}\mathbf{r} &:= \sum_{n=0}^{\infty} (\boldsymbol{\alpha}\times)^n \mathbf{r} = \mathbf{r} + \boldsymbol{\alpha}\times\mathbf{r} + \frac{1}{2!}(\boldsymbol{\alpha}\times(\boldsymbol{\alpha}\times\mathbf{r})) + \dots \\ &= \hat{\alpha}(\hat{\alpha}\cdot\mathbf{r}) + \hat{\alpha}\times\mathbf{r}\sin\alpha - \hat{\alpha}\times(\hat{\alpha}\times\mathbf{r})\cos\alpha. \end{aligned} \tag{27}$$

Für ein Einteilchensystem mit der Basis $\Phi_\mathbf{r}$ des Zustandsraumes definieren wir die gedrehte Basis durch

$$\Phi_\mathbf{r} \xrightarrow{R_\alpha} \Phi_{R_\alpha \mathbf{r}} =: U(R_\alpha)\Phi_\mathbf{r}, \qquad U^*(R_\alpha)\mathbf{R}U(R_\alpha) = e^{\boldsymbol{\alpha}\times}\mathbf{R}. \tag{28}$$

$U(R_\alpha)$ ist eine Darstellung der Drehgruppe ($R_{\alpha_1} =: R_1$):

$$U(R_1)U(R_2) = U(R_1R_2), \tag{29}$$

da $\quad U(R_1)U(R_2)\Phi_\mathbf{r} = U(R_1)\Phi_{R_2\mathbf{r}} = \Phi_{R_1R_2\mathbf{r}} = U(R_1R_2)\Phi_\mathbf{r}.$

Durch Anwendung auf die Basis $\Phi_\mathbf{r}$ ergibt sich ($\mathbf{P}\Phi_\mathbf{r} = i\hbar\nabla_\mathbf{r}\Phi_\mathbf{r}$)

$$U^*(R_\alpha)\mathbf{R}U(R_\alpha) = R_\alpha\mathbf{R}, \qquad U^*(R_\alpha)\mathbf{P}U(R_\alpha) = R_\alpha\mathbf{P} \tag{30}$$

und damit

$$U^*(R_\alpha)Q(\mathbf{R}, \mathbf{P})U(R_\alpha) = Q(R_\alpha\mathbf{R}, R_\alpha\mathbf{P}). \tag{31}$$

Um die explizite Abhängigkeit der unitären Operatoren $U(R_\alpha)$ von $\boldsymbol{\alpha}$ zu gewinnen, betrachten wir zunächst zwei Drehungen $R_{\alpha\lambda_1}$ und $R_{\alpha\lambda_2}$ um die gleiche Achse. Führt man diese Drehungen hintereinander aus, so ergibt sich als Resultierende einfach die Drehung mit $R_{\alpha(\lambda_1+\lambda_2)}$:

$$R_{\alpha\lambda_1}R_{\alpha\lambda_2} = R_{\alpha(\lambda_1+\lambda_2)}. \tag{32}$$

Mit Gl. (29) liefert das ($U(R_{\alpha\lambda}) =: U(\lambda)$)

$$U(\lambda_1)U(\lambda_2) = U(\lambda_1 + \lambda_2). \tag{33}$$

Differenzieren wir hier nach λ_1 und setzen λ_1 anschließend gleich Null, so ergibt sich

$$\frac{dU(\lambda)}{d\lambda} = \left.\frac{dU(\lambda)}{d\lambda}\right|_{\lambda=0} U(\lambda). \tag{34}$$

Für die Ableitung an der Stelle $\lambda = 0$ läßt sich die α-Abhängigkeit angeben

$$\left.\frac{d}{d\lambda} U(R_{\alpha\lambda})\right|_{\lambda=0} = \left.\frac{d}{d\lambda}\alpha\lambda\right|_{\lambda=0} \left.\nabla_\beta U(R_\beta)\right|_{\beta=0}.$$

Mit der Abkürzung für den von α unabhängigen Vektoroperator

$$\nabla_\beta U(R_\beta)|_{\beta=0} = \mathbf{K} \tag{35}$$

schreibt sich Gl. (34)

$$\frac{dU(\lambda)}{d\lambda} = \mathbf{K}\alpha U(\lambda). \tag{36}$$

Ihre Lösung, die der Anfangsbedingung $U(0) = 1$ genügt, lautet

$$U(\lambda) = e^{\mathbf{K}\alpha\lambda}.$$

Für $\lambda = 1$ erhalten wir die für beliebige Drehungen gültige Formel

$$U(R_\alpha) = e^{\mathbf{K}\alpha}. \tag{37}$$

Führen wir die Observable D r e h i m p u l s $\mathbf{L}$ als Erzeugende der Drehungen durch

$$\mathbf{L} = i\hbar\nabla_\alpha U(R_\alpha)|_{\alpha=0} = i\hbar\mathbf{K}, \qquad \mathbf{L}^* = \mathbf{L} \tag{38}$$

ein, so haben wir das endgültige Resultat

$$U(R_\alpha) = e^{-\frac{i}{\hbar}\mathbf{L}\alpha} \tag{39}$$

in völliger Analogie zu Gl. (1). Die explizite Form von $\mathbf{L}$ gewinnt man aus der Anwendung von $U(R_\alpha)$ auf die Basis

$$U(R_\alpha)\Phi_r = \left(1 - \frac{i}{\hbar}\mathbf{L}\alpha + \ldots\right)\Phi_r = \Phi_{R_\alpha r}$$

$$= \Phi_{r+\alpha\times r+\ldots} = \Phi_r + \alpha\times r\nabla_r\Phi_r + \ldots,$$

also $\quad \mathbf{L}\Phi_r = -\frac{\hbar}{i} r\times\nabla_r\Phi_r = r\times\mathbf{P}\Phi_r = -\mathbf{P}\times r\Phi_r,$

d. h. $\quad \mathbf{L} = -\mathbf{P}\times\mathbf{R} = \mathbf{R}\times\mathbf{P}. \qquad (40)$

Die Observable $\mathbf{L}$ ist also der B a h n d r e h i m p u l s des Teilchens, er erzeugt nach Gl. (38) die Drehungen.

Aus den Vertauschungsrelationen $[\mathbf{P}, \mathbf{R}a] = \frac{\hbar}{i} a$ erhält man

$$[L_x, L_y] = i\hbar L_z \text{ und zykl. oder } \mathbf{L} \times \mathbf{L} = i\hbar \mathbf{L}. \tag{41}$$

Die Wellenfunktion des gedrehten Zustandes lautet

$$\psi^{(R)}(\mathbf{r}) = (\Phi_\mathbf{r}, U(R)\Phi) = (U(R^{-1})\Phi_\mathbf{r}, \Phi) = \psi(R^{-1}\mathbf{r}) = e^{-\frac{i}{\hbar}\underset{\sim}{L}\alpha}\psi(\mathbf{r}), \tag{42}$$

$$\underset{\sim}{L} = \mathbf{r} \times \underset{\sim}{p}.$$

Bei einem System mit der Basis $\Phi_{\mathbf{r}_1,\ldots\mathbf{r}_n}$ kann man wie im Falle der Translationen den Bahndrehimpuls $\mathbf{L}_\nu$ des ν-ten Teilchens durch die Drehungen definieren, die nur das ν-te Teilchen betreffen, und erhält

$$U_\nu(R_\alpha) = e^{-\frac{i}{\hbar}L_\nu\alpha}, \qquad \mathbf{L}_\nu = \mathbf{R}_\nu \times \mathbf{P}_\nu, \qquad \mathbf{L}_\nu \times \mathbf{L}_\mu = \delta_{\nu\mu} i\hbar \mathbf{L}_\nu. \tag{43}$$

Für die Drehung aller Teilchen mit R_α

$$\Phi_{\mathbf{r}_1\ldots\mathbf{r}_\nu\ldots\mathbf{r}_n} \xrightarrow{R_\alpha} \Phi_{R_\alpha\mathbf{r}_1,\ldots R_\alpha\mathbf{r}_\nu\ldots R_\alpha\mathbf{r}_n} = U(R_\alpha)\Phi_{\mathbf{r}_1,\ldots\mathbf{r}_n} \tag{44}$$

gilt $\quad U(R_\alpha) = e^{-\frac{i}{\hbar}L\alpha}, \qquad \mathbf{L} = \sum_{\nu=1}^{n} \mathbf{L}_\nu.$

Die Observable **L** ist also der Gesamtdrehimpuls des Systems.

Massenmittelpunkt und Galilei-Transformation

Spezielle Galilei-Transformationen $T_\mathbf{v}$ sind für ein Teilchen der Masse m definiert durch

$$T_\mathbf{v}\mathbf{r} := \mathbf{r} + \mathbf{v}t, \qquad T_\mathbf{v}\mathbf{p} := \mathbf{p} + m\mathbf{v}. \tag{45}$$

Es gilt $\quad T_{\mathbf{v}_1}T_{\mathbf{v}_2} = T_{\mathbf{v}_1+\mathbf{v}_2}. \qquad (46)$

Die zugehörige Transformation der Zustände eines Einteilchensystems mit der Basis $\Phi_\mathbf{r}$ muß einen Eigenzustand zu **R** mit dem Eigenwert **r** in einen solchen mit dem Eigenwert **r** + **v**t überführen. Außerdem muß ein Eigenzustand zu **P** mit dem Eigenwert **p** in einen mit dem Eigenwert **p** + m**v** übergehen.

$$\Phi_\mathbf{r} \xrightarrow{T_\mathbf{v}} e^{i\varphi(\mathbf{r})}\Phi_{\mathbf{r}+\mathbf{v}t}. \tag{47}$$

Hier ist eine Phase $\varphi(\mathbf{r})$ offengelassen; sie kann nicht Null sein, weil es sich dann nach Gl. (1) um eine Translation mit **v**t handelt, die den Impulsoperator nicht verändert. Gl. (47) kann mit Gl. (1) umgeformt werden.

$$\Phi_\mathbf{r} \xrightarrow{T_\mathbf{v}} e^{i\varphi(\mathbf{r})}e^{-\frac{i}{\hbar}\mathbf{P}\mathbf{v}t}\Phi_\mathbf{r} = e^{-\frac{i}{\hbar}\mathbf{P}\mathbf{v}t}e^{i\varphi(\mathbf{R})}\Phi_\mathbf{r} =: U'(\mathbf{v})\Phi_\mathbf{r}. \tag{48}$$

Der Operator $\varphi(\mathbf{R})$ bestimmt sich aus der Transformation von

$$\Phi_{\mathbf{p}}\left(= e^{-\frac{i}{\hbar}\mathbf{R}\mathbf{v}m}\Phi\mathbf{p} + m\mathbf{v}\right):$$

$$\Phi_{\mathbf{p}} \xrightarrow{T_{\mathbf{v}}} U'(\mathbf{v})\Phi_{\mathbf{p}} = e^{-\frac{i}{\hbar}\mathbf{P}\mathbf{v}t} e^{i\varphi(\mathbf{R})} e^{-\frac{i}{\hbar}\mathbf{R}\mathbf{v}m}\Phi_{\mathbf{p}+m\mathbf{v}}.$$

Soll dieser Zustand zum Eigenwert $\mathbf{p} + m\mathbf{v}$ gehören, so dürfen die Vorfaktoren nicht von $\mathbf{R}$ abhängen. Das ergibt

$$\varphi(\mathbf{R}) = \frac{1}{\hbar}\mathbf{R}\mathbf{v}m + \varphi_0(\mathbf{v}).$$

Eingesetzt in Gl. (48) liefert dies mit Gl. (13.45)

$$U'(\mathbf{v}) = e^{-\frac{i}{\hbar}\mathbf{P}\mathbf{v}t} e^{\frac{i}{\hbar}\mathbf{R}\mathbf{v}m} e^{i\varphi_0(\mathbf{v})} = e^{i\varphi_0'(\mathbf{v})} e^{-\frac{i}{\hbar}\mathbf{v}(\mathbf{P}t-\mathbf{R}m)}.$$

Benutzen wir die Phase $\varphi_0'(\mathbf{v})$ zur Definition eines neuen unitären Operators U, so können wir schreiben

$$U(\mathbf{v}) = e^{-\frac{i}{\hbar}\mathbf{v}\mathbf{G}}, \qquad \mathbf{G} := \mathbf{P}t - \mathbf{R}m. \tag{49}$$

Aus den Vertauschungsrelationen für $\mathbf{R}$ und $\mathbf{P}$ folgt

$$[\mathbf{G}a, \mathbf{G}b] = 0 \tag{50}$$

und damit

$$U(\mathbf{v}_1)U(\mathbf{v}_2) = U(\mathbf{v}_1 + \mathbf{v}_2). \tag{51}$$

Der Vergleich mit Gl. (46) zeigt, daß die Operatoren $U(\mathbf{v})$ eine unitäre Darstellung der speziellen Galilei-Transformationen bilden. Die Observable

$$i\hbar\nabla_{\mathbf{v}}U(\mathbf{v})|_{\mathbf{v}=0} = \mathbf{G} = \mathbf{P}t - \mathbf{R}m$$

definiert (für t = 0) den Ortsoperator $\mathbf{R}$ über die Galilei-Transformationen.

Für ein System von Teilchen, die alle derselben Galilei-Transformation unterworfen werden, gilt

$$U_{\mathbf{v}} = \exp\left\{-\frac{i}{\hbar}\mathbf{v}\sum_{\nu=1}^{n}(\mathbf{P}_\nu t - \mathbf{R}_\nu m_\nu)\right\} =: e^{-\frac{i}{\hbar}\mathbf{v}(\mathbf{P}t-\mathbf{R}m)}. \tag{52}$$

Die Observable Massenmittelpunkt

$$\mathbf{R} = \frac{\sum_{\nu=1}^{n} m_\nu \mathbf{R}_\nu}{\sum_{\nu=1}^{n} m_\nu}, \qquad \sum_{\nu=1}^{n} m_\nu = m \tag{53}$$

ist damit für t = 0 als Erzeugende der speziellen Galilei-Transformation interpretiert.

Translationen und spezielle Galilei-Transformationen bilden zusammen eine Abelsche Gruppe T(a, v):

$$\begin{aligned} &T(\mathbf{a},\mathbf{v})\mathbf{r} := \mathbf{r} + \mathbf{v}t + \mathbf{a}, \qquad T(\mathbf{a},\mathbf{v})\mathbf{p} := \mathbf{p} + m\mathbf{v}, \\ &T(\mathbf{a},\mathbf{v}) = T_{\mathbf{a}}T_{\mathbf{v}}, \qquad T(\mathbf{a}_1,\mathbf{v}_1)T(\mathbf{a}_2,\mathbf{v}_2) = T(\mathbf{a}_2,\mathbf{v}_2)T(\mathbf{a}_1,\mathbf{v}_2). \end{aligned} \tag{54}$$

Wir definieren nun unitäre Operatoren für jedes Element der Gruppe durch

$$U(T(\mathbf{a},\mathbf{v})) = U_{\mathbf{a}}U_{\mathbf{v}}. \tag{55}$$

Dann gilt, wie zu fordern,

$$U^*(T(\mathbf{a},\mathbf{v})\begin{Bmatrix}\mathbf{R}\\ \mathbf{P}\end{Bmatrix}U(T(\mathbf{a},\mathbf{v})) = \begin{cases}\mathbf{R} + \mathbf{v}t + \mathbf{a}\\ \mathbf{P} + m\mathbf{v}\end{cases}. \tag{56}$$

Würden diese Operatoren eine Darstellung der Gruppe bilden, also die Gruppenrelationen erhalten, so müßte bei der vorliegenden Abelschen Gruppe

$$U_{\mathbf{a}}U_{\mathbf{v}} = U_{\mathbf{v}}U_{\mathbf{a}} \tag{57}$$

gelten.

Die explizite Rechnung ergibt

$$U_{\mathbf{a}}^* e^{-\frac{i}{\hbar}\mathbf{G}\mathbf{v}} U_{\mathbf{a}} = \exp\left\{-\frac{i}{\hbar}\mathbf{v}U_{\mathbf{a}}^*\mathbf{G}U_{\mathbf{a}}\right\}$$

$$= \exp\left\{-\frac{i}{\hbar}\mathbf{v}(\mathbf{P}t - \mathbf{R}m - \mathbf{a}m)\right\} = e^{-\frac{i}{\hbar}\mathbf{v}\mathbf{G}}\, e^{\frac{i}{\hbar}\mathbf{v}\mathbf{a}m},$$

also
$$U_{\mathbf{v}}U_{\mathbf{a}} = U_{\mathbf{a}}U_{\mathbf{v}}e^{\frac{i}{\hbar}\mathbf{v}\mathbf{a}m}. \tag{58}$$

Die Gruppenrelation ist nicht erfüllt, und auch durch eine Änderung der Phasen von U läßt sie sich nicht erfüllen, da diese aus Gl. (58) herausfallen.

Wir haben hier ein Beispiel dafür, daß die unitären Operatoren im Zustandsraum keine Darstellung der Gruppe bilden. Es gilt stattdessen

$$U(T_1)U(T_2) = e^{i\varphi(T_1,T_2)}U(T_1T_2). \tag{59}$$

Man nennt dies eine Darstellung bis auf einen Faktor oder eine Strahldarstellung.

Drehungen für beliebige Systeme

Wir haben bisher die Transformationen und ihre erzeugenden Observablen in einem durch Angabe der Basis konkret definierten Zustandsraum untersucht. Dabei haben wir gesehen, daß die Vertauschungsrelationen der Erzeugenden eng mit der Gruppenstruktur zusammenhängen. Für den Fall der Drehungen wollen wir jetzt diesen Zusammenhang unabhängig von der Basis des Zustandsraums gewinnen. Wir werden zeigen, daß die Vertauschungsrelationen (41) für die Drehimpulse jedes Systems gelten, also auch für nichtklassische Freiheitsgrade und für Felder. Sie sind durch die Drehgruppe allein bestimmt.

Zu jeder Observablen Q kann man eine mit R gedrehte Observable $Q^{(R)}$ angeben. Ist die Observable durch einen Meßapparat definiert, so hat man die Meßeinrichtung zu drehen, um die gedrehte Observable zu erhalten. Die Komponente des Impulsoperators in Richtung **e** etwa geht unter der Drehung in die Komponente des Impulsoperators in Richtung R**e** über, also

$$Q := \mathbf{eP}, \qquad Q^{(R)} = R\mathbf{eP} = \mathbf{e}R^{-1}\mathbf{P}$$

oder $$\mathbf{P}^{(R)} = R^{-1}\mathbf{P}, \qquad P_k^{(R)} = \sum_{\ell=1}^{3} (R^{-1})_{k\ell} P_\ell .$$

Sind die Erwartungswerte aller Observablen in einem Zustand Φ gegeben, so kann man stets einen im allgemeinen anderen Zustand Φ' finden, der diese Erwartungswerte für die gedrehten Observablen besitzt, weil keine Richtung vor einer anderen ausgezeichnet ist. Man erhält ihn, indem man die Präparation des Zustandes Φ' analog zu der des Zustandes Φ, aber mit den gedrehten Meßapparaturen vornimmt. Wir nennen Φ' den gedrehten Zustand und bezeichnen ihn mit $\Phi^{(R)}$. Es gilt

$$(\Phi^{(R)}, Q^{(R)}\Phi^{(R)}) = (\Phi, Q\Phi), \qquad (\Phi, \Phi) = 1, \qquad Q, \Phi \text{ bel.}$$

und damit nach § 18 und Anhang 4

$$\Phi^{(R)} = U(R)\Phi, \qquad Q^{(R)} = U(R)QU^{-1}(R), \qquad U^*U = UU^* = 1. \tag{60}$$

Antiunitäre Operatoren können hier nicht vorkommen, da alle Drehungen stetig mit der Einheit verbunden sind. Die einzige Freiheit für U(R) in Gl. (60) ist eine Phase, die aber nicht von Φ abhängen darf.

Bei der Transformation (60) bleiben alle Relationen der Operatoren erhalten, insbesondere alle Definitionsgleichungen und die Vertauschungsrelationen.

Führt man zwei unitäre Transformationen hintereinander aus, $\Phi \to U(R_1)U(R_2)\Phi$, so muß der resultierende Zustandsvektor dieselben Meßdaten liefern wie derjenige, den man durch Anwendung der unitären Transformation $U(R_1R_2)$ erhält. Die beiden resultierenden Zustände müssen für beliebige Φ bis auf eine Phase übereinstimmen:

$$U(R_1)U(R_2) = e^{i\varphi(R_1, R_2)}U(R_1R_2). \tag{61}$$

Der Fall der Gl. (59) ist also schon der allgemeinste.

Wir betrachten zunächst Drehungen um eine feste Achse **e** und schreiben für $U(R_{\mathbf{e}\alpha})$ kurz $U(\alpha)$. Dann gilt nach Gl. (61)

$$U(\alpha_1)U(\alpha_2) = e^{i\varphi(\alpha_1, \alpha_2)}U(\alpha_1 + \alpha_2). \tag{62}$$

Die freie Phase von U(0) legen wir so fest, daß U(0) = 1 gilt. Aus Gl. (62) ergibt sich damit $\varphi(0, \alpha_2) = \varphi(\alpha_1, 0) = 0$. Mit $dU/d\alpha|_{\alpha=0} = K$ erhalten wir durch Differentiation nach α_1 an der Stelle $\alpha_1 = 0$

$$KU(\alpha) = \frac{dU(\alpha)}{d\alpha} + i\psi(\alpha)U(\alpha) \tag{63}$$

mit $$\psi(\alpha) = \frac{\partial\varphi}{\partial\alpha_1}(\alpha_1, \alpha)|_{\alpha_1=0}.$$

Die Lösung von Gl. (63) mit U(0) = 1 lautet

$$U(\alpha) = e^{K\alpha} e^{-i \int_0^\alpha d\alpha' \psi(\alpha')}. \tag{64}$$

Den Phasenfaktor in Gl. (64) verwenden wir für die neue Wahl

$$U'(\alpha) = e^{K\alpha}$$

oder in der ausführlichen Schreibweise

$$U'(R_{e\alpha}) = e^{K(e)\alpha}. \tag{65}$$

Die e-Abhängigkeit von K(e) folgt aus der Definition

$$K(e) = \frac{d}{d\alpha} U'(R_{e\alpha})|_{\alpha=0} = \frac{d}{d\alpha} e\alpha|_{\alpha=0} \nabla_\beta U'(R_\beta)|_{\beta=0}$$

zu $\quad K(e) = \mathbf{eK}$

mit dem Vektoroperator $\mathbf{K} = \nabla_\alpha U'(R_\alpha)|_{\alpha=0}$.
Damit ergibt sich wieder das Resultat (37)

$$U'(R_\alpha) = e^{\mathbf{K}\boldsymbol{\alpha}}, \qquad \mathbf{K} \text{ unabhängig von } \boldsymbol{\alpha}. \tag{66}$$

Um die Vertauschungsrelationen der Erzeugenden **K** der Drehgruppe zu erhalten, betrachten wir

$$U'^*(R_1)U'^*(R_2)U'(R_1)U'(R_2) = U'(R_1^{-1}R_2^{-1}R_1R_2)e^{i\varphi(\alpha_1,\alpha_2)} \tag{67}$$

in erster Ordnung in $\boldsymbol{\alpha}_1$ und $\boldsymbol{\alpha}_2$. Für $R_1 = 1$, d. h. $\boldsymbol{\alpha}_1 = 0$ ergibt sich wegen $U'(1) = 1$

$$\varphi(0, \boldsymbol{\alpha}_2) = 0 \quad \text{und ebenso} \quad \varphi(\boldsymbol{\alpha}_1, 0) = 0.$$

Schreiben wir in erster Ordnung $U'(R_1) = 1 + \epsilon_1$, dann ist in dieser Ordnung $U'^*(R_1) =$ $= 1 - \epsilon_1$, und die linke Seite der Gl. (67) liefert

$$(1 - \epsilon_1 + \ldots)(1 - \epsilon_2 + \ldots)(1 + \epsilon_1)(1 + \epsilon_2) = 1 + \epsilon_1\epsilon_2 - \epsilon_2\epsilon_1 + \ldots .$$

Analog gilt mit $R_1 = 1 + \eta_1$, $R_1^{-1} = 1 - \eta_1 + \ldots$

$$R_1^{-1}R_2^{-1}R_1R_2 = 1 + \eta_1\eta_2 - \eta_2\eta_1 + \ldots .$$

Mit $R\mathbf{r} = \mathbf{r} + \boldsymbol{\alpha} \times \mathbf{r} + \ldots$ ergibt sich

$$[\eta_1, \eta_2]\mathbf{r} = \boldsymbol{\alpha}_1 \times (\boldsymbol{\alpha}_2 \times \mathbf{r}) - \boldsymbol{\alpha}_2 \times (\boldsymbol{\alpha}_1 \times \mathbf{r}) = (\boldsymbol{\alpha}_1 \times \boldsymbol{\alpha}_2) \times \mathbf{r}.$$

Setzt man diese Entwicklungen in Gl. (67) ein, so erhält man

$$1 + [\mathbf{K}\boldsymbol{\alpha}_1, \mathbf{K}\boldsymbol{\alpha}_2] + \ldots = 1 + \mathbf{K}(\boldsymbol{\alpha}_1 \times \boldsymbol{\alpha}_2) + i \sum_{k,\ell=1}^{3} a_{k\ell}\alpha_{1k}\alpha_{2\ell} + \ldots .$$

Die von der Phase herrührende Summe muß aufgrund dieser Gleichung antisymmetrisch bezüglich 1 und 2 sein, woraus $a_{k\ell} = -a_{\ell k}$ folgt. Dieser Term läßt sich daher als $i\boldsymbol{\alpha}_1 \times \boldsymbol{\alpha}_2 \cdot \mathbf{c}$ schreiben. Insgesamt erhält man

$$[\mathbf{K}\boldsymbol{\alpha}_1, \mathbf{K}\boldsymbol{\alpha}_2] = (\mathbf{K} + i\mathbf{c})\boldsymbol{\alpha}_1 \times \boldsymbol{\alpha}_2, \qquad \mathbf{c} \text{ reell.}$$

Für $J := i\hbar(K + ic)$ gelten die Vertauschungsrelationen

$$[J\alpha_1, J\alpha_2] = i\hbar J(\alpha_1 \times \alpha_2); \qquad U'(R_\alpha) = e^{-\frac{i}{\hbar}J\alpha} e^{-i\alpha c}$$

oder $[J_x, J_y] = i\hbar J_z$ und zykl. oder $J \times J = i\hbar J$.

Führen wir neue $U(R_\alpha)$ durch Weglassen der Phasen αc ein, so haben wir das einfache Resultat

$$U(R_\alpha) = e^{-\frac{i}{\hbar}J\alpha}, \qquad J \times J = i\hbar J \tag{68}$$

gewonnen, und zwar nur aufgrund der Forderung, daß die U(R) eine Strahldarstellung der Drehgruppe bilden sollen. Diese physikalisch zwingende Forderung legt die Vertauschungsrelationen für die Erzeugenden anderer Gruppen nicht immer fest.

Im nächsten Paragraphen werden wir die Eigenwerte der Observablen J allein aus den Vertauschungsrelationen (68) bestimmen und daher alle Drehimpulseigenwerte gewinnen, die überhaupt in physikalischen Systemen vorkommen können.

§ 20 Drehimpulseigenwerte und Spinfreiheitsgrad

Wir werden in diesem Paragraphen aus den allgemein gültigen Drehimpulsvertauschungsrelationen die Drehimpulseigenwerte ermitteln. Für die sich u. a. ergebenden halbzahligen Eigenwerte lassen sich die Drehimpulsoperatoren nicht als Funktion von Ort und Impuls allein schreiben; es muß ein neuer nichtklassischer Freiheitsgrad, der Eigendrehimpuls oder Spin, eingeführt werden. Ein solcher Freiheitsgrad wurde in den Anfängen der Quantenphysik 1925 von Goudsmit und Uhlenbeck aus den Elektronenspektren erschlossen unter Heranziehung der Experimente von Stern und Gerlach aus dem Jahre 1921 an Atomstrahlen in inhomogenen Magnetfeldern.

Wir gehen von den aus der Drehgruppe abgeleiteten Vertauschungsrelationen

$$J \times J = i\hbar J \quad \text{oder} \quad (J \times J) \times \alpha = [J\alpha, J] = \frac{\hbar}{i}\,\alpha \times J \tag{1}$$

aus und erkennen daran, daß die Komponenten von J kein gemeinsames System von Eigenzuständen haben können, da sie nicht kommutieren. J transformiert sich unter Drehungen wie ein Vektor:

$$U^*(R_\alpha)JU(R_\alpha) = R_\alpha J = e^{\alpha \times}J. \tag{2}$$

Man sieht dies durch Differentiation nach α ($U(R_\alpha) = e^{-\frac{i}{\hbar}J\alpha}$, $F(\alpha) := U^*(R_\alpha)JU(R_\alpha)$):

$$\frac{d}{d\alpha}F(\alpha) = \frac{i}{\hbar}[J\hat{\alpha}, F(\alpha)] = \frac{i}{\hbar}U^*(R_\alpha)[J\hat{\alpha}, J]U(R_\alpha) = \hat{\alpha} \times F(\alpha)$$

mit der Lösung

$$F(\alpha) = e^{\alpha \times}J, \qquad F(0) = J, \qquad \alpha = \hat{\alpha}\alpha.$$

Der Operator $\mathbf{J}^2$ ist dann als Skalarprodukt unter Drehungen invariant:

$$U^*(R_\alpha)\mathbf{J}\mathbf{J}U(R_\alpha) = R_\alpha\mathbf{J}R_\alpha\mathbf{J} = \mathbf{J}\mathbf{J}, \qquad \text{d. h. } [\mathbf{J}\alpha, \mathbf{J}^2] = 0. \tag{3}$$

Eine Komponente von $\mathbf{J}$ und $\mathbf{J}^2$ besitzen daher ein gemeinsames System von Eigenzuständen. Die Eigenwerte von $\mathbf{J}^2$ sind wegen $(\Phi, \mathbf{J}^2\Phi) = (\mathbf{J}\Phi, \mathbf{J}\Phi) \geqslant 0$ nicht negativ. Daher können wir für einen Eigenzustand zu $\mathbf{J}^2$ und J_3 ansetzen

$$\mathbf{J}^2\Phi_{jm} = \hbar^2 j(j+1)\Phi_{jm}, \qquad J_3\Phi_{jm} = \hbar m\Phi_{jm}, \tag{4}$$

wobei m reell ist und $j \geqslant 0$ gewählt werden kann.

Wegen $(\Phi_{jm}, \mathbf{J}^2\Phi_{jm}) \geqslant (\Phi_{jm}, J_3^2\Phi_{jm})$

gilt $\quad j(j+1) \geqslant m^2. \qquad (5)$

Mit den Operatoren

$$J_\pm = J_1 \pm iJ_2, \qquad J_+^* = J_- \tag{6}$$

können wir die Eigenwerte von J_3 erhöhen bzw. erniedrigen. Es gelten aufgrund der Vertauschungsrelationen (1) die Beziehungen

$$[J_3, J_\pm] = \pm \hbar J_\pm, \qquad [\mathbf{J}^2, J_\pm] = 0, \tag{7}$$

$$J_-J_+ = \mathbf{J}^2 - J_3^2 - J_3\hbar, \qquad J_+J_- = \mathbf{J}^2 - J_3^2 + J_3\hbar, \tag{8}$$

woraus
$$\left.\begin{aligned} J_3J_\pm\Phi_{jm} &= [J_3, J_\pm]\Phi_{jm} + J_\pm J_3\Phi_{jm} = (\pm\hbar + m\hbar)J_\pm\Phi_{jm},\\ \mathbf{J}^2J_\pm\Phi_{jm} &= J_\pm\mathbf{J}^2\Phi_{jm} = \hbar^2 j(j+1)J_\pm\Phi_{jm}\end{aligned}\right. \tag{9}$$

folgt.

Daher ist $J_\pm\Phi_{jm}$ ein Eigenzustand von $\mathbf{J}^2$ und J_3 mit den Parametern j und $m \pm 1$, falls nicht $J_\pm\Phi_{jm} = 0$. Die Anwendung von J_+ kann so lange wiederholt werden, bis man auf den Nullvektor stößt. Damit Gl. (5) nicht verletzt wird, muß das Verfahren abbrechen. Für den größten Wert $\bar{m}$ gilt

$$J_+\Phi_{j\bar{m}} = 0, \tag{10}$$

sonst wäre $J_+\Phi_{j\bar{m}}$ ein Eigenzustand mit dem Eigenwert $\hbar(\bar{m}+1)$, obgleich $\hbar\bar{m}$ der größte sein sollte. Zusammen mit der ersten Gl. (8) und (5) ergibt Gl. (10) das Resultat

$$\bar{m} = j. \tag{11}$$

Entsprechend gilt

$$J_-\Phi_{j\underline{m}} = 0 \quad \text{mit} \quad \underline{m} = -j \tag{12}$$

für den kleinsten Wert $\underline{m}$.

Somit haben wir zu gegebenem j für m die möglichen Werte

$$-j, -j+1, \ldots, j-1, j. \tag{13}$$

Wegen der ganzzahligen Schritte von $-j$ zu j ist ihre Anzahl $2j + 1$. Weil dies eine ganze Zahl sein muß, kann j nur die Werte

$$j = 0, \frac{1}{2}, 1, \frac{3}{2}, \ldots \tag{14}$$

annehmen.

Damit ist das Eigenwertproblem der Observablen J^2, J_1, J_2, J_3 vollständig gelöst, denn statt J_3 hätten wir auch eine andere Komponente von J wählen können. Alle Komponenten des Drehimpulses haben nur diskrete Eigenwerte

$$0, \pm\frac{\hbar}{2}, \pm\hbar, \pm\frac{3}{2}\hbar, \ldots, \tag{15}$$

und J^2 hat ebenfalls nur diskrete Eigenwerte $\hbar^2 j(j+1)$.

Die kleinste Einheit des Drehimpulses ist $\hbar/2$. Meßwerte für Drehimpulse sind in allen physikalischen Systemen ganzzahlige Vielfache dieses Drehimpulsquantums, das der Planckschen Konstante eine direkte und meßbare universelle Bedeutung gibt. Im Gegensatz zum linearen Impuls mit seinem rein kontinuierlichen Spektrum muß man Drehimpulse, die nicht groß gegen $\hbar/2$ sind, stets quantentheoretisch behandeln. Liegt ein Eigenwert $\hbar m$ von J_3 vor, so sind J_1 und J_2 unscharf. Es gilt $\overline{J_1} = \overline{J_2} = 0$, aber nach Gl. (6) und (8)

$$(\Phi_{jm}, J_1^2\Phi_{jm}) =: \overline{J_1^2} = \overline{\left(\frac{J_+ + J_-}{2}\right)^2} = \overline{\frac{J_+J_- + J_-J_+}{4}} = \frac{\hbar^2}{2}(j(j+1) - m^2) \geqslant \frac{\hbar^2}{2} j.$$

Sind die Φ_{jm} auf Eins normiert, so ergibt sich

$$J_\pm \Phi_{jm} = \hbar\{j(j+1) - m(m \pm 1)\}^{1/2}\Phi_{jm\pm 1}, \tag{16}$$

da aus Gl. (6) und (8) die Beziehung

$$(J_\pm\Phi_{jm}, J_\pm\Phi_{jm}) = (\Phi_{jm}, J_\mp J_\pm \Phi_{jm}) = \hbar^2\{j(j+1) - m(m \pm 1)\}$$

folgt. In Gl. (16) ist eine freie Phase nach den üblichen Konventionen Null gesetzt.

Gibt es mehrere Eigenzustände zu j und m, so wählen wir sie orthogonal und charakterisieren sie durch einen diskreten Index η. Die Konstruktion aller $2j + 1$ Zustände wird für jedes η durchgeführt. So erhalten wir Zustände $\Phi_{jm\eta}$ mit

$$\begin{aligned} J^2\Phi_{jm\eta} &= \hbar^2 j(j+1)\Phi_{jm\eta} \\ J_3\Phi_{jm\eta} &= \hbar m \Phi_{jm\eta} \\ J_\pm\Phi_{jm\eta} &= \hbar\{j(j+1) - m(m\pm 1)\}^{1/2}\Phi_{jm\eta} \\ (\Phi_{jm\eta}, \Phi_{j'm'\eta'}) &= \delta_{jj'}\delta_{mm'}\delta_{\eta\eta'}, \qquad \sum_{jm\eta} \Phi_{jm\eta})(\Phi_{jm\eta} = 1. \end{aligned} \tag{17}$$

Damit sind auch die Matrixelemente der unitären Operatoren $U(R_\alpha) = e^{-\frac{i}{\hbar}J\alpha}$ für endliche Drehungen bestimmt:

$$(\Phi_{jm\eta}, U(R_\alpha)\Phi_{j'm'\eta'}) =: \delta_{\eta\eta'}\delta_{jj'}D^j_{mm'}(R_\alpha). \tag{18}$$

Sie hängen nicht von η ab. Mit dieser Bezeichnung gilt

$$U(R_\alpha)\Phi_{jm\eta} = \sum_{m'} \Phi_{jm'\eta} D^j_{m'm}(R_\alpha), \tag{19}$$

$$\{D^j_{mm'}\}^* = (D^{j*})_{m'm} = \{(D^j)^{-1}\}_{m'm}, \qquad \text{d. h. } D^{j*}\cdot D^j = 1.$$

Der gesamte Raum der $\Phi_{jm\eta}$ (j, η fest) ist danach unter Drehungen invariant, keine Drehung führt aus ihm heraus. Dieser durch j und η charakterisierte Raum ist auch irreduzibel, d. h. es gibt keinen echten Teilraum, der unter allen Drehungen in sich übergeht. Gehört nämlich Φ zu diesem Teilraum, dann auch $U(R_\alpha)\Phi$ für beliebige R_α und damit $\mathbf{J}\Phi$. $J_\pm\Phi$ gehört als Linearkombination $J_1\Phi \pm iJ_2\Phi$ auch dazu. Wählen wir ν so, daß $(J_+)^\nu\Phi \neq 0$, aber $(J_+)^{\nu+1}\Phi = 0$, so ist $(J_+)^\nu\Phi = \text{const}\ \Phi_{jj\eta}$. Mehrfache Anwendung von J_- auf diesen Zustand zeigt, daß alle $\Phi_{jm\eta}(-j \leqslant m \leqslant j)$ in dem invarianten Teilraum liegen, es also kein echter Teilraum ist. Man nennt auch die Matrizen $D^j_{mm'}(R_\alpha)$ eine irreduzible Darstellung der Drehgruppe.

Bahndrehimpuls

Ist der Zustandsraum durch die Basis $\Phi_\mathbf{r}$ gegeben, dann gilt nach Gl. (19.40)

$$\mathbf{J} = \mathbf{L} = \mathbf{R} \times \mathbf{P} \tag{20}$$

und wir können die Eigenzustände explizit konstruieren. Dazu gehen wir in die Ortsdarstellung

$$\psi(\mathbf{r}) = (\Phi_\mathbf{r}, \Phi), \qquad \underset{\sim}{\mathbf{L}} = \mathbf{r} \times \frac{\hbar}{i}\nabla$$

und führen Kugelkoordinaten als die den Drehungen angepaßten Koordinaten ein. Die Umschreibung in diese Koordinaten ergibt (R 12)

$$\underset{\sim}{L}_3 = \frac{\hbar}{i}\frac{\partial}{\partial\varphi}, \qquad \underset{\sim}{L}_\pm = e^{\pm i\varphi}\hbar\left(\pm\frac{\partial}{\partial\vartheta} + i\cot\vartheta\,\frac{\partial}{\partial\varphi}\right). \tag{21}$$

Das Eigenwertproblem lautet damit

$$\underset{\sim}{L}_3 Y_{\ell m}(\vartheta,\varphi) = \hbar m Y_{\ell m}(\vartheta,\varphi), \tag{22a}$$

$$\underset{\sim}{L}^2 Y_{\ell m}(\vartheta,\varphi) = \hbar^2 \ell(\ell+1) Y_{\ell m}(\vartheta,\varphi), \tag{22b}$$

wobei wir die üblichen Bezeichnungen für die Eigenfunktionen eingeführt haben. Statt der Differentialgleichung zweiter Ordnung (22b) lösen wir die Gleichung erster Ordnung für das maximale m

$$\underset{\sim}{L}_+ Y_{\ell\ell} = 0 \tag{23}$$

zusammen mit

$$\underset{\sim}{L}_3 Y_{\ell\ell} = \hbar\ell Y_{\ell\ell}. \tag{24}$$

Gl. (24) hat die Lösung

$$Y_{\ell\ell} = e^{i\ell\varphi} f(\vartheta).$$

In Gl. (23) eingesetzt ergibt dies

$$f' - \ell \cot\vartheta\, f = 0, \qquad f = \text{const}\,(\sin\vartheta)^\ell,$$

also insgesamt

$$Y_{\ell\ell} = \text{const}\; e^{i\ell\varphi} (\sin\vartheta)^\ell.$$

Durch wiederholte Anwendung des Operators $\underset{\sim}{L}_-$ (Gl. (16)) gewinnt man die anderen Eigenfunktionen:

$$Y_{\ell m} = \text{const}\,(\underset{\sim}{L}_-)^{\ell - m} Y_{\ell\ell}. \tag{25}$$

Für ganzzahlige ℓ sind dies die bekannten Kugelflächenfunktionen. Sie bilden ein vollständiges System auf der Kugeloberfläche. Mit der Norm

$$\int |Y_{\ell m}(\vartheta, \varphi)|^2 d\varphi\, d\cos\vartheta = 1 \tag{26}$$

gilt die Vollständigkeitsrelation

$$\sum_{\ell, m} Y_{\ell m}(\vartheta, \varphi) Y^*_{\ell m}(\vartheta', \varphi') = \delta(\varphi - \varphi')\,\delta(\cos\vartheta - \cos\vartheta'). \tag{27}$$

Mit den üblichen Phasenkonventionen lauten die ersten vier:

$$\begin{aligned} Y_{0,0} &= (4\pi)^{-1/2}, \\ Y_{1,\pm 1} &= \mp \left(\frac{8\pi}{3}\right)^{-1/2} e^{\pm i\varphi} \sin\vartheta = \mp \left(\frac{8\pi}{3}\right)^{-1/2} \frac{x \pm iy}{r}, \\ Y_{1,0} &= \left(\frac{4\pi}{3}\right)^{-1/2} \cos\vartheta = \left(\frac{4\pi}{3}\right)^{-1/2} \frac{z}{r}. \end{aligned} \tag{28}$$

Halbzahlige Werte von ℓ führen auf Funktionen, bei denen die Anwendung von $\underset{\sim}{L}_-^\nu$ zu nichtnormierbaren, singulären Funktionen führt. Die halbzahligen Werte kommen auch nicht in der Vollständigkeitsrelation vor. Daraus folgt die wichtige Feststellung, daß alle Eigenwerte der Komponenten des Drehimpulsoperators $\mathbf{R} \times \mathbf{P}$ ganzzahlige Vielfache von $\hbar$ sind.

Diese Ganzzahligkeit gilt auch für ein System von Teilchen, die durch $\mathbf{p}_\nu$, $\mathbf{r}_\nu$ vollständig beschrieben werden. Da die Observablen der verschiedenen Teilchen miteinander kommutieren, gibt es ein gemeinsames Eigenzustandssystem, und die Eigenwerte der Komponenten des Gesamtdrehimpulses $\mathbf{L} = \sum_\nu \mathbf{R}_\nu \times \mathbf{P}_\nu$ sind gleich $\hbar m = \sum_\nu \hbar m_\nu$, woraus m ganzzahlig folgt, falls alle m_ν ganzzahlig sind.

Eigendrehimpuls oder Spin

Wie in der klassischen Mechanik können wir bei einem System von Teilchen neben dem Drehimpuls, bezogen auf den Nullpunkt des Bezugssystems, auch den Drehimpuls betrachten, der auf den Massenmittelpunkt bezogen ist. Diesen bezeichnen wir als Eigendrehimpuls oder S p i n s des Systems. Die Definition lautet also mit

$$\begin{gathered} m\mathbf{r} := \sum_\nu m_\nu \mathbf{r}_\nu, \qquad \mathbf{p} := \sum_\nu \mathbf{p}_\nu, \qquad m := \sum m_\nu \\ \mathbf{s} := \sum_\nu m_\nu (\mathbf{r}_\nu - \mathbf{r}) \times \frac{d}{dt}(\mathbf{r}_\nu - \mathbf{r}) = \sum_\nu (\mathbf{r}_\nu - \mathbf{r}) \times \mathbf{p}_\nu, \end{gathered} \tag{29}$$

wobei die zweite Form wegen $\sum_\nu m_\nu(\mathbf{r}_\nu - \mathbf{r}) = 0$ gilt. Aus der ersten Form, die nur von Differenzen von Ortsvektoren abhängt, erkennt man die Invarianz des Spins gegenüber speziellen Galilei-Transformationen $\mathbf{r}_\nu \to \mathbf{r}_\nu + \mathbf{v}t$. Der Gesamtdrehimpuls läßt sich aufgrund dieser Definition als Summe von Spin und Bahndrehimpuls des Massenmittelpunktes schreiben:

$$\mathbf{l} = \sum_\nu \mathbf{r}_\nu \times \mathbf{p}_\nu = \mathbf{s} + \mathbf{r} \times \mathbf{p}. \tag{30}$$

Der Spin ist daher gleich dem Gesamtdrehimpuls, falls das System ruht ($\mathbf{p} = 0$). Bilden die Teilchen einen gebundenen Zustand, der bei einer Klasse von Experimenten nicht aufgebrochen werden kann, so genügen zur Beschreibung des Systems $\mathbf{r}$, $\mathbf{p}$ und der Spin $\mathbf{s}$. Das System hat wegen des gegebenen Bindungszustandes nur die Freiheitsgrade der Translation des Massenmittelpunktes und der Rotation um ihn.
Der Übergang von den klassischen Größen zu Operatoren $\mathbf{r}_\nu \to \mathbf{R}_\nu$, $\mathbf{p}_\nu \to \mathbf{P}_\nu$ liefert

$$\sum_\nu \mathbf{L}_\nu = \mathbf{L} = \mathbf{S} + \mathbf{R} \times \mathbf{P}, \qquad [\mathbf{P}\mathbf{a}, \mathbf{R}] = \frac{\hbar}{i}\mathbf{a}. \tag{31}$$

Wegen der Invarianz von $\mathbf{S}$ unter speziellen Galilei-Transformationen gilt nach Gl. (19.52)

$$[\mathbf{G}(t), \mathbf{S}\alpha] = 0, \quad \text{also} \quad [\mathbf{P}, \mathbf{S}\alpha] = 0, [\mathbf{R}, \mathbf{S}\alpha] = 0.$$

Der Spin vertauscht danach mit den Observablen des Massenmittelpunktes, was man natürlich auch direkt nachrechnen kann. Damit folgt

$$\begin{gathered} [\mathbf{L}, \mathbf{L}\alpha] = [\mathbf{R} \times \mathbf{P}, \mathbf{R} \times \mathbf{P}\alpha] + [\mathbf{S}, \mathbf{S}\alpha] \\ [\mathbf{S}, \mathbf{S}\alpha] = i\hbar\alpha \times \mathbf{L} - i\hbar\alpha \times (\mathbf{R} \times \mathbf{P}) = i\hbar\alpha \times \mathbf{S}. \end{gathered}$$

Insgesamt erhält man so

$$[\mathbf{a}\mathbf{P}, \mathbf{S}] = 0, \qquad [\mathbf{a}\mathbf{R}, \mathbf{S}] = 0, \qquad \mathbf{S} \times \mathbf{S} = i\hbar\mathbf{S}. \tag{32}$$

Wenn ein System nur Observable $Q(\mathbf{R}, \mathbf{P}, \mathbf{S})$ enthält, also ein Gebilde mit Gesamtdrehimpuls und vorgegebenem Bindungszustand beschreibt, so ist $\mathbf{S}^2$ nach Gl. (32) mit allen Observablen vertauschbar. Für S^2 gilt eine S u p e r a u s w a h l r e g e l. Sollen Superpositionen von Zuständen einschließlich ihrer Phasen beobachtbar sein, so müssen wir uns auf einen Eigenwert von $\mathbf{S}^2$ beschränken, $\mathbf{S}^2$ ist dann ein Vielfaches, nämlich $\hbar^2 s(s+1)$, des Einheitsoperators. Das System ist durch die feste Zahl s gekennzeichnet. Man spricht kurz von einem Teilchen mit Spin s. Das physikalische System, das mit Hilfe eines Zustandsraumes mit mehreren Eigenwerten von $\mathbf{S}^2$ beschrieben wird, ist aufgrund der Superauswahlregel völlig äquivalent einem Gemisch, bei dem man nur Wahrscheinlichkeitsaussagen über den Spin s des beschriebenen Teilchens machen kann. Es liegt ein im Prinzip behebbares Defizit an Kenntnis vor. Ein Teilchen ist erst dann vollständig charakterisiert, wenn man auch seinen Spin s kennt; Spinorientierung und Impulsvektor legen die möglichen Zustände des Teilchens fest. Als Basis des Zustandsraumes kann man dann $\Phi_{\mathbf{p}, m_s}$ ($m_s = -s, -s+1 \ldots s-1, s$) verwenden mit den Eigenschaften

$$\begin{aligned} \mathbf{P}\Phi_{\mathbf{p},m_s} &= \mathbf{p}\Phi_{\mathbf{p},m_s}, \\ S_3\Phi_{\mathbf{p},m_s} &= \hbar m_s \Phi_{\mathbf{p},m_s}, \qquad \mathbf{S}^2\Phi_{\mathbf{p},m_s} = \hbar^2 s(s+1)\Phi_{\mathbf{p},m_s}. \end{aligned} \tag{33}$$

Auch $\Phi_{\mathbf{r}, m_s}$ wäre eine Basis. Die Wellenfunktion

$$\psi(\mathbf{r}, m_s) = (\Phi_{\mathbf{r}, m_s}, \Phi)$$

ist neben $\mathbf{r}$ von der diskreten Variablen m_s abhängig.

Solange wir wie bisher von einem gebundenen System von Teilchen ausgehen, die durch Orte und Impulse vollständig beschrieben werden, also jeweils den Spin 0 besitzen, sind die Eigenwerte der Komponenten von $\mathbf{S}$ ganzzahlige Vielfache von $\hbar$. Ein Beispiel wären Bindungszustände von α-Teilchen.

Hat man keine Veranlassung, ein Teilchen als Bindungszustand anderer spinloser Teilchen anzusehen, wofür das Elektron ein Beispiel ist, so muß man auch halbzahlige Spins s zulassen. Den Wert s des Spins kann man unter anderem durch die Anzahl der möglichen Zustände des ruhenden Teilchens experimentell ermitteln. Die zweifache Aufspaltung der Atomstrahlen im inhomogenen Magnetfeld beim Versuch von Stern und Gerlach liefert für das Elektron $2s + 1 = 2$, also $s = \frac{1}{2}$. Im Einstein-deHaas-Versuch wird dieser Wert durch unmittelbare Messung des Drehimpulses bestätigt. Der Spin des Elektrons ist für den Aufbau der Atome, für die chemische Bindung und für die Festkörperphysik von entscheidender Bedeutung. Die Wellenfunktion des Elektrons ist unter Berücksichtigung des Spins zweikomponentig; man spricht von Paulischem Zweierspinor. Bei den Elementarteilchen kommen die niedrigeren Werte des Spins vor, bei den Atomkernen auch wesentlich höhere. Die folgende Tabelle gibt eine Auswahl von in der Natur vorkommenden Spinwerten s.

Teilchen	e	μ	π	p	n	Ω	α	Co^{59}	W-Boson
Spin s	$\frac{1}{2}$	$\frac{1}{2}$	0	$\frac{1}{2}$	$\frac{1}{2}$	$\frac{3}{2}$	0	$\frac{7}{2}$	1

Für den Fall $s = \frac{1}{2}$, also insbesondere für Elektronen, wollen wir noch die Matrizen

$$(\Phi_{1/2 m_s \eta}, \mathbf{S}\Phi_{1/2 m_s' \eta'}) =: \frac{\hbar}{2} (\boldsymbol{\sigma})_{m_s m_s'} \delta_{\eta\eta'} \tag{34}$$

aufgrund der allgemeinen Formel (17) explizit angeben:

$$\sigma_1 = \frac{1}{2}(\sigma_+ + \sigma_-) = \begin{pmatrix} 0 & 1 \\ 1 & 0 \end{pmatrix}, \qquad \sigma_2 = \frac{1}{2i}(\sigma_+ - \sigma_-) = \begin{pmatrix} 0 & -i \\ i & 0 \end{pmatrix}, \qquad \sigma_3 = \begin{pmatrix} 1 & 0 \\ 0 & -1 \end{pmatrix}. \tag{35}$$

Man nennt sie P a u l i - M a t r i z e n.

Neben den Drehimpulsvertauschungsrelationen $\boldsymbol{\sigma} \times \boldsymbol{\sigma} = 2i\boldsymbol{\sigma}$ gilt

$$\sigma_k \sigma_\ell + \sigma_\ell \sigma_k = 2\delta_{k\ell}, \quad \text{also} \quad \sigma_k^2 = 1, \qquad \boldsymbol{\sigma\sigma} = 3, \qquad k, \ell = 1, 2, 3. \tag{36}$$

Gl. (19) liefert

$$\mathbf{S}\Phi_{1/2 m_s \eta} = \sum_{m_s'} \Phi_{1/2 m_s' \eta} \frac{\hbar}{2} (\boldsymbol{\sigma})_{m_s' m_s}$$

und $$(\Phi_{1/2 m_s \eta}, S_k S_\ell \Phi_{1/2 m_s' \eta}) = \frac{\hbar^2}{4} (\sigma_k \sigma_\ell)_{m_s m_s'}.$$

Damit ergibt sich für endliche Drehungen

$$\left(\Phi_{1/2 m_s \eta}, e^{-\frac{i}{\hbar}\mathbf{S}\boldsymbol{\alpha}} \Phi_{1/2 m_s' \eta}\right) = D^{1/2}_{m_s m_s'}(R_\alpha) = \left(e^{-\frac{i}{2}\boldsymbol{\alpha\sigma}}\right)_{m_s m_s'}. \tag{37}$$

Es gilt $$e^{-\frac{i}{2}\boldsymbol{\alpha\sigma}} =: F\left(\frac{\alpha}{2}\right) = \cos\frac{\alpha}{2} - i\boldsymbol{\sigma}\hat{\boldsymbol{\alpha}} \sin\frac{\alpha}{2}, \tag{38}$$

da F unter Beachtung von $(\boldsymbol{\sigma}\hat{\boldsymbol{\alpha}})^2 = 1$ eine Lösung der Differentialgleichung $F'' = -F$ mit den Anfangswerten $F(0) = 1$ und $F'(0) = -i\boldsymbol{\sigma}\hat{\boldsymbol{\alpha}}$ ist.

Gl. (37) gibt Anlaß zu einer Bemerkung über die Eindeutigkeit der Matrizen $D^j(R)$. Eine Drehung um eine feste Achse mit $\alpha = 2\pi$ entspricht derjenigen mit $\alpha = 0$, also keiner Drehung. Nach Gl. (38) gilt aber

$$D^{1/2}(R_{\hat{\alpha} 2\pi}) = \cos\pi - i\boldsymbol{\sigma}\hat{\boldsymbol{\alpha}} \sin\pi = -1.$$

Jeder Drehung R ist also neben der Matrix $D^{1/2}(R)$ die Matrix $-D^{1/2}(R)$ zugeordnet, die man aus der ersten durch eine weitere Drehung um 2π erhält. Das gilt für alle halbzahligen j:

$$U(R_{e(3)2\pi})\Phi_{jm} = e^{-\frac{i}{\hbar}J_3 2\pi} \Phi_{jm} = (-1)^{2m}\Phi_{jm}. \tag{39}$$

Auf die meßbaren Daten haben diese Vorzeichen keinen Einfluß.

Da alle Observablen bei Drehungen um 2π in sich übergehen, liefert eine solche Drehung eine S u p e r a u s w a h l r e g e l zwischen Zuständen mit halb- und ganzzahligem Gesamtdrehimpuls.

Man kann die Zweideutigkeit vermeiden, indem man die sogenannte universelle Überlagerungsgruppe der Drehgruppe betrachtet. Sie besteht aus allen unitären 2 x 2-Matrizen M mit det M = 1 und trägt die Bezeichnung SU(2). Die Matrizen $M = D^{1/2}(R)$ sind gerade die Elemente der Gruppe SU(2), wie man aus Gl. (38) am einfachsten unter Verwendung der Pauli-Matrizen (35) sieht. Gl. (2) gibt die Beziehung ($R_\alpha = R_\alpha(M)$):

$$M^*\sigma M = R_\alpha \sigma, \qquad M = e^{-\frac{i}{2}\alpha\sigma}. \tag{40}$$

Die Matrizen $D^j(R_\alpha(M))$ bilden echte Darstellungen der Gruppe SU(2) auch für halbzahliges j:

$$D^j(M_1)D^j(M_2) = D^j(M_1M_2). \tag{41}$$

Wir haben in diesem Paragraphen eine vollständige Übersicht über die Drehimpulse in der Quantentheorie erhalten. Die Eigenwerte der Drehimpulskomponenten sind ganz- oder halbzahlige Vielfache von $\hbar$. Unter Drehungen invariante und irreduzible Teilräume werden durch das Quadrat des Drehimpulsoperators J^2 mit den Eigenwerten $\hbar^2 j(j + 1)$ charakterisiert. Sie haben bei festgehaltenem Entartungsparameter die Dimension 2j + 1. Bahndrehimpulse haben grundsätzlich ganzzahlige Werte j. Drehimpulse, die nicht als Bahndrehimpulse interpretiert werden müssen, können ganz- oder halbzahlige Werte j besitzen. Nachdem halbzahlige Werte von j experimentell gefunden worden sind, ist die Einführung eines nichtklassischen Freiheitsgrades Spin in die Physik unumgänglich.

§ 21 Invarianz und Erhaltungssätze

Die Invarianz einer Theorie und die aus ihr folgenden Erhaltungssätze spielen in der Physik eine fundamentale Rolle. Erhaltungssätze sind oft die ersten Beobachtungsergebnisse neu entdeckter Phänomene. In der Quantentheorie führen sie u. a. zu Auswahlregeln, die diejenigen Übergänge als erlaubt auswählen, bei denen die betreffenden Größen erhalten bleiben. Für die Aufstellung einer Theorie schränkt eine geforderte Invarianz die strukturellen Möglichkeiten entscheidend ein. Andererseits sind Invarianzaussagen im allgemeinen unabhängig von den numerischen Werten der Parameter einer Theorie.

Kontinuierliche Transformationen

Wir haben in § 19 Beispiele dafür kennengelernt, daß sich Zustände und Observable unter einer kontinuierlichen Transformation T nach den Gleichungen

$$\Phi(t) \xrightarrow{T} U(T, t)\Phi(t), \qquad Q(t) \xrightarrow{T} U(T, t)QU^{-1}(T, t), \qquad U \text{ unitär} \tag{1}$$

transformieren. Dabei gehen alle Relationen der Observablen zu fester Zeit in sich über, man spricht deshalb auch von einer Symmetrietransformation. Wenn zusätzlich die Lösungsmannigfaltigkeit der Bewegungsgleichungen unter der Symmetrietransformation invariant ist, so nennen wir das physikalische System invariant unter dieser Transformation. Im Schrödinger-Bild ist bei einer Invarianz mit Φ_S auch $U(T)\Phi_S$ Lösung der Schrödinger-Gleichung. Das ergibt

$$i\hbar(U_S(T)\Phi_S)^{\cdot} = H_S U_S(T)\Phi_S = i\hbar\dot{U}_S(T)\Phi_S + U_S(T)H_S\Phi_S$$

oder, da Φ_S beliebig,

$$[H_S, U_S(T)] = i\hbar\dot{U}_S(T). \tag{2}$$

Für den Operator $U_H(T)$ im Heisenberg-Bild folgt daraus nach Gl. (18.20) und (18.21)

$$\frac{d}{dt} U_H(T) = 0. \tag{3}$$

Die Invarianz des physikalischen Systems unter den Transformationen T ist also gleichbedeutend mit der Konstanz der zugehörigen unitären Operatoren im Heisenberg-Bild. Spezialisieren wir die Gl. (2) und (3) auf die in § 19 behandelten Transformationen, so ergibt sich folgende Tabelle:

Transformationen	Infinitesimaler Op.	Gl. (2)	Bewegungs-konstante
Raumtranslationen	$U = 1 - \frac{i}{\hbar}\mathbf{aP} + \ldots$	$[H_S, \mathbf{P}_S] = 0$	$\mathbf{P}_H$
Zeittranslationen	$U = 1 + \frac{i}{\hbar}\tau H + \ldots$	$0 = [H_S, H_S] = i\hbar\dot{H}_S$	H_H
Drehungen	$U = 1 - \frac{i}{\hbar}\alpha\mathbf{J} + \ldots$	$[H_S, \mathbf{J}_S] = 0$	$\mathbf{J}_H$
Spez. Galilei-Transf.	$U = 1 - \frac{i}{\hbar}\mathbf{vG} + \ldots$	$[H_S, \mathbf{G}_S] = i\hbar\dot{\mathbf{G}}_S$	$\mathbf{G}_H$

Aus der dritten Spalte erkennen wir, daß die Invarianz des physikalischen Systems unter Raumtranslationen gleichbedeutend mit

$$e^{\frac{i}{\hbar}\mathbf{aP}} H e^{-\frac{i}{\hbar}\mathbf{aP}} = H \tag{4}$$

ist, d. h. mit der Invarianz des einen Operators H gegenüber Raumtranslationen:

$$H(\mathbf{P}_\nu, \mathbf{R}_\nu, \mathbf{S}_\nu, t) = H(\mathbf{P}_\nu, \mathbf{R}_\nu + \mathbf{a}, \mathbf{S}_\nu, t). \tag{5}$$

Für die Zeittranslationen bzw. die Drehungen gilt entsprechendes:

$$H(\mathbf{P}_\nu, \mathbf{R}_\nu, \mathbf{S}_\nu, t) = H(\mathbf{P}_\nu, \mathbf{R}_\nu, \mathbf{S}_\nu, t + \tau) \tag{6}$$

bzw. $$H(\mathbf{P}_\nu, \mathbf{R}_\nu, \mathbf{S}_\nu, t) = H(e^{\alpha\times}\mathbf{P}_\nu, e^{\alpha\times}\mathbf{R}_\nu, e^{\alpha\times}\mathbf{S}_\nu, t). \tag{7}$$

Bezüglich der speziellen Galilei-Transformationen ist die Invarianz des physikalischen Systems nicht mit der Invarianz von H äquivalent, sondern mit der

Invarianz von

$$H-\sum_{\nu}\frac{\mathbf{P}_{\nu}^{2}}{2m_{\nu}},$$

da aufgrund der Vertauschungsrelationen (19.50), der Definition (19.52) und der dritten Spalte der Tabelle

$$\left[H_S-\sum_{\nu}\frac{1}{2m_{\nu}}\mathbf{P}_{\nu S}^{2},\mathbf{G}_S\right]=[H_S,\mathbf{G}_S]+\frac{\hbar}{i}\sum_{\nu}\mathbf{P}_{\nu S}=[H_S,\mathbf{G}_S]+\frac{\hbar}{i}\dot{\mathbf{G}}_S=0$$

gilt. Der Hamilton-Operator eines Systems, das unter speziellen Galilei-Transformationen und unter Raumtranslationen invariant ist, hat daher die Gestalt

$$H=\sum_{\nu}\frac{\mathbf{P}_{\nu}^{2}}{2m_{\nu}}+V\left(\ldots\mathbf{R}_{\nu}-\mathbf{R}_{\mu}\ldots,\ldots\frac{\mathbf{P}_{\nu}}{m_{\nu}}-\frac{\mathbf{P}_{\mu}}{m_{\mu}}\ldots,\mathbf{S}_{\nu},t\right). \tag{8}$$

Das Potential kann neben Spin und Zeit höchstens von Orts- und Geschwindigkeitsdifferenzen abhängen. Der zugehörige Erhaltungssatz lautet

$$\mathbf{P}_H-m\frac{d}{dt}\mathbf{R}_H=0 \quad \text{oder} \quad m\mathbf{R}_H=\mathbf{P}_H t+\text{const.} \tag{9}$$

Raumspiegelungen

Die Raumspiegelungen definieren wir durch die Transformation

$$\mathbf{R}_{\nu}\to\mathbf{R}_{\nu}'=-\mathbf{R}_{\nu},\qquad \mathbf{P}_{\nu}\to\mathbf{P}_{\nu}'=-\mathbf{P}_{\nu},\qquad \mathbf{S}_{\nu}\to\mathbf{S}_{\nu}'=\mathbf{S}_{\nu}. \tag{10}$$

Eine analoge Überlegung wie die um Gl. (19.60) zeigt, daß die Abbildung durch unitäre oder antiunitäre Operatoren vermittelt werden kann. Wir bezeichnen den Operator der Transformation mit Π:

$$\mathbf{R}_{\nu}'=\Pi^{*}\mathbf{R}_{\nu}\Pi,\qquad \mathbf{P}_{\nu}'=\Pi^{*}\mathbf{P}_{\nu}\Pi,\qquad \mathbf{S}_{\nu}'=\Pi^{*}\mathbf{S}_{\nu}\Pi. \tag{11}$$

Er muß unitär sein, weil die Vertauschungsrelationen

$$[P_{\mu k},R_{\nu \ell}]=\frac{\hbar}{i}\delta_{\mu\nu}\delta_{k\ell} \tag{12}$$

aufgrund von Gl. (10) auch für die transformierten Operatoren gelten. Antiunitäre Operatoren würden komplexe Zahlen ins konjugiert Komplexe überführen und daher auf der rechten Seite von Gl. (12) einen Vorzeichenwechsel bedingen. Die in Gl. (11) offene Phase von Π wählen wir so, daß Π hermitesch und damit $\Pi^2=1$ wird. Seine Eigenwerte sind ± 1, man spricht von positiver oder negativer Parität. Da die definierenden Gl. (11) von der Zeit unabhängig sind, ist der Operator Π im Schrödinger-Bild zeitunabhängig.

Die Invarianz einer Theorie unter Raumspiegelungen ist nach Gl. (2) äquivalent mit

$$[\Pi, H] = 0 \quad \text{bzw.} \quad \Pi^* H \Pi = H, \qquad \frac{d}{dt} \Pi_H = 0$$

oder ausgeschrieben

$$\begin{aligned} \Pi^* H \Pi &= H(\Pi^* \mathbf{P}_\nu \Pi, \Pi^* \mathbf{R}_\nu \Pi, \Pi^* \mathbf{S}_\nu \Pi) \\ &= H(-\mathbf{P}_\nu, -\mathbf{R}_\nu, \mathbf{S}_\nu) = H(\mathbf{P}_\nu, \mathbf{R}_\nu, \mathbf{S}_\nu). \end{aligned} \tag{13}$$

Der Operator Π ist eine Konstante der Bewegung: ein Zustand bestimmter Parität behält diese für alle Zeiten.

Bewegungsumkehr

Die Bewegungsumkehr definieren wir durch die Gleichungen

$$\mathbf{R}_\nu \to \mathbf{R}'_\nu = \mathbf{R}_\nu, \qquad \mathbf{P}_\nu \to \mathbf{P}'_\nu = -\mathbf{P}_\nu, \qquad \mathbf{S}_\nu \to \mathbf{S}'_\nu = -\mathbf{S}_\nu. \tag{14}$$

Hier muß eine antiunitäre Transformation gewählt werden, damit die aus Gl. (14) folgenden Vertauschungsrelationen

$$[P'_{\mu k}, R'_{\nu \ell}] = -\frac{\hbar}{i} \delta_{k\ell} \delta_{\mu\nu} = \left(\frac{\hbar}{i} \delta_{k\ell} \delta_{\mu\nu}\right)^*$$

resultieren:

$$\mathbf{R}'_\nu = \bar{T}^* \mathbf{R}_\nu \bar{T}, \qquad \mathbf{P}'_\nu = \bar{T}^* \mathbf{P}_\nu \bar{T}, \qquad \mathbf{S}'_\nu = \bar{T}^* \mathbf{S}_\nu \bar{T}. \tag{15}$$

Es gilt $\bar{T}^2 = (-1)^{n_F}, \qquad \bar{T}\bar{T}^* = \bar{T}^*\bar{T} = 1,$ (16)

wobei n_F die Anzahl der Fermionen des Systems angibt. Dies folgt aus der Transformation von $\mathbf{S}_\nu$ unter $\bar{T}$ (Gl. (15)) und dem Wechsel des Vorzeichens eines Zustandes unter Drehungen um 2π (Gl. (20.39)). Für die Basis eines Einteilchensystems mit Spin s gilt nämlich

$$\bar{T} e^{-\frac{i}{\hbar} S_2 \pi} \Phi_{rm} = c \Phi_{rm}, \qquad |c| = 1,$$

da die Drehung des Spins um die y-Achse mit π nach Gl. (14) bezüglich S_3 durch die Bewegungsumkehr kompensiert wird. Nochmalige Anwendung des antiunitären Operators auf diese Gleichung zeigt, daß der unitäre Operator $\bar{T}^2 e^{-\frac{i}{\hbar} S_2 2\pi}$ wegen

$$\bar{T} e^{-\frac{i}{\hbar} S_2 \pi} \bar{T} e^{-\frac{i}{\hbar} S_2 \pi} \Phi_{rm} = \bar{T}^2 e^{-\frac{i}{\hbar} S_2 2\pi} \Phi_{rm} = |c|^2 \Phi_{rm}$$

der Einheitsoperator ist. Mit Gl. (20.39) folgt daraus, daß $\bar{T}^2 = +1$ bzw. -1 für ein Boson bzw. ein Fermion ist. Für mehrere Bosonen und Fermionen multiplizieren sich die Einzelvorzeichen und man erhält Gl. (16).

Wegen der Antiunitarität des Operators $\bar{T}$ gibt es im Gegensatz zur Parität keine Quantenzahlen für die Bewegungsumkehr.

Die Invarianz eines Systems unter Bewegungsumkehr ist äquivalent mit der Gleichung

$$\bar{T}H(-t)\bar{T}^{-1} = H(t), \qquad \text{also}$$
$$H(\ldots \mathbf{R}_\nu, \mathbf{P}_\nu, \mathbf{S}_\nu \ldots; t) = H(\ldots \mathbf{R}_\nu, -\mathbf{P}_\nu, -\mathbf{S}_\nu \ldots; -t), \tag{17}$$

denn dann geht die Lösungsmannigfaltigkeit der Schrödinger-Gleichung unter der Transformation

$$\Phi(t) \xrightarrow{T} \Phi'(t) = \bar{T}\Phi(-t) \tag{18}$$

in sich über:

$$i\hbar \frac{d}{dt}\Phi'(t) = i\hbar \frac{d}{dt}\bar{T}\Phi(-t) = \bar{T}(-i)\hbar \frac{d}{dt}\Phi(-t)$$
$$= \bar{T}H(-t)\Phi(-t) = H(t)\bar{T}\Phi(-t) = H(t)\Phi'(t).$$

Formal ist hier ein Übergang von t zu −t nötig, weshalb man auch von Zeitumkehr spricht. Die Bedingung (17) ist für ein Teilchen ohne Spin in einem zeitlich konstanten Potential stets erfüllt, ein zeitunabhängiges Magnetfeld dagegen zerstört die Invarianz gegen Bewegungsumkehr:

$$\bar{T}\frac{1}{2m}\left(\mathbf{P} - \frac{e}{c}\mathbf{A}(\mathbf{R})\right)^2 \bar{T}^{-1} = \frac{1}{2m}\left(-\mathbf{P} - \frac{e}{c}\mathbf{A}(\mathbf{R})\right)^2 \neq \frac{1}{2m}\left(\mathbf{P} - \frac{e}{c}\mathbf{A}(\mathbf{R})\right)^2.$$

Klassisch bedeutet die Invarianz gegenüber Bewegungsumkehr für einen Massenpunkt, daß er bei Umkehr der Geschwindigkeit auf der vorher durchlaufenen Bahn zurückkehrt. Es ist klar, daß selbst ein zeitlich konstantes Magnetfeld bei geladenen Teilchen die Invarianz stört, da die Bahnkrümmung in einem Punkt vom Vorzeichen der Geschwindigkeit in diesem Punkt abhängt.

Abgeschlossene Systeme

Bestimmte Systeme bzw. ihre Hamilton-Funktionen können gegenüber Transformationen invariant sein, bei denen nur gewisse Freiheitsgrade transformiert werden. Bei einem Teilchen mit Spin z. B. kann eine Invarianz gegenüber Drehungen des Spins bei festgehaltenen Orten und Impulsen bestehen. Das führt zur Erhaltung des Spins allein, es findet kein Austausch zwischen Spin und Bahndrehimpuls statt. Ob spezielle Invarianzen vorliegen, hängt von den Details des betrachteten Systems ab.

Allgemeine Aussagen dagegen kann man machen, wenn es sich um abgeschlossene Systeme und um kontinuierliche Raumzeittransformationen handelt, denen alle Freiheitsgrade des Systems, auch diejenigen der Felder unterworfen werden. Abgeschlossene Systeme erhält man, wenn man die Ursachen aller Einwirkungen mit in das System einbezieht. Werden für solche Systeme alle Freiheitsgrade z. B. einheitlich einer Raumtranslation mit einem festen Vektor unterworfen, so ist die Physik einschließlich der Bewegungsgleichungen invariant unter dieser Operation: Experimente an verschiedenen Orten liefern die gleichen Resultate, wenn die gleichen äußeren Bedingungen an beiden Orten vorliegen. Es gibt keinen ausgezeichneten Ort (Homogenität des Raumes). Daraus folgt

$$\frac{d}{dt}\mathbf{P}_{\text{gesamt H}} = 0. \tag{19}$$

Ebenso liefern gleiche Experimente zu verschiedenen Zeiten (Zeittranslationen) gleiche Resultate. Es gibt keinen ausgezeichneten Zeitpunkt (Homogenität der Zeit). Daraus folgt der Erhaltungssatz

$$\frac{d}{dt}H_{\text{gesamt H}} = 0. \tag{20}$$

Die Invarianz der Physik abgeschlossener Systeme unter diesen beiden Transformationen ist eine der Grundlagen des Experimentierens, indem Experimente an anderen Orten und zu anderen Zeiten nachgeprüft werden können.

Auch die Drehung eines abgeschlossenen Systems ändert nichts an der Physik: Es gibt keine ausgezeichnete Raumrichtung (Isotropie des Raumes), woraus

$$\frac{d}{dt}\mathbf{J}_{\text{gesamt H}} = 0 \tag{21}$$

folgt. Die Erhaltung des Gesamtimpulses, der Gesamtenergie und des Gesamtdrehimpulses abgeschlossener Systeme sind also tief in der physikalischen Erfahrung verwurzelt.

Für abgeschlossene Systeme, in denen nur Geschwindigkeiten, die klein gegenüber der Lichtgeschwindigkeit sind, vorkommen, und die keine Feldfreiheitsgrade besitzen, gilt die Invarianz gegenüber speziellen Galilei-Transformationen. Sie liefert als weiteren Erhaltungssatz

$$\frac{d\mathbf{G}_H}{dt} = \frac{d}{dt}(\mathbf{P}_H t - m\mathbf{R}_H) = 0$$

oder

$$\frac{d}{dt}\sum_\nu m_\nu \mathbf{R}_{\nu H} = \sum_\nu \mathbf{P}_{\nu H} = \mathbf{P}_{\text{gesamt H}}. \tag{22}$$

Läßt man die Bedingung an die Geschwindigkeiten und Felder fallen, so muß die Galilei-Transformation durch die Lorentz-Transformation der speziellen Relativitätstheorie ersetzt werden, worauf wir im Rahmen der Feldtheorie eingehen werden.

Insgesamt besitzen also abgeschlossene Systeme zehn allgemeine Erhaltungssätze, die kontinuierlichen Transformationen entsprechen.

Die diskreten Transformationen Raumspiegelung und Bewegungsumkehr lassen sich im Experiment nicht unmittelbar nachvollziehen, und die Invarianz der Physik abgeschlossener Systeme ihnen gegenüber ist nicht evident. Tatsächlich gilt sie auch nicht in voller Allgemeinheit. Eine Paritätsverletzung wurde erstmalig 1956 bei den sogenannten schwachen Wechselwirkungen beobachtet.

II.2 Quantentheoretische Methoden am Beispiel der Bindungszustände des Wasserstoffatoms

Zum Verständnis der Quantentheorie ist die Behandlung konkreter Probleme unerläßlich. Nachdem wir die allgemeine Struktur der Quantentheorie im vorigen Kapitel kennengelernt haben, soll sie auch bei den einfachsten Problemen ausgenutzt werden, um eine gewisse Vertrautheit mit ihr zu erreichen. Dabei werden wir Standardmethoden kennenlernen, die ein weites Anwendungsfeld besitzen.

§ 22 Die Grobstruktur der Energieniveaus des Wasserstoffatoms

Das W a s s e r s t o f f a t o m , aufgebaut aus einem positiv geladenen Proton als Kern und einem entgegengesetzt gleich geladenen Elektron, besitzt aufgrund der Coulombschen Anziehung gebundene Zustände. Berücksichtigt man keine weiteren Wechselwirkungen, so spricht man von Grobstruktur. Die Hamilton-Funktion lautet dann

$$H = \frac{\mathbf{p}_K^2}{2M_K} + \frac{\mathbf{p}_e^2}{2M_e} - \frac{e^2}{|\mathbf{r}_e - \mathbf{r}_K|}, \tag{1}$$

wobei die Indizes K bzw. e die Kern- bzw. Elektronenkoordinaten kennzeichnen.

Wir suchen Eigenwerte und Eigenzustände der Energie. Proton und Elektron haben beide den S p i n 1/2, so daß die Zustände

$$\Phi_{\mathbf{r}_K m_K, \mathbf{r}_e m_e}$$

eine Basis des Zustandsraums bilden mit den möglichen Werten $\hbar m_{K,e} = \pm\hbar/2$ für die 3-Komponenten der Spins.

Die Hamilton-Funktion (1) ist als diejenige eines abgeschlossenen Systems translationsinvariant, es gilt daher

$$[\mathbf{P}, H] = 0, \qquad \mathbf{P} = \mathbf{P}_K + \mathbf{P}_e, \tag{2}$$

und es gibt ein gemeinsames System von Eigenzuständen zu $\mathbf{P}$ und H. Wir können uns auf den Eigenwert $\mathbf{P} = 0$ beschränken

$$\mathbf{P}\Phi = 0, \qquad H\Phi = E\Phi, \tag{3}$$

da sich wegen der Galilei-Invarianz die Eigenzustände von $\mathbf{P}$ und H mit anderen Eigenwerten von $\mathbf{P}$ aus Φ gewinnen lassen. Es gilt nämlich nach Gl. (19.52)

$$\mathbf{P}e^{-\frac{i}{\hbar}\mathbf{G}\mathbf{v}}\Phi = e^{-\frac{i}{\hbar}\mathbf{G}\mathbf{v}}e^{+\frac{i}{\hbar}\mathbf{G}\mathbf{v}}\mathbf{P}e^{-\frac{i}{\hbar}\mathbf{G}\mathbf{v}}\Phi = e^{-\frac{i}{\hbar}\mathbf{G}\mathbf{v}}(\mathbf{P} + M\mathbf{v})\Phi = M\mathbf{v}e^{-\frac{i}{\hbar}\mathbf{G}\mathbf{v}}\Phi$$

und daher

$$\mathbf{P}U_{\mathbf{p}}\Phi = \mathbf{p}U_{\mathbf{p}}\Phi, \qquad U_{\mathbf{p}} = e^{-\frac{i}{\hbar}\frac{\mathbf{p}}{M}\mathbf{G}_0}, \qquad \mathbf{G}_0 = \mathbf{G}(t=0). \tag{4}$$

Aus der Galilei-Invarianz folgt nach Gl. (21.2)

$$[H, \mathbf{G}] = i\hbar\dot{\mathbf{G}} = i\hbar\mathbf{P}$$

und daraus

$$\left[H - \frac{\mathbf{P}^2}{2M}, \mathbf{G}_0\right] = 0 \quad \text{bzw.} \quad \left[H - \frac{\mathbf{P}^2}{2M}, U_{\mathbf{p}}\right] = 0.$$

Damit ergibt sich für den Eigenwert von H, wie es sein muß,

$$\begin{aligned} HU_{\mathbf{p}}\Phi &= \left(H - \frac{\mathbf{P}^2}{2M} + \frac{\mathbf{p}^2}{2M}\right)U_{\mathbf{p}}\Phi = U_{\mathbf{p}}\left(H - \frac{\mathbf{P}^2}{2M} + \frac{\mathbf{p}^2}{2M}\right)\Phi \\ &= U_{\mathbf{p}}\left(E + \frac{\mathbf{p}^2}{2M}\right)\Phi = \left(E + \frac{\mathbf{p}^2}{2M}\right)U_{\mathbf{p}}\Phi. \end{aligned} \tag{5}$$

Wegen der Form der Hamilton-Funktion (1) ist es zweckmäßig, die Komponenten des Zustandes in Bezug auf Eigenzustände von $\mathbf{R}_K$ und $\mathbf{R}_e$ zu betrachten, d. h. die Wellenfunktionen

$$\psi_{m_K m_e}(\mathbf{r}_K, \mathbf{r}_e) := (\Phi_{\mathbf{r}_K m_K, \mathbf{r}_e m_e}, \Phi). \tag{6}$$

Da die Spins in H nicht vorkommen, sind neben einer bestimmten Eigenfunktion auch die anderen drei, die durch Änderungen der Spinindizes entstehen, Eigenfunktionen. Es liegt eine vierfache Spinentartung vor. Aus diesem Grunde unterdrücken wir die Spinindizes an den Eigenfunktionen und schreiben

$$\underset{\sim}{H}\psi(\mathbf{r}_K, \mathbf{r}_e) = E\psi(\mathbf{r}_K, \mathbf{r}_e), \qquad \underset{\sim}{\mathbf{P}}\psi(\mathbf{r}_K, \mathbf{r}_e) = 0. \tag{7}$$

Die zweite Gl. (7) besagt wegen $\underset{\sim}{\mathbf{P}} = \frac{\hbar}{i}(\nabla_K + \nabla_e)$, daß ψ nur von der Differenz der Koordinaten abhängt:

$$\psi(\mathbf{r}_K, \mathbf{r}_e) = \psi_E(\mathbf{r}), \qquad \mathbf{r}_K - \mathbf{r}_e =: \mathbf{r}. \tag{8}$$

Dann gilt

$$\underset{\sim}{H}\psi_E(\mathbf{r}) = \left\{-\frac{\hbar^2}{2}\left(\frac{1}{M_K} + \frac{1}{M_e}\right)\Delta_{\mathbf{r}} - \frac{e^2}{r}\right\}\psi_E(\mathbf{r}) \tag{9}$$

oder mit der r e d u z i e r t e n M a s s e $\mu = (M_K^{-1} + M_e^{-1})^{-1}$

$$\left(\frac{\underset{\sim}{\mathbf{p}}^2}{2\mu} - \frac{e^2}{r}\right)\psi_E(\mathbf{r}) = E\psi_E(\mathbf{r}), \qquad \underset{\sim}{\mathbf{p}} = \frac{\hbar}{i}\nabla_{\mathbf{r}}. \tag{10}$$

Wegen der Drehinvarianz dieser Gleichung können die Eigenfunktionen auch zu Eigenfunktionen von $\underset{\sim}{\mathbf{L}}^2$ und $\underset{\sim}{L}_3$ gemacht werden, wobei

$$\underset{\sim}{\mathbf{L}} := \mathbf{r} \times \frac{\hbar}{i}\nabla_{\mathbf{r}}$$

der relative Drehimpuls ist. Nach Gl. (20.22) gilt mit

$$\underset{\sim}{L}^2\psi_{E\ell m} = \hbar^2\ell(\ell+1)\psi_{E\ell m}$$

und
$$\underset{\sim}{L}_3\psi_{E\ell m} = \hbar m\psi_{E\ell m} \tag{11}$$

$$\psi_{E\ell m} = f(r)Y_{\ell m}(\hat{r}).$$

Die Kenntnis der Eigenfunktionen von $\underset{\sim}{L}^2$ und $\underset{\sim}{L}_3$ reduziert das dreidimensionale Eigenwertproblem (10) auf ein solches für die Radialkoordinate. Man muß dazu nur den Radialanteil von $\underset{\sim}{p}^2$ ermitteln. Die aus der klassischen Mechanik bekannte Beziehung

$$p^2 = \frac{L^2}{r^2} + p_r^2, \qquad p_r := \hat{r}p \tag{12}$$

gilt auch als Operatorgleichung, wenn für den Operator des Radialimpulses

$$\underset{\sim}{p}_r := \frac{1}{2}(\hat{r}\underset{\sim}{p} + \underset{\sim}{p}\hat{r}) = \frac{\hbar}{i}\frac{1}{r}\frac{\partial}{\partial r}r \tag{13}$$

eingesetzt wird (R 12).

Damit ergibt sich

$$\underset{\sim}{H}\psi_E = \left(-\frac{\hbar^2}{2\mu}\frac{1}{r}\frac{\partial^2}{\partial r^2}r + \frac{\underset{\sim}{L}^2}{2\mu r^2} - \frac{e^2}{r}\right)\psi_E = E\psi_E \tag{14}$$

und als Differentialgleichung für die Funktion $g(r) := rf(r)$

$$-\frac{\hbar^2}{2\mu}g'' + \frac{\hbar^2\ell(\ell+1)}{2\mu r^2}g - \frac{e^2}{r}g = Eg, \qquad \psi_E = \frac{g(r)}{r}Y_{\ell m}(\hat{r}). \tag{15}$$

Diese Gleichung bestimmt die möglichen Energiewerte E und die Eigenfunktionen ψ_E. Es wird sich herausstellen, daß die Gleichung für $E < 0$, also die gebundenen Zustände, nur diskrete Werte zuläßt; dagegen sind alle Werte $E > 0$ zugelassen, was mit der Tatsache zusammenhängt, daß man Proton und Elektron mit beliebiger positiver Energie aneinander streuen kann.

Es ist bequem, Gl. (15) in der Form

$$g''(r) - \frac{\ell(\ell+1)}{r^2}g(r) + \frac{2\beta}{r}g(r) = \epsilon g(r) \tag{16}$$

zu schreiben mit den Abkürzungen

$$\beta := \frac{\mu e^2}{\hbar^2}, \qquad \epsilon := -\frac{2\mu E}{\hbar^2}. \tag{17}$$

Für Bindungszustände ist $\epsilon > 0$.

Zur Lösung von Gl. (16) wenden wir die Methode der Potenzreihenentwicklung an. Dabei wird das Verhalten der Lösung für $r \to \infty$ und $r \to 0$ berücksichtigt, im übrigen eine Potenzreihe angesetzt.

Für große r geht Gl. (16) über in

$$g''(r) = \epsilon g(r)$$

mit der Lösung

$$g(r) = Ae^{-\sqrt{\epsilon}\, r} + Be^{\sqrt{\epsilon}\, r}. \tag{18}$$

Die Forderung der Normierbarkeit verlangt B = 0, so daß die Lösung exponentiell abfällt. Das gilt allgemein für Bindungszustände, wenn nur das Potential hinreichend abfällt für $r \to \infty$. Die radiale Ausdehnung der Wellenfunktion ist durch $\hbar(-2\mu E)^{-1/2}$ gegeben. Systeme mit hoher Bindungsenergie sind also stark lokalisiert.

Für $r \to 0$ geht Gl. (16) auch für $\ell = 0$ in die Gleichung

$$g''(r) - \frac{\ell(\ell+1)}{r^2} g(r) = 0$$

über, deren Lösungen die Potenzen $r^{\ell+1}$ und $r^{-\ell}$ sind. Für $\ell \neq 0$ ist die zweite Lösung nicht normierbar, scheidet also aus; für $\ell = 0$ löst die Funktion $\psi = r^{-1}$ wegen $\Delta \frac{1}{r} = -4\pi\delta^{e}(\mathbf{r}$ nicht die Gl. (10) für $r \to 0$. Wir machen daher den Ansatz

$$g(r) = e^{-\sqrt{\epsilon}\, r} r^{\ell+1} \sum_n c_n r^n. \tag{19}$$

Einsetzen in Gl. (16) liefert nach Abspalten der Exponentialfunktion für den Koeffizienten von $r^{\ell+n}$ die Rekursionsbeziehung

$$2c_n[-\sqrt{\epsilon}(\ell+n+1)+\beta] + c_{n+1}[(\ell+n+2)(\ell+n+1) - \ell(\ell+1)] = 0$$

oder $$\frac{c_{n+1}}{c_n} = 2\frac{\sqrt{\epsilon}(\ell+n+1)-\beta}{(n+1)(n+2\ell+2)}. \tag{20}$$

Bricht die Reihe nicht ab, so gilt für $n \gg \ell$ und $n \gg 1$

$$\frac{c_{n+1}}{c_n} \sim 2\frac{\sqrt{\epsilon}}{n} \sim 2\frac{\sqrt{\epsilon}}{n+1}.$$

Dieses Koeffizientenverhältnis besitzt die Funktion

$$e^{2\sqrt{\epsilon}\, r} = \sum \frac{(2\sqrt{\epsilon})^n}{n!} r^n.$$

Für $r \to \infty$ würde dann g(r) wie $e^{-\sqrt{\epsilon}\, r} e^{2\sqrt{\epsilon}\, r}$ anwachsen und nicht normierbar sein. (Man kann diese Überlegung mathematisch präzisieren.) Die Reihe muß also abbrechen. Sei c_{n_r} das höchste Glied, dann muß gelten

$$\sqrt{\epsilon}(\ell + n_r + 1) - \beta = 0$$

oder $$\epsilon_n = \frac{\beta^2}{n^2}, \qquad n = n_r + \ell + 1, \qquad n_r = 0, 1, 2, \dots$$

$$f_{n\ell}(r) = \frac{1}{r} g_{n\ell}(r) = e^{-\sqrt{\epsilon_n}\, r} r^{\ell} \sum_{n'=0}^{n_r} c_{n'} r^{n'}. \tag{21}$$

Die diskreten Energiewerte des Wasserstoffatoms bei ausschließlicher Berücksichtigung der Coulombschen Anziehung haben also die Werte der sogenannten Balmer-Formel

$$E_n = \frac{E_1}{n^2}, \qquad E_1 = -\frac{\mu e^4}{2\hbar^2} = -\frac{1}{2}\frac{e^2}{a}, \qquad a = \frac{\hbar^2}{\mu e^2}$$

$$n = n_r + \ell + 1, \qquad n_r = 0, 1, 2, \ldots \qquad \ell = 0, 1, 2, \ldots \leqslant n-1 \tag{22}$$

mit den zugehörigen Eigenfunktionen $\psi_{n\ell m}(\mathbf{r}) = f_{n\ell}(r) Y_{\ell m}(\vartheta, \varphi)$ zu den Quantenzahlen n, ℓ, m.

Als Bohrschen Radius bezeichnet man die Größe

$$a_0 := \frac{\hbar^2}{M_e e^2} = 0{,}53 \cdot 10^{-10} \mathrm{m} = a\mu/M_e. \tag{23}$$

Die Energie $|E_1|$, also die Bindungsenergie des Wasserstoffatoms im Grundzustand, beträgt

$$|E_1| = 13{,}6 \text{ eV}. \tag{24}$$

Bei den angegebenen abgerundeten Werten spielt der Faktor μ/M_e keine Rolle. Man kann deshalb näherungsweise auch zu $M_K \to \infty$ übergehen, das Elektron also in einem statisch vorgegebenen Coulomb-Feld betrachten. Diese Näherung würde direkt Gl. (10) ergeben mit der Ersetzung von μ durch M_e.

Der Entartungsgrad der Eigenwerte (22) hat, von der Spinentartung abgesehen, zwei Ursachen. Zunächst gibt es zur Quantenzahl ℓ immer $2\ell + 1$ Zustände mit gleicher Energie, weil die Hamilton-Funktion drehinvariant ist. Man nennt dies eine Symmetrie-Entartung. Außerdem ergibt sich speziell beim Coulomb-Potential nach Gl. (22) eine Entartung für verschiedene Werte ℓ, wenn nur $n = n_r + \ell + 1$ den gleichen Wert hat. Der gesamte Entartungsgrad beträgt also

$$g_n = \sum_{\ell=0}^{n-1} (2\ell + 1) = 2\,\frac{n-1}{2}\,n + n = n^2. \tag{25}$$

Die Radialfunktionen $f_{n\ell}(r)$ sind durch Berechnung der Rekursion (20) und Einsetzen in Gl. (21) zu gewinnen. Die ersten lauten

$$f_{10} = 2a^{-3/2} e^{-\frac{r}{a}},$$

$$f_{20} = (2a)^{-3/2} e^{-\frac{r}{2a}} \left(2 - \frac{r}{a}\right),$$

$$f_{21} = (24a^3)^{-1/2} e^{-\frac{r}{2a}} \frac{r}{a}.$$

Im Grundzustand fällt die Wahrscheinlichkeitsdichte monoton mit dem Abstand r, sie ist also nicht um einen bestimmten Radius konzentriert. Der mittlere Abstand r ergibt sich zu 3/2 a.

§ 23 Zeitabhängige Störungstheorie, induzierte Emission und Absorption

Zwischen den Energiezuständen des Wasserstoffatoms gibt es Übergänge, wenn geeignete äußere Einwirkungen vorhanden sind. Die bekanntesten sind Stöße und Lichteinfall. Wir wollen hier diese Übergänge berechnen, falls die Einwirkung als kleine Störung angesehen werden kann. Wir zerlegen den Hamilton-Operator in einen Anteil H_0, dessen Eigenwerte und -zustände wir kennen, und einen Störanteil H', den wir nur in erster Ordnung berücksichtigen wollen:

$$H = H_0 + H', \qquad H_0\Phi_n = E_n\Phi_n. \tag{1}$$

Zur Zeit $t = 0$ soll sich das System im Zustand $\Phi_{\bar{n}}$ befinden, und wir fragen nach der Wahrscheinlichkeit, das System zur Zeit t im Zustand Φ_n zu finden. Dazu müssen wir $\Phi(t)$ kennen, also die Schrödinger-Gleichung

$$i\hbar\dot{\Phi}(t) = (H_0 + H')\Phi(t), \qquad \Phi(0) = \Phi_{\bar{n}} \tag{2}$$

lösen. Die bekannten Zustände Φ_n benutzen wir als Basis

$$\Phi(t) = \sum_n a_n(t)\Phi_n, \qquad a_n(t) = (\Phi_n, \Phi(t)). \tag{3}$$

Für die Koeffizienten gilt nach Gl. (2)

$$i\hbar\dot{a}_n = E_n a_n + \sum_{n'} H'_{nn'}a_{n'}, \qquad H'_{nn'} := (\Phi_n, H'\Phi_{n'}). \tag{4}$$

Zur Vereinfachung der Gleichung führen wir neue Koeffizienten

$$b_n := a_n e^{+\frac{i}{\hbar}E_n t}$$

ein:

$$i\hbar\dot{b}_n = \sum_{n'} H'_{nn'}e^{i\omega_{nn'}t}b_{n'}, \qquad \hbar\omega_{nn'} := E_n - E_{n'}. \tag{5}$$

Unter Berücksichtigung der Anfangsbedingung gilt

$$i\hbar b_n(t) = \sum_{n'} \int_0^t dt' H'_{nn'}e^{i\omega_{nn'}t'}b_{n'}(t') + \delta_{n\bar{n}}i\hbar. \tag{6}$$

Begnügen wir uns mit der ersten Ordnung in H', so können wir $b_{n'}(t)$ auf der rechten Seite von Gl. (6) durch $\delta_{n'\bar{n}}$ ersetzen und erhalten die Lösung

$$b_n(t) = \frac{1}{i\hbar}\int_0^t dt' H'_{n\bar{n}}e^{i\omega_{n\bar{n}}t'} + \delta_{n\bar{n}}. \tag{7}$$

Wir wollen nur zwei Fälle für $H'(t)$ behandeln, eine zeitlich konstante und eine rein periodische Störung.

Sei zunächst H' zeitunabhängig. Dann ergibt sich aus Gl. (7)

$$b_n(t) - \delta_{n\bar{n}} = \frac{1}{i\hbar}H'_{n\bar{n}}\int_0^t e^{i\omega_{n\bar{n}}t'}dt' = \frac{H'_{n\bar{n}}}{\hbar\omega_{n\bar{n}}}(1 - e^{i\omega_{n\bar{n}}t}). \tag{8}$$

Die Wahrscheinlichkeit, zur Zeit t den Zustand Φ_n zu finden, ist gegeben durch

$$|(\Phi_n, \Phi(t))|^2 = |b_n(t)|^2. \tag{9}$$

Für $n \neq \bar{n}$ nennt man dies die Übergangswahrscheinlichkeit. Es gilt ($n \neq \bar{n}$):

$$|b_n(t)|^2 = \frac{1}{\hbar^2} |H'_{n\bar{n}}|^2 f(\omega_{n\bar{n}}), \qquad f(\omega) = \frac{\sin^2 \frac{\omega}{2} t}{\left(\frac{\omega}{2}\right)^2}. \tag{10}$$

Die Funktion $f(\omega)$ hat ein Maximum bei $\omega = 0$ mit einer ungefähren Halbwertsbreite $\Delta\omega = 2\pi/t$. Für große Zeiten gibt es daher nur Übergänge mit $\omega_{n\bar{n}} \approx 0$, d. h. $E_n \approx E_{\bar{n}}$. Dies drückt die Energieerhaltung aus. Daß der Energiesatz nicht auch für kleine Zeiten abzulesen ist, liegt an der Unschärferelation Gl. (12.14). Verschwindet $H'_{n\bar{n}}$ für ein bestimmtes n, so ist der Übergang $\bar{n} \to n$ in dieser Näherung nicht möglich. $H'_{n\bar{n}}$ bestimmt also die Auwahlregeln.

Wir wollen die totale Übergangswahrscheinlichkeit w(tot) berechnen für den Fall, daß die Energieeigenwerte E_n sehr dicht liegen und wir Summen über die Energiewerte durch Integrale approximieren können. Dazu kennzeichnen wir die Zustände Φ_n genauer durch die Energie E und einen Entartungsparameter η

$$\Phi_n = \Phi_{E\eta}. \tag{11}$$

Damit erhalten wir

$$w(\mathrm{tot}) = \sum_{\substack{n \\ \neq \bar{n}}} |b_n(t)|^2 = \sum_{\substack{E,\eta \\ (E,\eta) \neq (\bar{E},\bar{\eta})}} \frac{1}{\hbar^2} |H'_{E\eta,\bar{E}\bar{\eta}}|^2 f\left(\frac{E-\bar{E}}{\hbar}\right). \tag{12}$$

Ersetzen wir nun die Summe über die Zustände mit verschiedenen Werten E durch ein Integral über E, so müssen wir die Zustandsdichte $\rho(E)$ einführen, also die Anzahl der Zustände in einem Energieintervall ΔE dividiert durch ΔE,

$$\sum_{E,\eta \text{ fest}} \ldots \to \int dE \rho(E,\eta) \ldots .$$

Nehmen wir ferner an, daß das Matrixelement der Störung und die Zustandsdichte innerhalb des Intervalls $E - \bar{E} = 2\pi \frac{\hbar}{t}$ schwach veränderlich ist, so können wir diese Größen durch ihre Werte am Maximum der Funktion f ersetzen. Das verbleibende Integral über die Funktion f ergibt wegen $\int_{-\infty}^{+\infty} \frac{\sin^2 x}{x^2} dx = \pi$ den Wert $2\pi t\hbar$. Als Wert für die Übergangsrate R_{tot} ergibt sich damit

$$R_{tot} := \frac{1}{t} w(\mathrm{tot}) = \frac{2\pi}{\hbar} \sum_{\eta \neq \bar{\eta}} |H'_{\bar{E}\eta,\bar{E}\bar{\eta}}|^2 \rho(\bar{E},\eta). \tag{13}$$

Wegen der vielfachen praktischen Anwendung der Formel (13) hat Fermi sie die goldene Regel der Quantenmechanik genannt.

Sei nun H' rein periodisch:

$$H'(t) = H_\omega e^{-i\omega t} + H_\omega^* e^{+i\omega t}, \qquad \omega > 0. \tag{14}$$

Gl. (7) ergibt in diesem Falle

$$i\hbar(b_n(t) - \delta_{n\bar{n}}) = \int_0^t dt' \{(H_\omega)_{n\bar{n}} e^{i(\omega_{n\bar{n}}-\omega)t} + (H_\omega^*)_{n\bar{n}} e^{i(\omega_{n\bar{n}}+\omega)t}\}, \tag{15}$$

also zwei Terme vom Typ der Gl. (8). Wie wir gesehen haben, liefern die Terme nur für $|\omega_{n\bar{n}} \mp \omega| \lesssim \frac{2\pi}{t}$ wesentliche Beiträge. Gilt $\omega \gtrsim \frac{2\pi}{t}$, so überschneiden sich die Bereiche nicht, es kann jeweils nur ein Term beitragen.

Der Beitrag um die Stelle

$$E_n - E_{\bar{n}} = \hbar\omega, \qquad \text{also } E_n > E_{\bar{n}} \tag{16}$$

verursacht Absorption, da das System in einen Zustand höherer Energie übergeht, der Beitrag um die Stelle

$$E_n - E_{\bar{n}} = -\hbar\omega, \qquad \text{also } E_n < E_{\bar{n}} \tag{17}$$

Emission. Die Gl. (16) und (17) sind die berühmten Bohrschen Postulate der Verknüpfung von Energiedifferenz und Frequenz der Störung, die hier als eine Folge der Schrödinger-Gleichung gewonnen wurden.

Die Übergangswahrscheinlichkeiten ergeben sich aus Gl. (10):

$$w_{\bar{n}\to n} = \begin{cases} \frac{1}{\hbar^2} |(H_\omega)_{n\bar{n}}|^2 f(\omega - \omega_{n\bar{n}}) & \text{für } E_n > E_{\bar{n}}. \\ \frac{1}{\hbar^2} |(H_\omega^*)_{n\bar{n}}|^2 f(\omega + \omega_{n\bar{n}}) & \text{für } E_n < E_{\bar{n}}. \end{cases} \tag{18}$$

Aufgrund der Relationen

$$(H_\omega^*)_{n\bar{n}} = \{(H_\omega)_{\bar{n}n}\}^*$$

gilt $\quad w_{\bar{n}\to n} = w_{n\to\bar{n}}. \qquad (19)$

Eine periodische Störung, die den Übergang von $\bar{n}$ nach n verursacht, liefert mit derselben Übergangswahrscheinlichkeit den Übergang von n nach $\bar{n}$.

Besteht die Störung aus einer inkohärenten Überlagerung kontinuierlicher Frequenzen mit der Intensitätsverteilung $\gamma(\omega)$, so erhält man die gesamte Übergangswahrscheinlichkeit, wenn man Gl. (11) mit dem Gewicht $\gamma(\omega)$ über alle Frequenzen integriert. Sind Intensitätsverteilung und Matrixelement schwach veränderlich im Bereich $\Delta\omega = \frac{2\pi}{t}$, so kann man sie durch ihre Werte am Maximum der Funktion f ersetzen. Das ergibt für die

Übergangsrate $\left(\int \frac{\sin^2 x}{x^2}\,dx = \pi\right)$:

$$R_{\bar{n}\to n} = \frac{1}{t} w_{\bar{n}\to n} = \frac{2\pi}{\hbar^2}\,\gamma(\omega)\,|(H_\omega)_{n\bar{n}}|^2\Big|_{\omega=\omega_{n\bar{n}}} \quad \text{für } E_n > E_{\bar{n}} \tag{20}$$

und wegen Gl. (19)

$$R_{\bar{n}\to n} = R_{n\to\bar{n}}. \tag{21}$$

Mit diesen Formeln läßt sich die induzierte Emission und Absorption des Wasserstoffatoms unter dem Einfluß einer elektromagnetischen Welle berechnen. Der Hamilton-Operator – bei festgehaltenem Kern – lautet in einem elektromagnetischen Feld

$$\begin{aligned} \underset{\sim}{H} &= \frac{1}{2m}\left(\underset{\sim}{\mathbf{p}} - \frac{e}{c}\mathbf{A}\right)^2 - \frac{e^2}{r} = \underset{\sim}{H}_0 + \underset{\sim}{H}', \\ \underset{\sim}{H}_0 &= \frac{\underset{\sim}{\mathbf{p}}^2}{2m} - \frac{e^2}{r}, \qquad \underset{\sim}{H}' = -\frac{e}{2mc}(\underset{\sim}{\mathbf{p}}\mathbf{A} + \mathbf{A}\underset{\sim}{\mathbf{p}}) + \frac{e^2}{2mc^2}\mathbf{A}^2. \end{aligned} \tag{22}$$

Eine auffallende ebene Welle wird beschrieben durch

$$\mathbf{A}(\mathbf{r}, t) = \mathbf{a}e^{i\mathbf{kr} - i\omega t} + \mathbf{a}^* e^{-i\mathbf{kr} + i\omega t}. \tag{23}$$

Wir wählen die Eichung div $\mathbf{A} = 0$, $\varphi = 0$, dann gilt

$$\mathbf{E} = -\frac{1}{c}\dot{\mathbf{A}} = \mathbf{a}\frac{i\omega}{c}e^{i\mathbf{kr} - i\omega t} + \text{c.c.} \qquad \text{(c.c.: konjugiert komplex)}. \tag{24}$$

Die Intensität der Strahlung ist durch den zeitlichen Mittelwert des Pointing-Vektors gegeben

$$I = \overline{\left|\frac{c}{4\pi}\mathbf{E}\times\mathbf{B}\right|} = \frac{c}{4\pi}\overline{\mathbf{E}^2}. \tag{25}$$

Dabei wurde benutzt, daß für eine elektromagnetische Welle $\mathbf{E} \perp \mathbf{B}$ und $|\mathbf{E}| = |\mathbf{B}|$ gilt. Aus Gl. (23) folgt dann

$$I = \frac{\omega^2}{2\pi c}\,\mathbf{a}\mathbf{a}^*. \tag{26}$$

H' ist eine kleine Störung bei üblichen äußeren Feldern. Daher können wir den Term proportional $\mathbf{A}^2$ ganz vernachlässigen und erhalten

$$H' = -\frac{e}{mc}\mathbf{A}\underset{\sim}{\mathbf{p}} = -\frac{e}{mc}\mathbf{a}e^{i\mathbf{kr}}\underset{\sim}{\mathbf{p}}e^{-i\omega t} - \frac{e}{mc}\mathbf{a}^*e^{-i\mathbf{kr}}\underset{\sim}{\mathbf{p}}e^{+i\omega t}. \tag{27}$$

Mit der in Gl. (14) eingeführten Notation gilt

$$H_\omega = -\frac{e}{mc}e^{i\mathbf{kr}}\mathbf{a}\underset{\sim}{\mathbf{p}} \tag{28}$$

und daher nach Gl. (18) und (26) ($\hat{a} = a(aa^*)^{-1/2}$, $\hat{a}\hat{a}^* = 1$)

$$w_{\bar{n}\to n} = \frac{1}{\hbar^2}\frac{e^2}{m^2c}\frac{2\pi}{\omega^2} I\,|\hat{a}(e^{i\mathbf{k}\mathbf{r}}\underset{\sim}{p})_{n\bar{n}}|^2 f(\omega - \omega_{n\bar{n}}). \tag{29}$$

Für eine inkohärente Strahlung kontinuierlicher Frequenz mit der Intensität $J(\omega)\Delta\omega$ im Frequenzbereich $\Delta\omega$ muß nach Ersetzung von I durch $J(\omega)d\omega$ über alle Frequenzen integriert werden. Gl. (20) ergibt unter den dort gemachten Voraussetzungen das endgültige Resultat ($E_n > E_{\bar{n}}$)

$$R_{\bar{n}\to n} = \frac{(2\pi)^2 e^2}{m^2\omega^2\hbar^2 c} J(\omega)\,|\hat{a}(e^{i\mathbf{k}\mathbf{r}}\underset{\sim}{p})_{n\bar{n}}|^2\Big|_{\omega=\omega_{n\bar{n}}}. \tag{30}$$

In vielen Fällen läßt sich das Matrixelement in Gl. (30) vereinfachen, da der Exponent klein ist. Für die Linien des Wasserstoffs gilt nach Gl. (22.22)

$$\hbar\omega = E_n - E_{\bar{n}} = \frac{e^2}{2a_0}\left(-\frac{1}{n^2} + \frac{1}{\bar{n}^2}\right) < \frac{e^2}{2a_0}\frac{1}{\bar{n}^2}$$

und daher

$$k = \frac{\omega}{c} < \frac{e^2}{2\hbar a_0 c}\frac{1}{\bar{n}^2}.$$

Wegen des Abfalls der Wellenfunktion tragen zum Matrixelement nur Werte $r \lesssim \bar{n}a_0$ wesentlich bei. Das ergibt in diesem Bereich:

$$kr \lesssim \bar{n}ka_0 \leqslant \frac{e^2}{\bar{n}\hbar c} \leqslant \frac{e^2}{\hbar c} = \frac{1}{137} \ll 1.$$

Die Wellenlänge $\lambda = \frac{2\pi}{k}$ ist so groß gegen die Atomdimension, daß man die Ortsveränderlichkeit der einfallenden Welle im Bereich des Atoms vernachlässigen kann:

$$(e^{i\mathbf{k}\mathbf{r}}\underset{\sim}{p})_{n\bar{n}} \approx (\underset{\sim}{p})_{n\bar{n}}, \qquad \text{falls } k\bar{n}a_0 \ll 1. \tag{31}$$

Man nennt dies die D i p o l n ä h e r u n g , weil sich das Matrixelement von $\underset{\sim}{p}$ durch ein solches von **r** ausdrücken läßt:

$$(\underset{\sim}{p})_{n\bar{n}} = i\omega_{n\bar{n}} m(\mathbf{r})_{n\bar{n}}. \tag{32}$$

Dies folgt aus der Vertauschungsrelation

$$[H_0, \mathbf{r}] = \left[\frac{\underset{\sim}{p}^2}{2m}, \mathbf{r}\right] = \frac{\hbar}{i}\frac{\underset{\sim}{p}}{m}$$

und Matrixbildung mit den Eigenzuständen von H_0. Unter Einführung des Dipoloperators $\mathbf{d} := e\mathbf{r}$ erhalten wir für die Übergangsrate in Dipolnäherung

$$R = \left(\frac{2\pi}{\hbar}\right)^2 \frac{J(\omega_{n\bar{n}})}{c}\,|(\mathbf{d})_{n\bar{n}}\hat{a}|^2. \tag{33}$$

Diese Formel gilt für feste durch $\hat{a}$ beschriebene Polarisation und feste Richtung der Lichtwelle. Fällt Licht verschiedener Polarisation und Richtung ein, so muß dies durch Summation bzw. Integration berücksichtigt werden.

Die Formeln für die Übergangswahrscheinlichkeiten beschreiben die durch äußere Felder induzierte Absorption und Emission in Übereinstimmung mit dem Experiment. Spontane Übergänge von einem angeregten Zustand in einen energetisch tieferen unter Aussendung von Licht, also solche Übergänge, die nicht durch eine Lichtwelle von außen bewirkt werden, können wir mit der bisher behandelten Theorie nicht verstehen. Es entsteht dabei ja spontan ein elektromagnetisches Feld. Deshalb kann die spontane Emission erst im Rahmen der Quantisierung der Feldfreiheitsgrade, der sogenannten Quantenfeldtheorie, beschrieben werden.

§ 24 Störungstheorie von Eigenwerten, Spinwechselwirkung

Neben der Coulombschen Wechselwirkung gibt es noch schwächere Wechselwirkungen zwischen dem Kern und dem Elektron, die mit dem Spin zusammenhängen.

Atom im äußeren Magnetfeld

Die Spinwechselwirkungen sind am auffälligsten in einem äußeren Magnetfeld. Ist dieses räumlich und zeitlich konstant, so läßt es sich durch das Vektorpotential

$$\mathbf{A} = -\frac{1}{2}\mathbf{r} \times \mathbf{B}, \qquad \operatorname{div} \mathbf{A} = 0 \tag{1}$$

beschreiben. Der Hamilton-Operator mit einem bei $\mathbf{r} = 0$ festgehaltenen Kern lautet nach Gl. (1.8)

$$\begin{aligned} H &= \frac{1}{2m_e}\left(\underset{\sim}{p} - \frac{e}{c}A\right)^2 - \frac{e^2}{r} \\ &= H_0 - \frac{e}{2m_e c}\,\mathbf{r} \times \underset{\sim}{p}\mathbf{B} + \frac{e^2}{8m_e c^2}(\mathbf{r} \times \mathbf{B})^2, \qquad H_0 = \frac{\underset{\sim}{p}^2}{2m_e} - \frac{e^2}{r}. \end{aligned} \tag{2}$$

Führt man das m a g n e t i s c h e   B a h n m o m e n t (j aus Gl. (4.3))

$$\mu(\mathbf{B}) = \frac{e}{2m_e c}\,\mathbf{r} \times \left(\mathbf{p} - \frac{e}{c}\mathbf{A}\right), \qquad \int \psi^* \underset{\sim}{\mu}(\mathbf{B})\psi\, d^3r = \frac{e}{2c}\int \mathbf{r} \times \mathbf{j}\, d^3r \tag{3}$$

ein, so läßt sich der Hamilton-Operator schreiben als

$$H = H_0 - \int_0^{\mathbf{B}} \underset{\sim}{\mu}(\mathbf{B}')\,d\mathbf{B}', \qquad \underset{\sim}{\mu} = -\operatorname{grad}_{\mathbf{B}} H. \tag{4}$$

Der erste vom Magnetfeld unabhängige Term des Bahnmoments (3)

$$\mu_L = \frac{e}{2m_e c}\mathbf{L} \tag{5}$$

gibt Anlaß zum P a r a m a g n e t i s m u s. Der zweite Term in Gl. (3) liefert den D i a m a g n e t i s m u s , hervorgerufen durch ein magnetisches Moment, das erst beim Anlegen des Feldes **B** entsteht. Vernachlässigen wir bei nicht zu großen Feldstärken **B** diesen Term und legen die 3-Achse in Richtung **B**, so lautet die Eigenwertgleichung mit Magnetfeld

$$H\Phi = H_0\Phi - \frac{e}{2m_e c} BL_3\Phi = E\Phi. \tag{6}$$

Durch das Magnetfeld ist der ursprüngliche Eigenwert gestört. Da die Eigenzustände $\Phi_{n\ell m}$ von H_0 auch als Eigenzustände zu L_3 gewählt waren, gilt

$$E_{n,m} = -\frac{e^2}{2a_0}\frac{1}{n^2} - \frac{e\hbar}{2m_e c} Bm, \tag{7}$$

$$\Phi = \Phi_{n\ell m m_s}, \qquad m = -\ell, -\ell+1, \ldots, \ell-1, \ell; \qquad m_s = \pm 1/2.$$

Die $2\ell + 1$-fache Entartung ist aufgehoben, da das Magnetfeld die Drehsymmetrie zerstört. Nach Gl. (7) dürften Zustände mit $\ell = 0$ nicht aufspalten. Das steht jedoch im Widerspruch zum Experiment. Die Ursache ist der Eigendrehimpuls der Elektronen, der auch mit einem m a g n e t i s c h e n S p i n m o m e n t verbunden ist, das sich im Magnetfeld einstellt. Für dieses wurde experimentell

$$\mu_{\text{Spin}} = \frac{e}{m_e c} S, \qquad e = \text{Ladung des Elektrons}; \qquad e < 0 \tag{8}$$

gefunden, also ein doppelt so großer Vorfaktor wie für das magnetische Bahnmoment in Gl. (5). In dem hier gegebenen Rahmen haben wir keine Begründung für die magnetische Wechselwirkung des Spins. Die Umschreibung $\mathbf{p}^2 = (1-\alpha)\mathbf{p}^2 + \alpha(\sigma\mathbf{p})^2$ liefert zwar vermöge der Ersetzung $\mathbf{p} \to \mathbf{p} - \frac{e}{c}\mathbf{A}$ ein magnetisches Spinmoment, es hängt aber von α ab. In $\mathbf{p}$ lineare kovariante Gleichungen ergeben bei dieser Ersetzung den Wert (8), (siehe § 41). Bei hoher Genauigkeit liefern Experiment und Theorie eine Korrektur dieses Faktors, die von den Freiheitsgraden des elektromagnetischen Feldes herrührt. Hier haben wir den Hamilton-Operator einfach durch die empirisch gewonnene Wechselwirkung zu ergänzen:

$$H = \frac{1}{2m_e}\mathbf{p}^2 - \frac{e^2}{r} - \frac{eB}{2m_e c}(L_3 + 2S_3). \tag{9}$$

Für die Eigenwerte ergibt dies

$$E_{nmm_S} = -\frac{1}{2}\frac{e^2}{a_0}\frac{1}{n^2} - \frac{e\hbar B}{2m_e c}(m + 2m_s) \tag{10}$$

mit den Eigenzuständen

$$\Phi = \Phi_{n\ell m m_s}, \qquad m = 0, \pm 1 \ldots \pm \ell; \qquad m_s = \pm 1/2. \tag{11}$$

Die zweifache Entartung bezüglich des Elektronenspins ist für $\ell = 0$ aufgehoben, das Termschema Gl. (10) stimmt mit dem Experiment bei hohen Magnetfeldstärken überein (P a s c h e n - B a c k - E f f e k t , n o r m a l e Z e e m a n - A u f s p a l t u n g). Bei schwachen Magnetfeldern tritt der sogenannte anomale Zeeman-Effekt auf. Er hängt mit der Feinstruktur der Energieniveaus des freien Atoms zusammen, der wir uns jetzt zuwenden wollen.

Spin-Bahn-Kopplung

Das magnetische Spinmoment liefert auch ohne äußeres Feld einen Beitrag zur Energie, und zwar aufgrund der Wechselwirkung mit dem Coulomb-Feld des Kerns. Dieses hat nämlich bei Transformation auf das Ruhsystem des Elektrons eine magnetische Komponente. Bewegt sich das Elektron mit konstanter Geschwindigkeit, so gilt die klassische Gleichung

$$\frac{d\mathbf{s}}{d\tau} = \boldsymbol{\mu} \times \mathring{\mathbf{B}}, \qquad \text{falls } \dot{\mathbf{p}} = 0, \tag{12}$$

wobei τ die Eigenzeit ist und $\mathring{\mathbf{B}}$ das magnetische Feld, das durch eine drehungsfreie Lorentz-Transformation des elektrischen Feldes auf das Ruhsystem des Elektrons entsteht. Ist das Elektron aber beschleunigt bewegt, so ist das System, in dem das Elektron dauernd den Impuls Null hat, kein Inertialsystem. Andererseits muß man in dieses System gehen, da der Spin als Drehimpuls im Ruhsystem erklärt ist. Man erhält nach Anhang A5 in diesem Nichtinertialsystem Zusatzterme (Scheinmomente):

$$\frac{d\mathbf{s}}{d\tau} = \boldsymbol{\omega}_T \times \mathbf{s} + \boldsymbol{\mu} \times \mathring{\mathbf{B}}, \qquad \mathring{\mathbf{B}} = -\frac{\mathbf{p}}{mc} \times \mathbf{E}, \tag{13}$$

wobei $\boldsymbol{\omega}_T \times \mathbf{s}$ die sogenannte T h o m a s - P r ä z e s s i o n beschreibt mit der Winkelgeschwindigkeit

$$\boldsymbol{\omega}_T = \frac{d\mathbf{p}}{d\tau} \times \mathbf{p} \frac{1}{mc(p_0 + mc)}, \qquad p_0^2 = \mathbf{p}^2 + m^2c^2, \tag{14}$$

die dadurch entsteht, daß das Elektron zu jedem Zeitpunkt drehungsfrei auf Ruhe transformiert wird. $\mathbf{p}$ ist der Impuls im Inertialsystem des ruhenden Kerns, in dem nur ein elektrisches Feld vorhanden ist ($m_K \to \infty$).

Für $v \ll c$ gilt

$$\boldsymbol{\omega}_T = \frac{1}{2m^2c^2} \frac{d\mathbf{p}}{dt} \times \mathbf{p}. \tag{15}$$

Gl. (13) geht dann über in

$$\frac{d\mathbf{s}}{dt} = \boldsymbol{\Omega} \times \mathbf{s} \tag{16}$$

mit $\quad \boldsymbol{\Omega} := \boldsymbol{\omega}_T - \frac{e}{mc} \mathring{\mathbf{B}} = \frac{1}{2m^2c^2} (\dot{\mathbf{p}} - 2e\mathbf{E}) \times \mathbf{p} = -\frac{e}{2m^2c^2} \mathbf{E} \times \mathbf{p}.$

Dabei wurde in der letzten Gleichung die Bewegungsgleichung $\dot{\mathbf{p}} = e\mathbf{E}$ benutzt.
Für radialsymmetrische Felder **E** gilt

$$e\mathbf{E} = -\nabla V(r) = -\frac{\mathbf{r}}{r}\frac{dV}{dr},$$

also
$$\boldsymbol{\Omega} = \frac{1}{2m^2c^2}\frac{1}{r}\frac{dV}{dr}\mathbf{r}\times\mathbf{p} = \frac{1}{2m^2c^2}\frac{1}{r}\frac{dV}{dr}\mathbf{l}. \tag{17}$$

Beim Übergang von dieser klassischen (relativistischen) Betrachtung zur Quantentheorie haben wir im Schrödinger-Bild einen Hamilton-Operator anzugeben, der Gl. (16) als Gleichung für die Erwartungswerte liefert. Nach Gl. (15.19) muß dann gelten

$$\frac{i}{\hbar}[H, \mathbf{S}] = \boldsymbol{\Omega}\times\mathbf{S}. \tag{18}$$

Dies leistet $H = \boldsymbol{\Omega}\mathbf{S}$ wegen der Vertauschungsrelationen (20.32) und der Tatsache, daß $\boldsymbol{\Omega}$ nicht vom Spin abhängt.

Wir erhalten somit einen Zusatzterm zum Hamilton-Operator (Spin-Bahn-Kopplung)

$$H_{Sp.-B.} = \frac{1}{2m_e^2c^2}\frac{1}{r}\frac{dV}{dr}\mathbf{L}\mathbf{S}. \tag{19}$$

Er stellt eine Kopplung von Spin- und Bahndrehimpuls über das magnetische Moment des Elektrons dar. Seine Berücksichtigung ergibt die Feinstruktur der Energieniveaus. Für das Wasserstoffatom können wir diese Kopplung abschätzen $\left(a_0 = \frac{\hbar}{m_e e^2}\right)$:

$$\bar{H}_0 \approx -\frac{e^2}{2a_0}, \qquad \bar{H}_{Sp.-B.} \approx \frac{e^2}{a_0^3}\frac{1}{2m_e^2c^2}\overline{\mathbf{LS}} \approx \frac{\hbar^2e^2}{2a_0^3m_e^2c^2},$$

$$\frac{\bar{H}_{Sp.-B.}}{|\bar{H}_0|} \approx \left(\frac{1}{a_0}\frac{\hbar}{m_e c}\right)^2 = \left(\frac{e^2}{\hbar c}\right)^2 \approx \left(\frac{1}{137}\right)^2. \tag{20}$$

Der hier auftretende dimensionslose Parameter $\alpha = e^2/\hbar c \approx \frac{1}{137}$ heißt aufgrund dieser Abschätzung Feinstrukturkonstante.

Das Eigenwertproblem für $H_0 + H_{Sp.-B.}$ ist wegen der Ortsabhängigkeit von $H_{Sp.-B.}$ recht kompliziert. Die Kleinheit des Parameters α erlaubt aber, die Spin-Bahn-Kopplung als kleine Störung zu betrachten.

Wir wollen im folgenden die Störung eines Eigenwertproblems allgemein behandeln und dann auf die Feinstruktur zurückkommen.

Störung von Eigenwerten

Das Ziel dieses Abschnittes ist die Bestimmung von Eigenwerten und Eigenzuständen der Observablen $H = H_0 + H'$ unter der Voraussetzung, daß die Lösung des Eigenwertproblems

$$H_0\Phi_n = \epsilon_n\Phi_n, \qquad (\Phi_n, \Phi_{n'}) = \delta_{nn'} \tag{21}$$

bekannt ist und H' als eine kleine Störung angesehen werden kann. Wir suchen diejenige Lösung des vollständigen Problems

$$(H_0 + H')\Phi = E\Phi, \tag{22}$$

die bei Verschwinden der Störung die Energie $\epsilon_{\bar{n}}$ besitzt. Die Indizes der entarteten Eigenzustände Φ_n von H_0 zum Eigenwert $\epsilon_{\bar{n}}$ sollen der Menge $\bar{N}$ angehören.

$$H_0\Phi_n = \epsilon_{\bar{n}}\Phi_n, \qquad n \in \bar{N}. \tag{23}$$

Ihre Anzahl ist der Entartungsgrad $\bar{g}$.
Für die Eigenwerte und Eigenzustände von H setzen wir an:

$$E = \epsilon_{\bar{n}} + E' + E'' + \ldots,$$

$$\Phi = \Phi^0 + \Phi' + \ldots = \sum_{n \in \bar{N}} \Phi_n c_n + \Phi' + \ldots . \tag{24}$$

Hier bedeutet z. B. E'' die Störung zweiter Ordnung bezüglich H'. Ist der Eigenwert $\epsilon_{\bar{n}}$ nicht entartet, so ist die nullte Näherung Φ^0 von Φ durch den einen Eigenzustand $\Phi_{\bar{n}}$ von H_0 zu $\epsilon_{\bar{n}}$ gegeben, im entarteten Fall ist die nullte Näherung eine zunächst unbestimmte Linearkombination aller Eigenzustände von H_0 zu $\epsilon_{\bar{n}}$.
Es ist praktisch, den Zustand Φ nicht auf Eins zu normieren, sondern zu verlangen

$$(\Phi^0, \Phi) = 1. \tag{25}$$

Multiplikation von Gl. (22) mit Φ^0 liefert dann

$$(\Phi^0, H_0\Phi) = \epsilon_{\bar{n}} = -(\Phi^0, H'\Phi) + E,$$

also $$E = \epsilon_{\bar{n}} + (\Phi^0, H'\Phi) \tag{26}$$

als exakte Bestimmungsgleichung für E. Man erkennt an ihr, daß man zur Berechnung der Energie bis zu einer bestimmten Ordnung den Zustand nur bis zur vorhergehenden Ordnung zu kennen braucht. Dies folgt auch unmittelbar aus der Extremaleigenschaft von Eigenwerten (Gl. (7.5)). Multiplikation von Gl. (22) mit $\Phi_n (n \in \bar{N})$ ergibt

$$(E - \epsilon_{\bar{n}})(\Phi_n, \Phi) = (\Phi_n, H'\Phi). \tag{27}$$

Bis zur ersten Ordnung liefert dies

$$E'(\Phi_n, \Phi^0) = (\Phi_n, H'\Phi^0)$$

oder $$E'c_n = \sum_{n' \in \bar{N}} H'_{nn'}c_{n'}, \qquad H'_{nn'} = (\Phi_n, H'\Phi_{n'}), \qquad n \in \bar{N}. \tag{28}$$

Gl. (28) ist ein $\bar{g}$-dimensionales Eigenwertproblem. Die Eigenwerte $E'(\lambda)$, $\lambda = 1 \ldots \bar{g}$, erhält man aus der sogenannten S ä k u l a r g l e i c h u n g

$$\det(H'_{nn'} - E'\delta_{nn'}) = 0, \qquad n, n' \in \bar{N}. \tag{29}$$

Sie ist die notwendige Bedingung für die Lösbarkeit des homogenen Gleichungssystems (28). Die $\bar{g}$ Eigenvektoren bezeichnen wir durch $c_n(\lambda)$. Wir wählen sie orthogonal, falls $E'(\lambda)$ entartet ist. Mit der Bezeichnung

$$\Phi^0_\lambda = \sum_{n \in \bar{N}} c_n(\lambda)\Phi_n, \qquad (\Phi^0_\lambda, \Phi^0_{\lambda'}) = \delta_{\lambda\lambda'}, \tag{30}$$

$$H_0\Phi^0_\lambda = \epsilon_{\bar{n}}\Phi^0_\lambda$$

ergibt sich nach Gl. (28)

$$\begin{aligned}(\Phi^0_\lambda, H'\Phi^0_{\lambda'}) &= \sum_{n,n' \in \bar{N}} c^*_n(\lambda)H'_{nn'}c_{n'}(\lambda') \\ &= \sum_{n \in \bar{N}} c^*_n(\lambda)c_n(\lambda')E'(\lambda') = E'(\lambda')\delta_{\lambda\lambda'}.\end{aligned} \tag{31}$$

Die Zustände Φ^0_λ sind die der Störung a n g e p a ß t e n E i g e n z u s t ä n d e von H_0 zu $\epsilon_{\bar{n}}$, in die die gestörten Zustände bei stetiger Abnahme der Störung schließlich übergehen. Sie diagonalisieren H' im Raum der entarteten Zustände.

Oft kann man die Berechnung der Säkulardeterminante vereinfachen oder ganz umgehen. Gibt es z. B. eine Observable Q, die mit H_0 und H' vertauscht, so kann man die Eigenzustände Φ^0_ν zum Eigenwert $\epsilon_{\bar{n}}$ von H_0 zugleich zu Eigenzuständen von Q machen und erhält mit $Q\Phi^0_\nu = q_\nu\Phi^0_\nu$

$$0 = (\Phi^0_\nu, [Q, H']\Phi^0_{\nu'}) = (q_\nu - q_{\nu'})(\Phi^0_\nu, H'\Phi^0_{\nu'}),$$

also $$(\Phi^0_\nu, H'\Phi^0_{\nu'}) = 0, \qquad \text{falls } q_\nu \neq q_{\nu'}. \tag{32}$$

Ist q_ν stets ungleich $q_{\nu'}$ für $\nu \neq \nu'$, so ist das Eigenwertproblem bereits gelöst. Dieses Verfahren bietet sich immer an, wenn die Eigenzustände von Q leicht anzugeben sind, z. B. wenn Q durch Symmetrien bestimmt ist.

Die nächste Korrektur an dem Eigenwert $\epsilon_{\bar{n}} + E'(\bar{\lambda})$ wollen wir nur für den Fall diskutieren, daß $E'(\bar{\lambda})$ nicht entartet ist. Dann ist der Eigenzustand Φ^0 wohlbestimmt und zwar gleich $\Phi^0_{\bar{\lambda}}$, so daß gilt

$$\Phi = \Phi^0_{\bar{\lambda}} + \Phi' + \ldots, \qquad E = \epsilon_{\bar{n}} + E'(\bar{\lambda}) + E'' + \ldots . \tag{33}$$

Wir wollen für diesen Fall die zweite Ordnung der Energiestörung berechnen und setzen dazu die Entwicklung (33) in Gl. (26) ein.

$$E = \epsilon_{\bar{n}} + (\Phi^0_{\bar{\lambda}}, H'\Phi^0_{\bar{\lambda}}) + \sum_{n \notin \bar{N}} (\Phi^0_{\bar{\lambda}}, H'\Phi_n)(\Phi_n, \Phi'). \tag{34}$$

Der letzte Term entsteht durch Anwendung der Vollständigkeitsrelation

$$\sum_n \Phi_n)(\Phi_n = 1 = \sum_{n \notin \bar{N}} \Phi_n)(\Phi_n + \sum_\lambda \Phi^0_\lambda)(\Phi^0_\lambda.$$

Hierbei haben wir unter Umständen auch über das Kontinuum zu integrieren. Die Zustände Φ^0_λ kommen in Gl. (34) nicht vor, da für $\lambda = \bar{\lambda}$ das Skalarprodukt $(\Phi^0_{\bar{\lambda}}, \Phi')$ nach Gl. (25) verschwindet und für $\lambda \neq \bar{\lambda}$ nach Gl. (31) das entsprechende Matrixelement von H'.

Das bisher unbekannte Skalarprodukt (Φ_n, Φ') gewinnen wir durch Multiplikation von Gl. (22) mit Φ_n. Dabei ergibt sich

$$(\Phi_n, (H_0 - E)\Phi) = (\epsilon_n - E)(\Phi_n, \Phi) = -(\Phi_n, H'\Phi) \tag{35}$$

oder $\quad (\Phi_n, \Phi') = (\epsilon_{\bar{n}} - \epsilon_n)^{-1}(\Phi_n, H'\Phi^0_{\bar{\lambda}})$.

Insgesamt erhält man für die Energie bis zur zweiten Ordnung

$$E = \epsilon_{\bar{n}} + H'_{\bar{\lambda}\bar{\lambda}} + \sum_{n \notin \bar{N}} \frac{H'_{\bar{\lambda}n} H'_{n\bar{\lambda}}}{\epsilon_{\bar{n}} - \epsilon_n} + \dots .$$

Liegt keine Entartung vor, so ist $\Phi_{\bar{n}}$ der einzige Eigenzustand zu $\epsilon_{\bar{n}}$. Daher ergibt sich in diesem Falle

$$E = \epsilon_{\bar{n}} + H'_{\bar{n}\bar{n}} + \sum_{n \neq \bar{n}} \frac{H'_{\bar{n}n} H'_{n\bar{n}}}{\epsilon_{\bar{n}} - \epsilon_n} + \dots, \tag{36}$$

$$\Phi = \Phi_{\bar{n}} + \sum_{n \neq \bar{n}} \Phi_n \frac{H'_{n\bar{n}}}{\epsilon_{\bar{n}} - \epsilon_n} + \dots .$$

Die unterste Ordnung ergibt eine brauchbare Näherung, falls

$$|H'_{n\bar{n}}| \ll |\epsilon_n - \epsilon_{\bar{n}}|. \tag{37}$$

Die Energiestörung in erster Ordnung ist stets der Erwartungswert des Störoperators, genommen über den ungestörten Zustand. Dieser ist durch H_0 festgelegt, falls keine Entartung vorliegt; bei Entartung muß er aufgrund der Störung H' ermittelt werden.

Feinstruktur

Für das Wasserstoffatom hatten wir in Gl. (24.20) die Spin-Bahn-Kopplung als kleine Störung erkannt. Wir wollen nun die Störung der Energieeigenwerte explizit berechnen. Wir schreiben $H = H_0 + H'$, wobei

$$H' = f(r)\mathbf{LS}. \tag{38}$$

Die Eigenzustände $\Phi_{n\ell m_\ell m_s}$ von H_0 haben nach § 22 zu den Observablen H_0, $\mathbf{L}^2$, L_3, S_3 die Eigenwerte E_n, $\hbar^2\ell(\ell+1)$, $\hbar m_\ell$ und $\hbar m_s$ ($m_\ell = 0, \pm 1, \pm 2, \dots \pm \ell$; $m_s = \pm 1/2$).

Der Entartungsgrad beträgt nach Gl. (22.25) $g_n = 2n^2$. Die Energiestörung erster Ordnung ist durch das Säkularproblem gegeben, das in der Diagonalisierung der Matrix

$$(\Phi_{n\ell m_\ell m_s}, H'\Phi_{n\ell' m'_\ell m'_s}) \tag{39}$$

mit g_n Spalten und Zeilen besteht. Die Entartung ist zum Teil eine Symmetrieentartung. Das nutzen wir aus. Es gilt wegen der Invarianz gegenüber Drehungen aller Variablen einschließlich des Spins

$$[\mathbf{J}, H'] = [\mathbf{J}, H_0] = 0. \tag{40}$$

Wegen der Radialsymmetrie von f(r) in Gl. (38) und des verschwindenden Kommutators von $\mathbf{L}$ mit $\mathbf{L}^2$ ($\mathbf{L}^2$ ist ein Skalar unter gemeinsamen Drehungen von $\mathbf{R}$ und $\mathbf{P}$) gilt außerdem

$$[\mathbf{L}^2, H'] = [\mathbf{L}^2, H_0] = 0 \tag{41}$$

und analog

$$[\mathbf{S}^2, H'] = [\mathbf{S}^2, H_0] = 0. \tag{42}$$

Wir können daher die entarteten Zustände zu Eigenzuständen $\Phi_{n\ell jm}$ von H_0, J_3, $\mathbf{J}^2$, $\mathbf{L}^2$ und $\mathbf{S}^2$ machen mit den Eigenwerten E_n, $\hbar m$, $\hbar^2 j(j+1)$, $\hbar^2 \ell(\ell+1)$ und $\hbar^2 s(s+1)$, $s = 1/2$. Zu festem n und ℓ gibt es $2(2\ell+1)$ Zustände $\Phi_{n\ell m_\ell m_s}$; zu festem n, ℓ und j gibt es $2j+1$ Zustände $\Phi_{n\ell jm}$. Um die möglichen Werte von j bei gegebenen ℓ festzustellen, fragen wir zunächst nach den möglichen Werten von m. Wegen $J_3 = L_3 + S_3$ gilt $m = m_\ell + m_s$, $m_s = \pm 1/2$, also

$$m = -\ell \pm \frac{1}{2}, \quad -\ell + 1 \pm \frac{1}{2}, \quad \ldots, \quad \ell - 1 \pm \frac{1}{2}, \quad \ell \pm \frac{1}{2}.$$

Bis auf $\pm\left(\ell + \frac{1}{2}\right)$ kommen alle Werte doppelt vor. Da zu festem j alle $2j+1$ Werte

$$m = -j, \quad -j+1, \quad \ldots \quad j-1, \quad j$$

vorkommen müssen, hat j die beiden Werte $\ell + \frac{1}{2}$ und $\ell - \frac{1}{2}$. Die Zahl der Zustände beträgt jeweils $2j+1$, d. h. für den einen Fall $2\ell + 2$ und für den anderen 2ℓ. Für $\ell = 0$ kommt nur der Wert $j = \frac{1}{2}$ vor. Damit können wir alle $2(2\ell+1)$ Zustände $\Phi_{n\ell m_\ell m_s}$ durch die neuen Zustände $\Phi_{n\ell jm}$ darstellen und umgekehrt. Die neuen Zustände diagonalisieren wegen der Vertauschungsrelationen (40, (41), (42) H':

$$(\Phi_{n\ell jm}, H'\Phi_{n\ell' j' m'}) = \delta_{jj'}\delta_{\ell\ell'}\delta_{mm'}E'(n, \ell, j). \tag{43}$$

E' hängt, wie wir in Gl. (44) sehen werden, nicht von m ab. Diese Entartung, die von der Invarianz von H unter gemeinsamer Drehung aller Variablen herrührt, bleibt als Symmetrieentartung bestehen, solange keine äußeren Felder die Symmetrie brechen. Mit Gl. (43) ist das Säkularproblem gelöst, ohne die Säkulardeterminante berechnet zu haben. Es genügte die Beachtung von Symmetrien und die Berechnung der möglichen Werte von j; die explizite Umrechnung der $\Phi_{n\ell m_\ell m_s}$ in die $\Phi_{n\ell jm}$ war nicht nötig. Das ist jedoch beim Anlegen eines äußeren Magnetfeldes anders, worauf wir im nächsten Paragraphen eingehen wollen.

Die Berechnung von $E'(n, \ell, j)$ gestaltet sich einfach, da

$$\mathbf{LS} = \frac{1}{2}\{(\mathbf{L}+\mathbf{S})^2 - \mathbf{L}^2 - \mathbf{S}^2\} = \frac{1}{2}\{\mathbf{J}^2 - \mathbf{L}^2 - \mathbf{S}^2\}$$

gilt. Damit ergibt sich zunächst für $\ell \neq 0$

$$E'(n, \ell, j) = \overline{f(R)}^{n\ell} \frac{1}{2}\left\{j(j+1) - \ell(\ell+1) - \frac{1}{2}\left(\frac{1}{2}+1\right)\right\}$$

$$= \overline{f(R)}^{n\ell} \frac{1}{2} \begin{cases} \ell & \text{für } j = \ell + \frac{1}{2} \\ -\ell(\ell+1) & \text{für } j = \ell - \frac{1}{2}\,. \end{cases} \tag{44}$$

Hier bedeutet $\overline{f(R)}^{n\ell}$ den Erwartungswert von $f(R)$ im ungestörten Zustand $\Phi_{n\ell jm}$, also nach Gl. (22.22)

$$\overline{f(R)}^{n\ell} = \int dr r^2 f^*_{n\ell}(r) f(r) f_{n\ell}(r). \tag{45}$$

Damit haben wir die Feinstrukturaufspaltung durch die Spin-Bahn-Kopplung in unterster Näherung berechnet. Da diese ein relativistischer Effekt ist, müssen wir konsequenterweise auch die relativistische Korrektur zur kinetischen Energie berücksichtigen. Es gilt

$$\{m^2c^4 + \mathbf{p}^2c^2\}^{1/2} = mc^2 + \frac{\mathbf{p}^2}{2m} - \frac{1}{2mc^2}\left(\frac{\mathbf{p}^2}{2m}\right)^2 + \ldots,$$

also $\quad E_{kin} = E^0_{kin} + E'_{kin}$

$$-E'_{kin} = \frac{1}{2mc^2}(E^0_{kin})^2 = \frac{1}{2mc^2}(H_0 - V(r))^2$$

und

$$-E'_{kin}(n\ell) = \frac{1}{2mc^2}\overline{(H_0 - V)^2}^{n\ell}. \tag{46}$$

Die Berechnung der Integrale mit den Radialfunktionen $f_{n\ell}(r)$ ergibt insgesamt mit $f(r)$ nach Gl. (24.19)

$$E'_{Sp.-B.} + E'_{kin} = -\frac{\alpha^4}{2n^4} m_e c^2 \left\{\frac{n}{j+\frac{1}{2}} - \frac{3}{4}\right\}. \tag{47}$$

Die Energiestörung hängt also nur von n und j ab. Die Formel (47) gilt auch für $\ell = 0$ und $j = 1/2$, wie sich durch Fortsetzung in ℓ zeigen läßt.

Man kann Gl. (47) auch gewinnen, wenn man den Ausdruck für die Energie, der sich aus der vollrelativistischen Diracschen Theorie des Wasserstoffatoms ergibt, nach Potenzen von α^2 entwickelt. Auch der volle Ausdruck hängt nur von n und j ab.

Die Spin-Bahn-Kopplung, die Anlaß zur Feinstruktur gibt, spielt auch in komplizierteren Atomen und in der Kernphysik eine wichtige Rolle. Erst mit ihrer Hilfe gelang es, die durch besondere Stabilität ausgezeichneten Atomkerne (magic numbers) zu verstehen.

§ 25 Addition von Drehimpulsen, irreduzible Tensoroperatoren; Wasserstoffatom im äußeren Magnetfeld

Für die Behandlung des Wasserstoffatoms im äußeren Magnetfeld unter Berücksichtigung der Spinbahnkopplung benötigt man die Konstruktion von Eigenzuständen des Gesamtdrehimpulses aus denen des Bahndrehimpulses und des Spins. Da diese Konstruktion für viele Probleme, in denen mehrere Drehimpulse vorkommen, wichtig ist, wollen wir hier allgemein die Addition von zwei Drehimpulsen behandeln. Die zusammenzusetzenden Drehimpulse können dabei beliebige physikalische Bedeutung haben, z. B. Spin- und Bahndrehimpuls desselben Teilchens, zwei Drehimpulse verschiedener Teilchen, der Drehimpuls eines Feldes und der Drehimpuls eines Atoms. Es werden lediglich die Eigenschaften der Drehgruppe verwendet.

Eigenfunktionen zum Gesamtdrehimpuls, Clebsch-Gordan-Koeffizienten

Wir bezeichnen die beiden Drehimpulse der Teilsysteme mit $\mathbf{J}_1$ und $\mathbf{J}_2$. Da sie Drehungen der Teilsysteme mit unterschiedlichen Freiheitsgraden bewirken, kommutieren sie miteinander

$$[\boldsymbol{\alpha}_1 \mathbf{J}_1, \boldsymbol{\alpha}_2 \mathbf{J}_2] = 0 \qquad \text{für beliebige Vektoren } \boldsymbol{\alpha}_{1,2} \tag{1}$$

und haben ein gemeinsames System von Eigenzuständen:

$$\Phi_{\eta j_1 j_2 m_1 m_2} \tag{2}$$

mit den Eigenwerten $\hbar^2 j_1(j_1 + 1)$, $\hbar^2 j_2(j_2 + 1)$ für die Observablen $\mathbf{J}_1^2$, $\mathbf{J}_2^2$ und $\hbar m_1$, $\hbar m_2$ für die 3-Komponenten von $\mathbf{J}_1$, $\mathbf{J}_2$. η charakterisiert die Eigenwerte von Observablen, die mit $\mathbf{J}_1$ und $\mathbf{J}_2$ vertauschen. Die Anzahl der Zustände (2) zu festem η, j_1 und j_2 beträgt $(2j_1 + 1) \cdot (2j_2 + 1)$. Im Raum dieser Zustände wollen wir nun solche konstruieren, die durch den Gesamtdrehimpuls $\mathbf{J} = \mathbf{J}_1 + \mathbf{J}_2$ beschrieben werden. Wegen

$$[\mathbf{J}, \mathbf{J}_1^2] = [\mathbf{J}, \mathbf{J}_2^2] = 0, \qquad \mathbf{J} = \mathbf{J}_1 + \mathbf{J}_2 \tag{3}$$

gibt es Eigenzustände $\Phi_{\eta j_1 j_2 j m}$ zum Observablensatz $\mathbf{J}_1^2$, $\mathbf{J}_2^2$, $\mathbf{J}^2$, $\mathbf{J}\mathbf{e}_3$.
Sie müssen sich als Linearkombinationen der Zustände (2) zu festem η, j_1 und j_2 schreiben lassen:

$$\Phi_{\eta j_1 j_2 j m} = \sum_{m_1 m_2} \Phi_{\eta j_1 j_2 m_1 m_2} \left(\begin{array}{cc|c} j_1 & j_2 & j \\ m_1 & m_2 & m \end{array} \right). \tag{4}$$

Die Koeffizienten

$$\left(\begin{array}{cc|c} j_1 & j_2 & j \\ m_1 & m_2 & m \end{array} \right) := (\Phi_{\eta j_1 j_2 m_1 m_2}, \Phi_{\eta j_1 j_2 j m}) \tag{5}$$

werden *Clebsch-Gordan-Koeffizienten* genannt. Sie hängen nicht von η ab, da η bei Drehungen unverändert bleibt. Wegen Gl. (3) muß gelten

$$m_1 + m_2 = m. \tag{6}$$

Man kann die Zustände zum Gesamtdrehimpuls (4) explizit konstruieren. Für $m = j = j_1 + j_2$ gilt

$$\Phi_{\eta j_1 j_2 j = j_1 + j_2\, m = j} = \Phi_{\eta j_1 j_2\, m_1 = j_1\, m_2 = j_2} \tag{7}$$

da es unter den $\Phi_{\eta j_1 j_2 m_1 m_2}$ nur einen Eigenzustand zur 3-Komponente von $\mathbf{J} = \mathbf{J}_1 + \mathbf{J}_2$ gibt mit dem Eigenwert $\hbar(j_1 + j_2)$ (maximale Werte von m_1 und m_2). Damit ist aber der ganze Satz von $2j + 1$ Zuständen $\Phi_{\eta j_1 j_2 jm}$ für $j = j_1 + j_2$ nach Gl. (20.17) durch mehrfache Anwendung von J_- gegeben.

Zum Eigenwert $\hbar(j_1 + j_2 - 1)$ der 3-Komponente von $\mathbf{J}$ gibt es zwei Zustände ($m_1 = j_1$, $m_2 = j_2 - 1$ und $m_1 = j_1 - 1$, $m_2 = j_2$). Der eine muß zum schon konstruierten Satz mit $j = j_1 + j_2$ und $m = j - 1$ gehören, der andere muß der Zustand eines neuen Satzes mit $j = j_1 + j_2 - 1$ und $m = j$ sein. Dieses Verfahren läßt sich fortsetzen.

Wir haben damit den durch η und j_1, j_2 gekennzeichneten Zustandsraum in irreduzible Teilräume der Dimension $2j + 1$ bezüglich der Drehungen beider Teilsysteme 1 und 2 zerlegt. Sie sind durch die Eigenwerte $\hbar^2 j(j + 1)$ der Observablen $\mathbf{J}^2$ gekennzeichnet. Die möglichen Werte von j sind

$$j = j_1 + j_2,\ \ j_1 + j_2 - 1,\ \ \ldots,\ \ j_1 + j_2 - n.$$

Die Reihe muß abbrechen, da nur $(2j_1 + 1)(2j_2 + 1)$ Zustände vorhanden sind. Nach obiger Konstruktion kommt jedes j genau $2j + 1$ mal vor, so daß gelten muß

$$\begin{aligned}(2j_1 + 1)(2j_2 + 1) = \sum_{j = j_1 + j_2 - n}^{j = j_1 + j_2} (2j + 1) &= [2(j_1 + j_2) - n](n + 1) + n + 1 \\ &= [2(j_1 + j_2) - n + 1](n + 1).\end{aligned}$$

Aus dieser quadratischen Gleichung entnimmt man unmittelbar die beiden Wurzeln $n = 2j_1$ und $2j_2$. Da $j \geqslant 0$, erhalten wir somit

$$|j_1 - j_2| \leqslant j \leqslant j_1 + j_2 \tag{8}$$

für die möglichen Werte von j. Für die Clebsch-Gordan-Koeffizienten gilt daher zusammen mit Gl. (6)

$$\left(\begin{matrix} j_1 & j_2 \\ m_1 & m_2 \end{matrix}\ \middle|\ \begin{matrix} j \\ m \end{matrix}\right) = 0, \qquad \text{falls nicht } |j_1 - j_2| \leqslant j \leqslant |j_1 + j_2| \text{ und } m = m_1 + m_2. \tag{9}$$

Die Clebsch-Gordan-Koeffizienten vermitteln eine unitäre Transformation von einer Basis zu einer anderen. Die Umkehrtransformation schreibt man in der Form

$$\Phi_{\eta j_1 j_2 m_1 m_2} = \sum_{jm} \Phi_{\eta j_1 j_2 jm} \left(\begin{matrix} j \\ m \end{matrix}\ \middle|\ \begin{matrix} j_1 & j_2 \\ m_1 & m_2 \end{matrix}\right), \tag{10}$$

mit $$\left(\begin{matrix} j \\ m \end{matrix}\ \middle|\ \begin{matrix} j_1 & j_2 \\ m_1 & m_2 \end{matrix}\right) := (\Phi_{\eta j_1 j_2 jm}, \Phi_{\eta j_1 j_2 m_1 m_2}). \tag{11}$$

Es ist eine gebräuchliche Konvention, die Phasen der Zustände so zu wählen, daß die Clebsch-Gordan-Koeffizienten reell werden. Dann gilt mit Gl. (5)

$$\left(\begin{matrix} j \\ m \end{matrix} \middle| \begin{matrix} j_1 & j_2 \\ m_1 & m_2 \end{matrix}\right) = \left(\begin{matrix} j_1 & j_2 \\ m_1 & m_2 \end{matrix} \middle| \begin{matrix} j \\ m \end{matrix}\right) = \text{reell.} \tag{12}$$

Die Vorzeichen regelt die Forderung

$$\left(\begin{matrix} j \\ j \end{matrix} \middle| \begin{matrix} j_1 & j_2 \\ j_1 & m_2 \end{matrix}\right) \geqslant 0.$$

Für das Folgende geben wir hier noch die Transformation der Basiszustände unter endlichen Drehungen an, die unmittelbar aus Gl. (20.19) folgt:

$$U(R)\Phi_{\eta j_1 j_2 m_1 m_2} = \sum_{m_1 m_2} \Phi_{\eta j_1 j_2 m_1' m_2'} D^{j_1}_{m_1' m_1}(R) D^{j_2}_{m_2' m_2}(R), \tag{13}$$

$$U(R)\Phi_{\eta j_1 j_2 j m} = \sum_{m'} \Phi_{\eta j_1 j_2 j m'} D^{j}_{m' m}(R). \tag{14}$$

Irreduzible Tensoroperatoren und Wigner-Eckart-Theorem

Es ist oft nützlich, nicht nur Zustände sondern auch Observable nach ihren Eigenschaften unter Drehungen zu klassifizieren. Ein einfaches Beispiel kann man mit Hilfe der Kugelfunktionen konstruieren. Für ihr Transformationsverhalten gilt ($\hat{r} = r/r$)

$$Y_{\ell m}(R_\alpha^{-1}\hat{r}) = \sum_{m'} Y_{\ell m'}(\hat{r}) D^{\ell}_{m' m}(R_\alpha), \tag{15}$$

was man der Schreibweise als Skalarprodukt im Zustandsraum unmittelbar entnimmt:

$$Y_{\ell m}(\hat{r}) g(r) = (\Phi_{\mathbf{r}}, \Phi_{g\ell m}), \tag{16}$$

wobei $\Phi_{g\ell m}$ ein Eigenzustand zu L^2 und L_3 mit den Eigenwerten $\hbar^2\ell(\ell+1)$ und $\hbar m$ ist. Führt man hier eine Drehung der Koordinate r aus und benutzt Gl. (19.28) und Gl. (20.19), so ergibt sich

$$\begin{aligned} Y_{\ell m}(R_\alpha^{-1}\hat{r}) g(r) &= (\Phi_{R_\alpha^{-1}\mathbf{r}}, \Phi_{g\ell m}) = (U(R_\alpha^{-1})\Phi_{\mathbf{r}}, \Phi_{g\ell m}) \\ &= (\Phi_{\mathbf{r}}, U(R_\alpha)\Phi_{g\ell m}) = \sum_{m'} (\Phi_{\mathbf{r}}, \Phi_{g\ell m'}) D^{\ell}_{m' m}(R_\alpha) \end{aligned} \tag{17}$$

und damit Gl. (15).

Führt man statt der Kugelflächenfunktionen $Y_{\ell m}(\hat{r})$ die „solid harmonics" $\mathscr{Y}_{\ell m}(\mathbf{r}) := r^\ell Y_{\ell m}(\hat{r})$ ein, die homogene Polynome ℓ-ten Grades in x, y, z sind, so kann man zu Operatoren $\mathscr{Y}_{\ell m}(\mathbf{R})$ übergehen. Gl. (19.28) mit Gl. (17) liefert dann

$$U(R_\alpha)\mathscr{Y}_{\ell m}(\mathbf{R}) U^*(R_\alpha) = \sum_{m'} \mathscr{Y}_{\ell m'}(\mathbf{R}) D^{\ell}_{m' m}(R_\alpha) \tag{18}$$

als ein Beispiel eines sogenannten irreduziblen Tensoroperators. Unter Drehungen geht dabei der Satz der $2\ell + 1$ Operatoren $\mathscr{Y}_{\ell m}(\mathbf{R})$ in sich über.

Die allgemeine Definition eines irreduziblen Tensoroperators $T_q^{(k)}$ lautet

$$U(R_\alpha)T_q^{(k)}U^*(R_\alpha) = \sum_{q'} T_{q'}^{(k)} D_{q'q}^k(R_\alpha). \tag{19}$$

Für diese Operatoren gilt das Wigner-Eckart-Theorem:

$$(\Phi_{\eta'j'm'}, T_q^{(k)}\Phi_{\eta jm}) = \left(\begin{matrix} j' \\ m' \end{matrix} \middle| \begin{matrix} k & j \\ q & m \end{matrix}\right) \frac{(-1)^{k-j+j'}}{\sqrt{2j'+1}} (\eta'j' \| T^{(k)} \| \eta j). \tag{20}$$

Es besagt, daß die Abhängigkeit von den Quantenzahlen m, m′, q vollständig durch die Clebsch-Gordan-Koeffizienten gegeben ist und alle Matrixelemente Null sind, für die diese Koeffizienten verschwinden. Das Matrixelement in Gl. (20) mit den Doppelstrichen wird reduziertes Matrixelement genannt und hängt nur von den angegebenen Parametern ab.

Der Beweis von Gl. (20) läuft über die Entwicklung von $T_q^{(k)}\Phi_{\eta jm}$ nach Zuständen mit definiertem Drehimpuls:

Nach Gl. (14) und (19) gilt

$$U(R)T_q^{(k)}\Phi_{\eta jm} = \sum_{q'm'} T_{q'}^{(k)}\Phi_{\eta jm'} D_{q'q}^k(R) D_{m'm}^j(R),$$

also dieselbe Transformation (13) wie für einen Zustand $\Phi_{\eta jkmq}$. Daher erhält man einen Zustand mit vorgegebenem J und M durch die Definition

$$\Phi_{JM}(T^{(k)}, \eta, j) = \sum_{mq} T_q^{(k)}\Phi_{\eta jm} \left(\begin{matrix} k & j \\ q & m \end{matrix} \middle| \begin{matrix} J \\ M \end{matrix}\right)$$

und damit

$$T_q^{(k)}\Phi_{\eta jm} = \sum_{JM} \Phi_{JM}(T^{(k)}, \eta, j) \left(\begin{matrix} J \\ M \end{matrix} \middle| \begin{matrix} k & j \\ q & m \end{matrix}\right). \tag{21}$$

Bilden wir das Skalarprodukt von (21) mit $\Phi_{\eta'j'm'}$ unter Berücksichtigung von

$$(\Phi_{\eta'j'm'}, \Phi_{JM}) = \delta_{j'J}\delta_{m'M} f$$

mit einem von M unabhängigen f, so ergibt sich Gl. (20) mit der üblichen Konvention eines reduzierten Matrixelementes. Die Unabhängigkeit der Größe f von M erkennt man etwa an der Entwicklung

$$\Phi_{JM} = \sum_\eta \Phi_{\eta JM}(\Phi_{\eta JM}, \Phi_{JM})$$

nach einem vollständigen Orthonormalsystem $\Phi_{\eta JM}$ zu festem J und M. Wendet man auf diese Entwicklung $J_\pm$ an, so ergibt sich

$$\Phi_{JM\pm 1} = \sum_\eta \Phi_{\eta JM\pm 1}(\Phi_{\eta JM}, \Phi_{JM})$$

und daraus

$$(\Phi_{\eta JM\pm 1}, \Phi_{JM\pm 1}) = (\Phi_{\eta JM}, \Phi_{JM}).$$

Eine erste Anwendung von Gl. (20) sei hier für die Dipolübergänge bei induzierter Emission und Absorption gegeben. In Gl. (23.33) kommt in der Übergangsrate das Matrixelement des Dipoloperators **d** vor. Die Komponenten dieses Vektoroperators lassen sich durch die drei Operatoren $\mathscr{Y}_{1m}(\mathbf{R})$, m = 0, ± 1 darstellen:

$$\left(\frac{4\pi}{3}\right)^{1/2} \mathscr{Y}_{1,\pm 1}(\mathbf{R}) = \mp \frac{1}{\sqrt{2}}(X \pm iY), \qquad \left(\frac{4\pi}{3}\right)^{1/2} \mathscr{Y}_{1,0}(\mathbf{R}) = Z. \tag{22}$$

Damit handelt es sich um einen irreduziblen Tensoroperator mit k = 1. Sind Anfangs- und Endzustand des Überganges durch Drehimpulsquantenzahlen gekennzeichnet, so gilt für diese die Auswahlregel der Clebsch-Gordan-Koeffizienten $j_1 - j_2 = 0$ oder ± 1 und $m_1 - m_2 = m$. Dieses sind die bekannten Auswahlregeln für die elektrische Dipolstrahlung.

Anwendung auf das Wasserstoffatom im äußeren Magnetfeld

Wir wollen nun in Anwendung der vorangehenden Überlegungen die Energieniveaus des Wasserstoffatoms im äußeren homogenen Magnetfeld berechnen. Wir gehen davon aus, daß wir die Eigenzustände ohne Magnetfeld, aber mit Spin-Bahn-Kopplung in guter Näherung kennen, und betrachten das äußere Magnetfeld als kleine Störung. Nach Gl. (24.9) lautet der Störoperator

$$H' = -\frac{eB}{2m_e c}(L_3 + 2S_3) = -\frac{eB}{2m_e c}(J_3 + S_3). \tag{23}$$

Die Zustände ohne äußeres Feld sind nach Gl. (24.43) gekennzeichnet durch die Quantenzahlen n, j, ℓ, m, wobei m die 3-Komponente des Gesamtdrehimpulses beschreibt. Sie sind nach Gl. (24.47) entartet bezüglich m und ℓ. Die Matrix der Störung im Raume der entarteten Funktionen ist aber bereits diagonal, da H′ mit $\mathbf{L}^2$ und J_3 vertauscht. Die Störung der Energie ist also gleich dem Erwartungswert von H′ im Zustand ohne äußeres Feld:

$$E' = (\Phi_{n\ell jm}, H'\Phi_{n\ell jm}) = \frac{-eB}{2m_e c}[\hbar m + (\Phi_{n\ell jm}, S_3\Phi_{n\ell jm})]. \tag{24}$$

Zur Berechnung des Matrixelementes von S_3 verwenden wir das Wigner-Eckart-Theorem (20):

$$(\Phi_{n\ell jm}, \mathbf{S}\Phi_{n\ell jm'}) = F(\Phi_{n\ell jm}, \mathbf{J}\Phi_{n\ell jm'}), \tag{25}$$

wobei F als Quotient zweier reduzierter Matrixelemente nicht von m, m′ und der speziellen Komponente von **S** bzw. **J** abhängt. Da die Parameter n, ℓ, j im folgenden festgehalten werden, lassen wir sie weg. Zur Berechnung von F bilden wir mit

$$\mathbf{J}\Phi_m = \sum_{m'} \Phi_{m'}(\Phi_{m'}, \mathbf{J}\Phi_m)$$

die Diagonalelemente

$$(\Phi_m, \mathbf{SJ}\Phi_m) = \sum_{m'} (\Phi_m, \mathbf{S}\Phi_{m'})(\Phi_{m'}\mathbf{J}\Phi_m)$$

und $$(\Phi_m, J^2\Phi_m) = \sum_{m'} (\Phi_m, J\Phi_{m'})(\Phi_{m'}, J\Phi_m).$$

Wegen Gl. (25) liefert dies

$$(\Phi_m, SJ\Phi_m) = F(\Phi_m, J^2\Phi_m) = F\hbar^2 j(j+1). \tag{26}$$

Aufgrund der Beziehung

$$-2(SJ) = (J-S)^2 - J^2 - S^2 = L^2 - J^2 - S^2$$

ergibt sich das Matrixelement auf der linken Seite von Gl. (26) zu

$$(\Phi_m, SJ\Phi_m) = -\frac{\hbar^2}{2}[\ell(\ell+1) - j(j+1) - s(s+1)], \qquad s = \frac{1}{2}. \tag{27}$$

Durch Einsetzen von Gl. (25), (26) und (27) in Gl. (24) erhält man die Störung der Energie des Wasserstoffatoms durch ein homogenes äußeres Magnetfeld

$$E' = -\frac{e\hbar m B}{2m_e c} g,$$

$$g = 1 + \frac{1}{2}\frac{1}{j(j+1)}[j(j+1) + s(s+1) - \ell(\ell+1)], \qquad -j \leqslant m \leqslant j. \tag{28}$$

Die Größe g wird Landé-Faktor genannt.

Bei großen Magnetfeldern würde die Aufspaltung (28) vergleichbar mit der Aufspaltung durch die Spin-Bahn-Kopplung werden; dann würde die hier verwendete Störungstheorie nicht anwendbar sein. Im Grenzfall, in dem die Spin-Bahn-Aufspaltung klein gegen die Aufspaltung durch das äußere Magnetfeld ist, kann man letztere näherungsweise weglassen und das äußere Magnetfeld als Störung der Grobstruktur des Wasserstoffatoms ansehen. Dabei muß dann aber die Magnetfeldaufspaltung klein gegen den Abstand der Niveaus der Grobstruktur sein. Man erhält in diesem Falle wieder eine Diagonalmatrix im Raum der entarteten Funktionen

$$H'_{n\ell m_\ell s m_s, n\ell' m'_\ell s m'_s} = \left(\Phi_{n\ell m_\ell s m_s}, \frac{-eB}{2m_\ell c}(L_3 + 2S_3)\Phi_{n\ell' m'_\ell s m'_s}\right)$$

$$= \frac{-e\hbar B}{2m_e c}(m_\ell + 2m_s)\delta_{\ell\ell'}\delta_{m_\ell m'_\ell}\delta_{m_s m'_s}$$

und damit die nach Gl. (24.10) auch exakte Energiestörung

$$E' = \frac{-e\hbar B}{2m_e c}(m_\ell + 2m_s). \tag{29}$$

Man nennt die komplizierte Aufspaltung (28) anomalen Zeeman-Effekt, die einfache Aufspaltung (29) Paschen-Back-Effekt. Bei Änderung der magnetischen Feldstärke B gehen die beiden Aufspaltungen stetig ineinander über. Die quantitative Übereinstimmung mit dem Experiment ist eine weitere Stütze für Spin und magnetisches Moment des Elektrons.

II.3 Nichtrelativistische Stoßprobleme

Eines der wichtigsten Verfahren, Auskünfte über die Wechselwirkung von Teilchen miteinander zu bekommen, ist die Untersuchung der Streuung aneinander. Wohldefinierte Verhältnisse liegen vor, wenn die Teilchen vor dem Streuvorgang soweit voreinander entfernt sind, daß die gegenseitige Wechselwirkung vernachlässigt werden kann. Kommen sich die Teilchen dann näher, so tauschen sie Impuls und Energie aus, gehen also zum Teil in andere Zustände über. Wenn sich dabei die innere Energie der Teilchen nicht ändert (sie z. B. nicht in einen angeregten Zustand übergehen), so spricht man von elastischer Streuung. In diesem Falle kann man die Wechselwirkung durch ein Potential beschreiben, das vom Abstandsvektor und den Spins abhängt.

Wie wir schon in § 14 gesehen haben, ist die quantentheoretische Formulierung der Streuung mit Hilfe zeitabhängiger normierter Wellenpakete sehr anschaulich und leicht zu interpretieren. Die mathematische Beschreibung ist jedoch etwas mühsamer. Wir werden daher zunächst die stationäre Streutheorie behandeln und erst danach eine allgemeine zeitabhängige Formulierung vornehmen.

§ 26 Stationäre Streutheorie

Elastische Streuung

Bei der stationären Behandlung der elastischen Streuung zweier Teilchen ist der Zustand des Systems ein Eigenzustand der Energie, denn dann sind alle Erwartungswerte zeitunabhängig. Sehen wir vom Spin ab, so lautet die Eigenwertgleichung

$$H\Phi = \left(\frac{\mathbf{p}_1^2}{2m_1} + \frac{\mathbf{p}_2^2}{2m_2} + V(\mathbf{r}_1 - \mathbf{r}_2)\right)\Phi = E\Phi, \qquad E > 0. \tag{1}$$

Die potentielle Energie V soll für großen Abstand hinreichend verschwinden, die Energie ist dann für diesen Abstand die Summe der kinetischen Energien der beiden Teilchen, also kontinuierlich und positiv. Wie im Falle der Bindungszustände $E < 0$ (§ 22) können wir uns auf Zustände mit $\mathbf{p}_1 + \mathbf{p}_2 = 0$ beschränken (Schwerpunktsystem) und erhalten die anderen Zustände durch Anwendung einer Galilei-Transformation. Für die Wellenfunktion erhalten wir so (s. Gl. (22.10))

$$-\frac{\hbar^2}{2\mu}\Delta\psi(\mathbf{r}) + V(\mathbf{r})\psi(\mathbf{r}) = E\psi(\mathbf{r}), \tag{2}$$

wobei μ und $\mathbf{r}$ die reduzierte Masse und der relative Abstandsvektor sind. Mit den Abkürzungen $E = \hbar^2k^2/(2\mu)$ und $U = 2\mu V/\hbar^2$ schreibt sich Gl. (2)

$$(\Delta + k^2)\psi = U\psi. \tag{3}$$

Wir wollen zunächst den Fall $m_2 \gg m_1$ oder $\mu \sim m_1 = m$ betrachten, in dem wir das zweite Teilchen als festes Streuzentrum ($\mathbf{r}_2 = 0$) ansehen und seine Freiheitsgrade vernachlässigen können. Es handelt sich dann um die Streuung von Teilchen 1 an einem vorgegebenen Potential $V(\mathbf{r})$.

Die Gl. (3) bestimmt ψ nicht eindeutig, es muß eine Randbedingung für $r \to \infty$ gegeben werden. Für $E < 0$ folgt diese Randbedingung, wie wir sahen, aus der Forderung der Normierbarkeit und liefert die diskreten Werte E. Beim Streuproblem haben wir für $r \to \infty$ kräftefreie einfallende Teilchen, die durch die Versuchsanordnung gegeben sind. Wir nehmen an, daß sie einen hinreichend scharfen Impuls **p** besitzen. Es ist üblich, statt $\mathbf{p}/\hbar$ die Wellenzahl **k** einzuführen und die Wellen entsprechend zu normieren, also anzusetzen

$$\mathbf{p} = \hbar\mathbf{k}, \qquad \psi_{\mathbf{k}}(\mathbf{r}) = \frac{1}{(2\pi)^{3/2}}\, e^{i\mathbf{kr}}, \qquad (\psi_{\mathbf{k}}, \psi_{\mathbf{k}'}) = \delta^3(\mathbf{k} - \mathbf{k}'). \tag{4}$$

Zur Berücksichtigung der Randbedingungen schreiben wir die Differentialgleichung (3) in eine Integralgleichung um: Das gelingt mit Hilfe der Greenschen Funktion

$$G_+(\mathbf{r}, \mathbf{r}', k) = -\frac{1}{4\pi}\, \frac{e^{ik|\mathbf{r}-\mathbf{r}'|}}{|\mathbf{r}-\mathbf{r}'|}, \tag{5}$$

die der Differentialgleichung

$$(\Delta + k^2)G_+(\mathbf{r}, \mathbf{r}', k) = \delta^3(\mathbf{r} - \mathbf{r}') \tag{6}$$

genügt (R (13)). Die Funktion (5) stellt eine von $\mathbf{r} = \mathbf{r}'$ auslaufende Kugelwelle der Energie $k^2\hbar^2/(2m)$ dar. Zusammen mit der Zeitabhängigkeit ergibt sich nämlich

$$G_+(t) = -e^{-i\frac{E}{\hbar}t}\, \frac{e^{ik|\mathbf{r}-\mathbf{r}'|}}{4\pi|\mathbf{r}-\mathbf{r}'|}.$$

Die Greensche Funktion

$$G_-(t) = -e^{-i\frac{E}{\hbar}t}\, \frac{e^{-ik|\mathbf{r}-\mathbf{r}'|}}{4\pi|\mathbf{r}-\mathbf{r}'|} \tag{7}$$

beschreibt eine auf $\mathbf{r} = \mathbf{r}'$ zulaufende Kugelwelle.

Definieren wir eine Funktion $\psi_{\mathbf{k}}^+(\mathbf{r})$ durch die Integralgleichung

$$\psi_{\mathbf{k}}^+(\mathbf{r}) = (2\pi)^{-3/2} e^{i\mathbf{kr}} + \int d^3r' G_+(\mathbf{r}, \mathbf{r}', k) U(\mathbf{r}') \psi_{\mathbf{k}}^+(\mathbf{r}'), \tag{8}$$

so erfüllt sie wegen (6) die Differentialgleichung (3). Das asymptotische Verhalten ergibt sich mit

$$|\mathbf{r} - \mathbf{r}'| = r\left(1 + \frac{r'^2}{r^2} - 2\frac{\mathbf{rr}'}{r^2}\right)^{1/2} = r\left(1 - \frac{\mathbf{rr}'}{r^2} + \frac{r'^2}{r^2} \ldots + \ldots\right)$$

zu

$$\begin{aligned} (2\pi)^{3/2}\psi_{\mathbf{k}}^+(\mathbf{r}) &\underset{r\to\infty}{\sim} e^{i\mathbf{kr}} - \frac{e^{ikr}}{4\pi r}(2\pi)^{3/2} \int d^3r' e^{-ik\hat{\mathbf{r}}\mathbf{r}'} U(\mathbf{r}')\psi_{\mathbf{k}}^+(\mathbf{r}') \\ &=: e^{i\mathbf{kr}} + \frac{e^{ikr}}{r} f(\mathbf{k}', \mathbf{k}), \qquad \mathbf{k}' = k\hat{\mathbf{r}}. \end{aligned} \tag{9}$$

Neben der einlaufenden Welle (4) enthält diese Lösung asymptotisch eine auslaufende Kugelwelle mit einer von der Richtung von **r** abhängigen Amplitude.

Sie beschreibt daher die physikalische Situation des Streuzustandes. Die Integralgleichung (8) legt ψ eindeutig fest.

Streumessungen werden durch die Angabe des Wirkungsquerschnitts beschrieben. Er ist anschaulich durch ein Ersatzbild erklärt. Statt des Streuzentrums stellt man senkrecht in den Strahl eine Fläche σ von solcher Größe, daß alle in der Zeit τ auftreffenden Teilchen beim wirklichen Problem in dieser Zeit gestreut werden: Zahl der in der Zeit τ gestreuten Teilchen gleich $\sigma|\mathbf{j}_{\mathrm{einf}}|\tau$. Man kann die Zahl der gestreuten Teilchen mit Hilfe des asymptotischen Streustroms durch eine das Streuzentrum enthaltende geschlossene Fläche darstellen. So ergibt sich

$$\sigma|\mathbf{j}_{\mathrm{einf}}| := \int_{r\to\infty} \mathrm{d}o\,\mathbf{j}_{\mathrm{Str}}(\mathbf{r}). \tag{10}$$

Der einfallende Strom wird nach Gl. (4.3) mit der einfallenden Welle (4) gebildet, der Streustrom mit der asymptotischen Streuwelle nach Gl. (9) $(2\pi)^{-3/2}r^{-1}e^{ikr}f$. Man erhält

$$\mathbf{j}_{\mathrm{einf}} = (2\pi)^{-3}\,\frac{\mathbf{k}\hbar}{m}, \qquad \mathbf{j}_{\mathrm{Str}} = (2\pi)^{-3}\,\frac{k\hbar}{mr^2}\,|f(\mathbf{r},\mathbf{k})|^2\hat{\mathbf{r}} + O\left(\frac{1}{r^3}\right) \tag{11}$$

und damit für den Wirkungsschnitt

$$\sigma = \int \mathrm{d}\Omega_{\mathbf{r}}\,|f(\mathbf{k}',\mathbf{k})|^2, \qquad \mathbf{k}' = \hat{\mathbf{r}}k. \tag{12}$$

Als differentiellen Wirkungsquerschnitt bezeichnet man

$$\frac{\mathrm{d}\sigma}{\mathrm{d}\Omega} = |f(\mathbf{k}',\mathbf{k})|^2. \tag{13}$$

Die Größe $f(\mathbf{k}',\mathbf{k})$ heißt Streuamplitude, für sie gilt nach Gl. (9)

$$f(\mathbf{k}',\mathbf{k}) = -\frac{(2\pi)^{3/2}}{4\pi}\int \mathrm{d}^3r'\,e^{-ik\hat{\mathbf{r}}\mathbf{r}'}U(\mathbf{r}')\psi_{\mathbf{k}}^{+}(\mathbf{r}') = -\left(\frac{2\pi}{\hbar}\right)^2 m(\Phi_{\mathbf{k}'}, V\Phi_{\mathbf{k}}^{+}). \tag{14}$$

Ist das Potential U als kleine Störung anzusehen, kann man in Gl. (14) statt $\psi_{\mathbf{k}}^{+}$ unter dem Integral $\psi_{\mathbf{k}}$ einsetzen. Man nennt dies die erste Bornsche Näherung:

$$\begin{aligned} f_{\mathrm{Born}}(\mathbf{k}',\mathbf{k}) &= -\left(\frac{2\pi}{\hbar}\right)^2 m(\Phi_{\mathbf{k}'}, V\Phi_{\mathbf{k}}) = -\frac{m}{2\pi\hbar^2}\int \mathrm{d}^3r\,e^{-i(\mathbf{k}'-\mathbf{k})\mathbf{r}}V(\mathbf{r}) \\ &= -\frac{m}{2\pi\hbar^2}\,\tilde{V}(\mathbf{k}'-\mathbf{k}), \end{aligned} \tag{15}$$

wobei $\tilde{V}$ die Fourier-Transformierte von V zum Impulsübertrag $\hbar(\mathbf{k}'-\mathbf{k})$ ist.

Bei der Streuung an einem idealen Kristall ist das zugehörige Potential periodisch. Daher ist $\tilde{V}(\mathbf{q})$ nur für diskrete Werte $\mathbf{q}$ von Null verschieden, die Streuung findet nur in diskrete Richtungen statt. Das ergibt die sogenannten Laue-Diagramme und Braggschen Reflexionen, die einen wesentlichen Beitrag zur Aufklärung der Struktur der Festkörper geliefert haben.

Wir wollen die Bornsche Näherung (15) auf die Streuung eines Teilchens der Ladung Q an einer statischen Ladungsverteilung der Gesamtladung Q' anwenden. Wegen

$\Delta V = -4\pi Q\rho$ gilt

$$q^2\tilde{V}(\mathbf{q}) = 4\pi Q\tilde{\rho}(\mathbf{q}) = 4\pi QQ'F(\mathbf{q}),$$

wobei $\tilde{\rho}(\mathbf{q}) = \int d^3r e^{-i\mathbf{q}\mathbf{r}}\rho(\mathbf{r}) =: Q'F(\mathbf{q})$

gesetzt ist. Man nennt $F(\mathbf{q})$ den F o r m f a k t o r der Ladungsverteilung; es gilt $F(0) = 1$. Wir wählen als Beispiel eine exponentiell abfallende Ladungsverteilung $\rho(r) = \rho_0 e^{-\alpha r}$ und erhalten (R 14)

$$\tilde{\rho}(\mathbf{q}) = Q'F(\mathbf{q}) = \left(\frac{\alpha^2}{\alpha^2 + q^2}\right)^2 Q'.$$

Einsetzen in Gl. (15) und (13) ergibt den differentiellen Wirkungsquerschnitt in Bornscher Näherung

$$\frac{d\sigma}{d\Omega} = \frac{4m^2}{(\hbar^2 q^2)^2} Q^2 Q'^2 |F(\mathbf{q})|^2.$$

Messungen von Wirkungsquerschnitten können also zur Ermittlung von Formfaktoren und damit von Ladungsverteilungen dienen.

Im Grenzfall $\alpha \to \infty$ beschreibt ρ eine punktförmige Ladung Q' mit dem Formfaktor $F(\mathbf{q}) = 1$. Als Wirkungsquerschnitt ergibt sich dann

$$\frac{d\tau}{d\Omega} = \frac{4m^2}{(\hbar q)^4} Q^2 Q'^2 = \frac{4m^2}{(\mathbf{p}' - \mathbf{p})^2} Q^2 Q'^2 = \frac{m^2 Q^2 Q'^2}{4p^4 \sin^4 \frac{\vartheta}{2}}, \qquad \mathbf{p}\mathbf{p}' = p^2 \cos\vartheta.$$

Dieser Ausdruck stellt die R u t h e r f o r d s c h e S t r e u f o r m e l dar. Sie gilt nicht nur in Bornscher Näherung, sondern folgt auch aus einer exakten quantentheoretischen Rechnung und aus der klassischen Behandlung des Streuproblems. Die Rutherfordschen Streuversuche zeigten im Vergleich mit dieser Formel, daß die Atomkerne bezogen auf die Atomdimensionen praktisch punktförmig sind.

Im allgemeinen hat man es nicht mit einem festen Streuzentrum ($m_2 \to \infty$) zu tun; dann muß man die Gl. (2) für das Schwerpunktsystem benutzen. Es bleiben alle Definitionen erhalten mit $m \to \mu$; der einfallende Strom ist proportional

$$\frac{\hbar k}{\mu} = \mathbf{p}_1\left(\frac{1}{m_1} + \frac{1}{m_2}\right) = \frac{\mathbf{p}_1}{m_1} - \frac{\mathbf{p}_2}{m_2},$$

also proportional der Relativgeschwindigkeit, was auch anschaulich zu erwarten ist. Bei der Transformation vom Schwerpunktsystem in ein anderes Inertialsystem bleibt der totale Wirkungsquerschnitt invariant, beim differentiellen müssen die Winkel entsprechend transformiert werden.

Streuphasen

Wenn das Potential $V(\mathbf{r}_1 - \mathbf{r}_2)$ nur vom Abstand der beiden Teilchen $|\mathbf{r}_1 - \mathbf{r}_2|$ abhängt, kann man das Streuproblem auf die Lösung nicht gekoppelter gewöhnlicher Differentialgleichungen zurückführen, die jeweils zu einem bestimmten Drehimpuls gehören.

Die Lösungen der Eigenwertgleichung (2) können gleichzeitig zu Eigenfunktionen der Operatoren $\mathbf{L}^2$ und L_3 gemacht werden, so daß mit

$$\psi(\mathbf{r}) = Y_{\ell m}(\hat{\mathbf{r}}) \frac{g_{\ell k}(r)}{r} \tag{16}$$

die gewöhnliche Differentialgleichung (s. Gl. (22.15)) für die sogenannten Partialwellen $g_{\ell k}(r)$ folgt:

$$\frac{d^2}{dr^2} g_{\ell k} - \frac{\ell(\ell+1)}{r^2} g_{\ell k} + (k^2 + U(r)) g_{\ell k} = 0. \tag{17}$$

Damit die ursprüngliche dreidimensionale Differentialgleichung erfüllt ist, muß $g_{\ell k}(0) = 0$ sein, was die Lösung bis auf die Normierung festlegt. Falls U(r) für große r hinreichend verschwindet ($rU(r) \underset{r \to \infty}{\to} 0$), sind die Lösungen asymptotisch durch $g''_{\ell k} + k^2 g_{\ell k} = 0$ bestimmt, woraus

$$g_{\ell k} \sim -(-1)^\ell e^{-ikr} + s_\ell(k) e^{ikr} \tag{18}$$

folgt. Dabei ist eine für das Folgende bequeme Normierung gewählt. Die Größe $s_\ell(k)$ wird Eigenwert der Streumatrix genannt. Da außer $g_{\ell k}$ auch $g^*_{\ell k}$ Lösung von Gl. (17) mit $g_{\ell k}(0) = 0$ ist, folgt $g^*_{\ell k} = \text{const} \cdot g_{\ell k}$ und daraus

$$|s_\ell(k)| = 1, \qquad s_\ell(k) =: e^{2i\delta_\ell(k)}. \tag{19}$$

$\delta_\ell(k)$ ist die Streuphase der ℓ-ten Partialwelle.

Man erkennt an Gl. (18), daß der erste Term eine einlaufende Kugelwelle mit einer asymptotischen Stromdichte proportional $|-(-1)^\ell|^2 = 1$ und der zweite eine auslaufende Kugelwelle mit der Stromdichte proportional $|s_\ell(k)|^2 = 1$ beschreibt. Wegen der Teilchenerhaltung (kein Einfang) kompensieren sich die beiden Stromdichten. Durch Einsetzen der Definition (19) in Gl. (18) erhält man

$$g_{\ell k}(r) \underset{r \to \infty}{\sim} \text{const} \cdot \sin\left\{kr - \frac{\pi}{2}\ell + \delta_\ell(k)\right\}. \tag{20}$$

Um neben der Differentialgleichung auch die Randbedingung (9) zu erfüllen, muß man eine geeignete Linearkombination der Funktionen (18) bilden. Dazu entwickeln wir e^{ikr} nach Kugelfunktionen (R 15):

$$e^{i\mathbf{k}\mathbf{r}} = e^{ikr\cos\vartheta} = \sum_\ell \frac{2\ell+1}{2ikr} P_\ell(\cos\vartheta) a_\ell(kr) \tag{21}$$

$$\text{mit} \quad P_\ell(\cos\vartheta) = (Y_{\ell 0}(0))^{-1} Y_{\ell 0}(\vartheta), \qquad |Y_{\ell 0}(0)|^2 = \frac{2\ell+1}{4\pi}, \qquad P_\ell^*(\zeta) = P_\ell(\zeta),$$

$$(2\ell+1)\int_{-1}^{+1} \frac{1}{2}\, d\zeta\, P_\ell(\zeta) P_{\ell'}(\zeta) = \delta_{\ell\ell'}. \tag{22}$$

Das asymptotische Verhalten von $a_\ell(kr)$ ergibt sich aus

$$\begin{aligned} a_\ell(kr) &= ikr \int_{-1}^{+1} d\zeta\, e^{ikr\zeta} P_\ell(\zeta) \\ &= \int_{-1}^{+1} d\zeta\, P_\ell(\zeta) \frac{d}{d\zeta} e^{ikr\zeta} = [P_\ell(\zeta) e^{ikr\zeta}]_{-1}^{+1} + O\left(\frac{1}{r}\right) \\ &\underset{r\to\infty}{\sim} e^{ikr} - (-1)^\ell e^{-ikr} = \text{const} \cdot \sin\left(kr - \frac{\pi}{2}\ell\right). \end{aligned} \tag{23}$$

Der Vergleich mit Gl. (20) zeigt, daß für die ebene Welle als Lösung der Eigenwertgleichung ohne Wechselwirkung $\delta = 0$ gilt. Daher wird δ auch die durch die Wechselwirkung bewirkte P h a s e n v e r s c h i e b u n g genannt.

Die Kombination von (21) und (23) liefert für das asymptotische Verhalten der ebenen Welle

$$e^{ikr} \sim \sum_\ell \frac{2\ell+1}{2ikr} \{(-1)^{\ell+1} e^{-ikr} + e^{ikr}\} P_\ell(\zeta). \tag{24}$$

Bilden wir nun die Linearkombination

$$\begin{aligned} (2\pi)^{3/2} \psi_{\mathbf{k}}^+(\mathbf{r}) &= \sum_\ell \frac{2\ell+1}{2ikr} g_{\ell k}(r) P_\ell(\zeta) \\ &\sim \sum_\ell \frac{2\ell+1}{2ikr} P_\ell(\zeta)[(-1)^{\ell+1} e^{-ikr} + s_\ell(k) e^{ikr}] \\ &\sim e^{ikr} + \sum_\ell \frac{2\ell+1}{2ikr} P_\ell(\zeta)(s_\ell(k)-1) e^{ikr}, \end{aligned}$$

so erkennen wir aus den Gl. (9) und (19), daß sie die Randbedingung erfüllt mit den Streuamplituden

$$\begin{aligned} f(\mathbf{k}', \mathbf{k}) &= \sum_\ell \frac{2\ell+1}{2ik} P_\ell(\zeta)(s_\ell(k)-1) \\ &= \sum_\ell \frac{2\ell+1}{k} P_\ell(\zeta) e^{i\delta_\ell(k)} \sin\delta_\ell(k), \end{aligned} \tag{25}$$

$$\zeta = \hat{\mathbf{k}}'\hat{\mathbf{k}} = \cos\vartheta.$$

Die Streuamplitude hängt nur vom Winkel gegen die Einfallsrichtung ab und ist durch die Phasenverschiebungen $\delta_\ell(k)$, d. h. letztlich durch die Gl. (17) bestimmt.

Die Gl. (12), (22) und (25) liefern für den totalen Wirkungsquerschnitt

$$\sigma = 4\pi \sum_{\ell} (2\ell + 1) |e^{i\delta_\ell} \sin \delta_\ell|^2 \frac{1}{k^2} = \frac{4\pi}{k^2} \sum_{\ell} (2\ell + 1) \sin^2 \delta_\ell. \tag{26}$$

Für den sogenannten ℓ-ten Partialquerschnitt σ_ℓ gilt

$$\sigma_\ell := \frac{4\pi}{k^2} (2\ell + 1) \sin^2 \delta_\ell \leqslant \frac{4\pi}{k^2} (2\ell + 1). \tag{27}$$

Der Drehimpuls $\mathbf{l}$ hängt mit dem Stoßparameter b über $|\mathbf{l}| = b\,|\mathbf{p}|$ zusammen. Ist das Potential kurzreichweitig, so daß Streuung wesentlich nur bei Stoßparametern $b < b_0$ vorkommt, so entspricht das Drehimpulsen mit $|\mathbf{l}| < b_0 |\mathbf{p}|$.

Für kleine Energien (kleine $|\mathbf{p}|$) überwiegt dann die Streuung mit $\ell = 0$ (s-Streuung) und man erhält näherungsweise

$$\sigma = \frac{4\pi}{k^2} \sin^2 \delta_0, \qquad \frac{d\sigma}{d\Omega} = \frac{\sigma}{4\pi}. \tag{28}$$

Für den Imaginärteil der Vorwärtsstreuamplitude gilt das sogenannte optische Theorem

$$\operatorname{Im} f(\mathbf{k}' = \mathbf{k}) = \frac{k\sigma}{4\pi}, \tag{29}$$

das unmittelbar aus

$$\operatorname{Im} f(\zeta = 1) = \sum_{\ell} \frac{2\ell + 1}{k} \operatorname{Im} e^{i\delta_\ell} \sin \delta_\ell = \sum_{\ell} \frac{2\ell + 1}{k} \sin^2 \delta_\ell$$

folgt. Anschaulich ergibt sich dies daraus, daß der einfallende Strahl geschwächt wird nach Maßgabe der insgesamt gestreuten Teilchen. Dieses Theorem gilt auch für inelastische Streuung, wenn man in den totalen Wirkungsquerschnitt die inelastische Streuung mit einbezieht.

Wenn eine Streuphase δ_ℓ in Abhängigkeit von k rasch durch den Wert $\pi/2$ geht, für den der Wirkungsquerschnitt maximal ist, so spricht man von einer Resonanz. Eine einfache Darstellung für $\delta_\ell(k)$ ist

$$\begin{aligned} &\tan \delta_\ell(k) = \frac{\gamma(E)}{\bar{E} - E}, \qquad \sin^2 \delta_\ell = \frac{\gamma^2}{(E - \bar{E})^2 + \gamma^2}, \qquad E = \frac{\hbar^2 k^2}{2m}, \\ &\frac{d}{dE} \delta_\ell(k)|_{E = \bar{E}} = \gamma^{-1}(E) \gg \bar{E}^{-1}. \end{aligned} \tag{30}$$

Damit ergibt sich für den partiellen Wirkungsquerschnitt

$$\sigma_\ell = \frac{2\ell + 1}{k^2} 4\pi \frac{\gamma^2}{(E - \bar{E})^2 + \gamma^2}.$$

Es ist dies die bekannte Breit-Wigner-Formel für den Wirkungsquerschnitt in der Nähe einer Resonanz. Für den Eigenwert der S-Matrix ergibt sich

$$s_\ell(k) = e^{2i\delta_\ell(k)} = \frac{E - \bar{E} - i\gamma}{E - \bar{E} + i\gamma}. \tag{31}$$

Die Resonanz entspricht also einem Pol für einen komplexen Energiewert.

Stoßanregung

Durch Stöße können Atome in angeregte Zustände übergehen. Da die innere Energie des Atoms sich dabei ändert, handelt es sich um inelastische Stöße. Ein historisch wichtiges Beispiel ist der Franck-Hertz-Versuch, durch den die diskreten Energieniveaus eines Atoms bestimmt werden können.

Wir wollen ein schweres neutrales Atom betrachten, das durch Stoß eines μ-Mesons seine innere Energie ändert (beim Stoß eines Elektrons müßten wir die Nichtunterscheidbarkeit des stoßenden Elektrons mit den Atomelektronen berücksichtigen).

Da die Masse des Atoms groß gegen die μ-Masse ist, können wir das Atom als ein festes Streuzentrum behandeln, das noch innere Freiheitsgrade besitzt. Der Zustandsraum wird dann beschrieben durch die Basis $\Phi_{\mathbf{r},n}$ mit

$$\mathbf{R}\Phi_{\mathbf{r},n} = \mathbf{r}\Phi_{\mathbf{r}n}, \qquad \mathbf{P}\Phi_{\mathbf{r},n} = -\frac{\hbar}{i}\nabla_{\mathbf{r}}\Phi_{\mathbf{r},n}, \qquad H_A\Phi_{\mathbf{r},n} = E_n\Phi_{\mathbf{r},n}, \tag{32}$$

wobei $\mathbf{R}$ und H_A Ortsoperator des μ-Mesons und Energieoperator des Atoms sind. Die Eigenwerte E_n sind die teils diskreten, teils kontinuierlichen Energiewerte des freien Atoms.

Die Hamilton-Funktion des Stoßproblems lautet

$$H = -\frac{\mathbf{p}^2}{2m} + H_A + V(\mathbf{r}, (\mathbf{r})_A), \tag{33}$$

wobei $V(\mathbf{r}, (\mathbf{r})_A)$ die Wechselwirkung des μ-Mesons der Masse m mit den Atomelektronen und dem Kern beschreibt.

Die stationäre Streutheorie verlangt die Lösung der Gleichung

$$H\Phi = E\Phi. \tag{34}$$

Da die Zustände $\Phi_{\mathbf{r},n}$ eine Basis bilden, läßt sich Φ nach ihnen entwickeln:

$$\Phi = \int d^3r \sum_n \Phi_{\mathbf{r},n}(\Phi_{\mathbf{r},n}, \Phi) =: \int d^3r \sum_n \Phi_{\mathbf{r},n}\psi_n(\mathbf{r}).$$

Bilden wir das Skalarprodukt von Gl. (34) mit $\Phi_{\mathbf{r},n}$, so ergibt sich

$$\left(-\frac{\hbar^2}{2m}\Delta_{\mathbf{r}} + E_n - E\right)\psi_n(\mathbf{r}) + (\Phi_{\mathbf{r},n}, V\Phi) = 0 \tag{35}$$

oder $$(\Delta_{\mathbf{r}} + k_n^2)\psi_n(\mathbf{r}) = \sum_{n'} U_{nn'}(\mathbf{r})\psi_{n'}(\mathbf{r}) \tag{36}$$

mit $\quad U_{nn'}(\mathbf{r}) = (\Phi_{\mathbf{r},n}, U\Phi_{\mathbf{r},n'}), \qquad U = V\,\frac{2m}{\hbar^2}$

und $\quad \frac{\hbar^2}{2m}k_n^2 = -E_n + E.$

Wir nehmen an, daß $U_{nn'}(\mathbf{r})$ für $r \to \infty$ hinreichend verschwindet. Als Randbedingung wollen wir dann eine ebene Welle mit Wellenvektor $\mathbf{k}_0$ einfallen lassen, während sich das Atom im Zustand $n = n_0$ befindet. Damit wird

$$E = \frac{\hbar^2}{2m}k_0^2 + E_{n_0} \quad \text{und} \quad \frac{\hbar^2}{2m}k_n^2 = E_{n_0} - E_n + \frac{\hbar^2 k_0^2}{2m}. \tag{37}$$

Für $k_n^2 < 0$ findet Einfang statt, den wir hier nicht behandeln wollen. Um die Stoßgleichungen einfach lösen zu können, wollen wir uns auf so schwache Potentiale beschränken, daß die erste Bornsche Näherung angewendet werden kann. In Analogie zu Gl. (9) gewinnen wir dann eine Lösung von (36), die die geforderte Randbedingung erfüllt:

$$\begin{aligned}(2\pi)^{3/2}\psi^+_{n;\mathbf{k}_0 n_0}(\mathbf{r}) &= \delta_{nn_0}e^{i\mathbf{k}_0\mathbf{r}} + \int d^3r'\,\frac{e^{ik_n|\mathbf{r}-\mathbf{r}'|}}{-4\pi|\mathbf{r}-\mathbf{r}'|}U_{nn_0}(\mathbf{r}')e^{i\mathbf{k}_0\mathbf{r}'} \\ &\underset{r\to\infty}{\sim} \delta_{nn_0}e^{i\mathbf{k}_0\mathbf{r}} + \frac{e^{ik_n r}}{r}f_{nn_0}(\mathbf{k}_0,\mathbf{k}_n),\end{aligned} \tag{38}$$

$$\mathbf{k}_n = k_n\hat{\mathbf{r}}, \qquad f_{nn_0} = -\frac{1}{4\pi}\int d^3r' e^{-i(\mathbf{k}_n-\mathbf{k}_0)\mathbf{r}'}U_{nn_0}(\mathbf{r}').$$

Aus dem asymptotischen Streustrom nach Gl. (11)

$$j_{n\,\text{streu}} \sim |f_{nn_0}(\mathbf{k}_0,\mathbf{k}_n)|^2\,\frac{k_n\hbar}{m}(2\pi)^{-3}\,\frac{1}{r^2}$$

ergibt sich für den Wirkungsquerschnitt des Prozesses, bei dem das Atom in den Zustand n überführt wird,

$$\sigma_n = \frac{k_n}{k_0}\int d\Omega\,|f_{nn_0}(\mathbf{k}_0,\mathbf{k}_n)|^2. \tag{39}$$

Mit dem Energiesatz

$$E_n = E_{n_0} + \frac{\hbar^2}{2m}(k_0^2 - k_n^2) \tag{40}$$

können die möglichen Werte E_n aus den gemessenen Werten k_n bestimmt werden.

Das Atom kann angeregt werden ($E_n > E_{n_0}$, d. h. $k_n < k_0$), im gleichen Zustand bleiben ($E_n = E_{n_0}$, elastische Streuung) und Energie abgeben ($E_n < E_{n_0}$, d. h. $k_n > k_0$, sogenannter Stoß zweiter Art). Wenn das Atom bei der Anregung ionisiert wird, so gehört E_n dem Kontinuum an.

Die Wahrscheinlichkeiten der einzelnen Prozesse sind durch die f_{nn_0} gegeben, die bis auf Faktoren die Fourier-Transformierten der Matrixelemente $V_{nn_0}(r)$ sind. Da die Auswahlregeln bei der Stoßanregung andere sind als bei der Anregung durch elektromagnetische Strahlung, ergänzen sich beide Methoden zur Bestimmung der Energieeigenwerte von Atomen.

§ 27 Allgemeine zeitabhängige Formulierung der Streuung, S-Matrix

Bei einer zeitabhängigen Betrachtung der Streuung ist der physikalische Ausgangspunkt die Annahme, daß die Wechselwirkung zwischen den stoßenden Teilchen lange vor und lange nach dem Stoßvorgang zu vernachlässigen ist, der Zustand sich dann also aufgrund des wechselwirkungsfreien Hamilton-Operators H_0 zeitlich ändert. Diese physikalische Annahme ist sicher dann gerechtfertigt, wenn die Reichweite der Wechselwirkung klein gegen den Abstand der stoßenden Teilchen lange vor bzw. nach dem Stoß ist.

Als Grenzwert läßt sich diese Annahme für die Situation vor dem Stoß folgendermaßen formulieren ($\|\Phi\|^2 = (\Phi, \Phi)$):

$$\|\Phi(t) - \Phi^0(t)\| \underset{t \to -\infty}{\to} 0 \quad \text{oder} \quad e^{\frac{i}{\hbar}H_0 t}\Phi(t) \underset{t \to -\infty}{\Rightarrow} \Phi^0(0) \tag{1}$$

mit $\quad \Phi(t) = e^{-\frac{i}{\hbar}Ht}\Phi(0), \qquad \Phi^0(t) = e^{-\frac{i}{\hbar}H_0 t}\Phi^0(0),$

H = zeitunabhängiger Hamilton-Gesamtoperator, $\qquad \Phi$ = Streuzustand.

Da H hermitesch ist, können wir für Gl. (1) auch schreiben

$$\|\Phi(0) - e^{\frac{i}{\hbar}Ht}e^{-\frac{i}{\hbar}H_0 t}\Phi^0(0)\| \underset{t \to -\infty}{\to} 0. \tag{2}$$

Für $\Phi^0(0)$ kann ein beliebiger Zustandsvektor eingesetzt werden, da jeder Zustand vor dem Stoß präpariert werden kann. Wir kennzeichnen diese Zustände durch $\Phi^0_\alpha(0)$; sie sollen eine Basis des Zustandsraumes bilden. Da nach Gl. (2) der Operator

$$U(t) = e^{\frac{i}{\hbar}Ht}e^{-\frac{i}{\hbar}H_0 t}$$

einen Grenzwert für jeden Basiszustand besitzen soll, konvergiert U(t) selbst gegen einen Operator, den sogenannten Møllerschen Streuoperator Ω_-:

$$U(t) \underset{t \to -\infty}{\Rightarrow} \Omega_-, \qquad U(t) = e^{\frac{i}{\hbar}Ht}e^{-\frac{i}{\hbar}H_0 t}. \tag{3}$$

Den Streuzustand, der für $t \to -\infty$ mit dem freien Zustand $\Phi^0_\alpha(t) = e^{-\frac{i}{\hbar}H_0 t}\Phi^0_\alpha(0)$ übereinstimmt, nennen wir $\Phi^{in}_\alpha(t) = e^{-\frac{i}{\hbar}Ht}\Phi^{in}_\alpha(0)$. Sein einlaufendes Verhalten ist durch α charakterisiert.

Für ihn gilt aufgrund der Annahmen

$$0 = \lim_{t \to -\infty} \| \Phi_\alpha^{in}(t) - \Phi_\alpha^0(t) \| = \lim_{t \to -\infty} \| \Phi_\alpha^{in}(0) - U(t)\Phi_\alpha^0(0) \|$$

und also

$$\Phi_\alpha^{in}(0) = \Omega_- \Phi_\alpha^0(0). \tag{4}$$

Kann die Streuung durch ein Potential beschrieben werden und fällt dieses hinreichend ab, so läßt sich die Existenz des Grenzwertes (3) beweisen. Aus der Beziehung

$$e^{\frac{i}{\hbar}Ht} e^{\frac{i}{\hbar}H\tau} e^{-\frac{i}{\hbar}H_0\tau} e^{-\frac{i}{\hbar}H_0 t} = e^{\frac{i}{\hbar}H(t+\tau)} e^{-\frac{i}{\hbar}H_0(t+\tau)}$$

folgt durch Grenzwertbildung $\tau \to -\infty$ (t endlich) nach Gl. (4)

$$e^{\frac{i}{\hbar}Ht} \Omega_- e^{-\frac{i}{\hbar}H_0 t} = \Omega_-, \quad \text{d. h.} \quad H\Omega_- = \Omega_- H_0. \tag{5}$$

Daher gilt Gl. (4) auch für beliebige t:

$$\Phi_\alpha^{in}(t) = \Omega_- \Phi_\alpha^0(t). \tag{6}$$

Der Operator Ω_- erhält die Norm, ist also isometrisch (Φ beliebig, $\|U\Phi\| = \|\Phi\|$):

$$\begin{aligned} 0 &= \lim_{t \to -\infty} \|\Omega_-\Phi - U(t)\Phi\|^2 \\ &= \|\Omega_-\Phi\|^2 + \|\Phi\|^2 - \lim_{t \to -\infty} \{(\Omega_-\Phi, U(t)\Phi) + (U(t)\Phi, \Omega_-\Phi)\} \\ &= -\|\Omega_-\Phi\|^2 + \|\Phi\|^2, \end{aligned}$$

oder $\quad (\Omega_-\Phi, \Omega_-\Phi) = (\Phi, \Phi),$ (7)

woraus $\quad \Omega_-^* \Omega_- = 1$ (8)

folgt.

Aus Gl. (6) gewinnt man damit

$$\Omega_-^* \Phi_\alpha^{in} = \Phi_\alpha^0 \tag{9}$$

und $\quad \Omega_- \Omega_-^* \Phi_\alpha^{in} = \Phi_\alpha^{in}\,.$ (10)

Man darf daraus aber nicht auf $\Omega_-\Omega_-^* = 1$ schließen, da die Streuzustände Φ_α^{in} nicht vollständig zu sein brauchen. Es kann diskrete gebundene Zustände Φ_n zwischen den Stoßpartnern geben, die zu den Streuzuständen orthogonal sind. Für sie gilt

$$0 = (\Phi_\alpha^{in}, \Phi_n) = (\Omega_-\Phi_\alpha^0, \Phi_n) = (\Phi_\alpha^0, \Omega_-^*\Phi_n),$$

also $\quad \Omega_-^* \Phi_n = 0.$ (11)

Die Relationen (10) und (11) ergeben zusammengefaßt

$$\Omega_-\Omega_-^* = 1 - P_B, \qquad P_B = \sum_n \Phi_n)(\Phi_n, \tag{12}$$

wobei P_B der Projektionsoperator auf die Bindungszustände ist.

Die bisherigen Überlegungen sind analog auch für $t \to +\infty$ gültig. Es ergibt sich

$$U(t) = e^{\frac{i}{\hbar}Ht} e^{-\frac{i}{\hbar}H_0 t} \underset{t \to +\infty}{\Rightarrow} \Omega_+ \tag{13}$$

$$\Omega_+ H_0 = H\Omega_+, \tag{14}$$

$$\Phi_\alpha^{out}(t) = \Omega_+ \Phi_\alpha^0(t), \qquad \Omega_+^* \Phi_\alpha^{out}(t) = \Phi_\alpha^0(t), \tag{15}$$

$$\Omega_+^* \Omega_+ = 1, \qquad \Omega_+ \Omega_+^* = 1 - P_B. \tag{16}$$

$\Phi_\alpha^{out}(t)$ ist der Streuzustand, der für große positive t in den Zustand $\Phi_\alpha^0(t)$ übergeht, also durch sein auslaufendes Verhalten bestimmt ist:

$$\|\Phi_\alpha^{out}(t) - \Phi_\alpha^0(t)\| \underset{t \to +\infty}{\to} 0. \tag{17}$$

Es gilt nach Gl. (6) und (15)

$$\Phi_\alpha^{in} = \Omega_- \Phi_\alpha^0 = \Omega_- \Omega_+^* \Phi_\alpha^{out},$$

also $\quad \Phi_\alpha^{in} =: S\Phi_\alpha^{out} \qquad \text{mit } S := \Omega_- \Omega_+^*. \qquad (18)$

S ist der für den Streuprozeß fundamentale Streuoperator. Seine Matrixelemente bilden die sogenannte S-Matrix. Aus Gl. (5) und (14) folgt die Vertauschbarkeit dieses Operators mit dem Hamilton-Operator:

$$[S, H] = [\Omega_- \Omega_+^*, H] = 0. \tag{19}$$

Auf den Streuzuständen ist der Streuoperator unitär, es gilt nach Gl. (8), (12) und (16)

$$\begin{aligned} S^*S &= \Omega_+ \Omega_-^* \Omega_- \Omega_+^* = 1 - P_B, \\ SS^* &= \Omega_- \Omega_+^* \Omega_+ \Omega_-^* = 1 - P_B. \end{aligned} \tag{20}$$

Das Skalarprodukt zwischen out- und in-Zuständen läßt sich als Matrixelement des Streuoperators zwischen out-Zuständen oder auch in-Zuständen ausdrücken:

$$(\Phi_\alpha^{out}, \Phi_\beta^{in}) = (\Phi_\alpha^{out}, S\Phi_\beta^{out}) = (S^*\Phi_\alpha^{in}, \Phi_\beta^{in}) = (\Phi_\alpha^{in}, S\Phi_\beta^{in}) =: S_{\alpha\beta}. \tag{21}$$

Man kann diese Matrixelemente auch durch einen Operator S^0 zwischen freien Zuständen Φ^0 ausdrücken:

$$\begin{aligned} &(\Phi_\alpha^{out}, \Phi_\beta^{in}) = (\Omega_+ \Phi_\alpha^0, \Omega_- \Phi_\beta^0) = (\Phi_\alpha^0, \Omega_+^* \Omega_- \Phi_\beta^0) =: (\Phi_\alpha^0, S^0 \Phi_\beta^0), \\ &S^0 = \Omega_+^* \Omega_-. \end{aligned} \tag{22}$$

Dieser Operator ist nach Gl. (8), (12) und (16) unitär

$$S^{0*} S^0 = S^0 S^{0*} = 1 \tag{23}$$

und vertauscht mit dem freien Hamilton-Operator:

$$[S^0, H^0] = 0. \tag{24}$$

Die Wahrscheinlichkeit, in einem einlaufend durch α charakterisierten Zustand einen solchen Zustand zu finden, der auslaufend durch β charakterisiert ist, ergibt sich zu

$$|(\Phi_\beta^{out}, \Phi_\alpha^{in})|^2 = |S_{\beta\alpha}|^2. \tag{25}$$

Die Formulierung der Streuung mit Hilfe der Streumatrix ist so allgemein, daß sie auch gültig bleibt, wenn es sich nicht um Streuung an einem Potential handelt. Dies gilt selbst dann, wenn die Geschwindigkeiten so groß sind, daß Teilchenerzeugung beim Stoß stattfindet. Ansätze, die gesamte Quantentheorie nicht auf Bewegungsgleichungen bzw. Hamilton-Operatoren zu gründen sondern ausschließlich auf die S-Matrix, waren allerdings bisher nicht erfolgreich.

Zusammenhang mit der stationären Streutheorie

Als Eigenzustände zur Energie gehören die stationären Streuzustände dem kontinuierlichen Energiespektrum an, besitzen also keine endliche Norm. Setzt man solche Zustände etwa in Gl. (2) ein, so führt das auf mathematische Besonderheiten. Andererseits ist die übliche physikalische Streusituation dadurch gekennzeichnet, daß einlaufend fast scharfe Impulse und Energien vorliegen. Wir wollen daher den allgemeinen Streuformalismus auch auf diesen Fall anwenden, uns aber mit formalen Umformungen in den Zwischenschritten begnügen. Für die elastische Streuung an einem festen Potential wählen wir als Basiszustände Φ_α^0 Eigenzustände zum Impuls $\hbar\mathbf{k}$. Dies sind Eigenzustände mit der Energie $E = \hbar^2 k^2/2m$. Die als einlaufend gekennzeichneten Zustände sind dann gegeben durch

$$\Phi_{\mathbf{k}}^{in} = \Omega_- \Phi_{\mathbf{k}}^0 = \lim_{t \to -\infty} e^{\frac{i}{\hbar}Ht} e^{-\frac{i}{\hbar}Et} \Phi_{\mathbf{k}}^0, \tag{26}$$

$$(\Phi_{\mathbf{k}}^0, \Phi_{\mathbf{k}'}^0) = \delta^3(\mathbf{k} - \mathbf{k}') = (\Phi_{\mathbf{k}}^{in}, \Phi_{\mathbf{k}'}^{in}). \tag{27}$$

Zur Umformung benutzen wir die Gleichung

$$e^{ixt} = ix \int_0^t dt' e^{ixt'} + 1 \tag{28}$$

und die Limitierungsvorschrift

$$\lim_{t \to -\infty} e^{ixt} = ix \int_0^{-\infty} dt' e^{ixt' + \epsilon t'} + 1 = \frac{-x}{x - i\epsilon} + 1, \tag{29}$$

wobei ϵ eine positive Zahl ist, für die im folgenden stets der Grenzwert $\epsilon \to 0$ gemeint ist, ohne ihn explizit hinzuschreiben.
Damit ergibt sich

$$\Phi_{\mathbf{k}}^{in} = \left\{1 - \frac{1}{H - E - i\epsilon}(H - E)\right\} \Phi_{\mathbf{k}}^0 = \left\{1 - \frac{1}{H - E - i\epsilon} V\right\} \Phi_{\mathbf{k}}^0. \tag{30}$$

Analog erhält man

$$\Phi_{\mathbf{k}}^{out} = \left\{1 - \frac{1}{H - E + i\epsilon} V\right\} \Phi_{\mathbf{k}}^0. \tag{31}$$

Setzt man dies in Gl. (21) ein, so ergibt sich

$$S_{\mathbf{k}',\mathbf{k}} = (\Phi_{\mathbf{k}'}^{out}, \Phi_{\mathbf{k}}^{in}) = (\Phi_{\mathbf{k}'}^{in}, \Phi_{\mathbf{k}}^{in}) + (\Phi_{\mathbf{k}'}^{out} - \Phi_{\mathbf{k}'}^{in}, \Phi_{\mathbf{k}}^{in}),$$

$$\begin{aligned}(S-1)_{\mathbf{k}';\mathbf{k}} &= \left(\left\{\frac{-1}{H - E' + i\epsilon} + \frac{1}{H - E' - i\epsilon}\right\} V\Phi_{\mathbf{k}'}^0, \Phi_{\mathbf{k}}^{in}\right)\\ &= \left(V\Phi_{\mathbf{k}'}^0, \left\{\frac{-1}{H - E' - i\epsilon} + \frac{1}{H - E' + i\epsilon}\right\} \Phi_{\mathbf{k}}^{in}\right)\\ &= \left(V\Phi_{\mathbf{k}'}^0, \left\{\frac{-1}{E - E' - i\epsilon} + \frac{1}{E - E' + i\epsilon}\right\} \Phi_{\mathbf{k}}^{in}\right)\\ &= -2\pi i\delta(E - E')(\Phi_{\mathbf{k}'}^0, V\Phi_{\mathbf{k}}^{in}).\end{aligned} \tag{32}$$

Bei der Umformung wurde die Beziehung

$$\frac{1}{x + i\epsilon} - \frac{1}{x - i\epsilon} = -i \int_{-\infty}^{+\infty} dt e^{ixt - \epsilon|t|} = -2\pi i\delta(x) \tag{33}$$

benutzt.

Die S-Matrix ist in der Energie diagonal (δ-Funktion in Gl. (32)), da der Operator mit dem Hamilton-Operator vertauscht.

Man kann die analoge Umformung zu Gl. (30) auch auf die Beziehung

$$\Phi_{\mathbf{k}}^0 = \Omega_-^* \Phi_{\mathbf{k}}^{in} = \lim_{t \to -\infty} e^{\frac{i}{\hbar} H_0 t} e^{-\frac{i}{\hbar} E t} \Phi_{\mathbf{k}}^{in} \tag{34}$$

anwenden und erhält

$$\Phi_{\mathbf{k}}^0 = \left\{1 + \frac{1}{H_0 - E - i\epsilon} V\right\} \Phi_{\mathbf{k}}^{in}$$

oder $$\Phi_{\mathbf{k}}^{in} = \Phi_{\mathbf{k}}^0 - \frac{1}{H_0 - E - i\epsilon} V\Phi_{\mathbf{k}}^{in}. \tag{35}$$

Die Gl. (30) und (35) heißen L i p p m a n n - S c h w i n g e r - G l e i c h u n g e n. Gl. (35) stimmt mit Gl. (26.8) überein, was man durch Übergang zur Ortsdarstellung sieht. Mit der Definition

$$(\Phi_{\mathbf{r}}, \Phi_{\mathbf{k}}^{in}) =: \psi_{\mathbf{k}}^+(\mathbf{r})$$

folgt $$(\Phi_{\mathbf{r}}, V\Phi_{\mathbf{k}}^{in}) = V(\mathbf{r})\psi_{\mathbf{k}}^+(\mathbf{r})$$

und damit aus Gl. (35)

$$\begin{aligned}\psi_{\mathbf{k}}^{+}(\mathbf{r}) &= \psi_{\mathbf{k}}^{0}(\mathbf{r}) + \int d^3r' \left(\Phi_{\mathbf{r}}, \frac{1}{-H_0 + E + i\epsilon} \Phi_{\mathbf{r}'} \right) V(\mathbf{r}')\psi_{\mathbf{k}}^{+}(\mathbf{r}') \\ &= \psi_{\mathbf{k}}^{0}(\mathbf{r}) + \frac{2m}{\hbar^2} \int d^3r' G_{+}(k, \mathbf{r}, \mathbf{r}')V(\mathbf{r}')\psi_{\mathbf{k}}^{+}(\mathbf{r}'),\end{aligned} \tag{36}$$

wobei nach R (13)

$$G_{+}(k, \mathbf{r}, \mathbf{r}') = \frac{e^{ik|\mathbf{r}-\mathbf{r}'|}}{-4\pi|\mathbf{r}-\mathbf{r}'|} = \int d^3k' \frac{e^{i\mathbf{k}'(\mathbf{r}-\mathbf{r}')}}{(2\pi)^3} \frac{1}{k^2 - k'^2 + i\epsilon} \tag{37}$$

die Greensche Funktion des Differentialoperators $\Delta + k^2$ ist.

Die Wellenfunktion $\psi_{\mathbf{k}}^{+}(\mathbf{r})$ ist – wie es sein muß – die einlaufend durch den Impuls $\hbar\mathbf{k}$ gekennzeichnete Lösung der Eigenwertgleichung $H\psi = E\psi$, da der zweite Term in Gl. (36) nur auslaufende Wellen enthält. Aus dem Vergleich mit Gl. (32) sehen wir, daß die in Gl. (26.14) definierte Streuamplitude mit der S-Matrix durch

$$(S-1)_{\mathbf{k}',\mathbf{k}} = \frac{i}{\pi} \frac{\hbar^2}{2m} \delta(E - E') f(\mathbf{k}', \mathbf{k}) \tag{38}$$

verknüpft ist.

Damit haben wir den Zusammenhang zwischen der zeitabhängigen und der stationären Behandlung hergestellt.

Besitzt das Streuproblem gewisse Symmetrien, so vertauschen die Erzeugenden dieser Symmetrien mit der S-Matrix. Wir wollen dies am Fall der Drehsymmetrie diskutieren. Bei einem System ohne Spins vertauschen dann die Bahndrehimpulsoperatoren mit dem Streuoperator.

$$[\mathbf{L}, H] = [\mathbf{L}, H_0] = [\mathbf{L}, \Omega^{+}] = [\mathbf{L}, S^0] = [\mathbf{L}, S] = 0. \tag{39}$$

Als Basiszustände wählen wir Eigenzustände $\Phi_{k\ell m}^{0}$ zur Energie, zu $\mathbf{L}^2$ und L_3 mit den Eigenwerten $\frac{\hbar^2 k^2}{2m}$, $\hbar^2 \ell(\ell+1)$ und $\hbar m$:

$$\begin{aligned}&\Phi_{k\ell m}^{0} = k \int d\Omega_k \Phi_{\mathbf{k}}^{0} Y_{\ell m}(\hat{k}), \qquad (\Phi_{k'\ell' m'}^{0}, \Phi_{k\ell m}^{0}) = \delta(k-k')\delta_{\ell\ell'}\delta_{mm'}, \\ &\Phi_{\mathbf{k}}^{0} = \frac{1}{k} \sum_{\ell, m} \Phi_{k\ell m}^{0} Y_{\ell m}^{*}(\hat{k}).\end{aligned} \tag{40}$$

In dieser Basis ist die S-Matrix diagonal:

$$S_{k'\ell' m', k\ell m} = (\Phi_{k'\ell' m'}^{0}, S^0 \Phi_{k\ell m}^{0}) = \delta(k'-k)\delta_{\ell'\ell}\delta_{m'm} s_\ell(k). \tag{41}$$

Die Eigenwerte $s_\ell(k)$ haben wegen der Unitarität von S^0 und

$$0 = (\Phi_{k'\ell m}^{0}, \{S^0 S^{0*} - 1\} \Phi_{k\ell m}^{0}) = \{s_\ell(k) s_\ell^{*}(k) - 1\} \delta(k'-k)$$

den Betrag 1, lassen sich also durch S t r e u p h a s e n $\delta_\ell(k)$ als

$$s_\ell(k) = e^{2i\delta_\ell(k)} \tag{42}$$

schreiben. Sie stimmen mit den in Gl. (26.18) definierten Größen überein, wie man durch Einsetzen von Gl. (26.25) in Gl. (38) unter Verwendung von Gl. (40) und (41) erkennt (R (16)). Die Phasenverschiebungen sind also durch die Eigenwerte der Streumatrix gegeben.

II.4 Quantentheorie nichtunterscheidbarer Teilchen

Für ein System von zwei oder mehr Teilchen liefert die Quantentheorie neue beobachtbare Effekte, wenn diese Teilchen sich in keiner Weise unterscheiden. In der klassischen Physik kann man ein einzelnes Teilchen in einer Teilchenmenge im Prinzip längs seiner Bahn verfolgen und es dadurch stets identifizieren, dies auch dann, wenn es sich von den anderen in keinem Merkmal unterscheidet. In der Quantentheorie ist der Bahnbegriff durch die Unschärferelation eingeschränkt. Überlappen sich die Wellenfunktionen zweier gleicher Teilchen, so kann man sie nicht mehr einzeln verfolgen. Daher ist in der Quantentheorie die Beschreibung zweier Teilchen, die fast gleich sind (sich zum Beispiel als Isotope nur um einen praktisch vernachlässigbaren Bruchteil ihrer Masse unterscheiden), ganz anders als die Beschreibung von Teilchen, die in allen Bestimmungsstücken exakt gleich sind.

Es zeigt sich außerdem, daß von den in der nichtrelativistischen Theorie möglichen Formulierungen für nicht unterscheidbare Teilchen nur jeweils eine mit den Beobachtungen übereinstimmt. Welche Formulierung in diesem Sinne richtig ist, hängt davon ab, ob der Spin der Teilchen durch ganzzahlige oder halbzahlige Quantenzahlen charakterisiert wird. Im ersten Fall spricht man von B o s o n e n, im zweiten von F e r m i o n e n. Aus diesen Bemerkungen wird deutlich, daß die Nichtunterscheidbarkeit von Teilchen in der Quantentheorie gesondert behandelt werden muß.

§ 28 Der Begriff der Nichtunterscheidbarkeit

Wie in der klassischen Theorie nennt man Teilchen nichtunterscheidbar, wenn j e d e Observable des Gesamtsystems bei Vertauschung aller Observablen eines Teilchens mit denen eines anderen unverändert bleibt. Das bedeutet, daß man durch Beobachtung prinzipiell keinen Unterschied zwischen den Teilchen feststellen kann. Die Hamilton-Funktion

$$H(\mathbf{p}_1, \mathbf{r}_1, \mathbf{p}_2, \mathbf{r}_2) = \frac{\mathbf{p}_1^2}{2m_1} + \frac{\mathbf{p}_2^2}{2m_2} + \frac{e_1 e_2}{|\mathbf{r}_1 - \mathbf{r}_2|} + e_1\varphi(\mathbf{r}_1) + e_2\varphi(\mathbf{r}_2)$$

eines Systems für zwei Teilchen erfüllt dies z. B. nur für gleiche Massen und gleiche Ladungen. Nur dann gilt

$$H(\mathbf{p}_1, \mathbf{r}_1, \mathbf{p}_2, \mathbf{r}_2) = H(\mathbf{p}_2, \mathbf{r}_2, \mathbf{p}_1, \mathbf{r}_1)\,.$$

An diesem Beispiel erkennt man auch, daß die Charakterisierung von Teilchen als ununterscheidbar von den gewählten fundamentalen Einteilchenobservablen abhängt: Solange die Ladungen vorgegebene Parameter $e_1 \neq e_2$ sind, handelt es sich um unterscheidbare Teilchen. Führt man die Ladungen aber als Observable Q_i ein, die verschiedene Werte annehmen können, und erweitert damit die fundamentalen Einteilchenobservablen, so gilt mit $m_1 = m_2 = m$ für den obigen Hamilton-Operator

$$H(\mathbf{p}_1, \mathbf{r}_1, Q_1, \mathbf{p}_2, \mathbf{r}_2, Q_2) = \frac{\mathbf{p}_1^2}{2m} + \frac{\mathbf{p}_2^2}{2m} + \frac{Q_1 Q_2}{|\mathbf{r}_1 - \mathbf{r}_2|} + Q_1\varphi(\mathbf{r}_1) + Q_2\varphi(\mathbf{r}_2),$$

also $$H(\mathbf{p}_1, \mathbf{r}_1, Q_1, \mathbf{p}_2, \mathbf{r}_2, Q_2) = H(\mathbf{p}_2, \mathbf{r}_2, Q_2, \mathbf{p}_1, \mathbf{r}_1, Q_1).$$

In der Tat faßt man häufig P r o t o n und N e u t r o n wegen $m_p \approx m_n$ als ein Teilchen „N u k l e o n" auf, das die Ladung 0 (Neutron) und $|e|$ (Proton) besitzen kann. Dann bilden Proton und Neutron ein System nicht unterscheidbarer Nukleonen in verschiedenen Ladungszuständen.

Eine solche Auffassung ist besonders dann nützlich, wenn man nur Umwandlungen von Neutronen in Protonen und umgekehrt beschreiben will, also die Zahl der Nukleonen konstant bleibt.

Andererseits kann man auch aus dem Satz der Einteilchenobservablen bestimmte streichen und die Eigenwerte dieser Observablen als Parameter behandeln. Für das Beispiel des Elektronenspins gibt es dann zwei unterscheidbare Sorten von Elektronen, nämlich solche mit positiver ($e\uparrow$) bzw. negativer ($e\downarrow$) Spinkomponente in vorgegebener Richtung. Diese Auffassung ist nützlich, wenn keine Spinumklapp-Prozesse vorkommen, die dann als Vernichtung eines Elektrons der einen Sorte ($e\uparrow$) und Erzeugung eines Elektrons der anderen Sorte ($e\downarrow$) zu beschreiben wären.

§ 29 Permutationssymmetrie

Ein System von n verschiedenen Teilchen vom Spin s werde durch die fundamentalen Einteilchenobservablen $\mathbf{P}_\nu, \mathbf{R}_\nu, \mathbf{S}_\nu$ ($\mathbf{S}_\nu^2 = \hbar^2 s(s+1)$, $\nu = 1, 2, \ldots, n$) beschrieben. Dieser Satz charakterisiert das betrachtete physikalische System; dabei ist zum Beispiel der elektrischen Ladung eines Teilchens kein Operator zugeordnet, sie ist durch einen möglicherweise von Teilchen zu Teilchen verschiedenen Parameter e_ν festgelegt.

Welchem Teilchen etwa die Nummer 1 und welchem die Nummer 2 gegeben wird, beeinflußt zwar die Form der Beschreibung, aber nicht die physikalischen Aussagen. Die Umnumerierung führt also zu einer äquivalenten Beschreibung im Sinne von § 18. Sie ist durch eine unitäre Transformation gegeben, die die Basisvektoren $\Phi_{\mathbf{r}_1 m_1, \mathbf{r}_2 m_2 \ldots}$ untereinander vertauscht. Dabei sind $\mathbf{r}_\nu$ und m_ν die Eigenwerte der Operatoren $\mathbf{R}_\nu$ und $S_{3\nu}$. Die Äquivalenz liegt trotz der Einschränkung der Operatoren $\mathbf{S}_\nu$ durch $\mathbf{S}_\nu^2 = \hbar^2 s(s+1)$ vor, da s nicht von ν abhängt und daher alle Teilchen die gleiche Anzahl von Spinzuständen besitzen.

Zu jeder der n! Umnumerierungen oder Permutationen

$$P = \begin{pmatrix} 1 & 2 & \ldots & \nu & \ldots & n \\ P1 & P2 & \ldots & P\nu & \ldots & Pn \end{pmatrix}, \qquad \begin{array}{l} P\nu = 1, 2, \ldots, n, \\ P\nu \neq P\nu', \text{ falls } \nu \neq \nu' \end{array} \tag{1}$$

gehört also ein unitärer Permutationsoperator U_P mit den Eigenschaften

$$U_P \mathbf{R}_\nu U_P^{-1} = \mathbf{R}_{P\nu}, \qquad U_P \mathbf{P}_\nu U_P^{-1} = \mathbf{P}_{P\nu}, \qquad U_P \mathbf{S}_\nu U_P^{-1} = \mathbf{S}_{P\nu}. \tag{2}$$

Führen wir für eine beliebige Observable F die Abkürzung

$$F(\mathbf{P}_1\mathbf{R}_1\mathbf{S}_1, \mathbf{P}_2\mathbf{R}_2\mathbf{S}_2, \ldots, \mathbf{P}_\nu\mathbf{R}_\nu\mathbf{S}_\nu, \ldots) = F(1, 2, \ldots, \nu, \ldots) \tag{3}$$

ein, so gilt

$$U_P F(1, 2, \ldots, \nu, \ldots) U_P^{-1} = F(P1, P2, \ldots, P\nu, \ldots). \tag{4}$$

Diese unitären Transformationen werden dann physikalisch wichtig, wenn eine dynamische Invarianz der Theorie vorliegt, d. h. der Hamilton-Operator unter Permutationen invariant ist. Dann gilt

$$\begin{aligned} H(1, 2, \ldots, \nu, \ldots) &= H(P1, P2, \ldots, P\nu, \ldots) \\ &= U_P H(1, 2, \ldots, \nu, \ldots) U_P^{-1}, \end{aligned}$$

oder $[U_P, H] = 0$. (5)

Ist z. B. ein Zustand Eigenzustand zur Transposition T_{12}, die die Nummern 1 und 2 vertauscht, so bleibt er bei Permutationsinvarianz des Hamilton-Operators zu allen Zeiten Eigenzustand zum gleichen Eigenwert. Die Symmetrieeigenschaft unter Vertauschen der Nummern 1 und 2 bleibt also für alle Zeiten erhalten.

Ist der Hamilton-Operator eines Systems invariant unter Permutationen nur der Orts- und Impulsvariablen bei unveränderten Spinvariablen, so bleibt eine Permutationssymmetrie allein in den Orts- und Impulskoordinaten zeitlich erhalten. Dann kann man die Zustände mit bestimmter Permutationssymmetrie in den Ortskoordinaten separat behandeln. Diese eingeschränkte Permutationssymmetrie ist analog einer Drehsymmetrie, die nur für Orts- und Impulsvariable bei festen Spinvariablen vorliegt und zur Erhaltung des Bahndrehimpulses führt.

Die hervorgehobene Stellung der Permutationssymmetrie in der Quantentheorie gegenüber anderen Symmetrien zeigt sich aber erst bei der Beschreibung eines Systems von ununterscheidbaren Teilchen. Die Ununterscheidbarkeit besagt nämlich, daß alle Observablen des Gesamtsystems $Q = F(1, 2, 3, \ldots)$ unter gleichzeitiger Permutation aller Observablen der jeweiligen Teilchen invariant sind:

$$U_P Q U_P^{-1} = Q \quad \text{oder} \quad [U_P, Q] = 0 \qquad \text{für } \underline{\text{alle}}\ Q. \tag{6}$$

Dann kann zum Beispiel der Eigenwert eines Eigenzustandes zur Transposition T_{12} durch keine physikalische Apparatur verändert werden. Es handelt sich also um eine Superauswahlregel. Für den Fall zweier Teilchen zerfällt der Zustandsraum in den symmetrischen Teilraum (Eigenwert von T_{12} gleich $+1$) und den antisymmetrischen Teilraum (Eigenwert -1). Diese beiden Teilräume sind unter allen Permutationen (1 und T_{12}) invariant. Die Phasen einer Superposition von Zuständen aus den beiden Teilräumen sind nicht meßbar, ein passend gewähltes Gemisch aus den beiden Zuständen liefert dieselben physikalischen Resultate.

Bei mehr als zwei Teilchen gibt es mehr als zwei unter allen Permutationen invariante Unterräume. Es ist nützlich, zunächst die eindimensionalen invarianten Teilräume oder in anderer Sprechweise die eindimensionalen Darstellungen der Permutationsgruppe zu untersuchen.

Ist der eindimensionale Teilraum $\{\Phi\}$ invariant unter sämtlichen Permutationen, so gilt

$$U_P\Phi = \alpha_P\Phi$$

für alle P und speziell für die Transposition T_{ik}

$$U_{ik}\Phi = \alpha_{ik}\Phi, \qquad U_{ik} := U_{T_{ik}}, \qquad U_{ik}^2 = 1, \qquad \text{also } \alpha_{ik} = \pm 1 .$$

Wegen $T_{ik} = T_{1i}T_{2k}T_{12}T_{1i}T_{2k}$

folgt $U_{ik}\Phi = \alpha_{1i}^2\alpha_{2k}^2\alpha_{12}\Phi = \alpha_{12}\Phi.$

Damit haben alle Operatoren U_{ik} den gleichen Eigenwert α_{12}, also entweder alle $+1$ oder alle -1. Im ersten Fall ($\alpha_{12} = 1$) ist der Zustand **total symmetrisch**, da er unter allen Transpositionen und damit auch unter allen beliebigen Permutationen invariant bleibt:

$$\Phi_S : \qquad U_P\Phi_S = +\Phi_S . \tag{7}$$

Im zweiten Falle ($\alpha_{12} = -1$) heißt der Zustand **total antisymmetrisch**, da er unter allen Transpositionen antisymmetrisch ist. Schreibt man eine beliebige Permutation als mehrfaches Produkt von Transpositionen, was immer möglich ist, so gilt

$$\Phi_A : \qquad U_P\Phi_A = \eta_P\Phi_A \tag{8}$$

mit $$\eta_P = \begin{cases} +1 \text{ bei gerader Anzahl von Transpositionen von P} \\ -1 \text{ bei ungerader Anzahl von Transpositionen von P.} \end{cases}$$

η_P ist eindeutig durch P gegeben. Es gilt

$$\eta_{RP} = \eta_R\eta_P. \tag{9}$$

Damit sind alle eindimensionalen Darstellungen der Permutationsgruppe gefunden. In der total symmetrischen Darstellung wird jeder Permutation die Zahl 1, in der total antisymmetrischen Darstellung jeder Permutation die Zahl η_P zugeordnet.

Die Operatoren

$$S := \frac{1}{n!}\sum_P U_P \quad \text{und} \quad A := \frac{1}{n!}\sum_P U_P\eta_P \tag{10}$$

sind Projektionsoperatoren auf total symmetrische bzw. total antisymmetrische Zustände:

$$U_PS\Phi = S\Phi, \qquad S^* = S, \qquad S^2 = S,$$

$$U_PA\Phi = \eta_PA\Phi, \qquad A^* = A, \qquad A^2 = A, \tag{11}$$

$$AS = A(U_{12}S) = (AU_{12})S = -AS, \qquad \text{also } AS = 0.$$

Es gilt nämlich

$$U_P S = U_P \frac{1}{n!} \sum_R U_R = \frac{1}{n!} \sum_R U_P U_R = \frac{1}{n!} \sum_{Q=PR} U_Q = S, \qquad S U_P = S,$$

$$S^* = \frac{1}{n!} \left(\sum_P U_P \right)^* = \frac{1}{n!} \sum_P U_P^{-1} = \frac{1}{n!} \sum_{Q=P^{-1}} U_Q = S, \tag{12}$$

$$S^2 = \frac{1}{n!^2} \sum_{P,Q} U_P U_Q = \frac{1}{n!^2} \sum_{P,R} U_R = \frac{1}{n!} \sum_P S = S$$

und wegen Gl. (9)

$$U_P A = U_P \frac{1}{n!} \sum_R U_R \eta_R = \frac{1}{n!} \sum_R U_P U_R \eta_R = \frac{1}{n!} \sum_{PR=Q} U_Q \eta_Q \eta_P = \eta_P A,$$
$$A U_P = \eta_P A,$$

$$A^* = \frac{1}{n!} \sum_P \eta_P U_P^{-1} = \frac{1}{n!} \sum_{Q=P^{-1}} \eta_Q U_Q = A, \tag{13}$$

$$A^2 = \frac{1}{n!^2} \sum_{P,Q} U_P U_Q \eta_P \eta_Q = \frac{1}{n!^2} \sum_{P,R} U_R \eta_R = \frac{1}{n!} \sum_P A = A.$$

Anwendung der Operatoren S bzw. A auf einen beliebigen Zustand liefert also einen total symmetrischen bzw. einen total antisymmetrischen Zustand oder Null.
Außer total symmetrischen und total antisymmetrischen Zuständen gibt es für $n \geqslant 3$ noch andere unter Permutationen irreduzible Teilräume, die mehrdimensional sein müssen. Da für nichtunterscheidbare Teilchen jede Observable Q mit allen Permutationen vertauscht, gilt für alle Zustände Φ aus dem irreduziblen Teilraum

$$(\Phi, Q\Phi) = \tilde{q}(\Phi, \Phi), \qquad Q \text{ bel.},$$

wobei $\tilde{q}$ nicht von Φ abhängt (R 17). Für physikalische Aussagen sind also alle Φ innerhalb des irreduziblen Darstellungsraumes gleichwertig, es liegt eine redundante Beschreibung vor. Wie wir im nächsten Abschnitt sehen werden, kommen empirisch nur die total symmetrische und die total antisymmetrische Darstellung vor, wir sind also der Schwierigkeit der redundanten Beschreibung enthoben. Die Natur wählt die eindimensionalen Darstellungen der Permutationsgruppe aus.

§ 30 Symmetrie und Antisymmetrie unter Permutationen als empirischer Befund. Das Periodische System der Elemente

Einfache Mehrelektronensysteme sind die Atome. An ihnen wurde die Frage der Permutationssymmetrie für Elektronen von Pauli geklärt. Sieht man von der individuellen Wechselwirkung der Elektronen untereinander ab, so kann man jedes Elektron durch einen Zustand beschreiben, der durch die Eigenwerte (Quantenzahlen) eines vollständigen Satzes vertauschbarer Einteilchen-Observabler dieses Elektrons gekennzeichnet ist. Die Wellenfunktion eines Gesamtatoms ist dann das Produkt von Einteilchen-Wellenfunktionen. Zu lösen ist nämlich die Gleichung

$$H(1, 2, \ldots, n)\psi(1, 2, \ldots, n) = E_{ges}\psi(1, 2, \ldots, n), \qquad [U_P, H] = 0 \tag{1}$$

unter der Bedingung

$$H(1, 2, \ldots, n) = \sum_{i=1}^{n} H(i), \qquad [H(i), H(j)] = 0, \qquad [H, H(i)] = 0. \tag{2}$$

Die Gesamtwellenfunktion kann dann als Eigenfunktion zu allen H(i) gewählt werden, woraus

$$\psi(1, 2, \ldots, n) = \prod_{i=1}^{n} \varphi_{\alpha_i}(i) \tag{3}$$

mit $\quad H(i)\varphi_{\alpha_i}(i) = \epsilon_{\alpha_i}\varphi_{\alpha_i}(i), \qquad E_{ges} = \sum_{i=1}^{n} \epsilon_{\alpha_i}$

folgt. Für die Quantenzahlen eines vollständigen Satzes vertauschbarer Observabler kann z. B.

$$\alpha = (n_r, \ell, m, m_s)$$

gewählt werden. Dabei bedeuten n_r die radiale Quantenzahl, ℓ, m die Bahndrehimpuls-Quantenzahlen und m_s die Spin-Quantenzahl.

Den energetisch niedrigsten Zustand des Atoms erhält man, wenn alle Elektronen im gleichen Zustand mit der niedrigsten Energie sind. Dies steht aber im Widerspruch zum Verlauf der räumlichen Ausdehnung der Atome mit Z, der ausgeprägte Maxima (Perioden) zeigt, zu den Spektren und zum chemischen Verhalten in Gruppen. Daher ist der total symmetrische Zustand empirisch verboten. Beim *total antisymmetrischen* Zustand müßten alle Einteilchenzustände verschieden sein. Dann ist der Grundzustand derjenige, bei dem alle Einteilchenzustände energetisch möglichst niedrig einmal besetzt werden. Berücksichtigt man in den Einteilchengleichungen die anderen Elektronen näherungsweise durch ein pauschales radialsymmetrisches Potential, so hängen die Energien von ℓ ab, jedoch wegen der Radialsymmetrie weiterhin nicht von m und wegen der Spinunabhängigkeit nicht von m_s. Die Entartungsgrade $(2s + 1) \cdot (2\ell + 1)$ ergeben gerade die Periodenlängen des periodischen Systems. Es gilt daher das sogenannte Pauli-Verbot (*Ausschließungsprinzip*):

Bei einem System von Elektronen, das durch ein Produkt von Einteilchenzuständen beschrieben werden kann, dürfen diese nicht mehrfach besetzt werden.

Das Pauli-Verbot ist erfüllt für total antisymmetrische Produktansätze. Sie verschwinden nämlich, wenn ein Einteilchenzustand zweimal besetzt ist, weil der Zustand unter Vertauschen der zugehörigen Teilchen symmetrisch ist entgegen der Forderung der Antisymmetrie. Gilt umgekehrt das Pauli-Verbot, dann darf kein anderer unter Permutationen irreduzibler Teilraum als der total antisymmetrische zugelassen werden, weil alle anderen Doppelbesetzungen erlauben (R 18). Deshalb ist für die Näherung wohldefinierter Einteilchenzustände das Pauli-Verbot gleichbedeutend mit der Forderung der totalen Antisymmetrie. Da letztere unabhängig von der Näherung formuliert ist, kann sie zum Pauli-Prinzip verallgemeinert werden:

Der Zustand eines beliebigen Systems, das Elektronen enthält, ist total antisymmetrisch unter Permutation der Elektronen.

Protonen und Neutronen genügen auch dem Antisymmetrieprinzip, wie man aus dem Aufbau der Kerne erkennt. Systeme von Komplexen aus mehreren Elektronen, Protonen oder Neutronen sind total antisymmetrisch bezüglich Vertauschung der Komplexe, wenn die Komplexe aus einer ungeraden Zahl von Spin 1/2-Teilchen aufgebaut sind; sie sind total symmetrisch, falls sie aus einer geraden Anzahl von Spin 1/2-Teilchen bestehen. Man erkennt dies, wenn man die Teilchen eines Komplexes nacheinander gegen die Teilchen eines anderen Komplexes austauscht, bis die beiden Komplexe vollständig ausgetauscht sind. Wenn man alle Teilchen als Komplexe von Spin 1/2-Teilchen ansieht, gibt es nur total symmetrische und total antisymmetrische Zustände. Diese Regel ist ganz allgemein in der Natur erfüllt:

Fermionensysteme (halbzahliger Spin) sind total antisymmetrisch: Man sagt auch, Fermionen genügen der Fermi-Statistik.

Bosonensysteme (ganzzahliger Spin) sind total symmetrisch; Bosonen genügen der Bose-Einstein-Statistik.

Das wichtigste Beispiel für Bosonen sind die Photonen; bei ihnen kann jeder Einteilchenzustand beliebig oft besetzt werden. Die Intensität eines einzelnen Zustandes kann sehr groß sein, was zu klassisch meßbaren Feldern führt.

Im Rahmen der nichtrelativistischen Quantentheorie sind diese Regeln nur über die obige Betrachtung von Teilchenkomplexen plausibel zu machen. Läßt man nur eindimensionale Darstellungen der Permutationsgruppe zu, was wegen der redundanten Beschreibung bei mehrdimensionalen Darstellungen plausibel erscheint, so kann in der relativistischen Theorie die obige Spin-Statistik-Beziehung aufgrund der Kausalität hergeleitet werden.

Im folgenden wollen wir die Auswirkungen des Antisymmetrieprinzips für das ideale Elektronengas und für die Atomhüllen näher untersuchen.

Ideales Elektronengas

Als ideales Elektronengas bezeichnet man ein System von Elektronen, bei dem die Coulombsche Wechselwirkung vernachlässigt wird, was bei Anwesenheit eines positiven Ladungshintergrundes eine brauchbare Näherung sein kann. Wichtigstes Anwendungsgebiet sind die Valenzelektronen der Metalle. Die positiven Ionen schirmen hier die Ladungen der Elektronen ab.

Zur Behandlung des idealen Elektronengases wollen wir die Elektronen in einem Würfel der Kantenlänge a einschließen, indem außerhalb ein unendlich hohes Potential angenommen wird. Ohne Wechselwirkung ist der Hamilton-Operator des Gesamtsystems eine Summe von Einteilchenoperatoren, die miteinander vertauschen. Die Wellenfunktion ist Eigenfunktion zu allen diesen Einteilchenoperatoren, also ein Produkt von Einteilchenwellenfunktionen; diese genügen der Gleichung

$$-\frac{\hbar^2}{2m}\Delta\varphi_i(\mathbf{r}) = \epsilon_i\varphi_i(\mathbf{r}).$$

Da $\Delta = \frac{\partial^2}{\partial x^2} + \frac{\partial^2}{\partial y^2} + \frac{\partial^2}{\partial z^2}$

eine Summe vertauschbarer Operatoren ist, gilt

$$\varphi(\mathbf{r}) = \varphi_{n_x}(x)\varphi_{n_y}(y)\varphi_{n_z}(z)$$

und $\epsilon = \epsilon_{n_x} + \epsilon_{n_y} + \epsilon_{n_z}$

mit $-\frac{\hbar^2}{2m}\frac{\partial^2}{\partial x^2}\varphi_{n_x}(x) = \epsilon_{n_x}\varphi_{n_x}(x).$

Diese Gleichung mit den zugehörigen Randbedingungen ist in Gl. (8.9) gelöst. Damit erhalten wir

$$\varphi_{\mathbf{n}}(\mathbf{r}) = A \sin K_{n_x}x \sin K_{n_y}y \sin K_{n_z}z,$$

$$\epsilon_{\mathbf{n}} = \frac{\hbar^2}{2m}\frac{\pi^2}{a^2}(n_x^2 + n_y^2 + n_z^2) =: \epsilon_1 \mathbf{n}^2, \tag{4}$$

$$\mathbf{n} = (n_x, n_y, n_z),\ n_{x,y,z}\ \text{ganz} > 0.$$

Für Gesamtenergie und -teilchenzahl gilt

$$E = \sum_{\mathbf{n}} 2\epsilon_1 \mathbf{n}^2, \qquad N = \sum_{\mathbf{n}} 2,$$

wobei für den Grundzustand alle Zustände $\varphi_{\mathbf{n}}$ so besetzt werden, daß die Energie minimal ist. Wegen der möglichen zwei Spineinstellungen des Elektrons wird jeder der durch $\mathbf{n}$ gekennzeichneten Zustände zweimal besetzt.

Für große Zahlen N kann man die Summe durch ein Integral ersetzen, das auch negative $n_{x,y,z}$ einbezieht:

$$\sum_{\mathbf{n}} \to \frac{1}{8}\int d^3n$$

$$E = \frac{2}{8}\epsilon_1 4\pi \int_0^{n_F} n^4 dn = \frac{\pi}{5}\epsilon_1 n_F^5, \qquad N = \frac{2}{8}\frac{4\pi}{3}n_F^3 = \frac{\pi}{3}n_F^3. \tag{5}$$

n_F ist der Radius der besetzten Kugel im Raume der $\mathbf{n}$. Er hängt mit der sogenannten Fermi-Energie ϵ_F durch

$$\epsilon_F = \epsilon_1 n_F^2$$

zusammen.

Für die Energiedichte ergibt sich

$$\frac{E}{a^3} = \frac{\pi\epsilon_1}{5a^3}\left(\frac{3}{\pi}N\right)^{5/3} = \frac{\pi\epsilon_1 a^2}{5}\left(\frac{3}{\pi}\right)^{5/3}\left(\frac{N}{a^3}\right)^{5/3} = \kappa\rho^{5/3},$$

$$\kappa = \frac{\hbar^2}{10m}\,3^{5/3}\pi^{4/3}, \qquad \rho = \frac{N}{a^3}. \tag{6}$$

Die Zustandsgleichung im Grundzustand (T = 0) lautet

$$p = -\frac{dE}{dV} = \frac{2}{3}\frac{E}{V} = \frac{2}{3}\kappa\rho^{5/3}. \tag{7}$$

Thomas-Fermi-Gleichung für Atome

Für die Atomhülle findet der Ausdruck (6) der Energiedichte freier Elektronen Anwendung im Thomas-Fermi-Modell. Man berechnet darin die kinetische Energie zunächst in einem räumlichen Teilgebiet, in dem das Potential praktisch konstant ist; dann kann man Gl. (6) anwenden. Anschließend integriert man über alle Raumgebiete und erhält so für die Gesamtenergie aller Elektronen im Atom mit der Ordnungszahl Z unter Einschluß der Coulombschen Wechselwirkung

$$E = \kappa \int d^3r\rho^{5/3}(\mathbf{r}) + \frac{e^2}{2}\int d^3r_1 d^3r_2\,\frac{\rho(\mathbf{r}_1)\rho(\mathbf{r}_2)}{|\mathbf{r}_1 - \mathbf{r}_2|} - e^2 Z \int d^3r\,\frac{\rho(\mathbf{r})}{r}. \tag{8}$$

Im Grundzustand bestimmt sich die Dichte aus der Forderung, daß die Energie minimal ist unter der Nebenbedingung $\int \rho d^3r = N = Z$ für ein neutrales Atom:

$$\delta E + \lambda\delta N = 0$$

oder
$$\underbrace{\frac{5}{3}\kappa\rho^{2/3}(\mathbf{r}) + e^2\int d^3r'\,\frac{\rho(\mathbf{r}')}{|\mathbf{r}-\mathbf{r}'|} - \frac{e^2 Z}{r}}_{=:\,-\varphi e^2} + \lambda = 0. \tag{9}$$

Mit der aus der Definition folgenden Differentialgleichung

$$\Delta\varphi(\mathbf{r}) = 4\pi\rho(\mathbf{r}) \qquad \text{für } r \neq 0$$

erhält man

$$\Delta\varphi(\mathbf{r}) = 4\pi e^3\left(\frac{5}{3}\kappa\right)^{-3/2}\varphi^{3/2}(\mathbf{r}) =: C\varphi^{3/2}(\mathbf{r}). \tag{10}$$

Die Randbedingungen für den Ursprung und das Unendliche erhält man unmittelbar aus der Definition von φ ($\lambda = 0$, da $\rho(\mathbf{r}) \underset{|\mathbf{r}|\to\infty}{\to} 0$):

$$|\mathbf{r}|\varphi(\mathbf{r}) \underset{|\mathbf{r}|\to\infty}{\to} -\int d^3r'\rho(\mathbf{r}') + Z = -N + Z = 0, \qquad |\mathbf{r}|\varphi(\mathbf{r}) \underset{|\mathbf{r}|\to 0}{\to} +Z.$$

Es ist bequem und üblich, die Differentialgleichung und die Randbedingungen durch geeignete Variablentransformationen zu vereinfachen. Setzen wir

$$\mathbf{r} = \xi Z^{-1/3} C^{-2/3}, \qquad \varphi = \psi Z^{4/3} C^{2/3},$$

so ergeben sich die für alle neutralen Atome gleichen Bestimmungsgleichungen

$$\Delta_\xi \psi = \psi^{3/2}; \qquad \xi\psi \underset{\xi \to 0}{\rightarrow} 1, \qquad \xi\psi \underset{\xi\to\infty}{\rightarrow} 0. \tag{11}$$

Die Differentialgleichung ist nichtlinear, ihre numerische radialsymmetrische Lösung für die Dichte ist in Fig. 1 angegeben.

Hartree-Näherung für Atome

Sieht man in der Atomhülle von der Wechselwirkung der Elektronen untereinander ab, so ist, wie wir in Gl. (3) gesehen haben, die Gesamtwellenfunktion ein Produkt von Einteilchenwellenfunktionen, die den Gleichungen

$$-\frac{\hbar^2}{2m}\Delta\psi_i - e^2 Z \frac{1}{r}\psi_i = \epsilon_i \psi_i$$

genügen, also bis auf einen Faktor Z Wasserstoffeigenfunktionen mit den Quantenzahlen n, ℓ, m, m_s sind.

Man kann die Wellenfunktion verbessern, indem man zwar den Produktansatz beibehält, also keine Korrelationen zwischen den Elektronen zuläßt, aber die Einteilchenwellenfunktionen aus dem Variationsprinzip mit voller Coulombscher Wechselwirkung bestimmt:

$$\begin{aligned}
&\psi(1, \ldots N) = \psi_1(1)\psi_2(2)\ldots\psi_N(N), \qquad \psi_1(1) = \psi_1(\mathbf{r}_1, \sigma_1)\\
&\psi_i(\mathbf{r}, \sigma) = \delta_{m_{s_i}\sigma}\psi_i(\mathbf{r}), \qquad \int d^3r\,|\psi_i(\mathbf{r})|^2 = 1\\
&(\psi, H\psi) = \sum_{i=1}^{N} \int d^3r\,\psi_i^*(\mathbf{r})\left\{-\frac{\hbar^2}{2m}\Delta - e^2 Z\frac{1}{r}\right\}\psi_i(\mathbf{r})\\
&\qquad + \frac{1}{2}\sum_{\substack{i,j\\ i\neq j}}^{N} \int d^3r\,d^3r'\,|\psi_i(\mathbf{r})|^2\,|\psi_j(\mathbf{r}')|^2\,\frac{e^2}{|\mathbf{r}-\mathbf{r}'|}.
\end{aligned} \tag{12}$$

Das Variationsprinzip ergibt nach Gl. (7.5)

$$\delta(\psi, H\psi) + \delta\sum_i \lambda_i \int d^3r\,|\psi_i(\mathbf{r})|^2 = 0$$

und als Lösung

$$\left\{-\frac{\hbar^2}{2m}\Delta - e^2 Z\frac{1}{r} + \int d^3r' \sum_{j\neq i}^{N} |\psi_j(\mathbf{r}')|^2 \frac{e^2}{|\mathbf{r}-\mathbf{r}'|}\right\}\psi_i(\mathbf{r}) = -\lambda_i\psi_i(\mathbf{r}). \tag{13}$$

In diesem Gleichungssystem für die Einteilchenwellenfunktionen tritt zu dem Coulombschen Potential des Kerns $-eZ/r$ der Mittelwert des Potentials der übrigen Elektronen hinzu, da $d^3r \sum_{j \neq i} |\psi_j|^2$ die Wahrscheinlichkeit dafür ist, eines des anderen Elektronen im Volumenelement d^3r zu finden. Gl. (13) stellt ein gekoppeltes System nichtlinearer

Tab. 1 Besetzung der Elektronenzustände in Atomen. (s, p, d, f . . . entspricht $\ell = 0, 1, 2, 3 \ldots$)

Z		K	L		M			N					
		1s	2s	2p	3s	3p	3d	4s	4p	4d	4f	5s	5p
1	H	1											
2	He	2											
3	Li	2	1										
4	Be	2	2										
5	B	2	2	1									
6	C	2	2	2									
7	N	2	2	3									
8	O	2	2	4									
9	F	2	2	5									
10	Ne	2	2	6									
11	Na	2	2	6	1								
12	Mg	2	2	6	2								
13	Al	2	2	5	2	1							
14	Si	2	2	6	2	2							
15	P	2	2	6	2	3							
16	S	2	2	6	2	4							
17	Cl	2	2	6	2	5							
18	Ar	2	2	6	2	6							
19	K	2	2	6	2	6	0	1					
20	Ca	2	2	6	2	6	0	2					
21	Sc	2	2	6	2	6	1	2					
22	Ti	2	2	6	2	6	2	2					
23	V	2	2	6	2	6	3	2					
24	Cr	2	2	6	2	6	5	1					
25	Mn	2	2	6	2	6	5	2					
26	Fe	2	2	6	2	6	6	2					
27	Co	2	2	6	2	6	7	2					
28	Ni	2	2	6	2	6	8	2					
29	Cu	2	2	6	2	6	10	1					
30	Zn	2	2	6	2	6	10	2					
31	Ga	2	2	6	2	6	10	2	1				
32	Ge	2	2	6	2	6	10	2	2				
33	As	2	2	6	2	6	10	2	3				
34	Se	2	2	6	2	6	10	2	4				
35	Br	2	2	6	2	6	10	2	5				
36	Kr	2	2	6	2	6	10	2	6				

Tab. 1 (Fortsetzung)

Z		K	L		M			N					
		1s	2s	2p	3s	3p	3d	4s	4p	4d	4f	5s	5p
37	Rb	2	2	6	2	6	10	2	6	0	0	1	
38	Sr	2	2	6	2	6	10	2	6	0	0	2	
39	Y	2	2	6	2	6	10	2	6	1	0	2	
40	Zr	2	2	6	2	6	10	2	6	2	0	2	
41	Nb	2	2	6	2	6	10	2	6	4	0	1	
42	Mo	2	2	6	2	6	10	2	6	5	0	1	
43	Tc	2	2	6	2	6	10	2	6	5	0	2	
44	Ru	2	2	6	2	6	10	2	6	7	0	1	
45	Rh	2	2	6	2	6	10	2	6	8	0	1	
46	Pd	2	2	6	2	6	10	2	6	10			
47	Ag	2	2	6	2	6	10	2	6	10	0	1	
48	Cd	2	2	6	2	6	10	2	6	10	0	2	

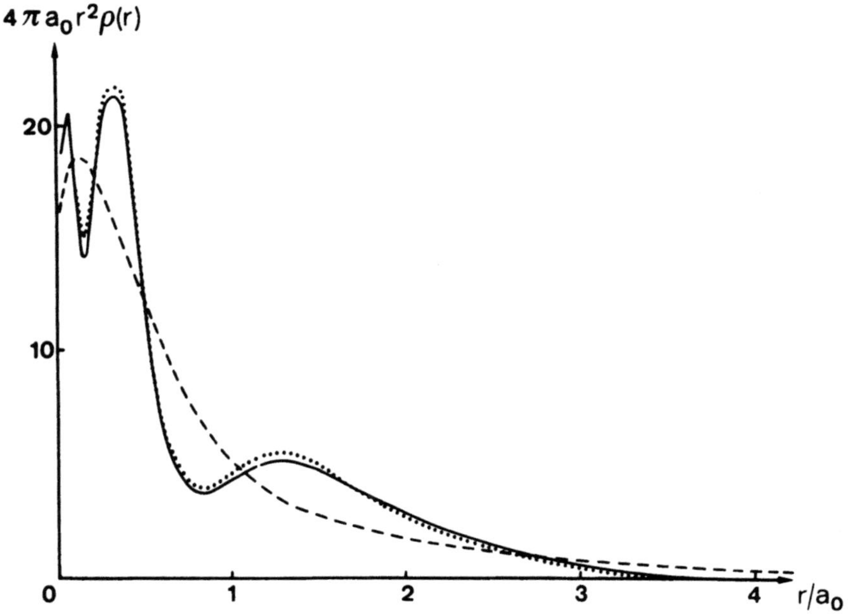

Fig. 1 Radiale Elektronendichten für Z = 18 (Argon)
—— Hartree, – – – Thomas-Fermi, ... Hartree-Fock

Gleichungen dar, das z. B. iterativ gelöst werden kann. Man kann als nullte Näherung für die Dichte die Lösung der Thomas-Fermi-Gleichung (11) einsetzen und damit alle Wellenfunktionen ausrechnen. Dem Pauli-Prinzip trägt man dadurch Rechnung, daß eine bestimmte Wellenfunktion im Produkt nur einmal vorkommt. Aus den Wellenfunktionen berechnet man eine neue Dichte und wiederholt das Verfahren. Dabei macht man üblicherweise das Potential jedesmal durch Winkelmittelung kugelsymmetrisch (selbstkonsistente Zentralfeldnäherung). Durch das Potential der anderen Elektronen ist die Entartung der Energiewerte bezüglich ℓ aufgehoben. Höhere ℓ-Werte führen zu höheren Energien, da die Kernladung weiter außen durch die anderen Elektronen stärker abgeschirmt ist. Das Resultat der Besetzung ist in Tab. 1 z. T. wiedergegeben. Die radiale Elektronendichte ist in Fig. 1 für $Z = 18$ eingetragen. Man erkennt deutlich die räumliche Schalenstruktur.

Hartree-Fock-Näherung

Der Produktansatz für die Wellenfunktion erfüllt die Antisymmetriebedingung nicht. Anwendung des Operators A (Gl. (29.10)) ergibt

$$\psi_A(1, \ldots N) = A \prod_{i=1}^{N} \psi_i(i) = \frac{1}{N!} \sum_P \eta_P \prod_{i=1}^{N} \psi_i(Pi)\,. \tag{14}$$

Faßt man $\psi_i(j)$ als Matrixelement M_{ij} auf, so ist ψ_A aufgrund der Definition einer Determinante proportional zu det (M_{ij}). Man nennt daher die antisymmetrisierte Produktfunktion Slater-Determinante:

$$\psi_A(1, \ldots N) = \text{const} \cdot \det \begin{pmatrix} \psi_1(1) & \psi_1(2) & \ldots & \psi_1(N) \\ \psi_2(1) & \psi_2(2) & \ldots & \psi_2(N) \\ \vdots & & & \\ \psi_N(1) & \psi_N(2) & \ldots & \psi_N(N) \end{pmatrix}. \tag{15}$$

Die Einteilchenfunktionen der Slater-Determinante können stets orthogonal gewählt werden, da eine Linearkombination $\psi_i'(j) = \sum_\nu c_{i\nu}\psi_\nu(j)$ bis auf einen konstanten Faktor zur gleichen Wellenfunktion führt. Mit den Abkürzungen

$$M = (M_{ij}), \qquad M' = (M'_{ij}) = (\sum_\nu c_{i\nu} M_{\nu j}) = CM$$

$$M_{ij} = \psi_i(j), \qquad M'_{ij} = \psi'_i(j), \qquad C = (c_{ij})$$

ergibt sich nämlich

$$\det M' = \det C \det M,$$

also $$\psi'_A(1, \ldots N) = \text{const}\ \psi_A(1, \ldots N).$$

Mit orthonormierten Einteilchenwellenfunktionen vereinfacht sich der Erwartungswert der Energie des Atoms. Es gilt mit der Abkürzung

$$\psi = \prod_{i=1}^{N} \psi_i(i) \quad \text{und wegen} \quad (\psi, U_P\psi) = 0 \qquad \text{für } P \neq 1$$

$$(A\psi, A\psi) = (\psi, A^2\psi) = \frac{1}{N!} \sum_P (\psi, U_P \eta_P \psi) = \frac{1}{N!},$$

$$\overline{H} = N!(A\psi, HA\psi) = N!(\psi, HA\psi) = \sum_P \eta_P(\psi, HU_P\psi)$$

$$= \sum_{i=1}^{N} \int d^3r\psi_i^*(r)\left\{-\frac{\hbar^2}{2m}\Delta - \frac{e^2 Z}{r}\right\}\psi_i(r)$$

$$+ \frac{1}{2}\sum_{\substack{ij\\ i\neq j}} \int d^3r d^3r' |\psi_i(r)|^2 |\psi_j(r')|^2 \frac{e^2}{|r-r'|}$$

$$+ \frac{1}{2}\sum_{\substack{ij\\ i\neq j}} \delta_{m_{s_i} m_{s_j}} \eta_{T_{ij}} \int d^3r d^3r' \psi_i^*(r)\psi_j(r)\psi_j^*(r')\psi_i(r')\frac{e^2}{|r-r'|}. \qquad (16)$$

Ein Vergleich mit Gl. (12) zeigt, daß ein Zusatzterm durch die Antisymmetrie entstanden ist, bei dem ein Austausch der Indizes vorliegt. Man nennt ihn den Austauschterm. Bestimmt man die Wellenfunktionen wieder aus dem Variationsprinzip, so ergibt der Austauschterm Anlaß zu einem nichtlokalen Potential für die Einteilchenwellenfunktion

$$V(r)\psi_i(r) \to V(r)\psi_i(r) + \int d^3r' K_i(r, r')\psi_i(r')$$

mit $$K_i(r, r') = -\sum_{\substack{j\neq i\\ m_{s_i} = m_{s_j}}} \frac{e^2}{|r-r'|}\psi_j^*(r')\psi_j(r), \qquad (\eta_{T_{ij}} = -1).$$

Die Korrektur für die berechnete Ladungsdichte ist nicht sehr groß (vgl. Fig. 1). Der wesentliche Effekt der Antisymmetrisierung kann also dadurch erreicht werden, daß in dem einfachen Produktansatz eine Funktion nur einmal vorkommt.

§ 31 Die chemische Bindung

Die Verbindung von Na und Cl zu Kochsalz läßt sich als klassische Bindung der Ionen Na^+Cl^- verstehen. Dabei gibt die Quantentheorie eine Erklärung, warum Na positiv und Cl negativ geladen sind: beide Ionen haben durch Abgabe bzw. Aufnahme eines Elektrons eine stabile Edelgaskonfiguration erreicht. Die Schalenstruktur liefert die günstigen Zustände der Einzelionen, die Bindung selbst ist auch klassisch zu erklären.

Ein anderes Bindungssystem liegt zum Beispiel beim H_2 vor. Hier ist die Ionenbindung nicht bevorzugt, es tritt aber trotzdem Bindung ein. Die Bindungskräfte sind auch hier Coulombsche Kräfte, aber die typisch quantentheoretische Antisymmetrie spielt eine entscheidende Rolle. Wir wollen das Wasserstoffmolekül als fundamentales Beispiel für eine klassisch nicht plausible Bindung etwas ausführlicher behandeln.

Wie beim H-Atom können wir beim H_2-Molekül die Bewegung der Kerne (Masse M) bei der Bestimmung der Wellenfunktion der Elektronen (Masse m) näherungsweise vernachlässigen. Die durch die Kernbewegung bedingten Schwingungen um die

Gleichgewichtslage und die Rotationen führen nämlich zu Energien, die wegen $M \gg m$ klein gegen die Elektronenenergie sind. Tritt Bindung ein, so hat die Elektronenenergie in Abhängigkeit vom Abstand der Kerne E(R) ein Minimum an der Stelle, die dem Abstand R_0 der Atome im Molekül entspricht. Die Frequenz der Kernschwingung um dieses Minimum ist durch $M\omega^2 = \left.\frac{d^2E}{dR^2}\right|_{R_0}$ gegeben. Für eine grobe Abschätzung der Größenordnung genügt es, die relevanten Größen dimensionsrichtig einzusetzen.

$$E \approx E_{Kin} \approx \frac{\hbar^2}{m}\frac{1}{R_0^2}, \qquad E_{Schw} \approx \hbar\omega \approx \hbar M^{-1/2}\frac{\hbar}{m^{1/2}R_0^2},$$

$$E_{Rot} \approx \frac{L^2}{\Theta} \approx \frac{\hbar^2}{MR_0^2}.$$

Damit ergibt sich

$$E : E_{Schw} : E_{Rot} \approx 1 : \left(\frac{m}{M}\right)^{1/2} : \frac{m}{M}. \tag{1}$$

Bei festgehaltenen Kernen a und b lautet der Hamilton-Operator des H_2-Moleküls

$$H = \frac{p_1^2}{2m} + \frac{p_2^2}{2m} + \frac{e^2}{r_{12}} - \frac{e^2}{r_{1a}} - \frac{e^2}{r_{2b}} - \frac{e^2}{r_{1b}} - \frac{e^2}{r_{2a}} + \frac{e^2}{r_{ab}}. \tag{2}$$

H hängt nicht vom Spin ab, also kann der Spin zugleich mit H diagonalisiert werden und die Wellenfunktion ist ein Produkt von Orts- und Spinanteil:

$$\psi(1,2) = \psi(\mathbf{r}_1, \mathbf{r}_2)\chi(\sigma_1, \sigma_2). \tag{3}$$

Es gibt vier Spinfunktionen der zwei Elektronen, und zwar drei mit Gesamtspin 1 und eine mit Gesamtspin 0. In Anwendung von Gl. (25.7) erhält man

$$\begin{aligned} &\chi_{11} = \alpha_1\alpha_2, \qquad \sqrt{2}\,\chi_{10} = \alpha_1\beta_2 + \beta_1\alpha_2, \qquad \chi_{1-1} = \beta_1\beta_2, \\ &\sqrt{2}\,\chi_{00} = \alpha_1\beta_2 - \beta_1\alpha_2; \qquad \chi_{1/2}(\sigma_1) =: \alpha_1, \qquad \chi_{-1/2}(\sigma_1) =: \beta_1. \end{aligned} \tag{4}$$

Die Spinfunktion zum Spin 1 ist symmetrisch unter Vertauschung der Spinkoordinaten, die Spinfunktion zum Spin 0 antisymmetrisch unter dieser Vertauschung. Die Antisymmetrie unter allen Koordinaten verknüpft daher den Spin mit der Symmetrie der Ortsfunktion. Zum Spin 1 gehört eine antisymmetrische, zum Spin 0 eine symmetrische Ortsfunktion. Wenn also die Coulomb-Energie für eine symmetrische Funktion anders ist als für eine antisymmetrische, dann hat die Coulombsche Wechselwirkung indirekt Einfluß auf den Spin. Dieser Mechanismus ist auch im Ferromagneten wirksam, in dem die Spineinstellung durch Coulomb-Kräfte bewirkt wird.

Um den Grundzustand des Moleküls näherungsweise zu berechnen, gehen wir von der Situation $r_{ab} \to \infty$ aus. Dann haben wir es mit zwei H-Atomen zu tun, die sich im niedrigsten Zustand befinden:

$$\psi(\mathbf{r}_1) =: a(1) =.\, \mathcal{N} e^{-\frac{r_{1a}}{a_0}}, \qquad \psi(\mathbf{r}_2) =: b(2) =.\, \mathcal{N} e^{-\frac{r_{2b}}{a_0}}.$$

Dabei ist das Elektron 1 am Atom a und das Elektron 2 am Atom b. Für großen endlichen Abstand r_{ab} setzen wir die Gesamtortsfunktion an als

$$\psi_\pm(1,2) = \mathcal{N}[a(1)b(2) \pm a(2)b(1)], \tag{5}$$

wobei das obere Vorzeichen eine symmetrische, das untere eine antisymmetrische Funktion ergibt.

Mit Gl. (2) erhält man damit die Energie des H_2-Moleküls in Abhängigkeit von r_{ab}:

$$E_\pm = 2E_0 + \frac{e^2}{r_{ab}} + \frac{C \pm A}{1 \pm S^2}. \tag{6}$$

Dabei sind folgende Abkürzungen eingeführt:

$$E_0 = \int a(1)\left(-\frac{\hbar^2}{2m}\Delta - \frac{e^2}{r_1}\right)a(1)\,d^3r_1\,,$$

$$S = \int a(1)b(1)\,d^3r_1\,,$$

$$C = \int d^3r_1 d^3r_2\left(\frac{e^2}{r_{12}} - \frac{e^2}{r_{1b}} - \frac{e^2}{r_{2a}}\right)a^2(1)b^2(2)\,,$$

$$A = \int d^3r_1 d^3r_2\left(\frac{e^2}{r_{12}} - \frac{e^2}{r_{1b}} - \frac{e^2}{r_{2a}}\right)a(1)b(1)a(2)b(2)\,.$$

E_0 ist die Grundzustandsenergie des H-Atoms, C wird Coulomb-Integral und A Austauschintegral genannt.

Fig. 1 zeigt den Verlauf in Abhängigkeit von r_{ab}. Eine der beiden Ortsfunktionen, und zwar die symmetrische, führt zur Bindung und der empirisch richtigen Größenordnung für Bindungsenergie und Abstand mit $E(R_0) = -3{,}14$ eV, $R_0 = 0{,}87$ Å gegenüber den experimentellen Werten $E(R_0) = -4{,}75$ eV, $R_0 = 0{,}74$ Å. Der zugehörige Gesamtspin ist

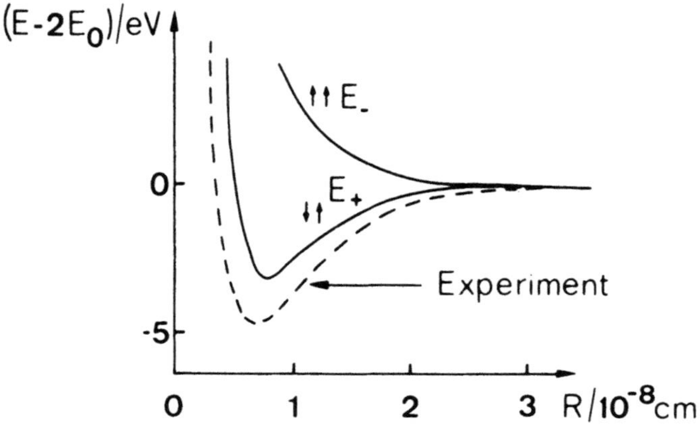

Fig. 1 Bindung des H_2-Moleküls

Null. Bindend ist die Ortsfunktion, die die höhere Elektronendichte zwischen den Atomkernen besitzt. Diese Berechnung wurde erstmals von Heitler und London durchgeführt.

Man kann den Ansatz für die Wellenfunktion verbessern durch Einführung von Parametern, die man dann variiert. Man erhält vollständige Übereinstimmung mit den experimentellen Daten für Abstand und Bindungsenergie. Die Bindung des H_2-Moleküls ist also durch die Quantentheorie vollkommen beschreibbar.

Ein anderes Näherungsverfahren, das der sogenannten Molekülorbitale, läßt sofort erkennen, daß die Ortsfunktion im Grundzustand symmetrisch ist. Setzt man wie im Hartree-Verfahren für He die Wellenfunktion als Produkt von zwei Einteilchenfunktionen an, so erhält man den Grundzustand, wenn beide Elektronen die energetisch niedrigste Einteilchenfunktion besetzen. Damit ist die Ortsfunktion symmetrisch und der Spin 0. Bei antisymmetrischer Ortsfunktion muß ein Elektron durch die energetisch höhere Ortsfunktion beschrieben werden. Das Verfahren der Molekülorbitale läßt sich leicht auf kompliziertere Moleküle übertragen. Der Unterschied zum Hartree- oder Hartree-Fock-Verfahren bei Atomen besteht nur darin, daß es mehrere Kerne gibt, das Coulomb-Potential also auch nicht näherungsweise zentralsymmetrisch ist.

Der Bindungsmechanismus des H_2-Moleküls ist auch bei höheren Atomen wirksam. Man spricht von Spinvalenz. Damit eine Bindung zustandekommt, muß die Ortsfunktion der beiden bindenden Elektronen, die zu verschiedenen Atomen gehören, wegen der Coulomb-Wechselwirkung symmetrisch sein. Das ist immer möglich, wenn die beiden Elektronen in ihren jeweiligen Atomen ihre Spineinstellung bei gleichbleibender Ortsfunktion ändern können (freie Spinvalenzen). Dieser Fall liegt vor, wenn nur ein Elektron auf einer Ortsfunktion sitzt. Sitzen dagegen z. B. zwei Elektronen auf einer Ortsfunktion des Atoms a, so kann keines der beiden Elektronen eine antisymmetrische Spinfunktion mit dem Elektron des Atoms b bilden, weil sie schon untereinander antisymmetrisch sind. Denn es gibt keine Spinfunktion von 3 Elektronen, die total antisymmetrisch ist, weil ein Elektron nur 2 Spineinstellungen besitzt. Eine Valenzbindung an das Atom b wird in diesem Falle verhindert. Soll eine Valenzbindung zwischen zwei Atomen stattfinden, so müssen also beide Atome mindestens eine freie Spinvalenz besitzen.

Da die inneren Schalen eines Atoms abgeschlossen, d. h. maximal besetzt sind, tragen sie zur chemischen Bindung nichts bei.

Auch der Sättigungscharakter der chemischen Bindung kann aufgrund der obigen Überlegung verstanden werden. Ein Molekül H_3 kann es nicht geben, da im H_2 im Gegensatz zum H keine freien Valenzen vorhanden sind.

Die Wertigkeit eines Atoms ist durch die Anzahl der freien Spinvalenzen gegeben. Beim Kohlenstoff ist sie z. B. wegen der Besetzung $(1s)^2(2s)^2(2p)^2$ gleich zwei, da die beiden Elektronen in der 2p-Schale auf zwei verschiedenen Ortsfunktionen sitzen können. (Es gibt drei verschiedene Ortsfunktionen 2p, die alle zur gleichen Energie gehören). Da sich die s- und p-Schalen in der Energie nur wenig unterscheiden – bei reinem Coulomb-Feld Ze/r sind sie entartet –, ist unter geringem Energieaufwand auch die Konfiguration $(1s)^2(2s)(2p)^3$ möglich. Wenn also die Bindungsenergie an ein anderes Atom diesen Energieaufwand überkompensiert, dann tritt Bindung auch in diesem vierwertigen Zustand ein.

Neben den hier behandelten Fragen der Bindung, Sättigung und Wertigkeit sind alle Beobachtungen der Chemie im Rahmen der Quantentheorie zu verstehen und können in vielen Fällen auch quantitativ richtig beschrieben werden. Die grundlegende Wechselwirkung ist die elektromagnetische zwischen den Konstituenten. Es gibt bisher keine Befunde in der Chemie, die eine Abänderung oder Erweiterung der Quantentheorie erfordern. Insofern ist die Chemie eine starke Stütze der Quantentheorie.

§ 32 Umschreibung des Vielelektronenproblems in eine quantisierte Feldtheorie

Bei der im bisherigen Kapitel II.4 dargestellten Behandlung nichtunterscheidbarer Teilchen spielten sich alle Probleme im Zustandsraum fester Teilchenzahl H_N ab. Es hat sich jedoch als nützlich herausgestellt, alle H_N ($N = 0, 1, \ldots$) zu betrachten und Operatoren einzuführen, die von H_N nach $H_{N'}$ ($N \neq N'$) führen, also in Zwischenschritten die Teilchenzahl verändern, weil dann die von N unabhängige Formulierung für manche Probleme übersichtlicher wird. Es ist dies eine reine Umformung, die am physikalischen Inhalt nichts ändert. Sie ist jedoch umfassender, indem auch Probleme behandelt werden können, bei denen sich die Teilchenzahl tatsächlich ändert (Erzeugung bzw. Vernichtung von Teilchen).

In einer bestimmten Darstellung spielt ein Feld, das von Ort, Zeit und Spineinstellung abhängt, eine fundamentale Rolle. Dieses Feld hat Operatoreigenschaften und wird daher als Feldoperator bezeichnet. Man spricht von einer quantenfeldtheoretischen Formulierung oder einer Q u a n t e n f e l d t h e o r i e.

Definition von Erzeugungs- und Vernichtungsoperatoren

Wir beginnen mit der Einführung einer Basis im Zustandsraum H_N eines Systems von N Elektronen. Die Einteilchenzustände einer orthonormierten Basis seien durch Φ_ν charakterisiert. Die zugehörigen Wellenfunktionen sind dann $\varphi_\nu(\mathbf{r}, m_s)$. Ein Zustand, in dem sich das erste Elektron im Zustand ν_1, das zweite im Zustand ν_2 usw. befindet, sei gegeben durch

$$\Phi^{1\,2\,\ldots\,N}_{\nu_1\nu_2\ldots\nu_N} \tag{1}$$

mit der zugehörigen Wellenfunktion

$$\varphi_{\nu_1}(\mathbf{r}_1\sigma_1)\varphi_{\nu_2}(\mathbf{r}_2\sigma_2)\ldots\varphi_{\nu_N}(\mathbf{r}_N,\sigma_N)\,. \tag{2}$$

Eine Basis für alle t o t a l a n t i s y m m e t r i s c h e n Z u s t ä n d e mit N-Teilchen ist dann (siehe Gl. (29.10))

$$\Phi_{\mathbf{v}} := \Phi_{\nu_1\nu_2\ldots\nu_N} = \sqrt{N!}\,A\Phi^{1\,2\,\ldots\,N}_{\nu_1\nu_2\ldots\nu_N} = \frac{1}{\sqrt{N!}}\sum_P \eta_P \Phi^{P1\,P2\ldots PN}_{\nu_1\nu_2\ldots\nu_N}\,. \tag{3}$$

Es gilt $(\Phi_\mathbf{v}, \Phi_{\mathbf{v}'}) = \begin{cases} 0 & \text{für } \Phi_\mathbf{v} \neq \text{const } \Phi_{\mathbf{v}'} \\ 1 & \text{für } \mathbf{v} = \mathbf{v}' \end{cases}$. (4)

Die Basiszustände sind antisymmetrisch in ihren Indizes:

$$\Phi_{\nu_{P1}\nu_{P2}\ldots\nu_{PN}} = \eta_P \Phi_{\nu_1\nu_2\ldots\nu_N} . \tag{5}$$

Daher müssen alle Einteilchenzustände verschieden sein.

Eine Basis für den Zustandsraum beliebiger Teilchenzahlen setzt sich aus all diesen Zuständen zusammen

$$\{\Phi_0, \Phi_\nu, \Phi_{\nu_1\nu_2}, \Phi_{\nu_1\nu_2\nu_3}, \ldots\}, \tag{6}$$

wobei wir erstmals auch einen Zustand mit der Teilchenzahl 0 (Vakuum) eingeführt haben.

Wir definieren nun einen sogenannten Erzeugungsoperator a_λ^*, der einen beliebigen Basiszustand in einen solchen überführt, der zusätzlich ein Elektron im Einteilchenzustand λ besitzt:

$$a_\lambda^* \Phi_{\nu_1\nu_2\ldots\nu_N} := \Phi_{\lambda\nu_1\nu_2\ldots\nu_N} . \tag{7}$$

Durch diese Gleichung ist der Operator a_λ^* vollständig definiert.

Die Basiszustände lassen sich mit seiner Hilfe folgendermaßen schreiben

$$\Phi_{\nu_1\nu_2\ldots\nu_N} = a_{\nu_1}^* a_{\nu_2}^* \ldots a_{\nu_N}^* \Phi_0 . \tag{8}$$

Es gilt $a_\mu^* a_\nu^* \Phi_\mathbf{v} = \Phi_{\mu\nu\nu_1\ldots\nu_N}$,

$a_\nu^* a_\mu^* \Phi_\mathbf{v} = \Phi_{\nu\mu\nu_1\ldots\nu_N} = -\Phi_{\mu\nu\nu_1\ldots\nu_N}$,

also $a_\nu^* a_\mu^* + a_\mu^* a_\nu^* = 0$, insbes. $(a_\nu^*)^2 = 0$. (9)

Durch Bildung der hermitesch adjungierten Gleichung erhält man

$$a_\mu a_\nu + a_\nu a_\mu = 0, \quad \text{insbes.} \quad a_\nu^2 = 0 . \tag{10}$$

Die Wirkung der Operatoren a_λ auf die Basis gewinnt man z. B. aus dem Matrixelement

$$(\Phi_{\mathbf{v}'}, a_\lambda a_\lambda^* \Phi_\mathbf{v}) = (a_\lambda^* \Phi_{\mathbf{v}'}, a_\lambda^* \Phi_\mathbf{v}) = \begin{cases} 0, & \text{falls } \Phi_{\mathbf{v}'} \neq \text{const. } \Phi_\mathbf{v} \\ 1, & \text{falls } \mathbf{v} = \mathbf{v}' \text{ und } a_\lambda^* \Phi_\mathbf{v} \neq 0 , \end{cases}$$

woraus $a_\lambda a_\lambda^* \Phi_\mathbf{v} = \begin{cases} \Phi_\mathbf{v}, & \text{falls } a_\lambda^* \Phi_\mathbf{v} \neq 0 \\ 0, & \text{falls } a_\lambda^* \Phi_\mathbf{v} = 0 \end{cases}$ (11)

folgt.

a_λ heißt Vernichtungsoperator, da er den Zustand $a_\lambda^* \Phi_\mathbf{v}$, bei dem λ besetzt ist, in $\Phi_\mathbf{v}$ überführt, in dem λ nicht besetzt ist, also ein Teilchen im Zustand λ vernichtet.

Die Diskussion der Gl. (11) ergibt folgendes (Φ statt $\Phi_\mathbf{v}$):

Der eine Fall $a_\lambda^* \Phi \neq 0$ besagt, daß λ in Φ nicht besetzt ist. Die Besetzungszahl n_λ hat den Wert 0. Daher gilt

$$a_\lambda a_\lambda^* \Phi(n_\lambda = 0) = \Phi(n_\lambda = 0) . \tag{12}$$

Multiplikation von links mit a_λ liefert wegen $a_\lambda^2 = 0$

$$a_\lambda \Phi(n_\lambda = 0) = 0\,. \tag{13}$$

Der andere Fall $a_\lambda^* \Phi = 0$ besagt, daß λ in Φ schon besetzt ist, d. h. $n_\lambda = 1$. Dann kann mit einem passenden $\tilde{\Phi}$ gesetzt werden $\Phi(n_\lambda = 1) = a_\lambda^* \tilde{\Phi}$, und mit Gl. (11) gilt

$$a_\lambda a_\lambda^* \tilde{\Phi} = \tilde{\Phi} \quad \text{oder} \quad a_\lambda^* a_\lambda a_\lambda^* \tilde{\Phi} = a_\lambda^* \tilde{\Phi},$$

d. h. $$a_\lambda^* a_\lambda \Phi(n_\lambda = 1) = \Phi(n_\lambda = 1), \qquad a_\lambda^* \Phi(n_\lambda = 1) = 0\,. \tag{14}$$

Fassen wir die Gln. (12), (13) und (14) zusammen, so ergibt sich

$$\begin{aligned} a_\lambda^* a_\lambda \Phi(n_\lambda) &= n_\lambda \Phi(n_\lambda), \qquad n_\lambda = 0, 1 \\ a_\lambda a_\lambda^* \Phi(n_\lambda) &= (1 - n_\lambda) \Phi(n_\lambda) \end{aligned} \tag{15}$$

Da $\Phi(n_\lambda)$ alle Basiszustände durchlaufen kann, erhalten wir die wichtige Vertauschungsrelation

$$a_\lambda^* a_\lambda + a_\lambda a_\lambda^* = 1\,. \tag{16}$$

Aufgrund der ersten Gl. (15) nennt man

$$a_\lambda^* a_\lambda =: N_\lambda \tag{17}$$

den T e i l c h e n z a h l o p e r a t o r im Einteilchenzustand λ.

In Anwendung auf die Zustände $\Phi(n_\lambda = 0)$ und $\Phi(n_\lambda = 1) =: a_\lambda^* \tilde{\Phi}(n_\lambda = 0)$ zeigt man mit den Gln. (9), (12) und (13) die übrigen Vertauschungsrelationen für $\lambda \neq \mu$

$$\begin{aligned} (a_\mu^* a_\lambda + a_\lambda a_\mu^*) \Phi(n_\lambda = 0) &= a_\lambda a_\mu^* \Phi(n_\lambda = 0) = a_\lambda \begin{cases} 0 \\ \Phi'(n_\lambda = 0) \end{cases} = 0, \\ (a_\mu^* a_\lambda + a_\lambda a_\mu^*) a_\lambda^* \tilde{\Phi}(n_\lambda = 0) &= (1 - a_\lambda a_\lambda^*) a_\mu^* \tilde{\Phi}(n_\lambda = 0) = 0\,. \end{aligned} \tag{18}$$

Da ein beliebiger Zustand entweder als $\Phi(n_\lambda = 0)$ oder als $a_\lambda^* \tilde{\Phi}(n_\lambda = 0)$ geschrieben werden kann, gilt Gl. (18) für beliebige Zustände mit der Folge

$$a_\mu^* a_\lambda + a_\lambda a_\mu^* = 0, \qquad \lambda \neq \mu\,. \tag{19}$$

Somit lauten die Vertauschungsrelationen der Erzeugungs- und Vernichtungsoperatoren insgesamt

$$[a_\mu, a_\nu]_+ = 0, \qquad [a_\mu a_\nu^*]_+ = \delta_{\mu\nu}\,. \tag{20}$$

Dabei nennt man $[A, B]_+ := AB + BA$ den A n t i k o m m u t a t o r von A und B. Das Auftreten von Antikommutatoren resultiert zwangsläufig aus der Antisymmetrie der Zustände. Die Basiszustände sind nach Gl. (8) gegeben durch

$$a_{\nu_1}^* a_{\nu_2}^* \ldots a_{\nu_N}^* \Phi_0, \qquad N = 1, 2, \ldots, \tag{21}$$

wobei das Vakuum Φ_0 nach Gl. (13) durch die Bedingungen

$$a_\nu \Phi_0 = 0, \qquad \nu \text{ bel.} \tag{22}$$

bestimmt ist.

Umschreibung der Operatoren

Nachdem der Zustandsraum durch die Erzeugungs- und Vernichtungsoperatoren charakterisiert ist, müssen sich auch beliebige Operatoren durch diese ausdrücken lassen. Wir betrachten zunächst eine Summe von Einteilchenoperatoren in Anwendung auf einen Basiszustand mit N Teilchen:

$$\sum_{i=1}^{N} Q(i)\Phi_{\nu_1\ldots\nu_N} = \sqrt{N!}\sum_{i=1}^{N} Q(i)A\Phi^{1\ldots N}_{\nu_1\ldots\nu_N} = A\sqrt{N!}\sum_{i=1}^{N} Q(i)\Phi^{1\ldots N}_{\nu_1\ldots\nu_N}.$$

Wegen $Q(i)\varphi_{\nu_i}(i) = \sum_{\nu=1}^{\infty} \varphi_\nu(i)\langle\nu|Q|\nu_i\rangle$

mit $$\langle\nu|Q|\nu_i\rangle = \sum_{m_s, m_s'} \int d^3r\, d^3r' \varphi^*_\nu(\mathbf{r}', m_s')Q(\mathbf{r}', m_s'; \mathbf{r}m_s)\varphi_{\nu_i}(\mathbf{r}, m_s) \tag{23}$$

ergibt sich

$$\sum_{i=1}^{N} Q(i)\Phi_{\nu_1\ldots\nu_N} = A\sqrt{N!}\sum_{\nu=1}^{\infty}\sum_{i=1}^{N} \Phi^{1\ldots i\ldots N}_{\nu_1\ldots\nu\ldots\nu_N}\langle\nu|Q|\nu_i\rangle$$

$$= \sum_{\nu=1}^{\infty}\sum_{i=1}^{N} \Phi_{\nu_1\ldots\underset{(i)}{\nu}\ldots\nu_N}\langle\nu|Q|\nu_i\rangle.$$

Der neue Basiszustand läßt sich, falls er ungleich Null ist, durch den ursprünglichen folgendermaßen ausdrücken:

$$\begin{aligned} \Phi_{\nu_1\ldots\underset{(i)}{\nu}\ldots\nu_N} &=: a^*_\nu\tilde{\Phi}, \\ \Phi_{\mathbf{v}} = \Phi_{\nu_1\ldots\underset{(i)}{\nu_i}\ldots\nu_N} &= a^*_{\nu_i}\tilde{\Phi}, \qquad a_{\nu_i}a^*_{\nu_i}\tilde{\Phi} = (1 - N_{\nu_i})\tilde{\Phi} = \tilde{\Phi}, \\ \Phi_{\nu_1\ldots\underset{(i)}{\nu}\ldots\nu_N} &= a^*_\nu a_{\nu_i}a^*_{\nu_i}\tilde{\Phi} = a^*_\nu a_{\nu_i}\Phi_{\mathbf{v}}. \end{aligned} \tag{24}$$

Somit gilt

$$\sum_{i=1}^{N} Q(i)\Phi_{\nu_1\ldots\nu_N} = \sum_{\nu=1}^{\infty}\sum_{i=1}^{N} a^*_\nu a_{\nu_i}\Phi_{\nu_1\ldots\nu_N}\langle\nu|Q|\nu_i\rangle$$

$$= \sum_{\nu,\mu=1}^{\infty} a^*_\nu a_\mu\langle\nu|Q|\mu\rangle\Phi_{\nu_1\ldots\nu_N}.$$

Hier wurde die Summe formal um Terme erweitert, die ohnehin verschwinden, da der Vernichtungsoperator in Anwendung auf nicht besetzte Zustände Null ergibt. Der hier auftretende von N unabhängige Operator

$$Q^{(1)} := \sum_{\nu,\mu=1}^{\infty} a^*_\nu a_\mu\langle\nu|Q|\mu\rangle \tag{25}$$

ergibt also in Anwendung auf einen N-Teilchenzustand $\Phi_{(N)}$

$$Q^{(1)}\Phi_{(N)} = \sum_{i=1}^{N} Q(i)\Phi_{(N)}. \tag{26}$$

Führt man in Gl. (25) die Definition (23) ein und definiert einen Feldoperator durch

$$\Psi(\mathbf{r}, m_s) = \sum_{\nu=1}^{\infty} a_\nu \varphi_\nu(\mathbf{r}, m_s), \tag{27}$$

so ergibt sich

$$Q^{(1)} = \sum_{m_s, m_s'} \int d^3r\, d^3r' \Psi^*(\mathbf{r}', m_s') Q(\mathbf{r}'m_s', \mathbf{r}m_s) \Psi(\mathbf{r}, m_s). \tag{28}$$

Für den Einteilchen-Hamilton-Operator im Potentialfeld erhält man z. B.

$$H^{(1)} = \sum_{m_s} \int d^3r\, \Psi^*(\mathbf{r}, m_s) \left\{ -\frac{\hbar^2}{2m} \Delta + V(\mathbf{r}) \right\} \Psi(\mathbf{r}, m_s). \tag{29}$$

$H^{(1)}$ hat dieselbe Form wie der Erwartungswert des Einteilchen-Hamilton-Operators. Statt der Wellenfunktion stehen hier aber die Feldoperatoren

$$\Psi(\mathbf{r}, m_s) = \sum_\nu a_\nu \varphi_\nu(\mathbf{r}, m_s) \quad \text{mit} \quad a_\nu = \sum_{m_s} \int d^3r\, \varphi_\nu^*(\mathbf{r}, m_s) \Psi(\mathbf{r}, s). \tag{30}$$

Als weitere Beispiele für Einteilchenoperatoren seien Impuls und Drehimpuls angegeben:

$$\mathbf{P} = \sum_{m_s} \int d^3r\, \Psi^*(\mathbf{r}m_s) \frac{\hbar}{i} \nabla \Psi(\mathbf{r}, m_s), \tag{31}$$

$$\mathbf{J} = \mathbf{L} + \mathbf{S}, \qquad \mathbf{L} = \sum_{m_s} \int d^3r\, \Psi^*(\mathbf{r}m_s) \mathbf{r} \times \frac{\hbar}{i} \nabla \Psi(\mathbf{r}m_s), \tag{32}$$

$$\mathbf{S} = \sum_{m_s, m_s'} \int d^3r\, \Psi^*(\mathbf{r}m_s') \frac{\hbar}{2} (\sigma)_{m_s' m_s} \Psi(\mathbf{r}, m_s). \tag{33}$$

Aus den Vertauschungsrelationen (20) lassen sich leicht diejenigen für den Feldoperator herleiten ($\Psi(\mathbf{r}_1, m_{s_1}) = \Psi(1)$):

$$\begin{aligned}
[\Psi(1), \Psi(2)]_+ &= \sum_{\nu,\mu} [a_\nu, a_\mu]_+ \varphi_\nu(1)\varphi_\mu(2) = 0, \\
[\Psi^*(1), \Psi^*(2)]_+ &= 0, \\
[\Psi(1), \Psi^*(2)]_+ &= \sum_{\nu,\mu} [a_\nu a_\mu^*]_+ \varphi_\nu(1)\varphi_\mu^*(2) = \sum_\nu \varphi_\nu(1)\varphi_\nu^*(2) = \delta_{m_{s_1} m_{s_2}} \delta^3(\mathbf{r}_1 - \mathbf{r}_2).
\end{aligned} \tag{34}$$

Führt man zeitabhängige Feldoperatoren im Heisenberg-Bild durch

$$\Psi_H(\mathbf{r}, m_s, t) = e^{\frac{iHt}{\hbar}} \Psi(\mathbf{r}, m_s) e^{-\frac{iHt}{\hbar}} \tag{35}$$

ein, so gelten für diese die obigen Vertauschungsrelationen für beliebige aber gleiche Zeiten. Setzt man Gl. (29) als Hamilton-Operator ein, so gewinnt man folgende Bewegungsgleichung für die Feldoperatoren:

$$
\begin{aligned}
i\hbar\dot{\Psi}_H(\mathbf{r}, m_s, t) &= -[H, \Psi_H(\mathbf{r}, m_s, t)]_- \\
&= -\sum_{m_s'} \int d^3r'[\Psi_H^*(\mathbf{r}', m_s', t)h^{(1)}\Psi_H(\mathbf{r}', m_s', t), \Psi_H(\mathbf{r}, m_s, t)]_- \\
&= \sum_{m_s'} \int d^3r'[\Psi_H^*(\mathbf{r}', m_s', t), \Psi_H(\mathbf{r}, m_s, t)]_+ h^{(1)}\Psi_H(\mathbf{r}', m_s', t) \\
&= h^{(1)}\Psi_H(\mathbf{r}, m_s, t)
\end{aligned}
$$

mit $h^{(1)} := -\frac{\hbar^2}{2m}\Delta + V(\mathbf{r}), \qquad [A, B]_- = AB - BA,$

also
$$i\hbar\dot{\Psi}_H(\mathbf{r}, m_s, t) = \left\{-\frac{\hbar^2}{2m}\Delta + V(\mathbf{r})\right\}\Psi_H(\mathbf{r}, m_s, t). \tag{36}$$

Die Feldgleichungen haben wieder die formale Gestalt der Schrödinger-Gleichung für die Einteilchenwellenfunktion.

Der Teilchenzahloperator

$$
\begin{aligned}
&N = \sum_{\nu=1}^{\infty} a_\nu^* a_\nu = \sum_\nu \int d\tau_1 d\tau_2 \varphi_\nu(1)\Psi^*(1)\varphi_\nu^*(2)\Psi(2) = \int d\tau_1 \Psi^*(1)\Psi(1) \\
&\left(\int d\tau_1 \ldots := \sum_{m_{s_1}} \int d^3r_1 \ldots\right)
\end{aligned} \tag{37}
$$

ist ein Integral über den Dichteoperator

$$\rho(\mathbf{r}, m_s) := \Psi^*(\mathbf{r}, m_s)\Psi(\mathbf{r}, m_s). \tag{38}$$

Es gilt $[\rho(\mathbf{r}, m_s), \rho(\mathbf{r}', m_s')]_- = 0.$ (39)

Der Einteilchenzustand $\Phi_{\mathbf{r}', m_s'} = \Psi^*(\mathbf{r}', m_s')\Phi_0$ ist Eigenzustand zu den Dichteoperatoren $\rho(\mathbf{r}, m_s)$ für beliebige $\mathbf{r}, m_s$, wie man durch Anwendung der Vertauschungsrelationen (31) sowie die Vakuumbedingung erkennt:

$$
\begin{aligned}
&\rho(1)\Psi^*(2)\Phi_0 = \Psi^*(1)\Psi(1)\Psi^*(2)\Phi_0 = \delta_{12}\Psi^*(1)\Phi_0, \\
&\rho(\mathbf{r}, m_s)\Phi_{\mathbf{r}'m_s'} = \delta_{m_s m_s'}\delta^3(\mathbf{r} - \mathbf{r}')\Phi_{\mathbf{r}'m_s'}.
\end{aligned} \tag{40}
$$

Der Zustand ist also bei $\mathbf{r}'$ lokalisiert und hat zudem nach Gl. (33) die Spinkomponente $\hbar m_s'$:

$$S_z\Phi_{\mathbf{r}m_s} = \frac{\hbar}{2}\sum_{m_s'} \Phi_{\mathbf{r}m_s'}(\sigma_z)_{m_s' m_s} = \hbar m_s \Phi_{\mathbf{r}m_s}. \tag{41}$$

Entsprechend ist $\Psi^*(\mathbf{r}, m_s)\Psi^*(\mathbf{r}', m_s')\Phi_0$ ein Zweiteilchenzustand, der bei $\mathbf{r}$ und $\mathbf{r}'$ lokalisiert ist mit den zugehörigen Spinkomponenten $\hbar m_s$ und $\hbar m_s'$.

Betrachten wir nun die Wirkung von Zweiteilchenoperatoren $Q(i, j)$, wie zum Beispiel die Coulomb-Wechselwirkung e^2/r_{ij}. Analog zum Einteilchenoperator ergibt sich $(i \neq j)$

$$\frac{1}{2}\sum_{i,j} Q(i,j)\Phi_{\nu_1\ldots\nu_N} = \frac{1}{2}\sum_{i,j}\sum_{\nu,\nu'} \Phi_{\nu_1\ldots\underset{(i)}{\nu}\ldots\underset{(j)}{\nu'}\ldots\nu_N}\langle\nu\nu'|Q_2|\nu_i\nu_j\rangle$$

mit $$\langle\nu,\nu'|Q_2|\mu\mu'\rangle = \sum_{\substack{m_{s_1}\\ m_{s_2}}}\int \varphi_\nu^*(\mathbf{r}_1 m_{s_1})\varphi_{\nu'}^*(\mathbf{r}_2 m_{s_2})\frac{e^2}{r_{12}}\varphi_\mu(\mathbf{r}_1 m_{s_1})\varphi_{\mu'}(\mathbf{r}_2 m_{s_2})d^3r_1 d^3r_2. \tag{42}$$

Der hier auftretende Zustand kann geschrieben werden als

$$\Phi_{\nu_1\ldots\underset{(i)}{\nu}\ldots\underset{(j)}{\nu'}\ldots\nu_N} = a_\nu^* a_{\nu'}^* \tilde{\Phi}$$

mit $$\Phi_\mathbf{v} = \Phi_{\nu_1\ldots\nu_i\ldots\nu_j\ldots\nu_N} = a_{\nu_i}^* a_{\nu_j}^*\tilde{\Phi}, \qquad a_{\nu_j}a_{\nu_i}\Phi_\mathbf{v} = a_{\nu_j}a_{\nu_i}a_{\nu_i}^* a_{\nu_j}^*\tilde{\Phi} = \tilde{\Phi}.$$

Somit ergibt sich

$$\frac{1}{2}\sum_{i,j} Q(i,j)\Phi_\mathbf{v} = \frac{1}{2}\sum_{ij}\sum_{\nu\nu'} a_\nu^* a_{\nu'}^* a_{\nu_j} a_{\nu_i}\Phi_\mathbf{v}\langle\nu\nu'|Q_2|\nu_i\nu_j\rangle$$
$$= \frac{1}{2}\sum_{\mu,\mu',\nu,\nu'} a_\nu^* a_{\nu'}^* a_{\mu'} a_\mu \langle\nu\nu'|Q_2|\mu\mu'\rangle\Phi_\mathbf{v}.$$

Der von N unabhängige Zweiteilchenoperator

$$Q^{(2)} = \frac{1}{2}\sum_{\mu\mu'\nu\nu'} a_\nu^* a_{\nu'}^* a_{\mu'} a_\mu \langle\nu\nu'|Q_2|\mu\mu'\rangle \tag{43}$$

liefert in Anwendung auf einen N-Teilchenzustand $\Phi_{(N)} (N \geqslant 2)$

$$Q^{(2)}\Phi_{(N)} = \frac{1}{2}\sum_{\substack{i,j\\ i\neq j}} Q(i,j)\Phi_{(N)}, \qquad Q^{(2)}\Phi_0 = 0, \qquad Q^{(2)}\Phi_{(1)} = 0. \tag{44}$$

Für das Beispiel $Q(i,j) = e^2/r_{ij}$ ergibt sich

$$Q^{(2)} = \frac{1}{2}\sum_{\mu\mu'\nu\nu'}\int d\tau_1 d\tau_2\, a_\nu^*\varphi_\nu^*(1) a_{\nu'}^*\varphi_{\nu'}^*(2)\frac{e^2}{r_{12}} a_{\mu'}\varphi_{\mu'}(2) a_\mu\varphi_\mu(1)$$

und damit

$$Q^{(2)} = \frac{1}{2}\sum_{m_{s_1} m_{s_2}}\int d^3r_1 d^3r_2\, \Psi^*(\mathbf{r}_1 m_{s_1})\Psi^*(\mathbf{r}_2 m_{s_2})\frac{e^2}{r_{12}}\Psi(\mathbf{r}_2 m_{s_2})\Psi(\mathbf{r}_1 m_{s_1}). \tag{45}$$

Fügt man diese Wechselwirkung zum Einteilchen-Hamilton-Operator hinzu, so folgt für den Feldoperator im Heisenberg-Bild folgende Bewegungsgleichung:

$$i\hbar\,\dot{\Psi}_H(\mathbf{r}, m_s, t) = \left\{-\frac{\hbar^2}{2m}\Delta + V(\mathbf{r}) + \int d^3r'\frac{e^2}{|\mathbf{r}-\mathbf{r}'|}\sum_{m_s'}|\Psi_H(\mathbf{r}'m_s't)|^2\right\}\Psi_H(\mathbf{r}, m_s, t). \tag{46}$$

Sie ist eine nichtlineare Gleichung für den Feldoperator.

Ausgehend von der Beschreibung vieler Elektronen sind wir mit Gl. (46) auf die Formulierung durch ein zweikomponentiges Feld $\Psi_H(r, m_s, t)$ geführt worden, das Operatoreigenschaften besitzt und dem kein klassisches Feld entspricht.

Wird ein physikalisches System andererseits klassisch durch ein Feld beschrieben, so stellt stellt sich die Frage, ob diesem im Zuge einer Quantisierung auch ein Feldoperator zugeordnet werden kann. Anhand des elektromagnetischen Feldes soll diese Frage im nächsten Kapitel untersucht werden.

Verteilungsfunktion für Fermionen ohne gegenseitige Wechselwirkung

Die hier behandelte feldtheoretische Formulierung von Fermionensystemen findet insbesondere in der Festkörperphysik eine breite Anwendung. Selbst wenn die Observablen die Teilchenzahl erhalten, müssen bei einer statistischen Gesamtheit, die im Teilchenaustausch mit einem Reservoir steht, Zustände verschiedener Teilchenzahlen betrachtet werden. Daher ist für diese großkanonischen Gesamtheiten eine für alle Teilchenzahlen gemeinsame Beschreibungsweise wie die feldtheoretische angemessen.

Um wenigstens ein sehr einfaches aber wichtiges Beispiel zu geben, soll die Zustandssumme für ein System von Fermionen ohne gegenseitige Wechselwirkung und daraus die mittlere Besetzungszahl der Einteilchenzustände berechnet werden. Energie und Teilchenzahl lauten unter diesen Voraussetzungen

$$H = \sum_\nu a_\nu^* a_\nu \epsilon_\nu, \qquad N = \sum_\nu a_\nu^* a_\nu, \tag{47}$$

wobei ϵ_ν die Energie im Einteilchenzustand ν ist. Die Zustandssumme der großkanonischen Gesamtheit ist gegeben durch (Anhang 6)

$$\begin{aligned} &Z = \operatorname{Sp} e^{-\beta H + \beta \zeta N}, \\ &\zeta = \text{chemisches Potential}, \qquad \beta = \frac{1}{kT}. \end{aligned} \tag{48}$$

Die Spur ist im Zustandsraum zu bilden, in dem alle Teilchenzahlen vorkommen. Mit der Abkürzung $\beta(\epsilon_\nu - \zeta) = \eta_\nu$ erhält man

$$\begin{aligned} Z &= \sum_{\{n_1 \ldots n_\nu \ldots\}} e^{-\sum\limits_\nu n_\nu \beta(\epsilon_\nu - \zeta)} = \sum_{\{\ldots\}} \prod_\nu e^{-n_\nu \eta_\nu} = \prod_\nu \sum_{n_\nu = 0}^{1} e^{-n_\nu \eta_\nu} \\ &= \prod_\nu (1 + e^{-\eta_\nu}). \end{aligned} \tag{49}$$

Die mittlere Teilchenzahl $\langle n_\lambda \rangle$ ergibt sich aus dem statistischen Operator der großkanonischen Gesamtheit

$$\rho = \frac{1}{Z} e^{-\beta H + \beta \zeta N}$$

zu

$$\langle n_\lambda \rangle = \operatorname{Sp} \rho a_\lambda^* a_\lambda = -\frac{d}{d\eta_\lambda} \ln Z = \frac{e^{-\eta_\lambda}}{1 + e^{-\eta_\lambda}} = \frac{1}{e^{\eta_\lambda} + 1} = \frac{1}{e^{\beta(\epsilon_\lambda - \zeta)} + 1}. \tag{50}$$

Diese Formel ist grundlegend für alle Systeme von Fermionen, bei denen die Wechselwirkung der Fermionen untereinander vernachlässigt werden kann. Sie gilt insbesondere für Fermionen ohne jede Wechselwirkung (ideales Fermi-Gas), wobei die Einteilchenenergien einfach die kinetischen Energien der Teilchen sind.

Für $T \to 0$ mit $\zeta(0) = \epsilon_F$ ergibt sich, wie zu fordern,

$$\langle n_\lambda \rangle \to \begin{cases} 1 & \text{für } \epsilon_\lambda < \epsilon_F \\ \frac{1}{2} & \text{für } \epsilon_\lambda = \epsilon_F \\ 0 & \text{für } \epsilon_\lambda > \epsilon_F \,. \end{cases}$$

Allgemein gilt

$$\langle n_\lambda \rangle|_{\epsilon_\lambda = \zeta} = \frac{1}{2}, \qquad \frac{d}{d\epsilon_\lambda} \langle n_\lambda \rangle|_{\epsilon_\lambda = \zeta} = -\frac{\beta}{4} = -\frac{1}{4kT}.$$

Fig. 1 zeigt die Verteilung für drei Werte der Temperatur.

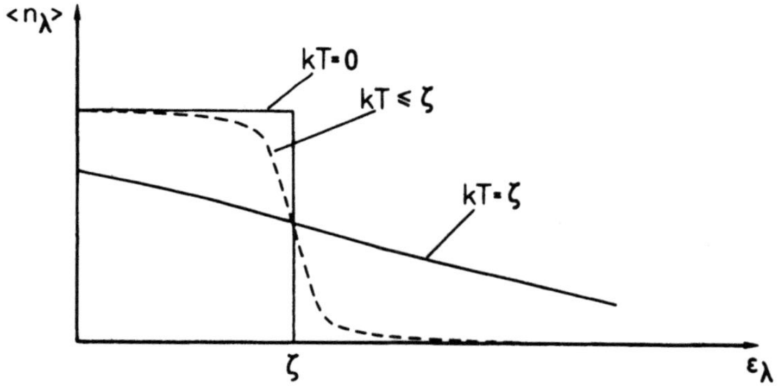

Fig. 1 Besetzungszahlen für Fermionen bei verschiedenen Temperaturen

Teil III Quantentheorie der Felder

In den Teilen I und II haben wir die Quantentheorie von Systemen mit endlich vielen Freiheitsgraden kennengelernt. Dabei kamen auch elektromagnetische Felder, also Systeme mit unendlich vielen Freiheitsgraden, vor. Diese wurden jedoch als gegebene klassische Felder behandelt, deren Freiheitsgrade überhaupt nicht in die Theorie eingebracht wurden. Deshalb konnte auch die spontane Emission von Licht bei einem quantenmechanischen Übergang eines Atoms nicht beschrieben werden; hierbei werden ja Freiheitsgrade des elektromagnetischen Feldes angeregt. Schon bei klassischer Behandlung existieren Felder auch ohne Ankopplung an andere Systeme, sie sind selbst Träger von Energie, Impuls und Drehimpuls. Wenn nun ein mechanisches System an die Felder gekoppelt und den Regeln der Quantentheorie unterworfen wird, so muß z. B. bei Änderung des Drehimpulses des Feldes auch das Feld quantisiert werden, um nicht in Widerspruch zum gequantelten Drehimpuls des mechanischen Systems zu geraten. Eine Quantentheorie ist daher erst dann eine unter Umständen brauchbare Theorie, wenn sie die Felder in die quantentheoretische Beschreibung konsistent einbezieht.

III.1 Photonen als Quanten des elektromagnetischen Feldes

Das wichtigste Feld der klassischen Physik ist das elektromagnetische. Die von Maxwell aufgestellten Gleichungen sind experimentell überprüft, ihre Transformationseigenschaften trugen wesentlich zur Entwicklung der Relativitätstheorie bei. Daher soll in diesem Kapitel die klassische Maxwellsche Theorie dem Quantisierungsprozeß unterworfen werden. Um diesen Prozeß deutlich hervortreten zu lassen, soll die Theorie für ein geeignetes Bezugssystem und in geeigneter Eichung formuliert werden, was nichts daran ändert, daß die Theorie lorentz- und eichinvariant ist. Dann läßt sich die Quantisierungsvorschrift auf Freiheitsgrade ohne Nebenbedingungen wie im Falle eines Massenpunktes anwenden.

§ 33 Kanonische Quantisierung des freien elektromagnetischen Feldes

Die Freiheitsgrade des elektromagnetischen Feldes zeigen sich darin, daß Felder auch ohne Wechselwirkungen mit Ladungen und Strömen existieren. Formal erkennt man das daran, daß man zu jeder Lösung der vollständigen Maxwellschen Gleichungen mit vorgegebenen Ladungen und Strömen eine Lösung der freien (homogenen) Gleichungen hinzuaddieren kann. Wir wollen daher zunächst die freie elektromagnetische Theorie untersuchen. Unser Ziel ist, die Maxwellschen Gleichungen in eine kanonische Form zu bringen, um die Quantisierung dann wie bei einem Teilchen durch die Forderung $[p, q] = \hbar/i$ vorzunehmen.

Aus den Gleichungen für die Felder

$$\operatorname{rot}\mathbf{E} = -\frac{1}{c}\dot{\mathbf{B}}, \qquad \operatorname{rot}\mathbf{B} = \frac{1}{c}\dot{\mathbf{E}}, \qquad \operatorname{div}\mathbf{E} = 0, \qquad \operatorname{div}\mathbf{B} = 0 \tag{1}$$

folgt für das durch

$$\operatorname{rot}\mathbf{A} = \mathbf{B} \tag{2}$$

und $$\operatorname{div}\mathbf{A} = 0 \tag{3}$$

definierte Vektorpotential **A**

$$-\Delta\mathbf{A}(\mathbf{r},t) = \frac{1}{c}\dot{\mathbf{E}}, \qquad \operatorname{rot}\left(\mathbf{E} + \frac{1}{c}\dot{\mathbf{A}}\right) = 0, \qquad \operatorname{div}\left(\mathbf{E} + \frac{1}{c}\dot{\mathbf{A}}\right) = 0. \tag{4}$$

Die Gl. (4) werden erfüllt durch

$$\mathbf{E} = -\frac{1}{c}\dot{\mathbf{A}}, \qquad \frac{1}{c^2}\ddot{\mathbf{A}} - \Delta\mathbf{A} = 0. \tag{5}$$

Wir wollen zunächst periodische Lösungen betrachten mit der Periode L in den drei kartesischen Koordinaten

$$\mathbf{A}(\mathbf{r},t) = \mathbf{A}(\mathbf{r} + L\mathbf{e}_x, t) = \mathbf{A}(\mathbf{r} + L\mathbf{e}_y, t) = \mathbf{A}(\mathbf{r} + L\mathbf{e}_z, t).$$

Ist L groß gegen die physikalisch interessanten Lineardimensionen, so stellt diese Periodizitätsbedingung physikalisch keine Einschränkung dar. $\mathbf{A}(\mathbf{r}, t)$ läßt sich dann in eine Fourier-Reihe entwickeln (siehe (A3))

$$\mathbf{A}(\mathbf{r},t) = \sum_{\mathbf{k}} \frac{e^{i\mathbf{k}\mathbf{r}}}{L^{3/2}} \mathbf{c}_{\mathbf{k}}(t) \qquad \text{mit } \mathbf{k} = \frac{2\pi}{L}\mathbf{n},\ \mathbf{n} = \{n_x, n_y, n_z\},\ n_i \text{ ganz}, \tag{6}$$

$$\mathbf{c}_{\mathbf{k}}(t) = \int_{V=L^3} d^3r \frac{e^{-i\mathbf{k}\mathbf{r}}}{L^{3/2}} \mathbf{A}(\mathbf{r},t), \qquad \int d^3r \frac{e^{-i\mathbf{k}\mathbf{r}}}{L^{3/2}} \frac{e^{i\mathbf{k}'\mathbf{r}}}{L^{3/2}} = \delta_{\mathbf{k},\mathbf{k}'} = \delta_{\mathbf{n},\mathbf{n}'}. \tag{7}$$

Die Periodizitätsforderung wird hier nur gestellt, um nicht auf eine kanonische Formulierung mit kontinuierlich vielen Variablen zu kommen, die nicht so geläufig ist. Die Endformeln werden aber auch im Grenzfall $L \to \infty$ angegeben.
Da **A** reell ist, gilt

$$\{\mathbf{c}_{\mathbf{k}}(t)\}^* = \mathbf{c}_{-\mathbf{k}}(t). \tag{8}$$

Aus Gl. (5) mit der Nebenbedingung (3) folgt die Bewegungsgleichung der $\mathbf{c}_{\mathbf{k}}(t)$:

$$\ddot{\mathbf{c}}_{\mathbf{k}}(t) + \omega_{\mathbf{k}}^2 \mathbf{c}_{\mathbf{k}}(t) = 0, \qquad \omega_{\mathbf{k}}^2 = k^2c^2, \qquad \mathbf{k}\mathbf{c}_{\mathbf{k}}(t) = 0. \tag{9}$$

Damit sind die Maxwellschen Gleichungen auf Bewegungsgleichungen für komplexe Oszillatoren zurückgeführt, die einfacher zu behandeln sind.

Hamiltonsche Form der Maxwellschen Gleichungen

Um die Hamilton-Funktion zu finden, berechnen wir zunächst die Energie des elektromagnetischen Feldes in einem Periodizitätsvolumen; sie läßt sich durch die c ausdrücken mit Hilfe der Formel

$$\int_{V=L^3} d^3r\,\mathbf{A}^{(1)}(\mathbf{r})\mathbf{A}^{(2)}(\mathbf{r}) = \sum_{\mathbf{k}} \mathbf{c}^{(1)}_{-\mathbf{k}}\mathbf{c}^{(2)}_{\mathbf{k}}, \tag{10}$$

die aus der Gl. (7) für zwei Felder $\mathbf{A}^{(1)}$ und $\mathbf{A}^{(2)}$ folgt:

$$E = \frac{1}{8\pi}\int_{V=L^3} d^3r(\mathbf{E}^2 + \mathbf{B}^2) = \frac{1}{8\pi c^2}\int d^3r(\dot{\mathbf{A}}\dot{\mathbf{A}} + c^2 \operatorname{rot}\mathbf{A}\operatorname{rot}\mathbf{A})$$

$$= \frac{1}{8\pi c^2}\sum_{\mathbf{k}}(\dot{\mathbf{c}}_{-\mathbf{k}}\dot{\mathbf{c}}_{\mathbf{k}} + \omega_k^2\mathbf{c}_{-\mathbf{k}}\mathbf{c}_{\mathbf{k}}) = \frac{1}{8\pi c^2}\sum_{\mathbf{k}}(\omega_k\mathbf{c}_{-\mathbf{k}} - i\dot{\mathbf{c}}_{-\mathbf{k}})(\omega_k\mathbf{c}_{\mathbf{k}} + i\dot{\mathbf{c}}_{\mathbf{k}}) \tag{11}$$

$$= \frac{1}{8\pi c^2}\sum_{\mathbf{k}} \mathbf{b}^*_{\mathbf{k}}\mathbf{b}_{\mathbf{k}}.$$

Hier haben wir die neuen Größen

$$\mathbf{b}_{\mathbf{k}} = \omega_k\mathbf{c}_{\mathbf{k}} + i\dot{\mathbf{c}}_{\mathbf{k}} = \left(\omega_k + i\frac{\partial}{\partial t}\right)\mathbf{c}_{\mathbf{k}} \tag{12}$$

eingeführt. Für sie gilt nach Gl. (8)

$$\mathbf{b}^*_{\mathbf{k}} = \left(\omega_k - i\frac{\partial}{\partial t}\right)\mathbf{c}_{-\mathbf{k}}, \tag{13}$$

also $\quad 2\omega_k\mathbf{c}_{\mathbf{k}} = \mathbf{b}_{\mathbf{k}} + \mathbf{b}^*_{-\mathbf{k}}, \qquad 2i\dot{\mathbf{c}}_{\mathbf{k}} = \mathbf{b}_{\mathbf{k}} - \mathbf{b}^*_{-\mathbf{k}} \qquad (14)$

und nach Gl. (9)

$$\left(\omega_k - i\frac{\partial}{\partial t}\right)\mathbf{b}_{\mathbf{k}} = \left(\omega_k^2 + \frac{\partial^2}{\partial t^2}\right)\mathbf{c}_{\mathbf{k}} = 0.$$

Damit lauten die Bewegungsgleichungen, ausgedrückt durch die neuen Größen b

$$\dot{\mathbf{b}}_{\mathbf{k}} = -i\omega_k\mathbf{b}_{\mathbf{k}}, \qquad \mathbf{k}\mathbf{b}_{\mathbf{k}} = 0. \tag{15}$$

Führen wir ein an **k** angepaßtes rechtshändiges orthogonales Dreibein ein

$$\mathbf{e}^{(1)}_{\mathbf{k}}, \qquad \mathbf{e}^{(2)}_{\mathbf{k}}, \qquad \mathbf{e}^{(3)}_{\mathbf{k}} := \frac{\mathbf{k}}{k} = \hat{k},$$

so läßt sich $\mathbf{b}_{\mathbf{k}}$ durch zwei unabhängige Komponenten $b^{(1,2)}_{\mathbf{k}}$ ausdrücken

$$\mathbf{b}_{\mathbf{k}} =: \mathbf{e}^{(1)}_{\mathbf{k}} b^{(1)}_{\mathbf{k}} + \mathbf{e}^{(2)}_{\mathbf{k}} b^{(2)}_{\mathbf{k}}.$$

Die komplexen Einheitsvektoren

$$\mathbf{e}_{\mathbf{k}\lambda} := -\lambda \frac{\mathbf{e}_{\mathbf{k}}^{(1)} + \lambda i \mathbf{e}_{\mathbf{k}}^{(2)}}{\sqrt{2}}, \qquad \mathbf{e}_{\mathbf{k}\lambda}^{*}\mathbf{e}_{\mathbf{k}\lambda'} = \delta_{\lambda\lambda'}, \qquad \lambda = \pm 1 \tag{16}$$

liefern die sogenannten zirkularen Komponenten $b_{\mathbf{k}\lambda}$

$$\mathbf{b}_{\mathbf{k}} =: \sum_{\lambda = \pm 1} \mathbf{e}_{\mathbf{k}\lambda} b_{\mathbf{k}\lambda}. \tag{17}$$

Die Vorzeichenkonvention in Gl. (16) ist in Übereinstimmung mit den Kugelfunktionen (20.28).

Die Energie des elektromagnetischen Feldes

$$E = \frac{1}{8\pi c^2} \sum_{\mathbf{k},\lambda} b_{\mathbf{k}\lambda}^{*} b_{\mathbf{k}\lambda}, \qquad \dot{b}_{\mathbf{k}\lambda} = -i\omega_{\mathbf{k}} b_{\mathbf{k}\lambda} \tag{18}$$

läßt sich damit als Summe von Energien ungekoppelter linearer Oszillatoren schreiben. Um das näher zu sehen, betrachten wir zunächst einen einzelnen Term unter Weglassen der Indizes

$$E' = \frac{1}{8\pi c^2} b^* b, \qquad \dot{b} = -i\omega b$$

und führen für b die reellen Größen p und q ein durch

$$\frac{b}{\sqrt{4\pi c^2}} = \omega q + ip. \tag{19}$$

Für sie gelten die Gleichungen

$$\dot{q} = p, \qquad \dot{p} = -\omega^2 q, \tag{20}$$

und das sind die kanonischen Gleichungen des linearen Oszillators. Dabei ist

$$E' = \frac{1}{8\pi c^2} b^* b = \frac{1}{2}(p^2 + \omega^2 q^2) = H(p, q)$$

die Hamilton-Funktion, da die Hamiltonschen Gleichungen $\frac{\partial H}{\partial p} = \dot{q}$, $\frac{\partial H}{\partial q} = -\dot{p}$ mit den Gln. (20) übereinstimmen. Damit ist auch die Energie des elektromagnetischen Feldes in Abhängigkeit von $p_{\mathbf{k}\lambda}$ und $q_{\mathbf{k}\lambda}$ die Hamilton-Funktion des Feldes:

$$E = H(\ldots p_{\mathbf{k}\lambda}, q_{\mathbf{k}\lambda} \ldots) = \sum_{\mathbf{k},\lambda} \frac{1}{2}(p_{\mathbf{k}\lambda}^2 + \omega_{\mathbf{k}}^2 q_{\mathbf{k}\lambda}^2), \qquad \omega_{\mathbf{k}} = |\mathbf{k}| c. \tag{21}$$

Die Kenntnis der Hamilton-Funktion und die Verknüpfung der kanonischen Variablen mit dem Feld **A** über die Gln. (19), (14) und (6) erlaubt nun eine Quantisierung des elektromagnetischen Feldes im Einklang mit der Quantisierung endlich vieler Freiheitsgrade.

Quantisierung

Wir fordern für die kanonischen Variablen die Vertauschungsrelationen ($[A, B]_- = AB - BA$)

$$[p_{k\lambda}, q_{k'\lambda'}]_- = \frac{\hbar}{i}\,\delta_{kk'}\delta_{\lambda\lambda'},$$
$$[p_{k\lambda}, p_{k'\lambda'}]_- = [q_{k\lambda}, q_{k'\lambda'}]_- = 0. \tag{22}$$

Für die Größen

$$a_{k\lambda} := b_{k\lambda}(8\pi c^2\hbar\omega_k)^{-1/2} = (2\hbar\omega_k)^{-1/2}(\omega_k q_{k\lambda} + ip_{k\lambda}) \tag{23}$$

ist Gl. (22) gleichbedeutend mit

$$[a_{k\lambda}, a^*_{k'\lambda'}]_- = \delta_{kk'}\delta_{\lambda\lambda'}, \qquad [a_{k\lambda}, a_{k'\lambda'}]_- = 0. \tag{24}$$

Damit wird auch das Vektorpotential **A** ein Operator. Mit Gl. (6), (14) und (23) ergibt sich

$$\mathbf{A}(\mathbf{r}) = \sum_{\mathbf{k}} \sqrt{\frac{2\pi c^2\hbar}{\omega_k}}\,\frac{e^{i\mathbf{kr}}}{L^{3/2}}\,(\mathbf{a}_k + \mathbf{a}^*_{-k}) = \sum_{\mathbf{k}} \sqrt{\frac{2\pi\hbar c^2}{\omega_k L^3}}\,e^{i\mathbf{kr}}\mathbf{a}_k + \text{h.a.} \tag{25}$$

(h.a. = hermitesch adjungiert).

Den Operator des elektrischen Feldes erhält man aus den Gln. (5), (6), (14) und (23)

$$\mathbf{E}(\mathbf{r}) = \sum_{\mathbf{k}} i\sqrt{2\pi\hbar\omega_k}\,\frac{e^{i\mathbf{kr}}}{L^{3/2}}\,(\mathbf{a}_k - \mathbf{a}^*_{-k}), \tag{26}$$

den Operator des magnetischen Feldes durch Bildung der Rotation in Gl. (25).

Wie beim harmonischen Oszillator (§ 13) können wir nun den Zustandsraum konstruieren. Wir wählen als Basis Eigenzustände zu allen $a^*_{k\lambda}a_{k\lambda} = N_{k\lambda}$, was möglich ist, da diese Operatoren miteinander vertauschen. Es gilt (s. Gl. (13.21))

$$N_{k\lambda}(a^*_{k\lambda})^{n_{k\lambda}}\Phi_0 = n_{k\lambda}(a^*_{k\lambda})^{n_{k\lambda}}\Phi_0,$$
$$n_{k\lambda} = 0, 1, 2, \dots \text{ und } a_{k\lambda}\Phi_0 = 0 \text{ für alle } (\mathbf{k}, \lambda), \qquad \Phi_0 = \text{Vakuum}.$$

Die Zustände $(a^*_{k\lambda})^{n_{k\lambda}}(n_{k\lambda}!)^{-1/2}\Phi_0$ sind auf 1 normiert.

Der allgemeinste Eigenzustand zu allen $N_{k\lambda}$ ist also

$$\Phi_{\dots n_{k\lambda}\dots} = \prod_{\mathbf{k},\lambda} (n_{k\lambda}!)^{-1/2}(a^*_{k\lambda})^{n_{k\lambda}}\Phi_0, \qquad a_{k\lambda}\Phi_0 = 0, \tag{27}$$
$$N_{k\lambda}\Phi_{\dots n_{k\lambda}\dots} = n_{k\lambda}\Phi_{\dots n_{k\lambda}\dots}.$$

Die Zustände (27) bilden eine orthonormierte Basis des gesamten Zustandsraumes.

Aufgrund der Definition (27) gilt

$$a^*_{k\lambda}\Phi_{\dots n_{k\lambda}\dots} = \sqrt{n_{k\lambda} + 1}\,\Phi_{\dots n_{k\lambda}+1\dots}, \tag{28}$$

woraus durch Anwendung von $a_{\mathbf{k}\lambda}$

$$\sqrt{n_{\mathbf{k}\lambda}+1}\, a_{\mathbf{k}\lambda}\Phi_{\ldots n_{\mathbf{k}\lambda}+1\ldots} = a_{\mathbf{k}\lambda}a^*_{\mathbf{k}\lambda}\Phi_{\ldots n_{\mathbf{k}\lambda}\ldots}$$
$$= (N_{\mathbf{k}\lambda}+1)\Phi_{\ldots n_{\mathbf{k}\lambda}\ldots} = (n_{\mathbf{k}\lambda}+1)\Phi_{\ldots n_{\mathbf{k}\lambda}\ldots}$$

die Wirkung des Operators $a_{\mathbf{k}\lambda}$ folgt:

$$a_{\mathbf{k}\lambda}\Phi_{\ldots n_{\mathbf{k}\lambda}\ldots} = \sqrt{n_{\mathbf{k}\lambda}}\,\Phi_{\ldots n_{\mathbf{k}\lambda}-1\ldots}. \tag{29}$$

Die Operatoren $N_{\mathbf{k}\lambda}$ heißen wegen ihrer ganzzahligen Eigenwerte Anzahl- oder Besetzungszahloperatoren. Klassisch gibt es bei einem kontinuierlichen Feld nichts zu zählen. Die Quantisierung hat auch im Feld zu Quanten geführt. Man bezeichnet $a^*_{\mathbf{k}\lambda}$ bzw. $a_{\mathbf{k}\lambda}$ als *Erzeugungs-* bzw. *Vernichtungsoperatoren*, da sie die Anzahl erhöhen bzw. erniedrigen.

Welche Eigenschaften haben nun diese Quanten? Wir untersuchen zunächst die Energie. Nach Gl. (13.7) ist der Hamilton-Operator des elektromagnetischen Feldes gegeben durch

$$H = \sum_{\mathbf{k},\lambda} \hbar\omega_{\mathbf{k}}\left(a^*_{\mathbf{k}\lambda}a_{\mathbf{k}\lambda}+\frac{1}{2}\right) = \sum_{\mathbf{k},\lambda} \hbar\omega_{\mathbf{k}}\left(N_{\mathbf{k}\lambda}+\frac{1}{2}\right).$$

Daher gilt

$$H\Phi_{\ldots n_{\mathbf{k}\lambda}\ldots} = \sum_{\mathbf{k},\lambda} \hbar\omega_{\mathbf{k}}\left(n_{\mathbf{k}\lambda}+\frac{1}{2}\right)\Phi_{\ldots n_{\mathbf{k}\lambda}\ldots}.$$

Für das Vakuum Φ_0 ergibt sich

$$H\Phi_0 = \frac{1}{2}\sum_{\mathbf{k},\lambda}\hbar\omega_{\mathbf{k}}\Phi_0,$$

also ein divergenter Energieeigenwert. Hier zeigt sich eine generelle Schwierigkeit bei Systemen mit unendlich vielen Freiheitsgraden, nämlich das Auftreten von *Divergenzen*. Man eliminiert in diesem Falle die Divergenz durch *Renormierung*, indem man einen neuen Hamilton-Operator einführt, der durch Subtraktion des divergenten Terms entsteht. Man legt also den Nullpunkt der Energieskala neu fest. Der neue Hamilton-Operator, also der *Energieoperator des elektromagnetischen Feldes*, lautet dann

$$H = \sum_{\mathbf{k},\lambda}\hbar\omega_{\mathbf{k}}a^*_{\mathbf{k}\lambda}a_{\mathbf{k}\lambda}, \qquad H\Phi_0 = 0 \tag{30}$$

mit den Eigenwerten

$$E_{\ldots n_{\mathbf{k}\lambda}\ldots} = \sum_{\mathbf{k},\lambda}\hbar\omega_{\mathbf{k}}n_{\mathbf{k}\lambda}. \tag{31}$$

Mit der Erhöhung der Anzahl $n_{\mathbf{k}\lambda}$ um 1 wird also die Energie um $\hbar\omega_{\mathbf{k}}$ erhöht. Die Quanten der Sorte $(\mathbf{k},\lambda)$ besitzen daher die Energie $\hbar\omega_{\mathbf{k}}$. Das ist die berühmte von Planck vorbereitete Feststellung Einsteins am Beginn der Geschichte der Quantentheorie, daß sich im elektromagnetischen Feld zur Frequenz ω Quanten der Energie

$$E = h\nu = \hbar\omega$$

befinden.

Entsprechend wollen wir jetzt den Impuls der Quanten untersuchen. Dazu berechnen wir zunächst den klassischen Impuls des elektromagnetischen Feldes im Volumen L^3 unter Verwendung von Gl. (10) und (14):

$$\begin{aligned}
\mathbf{P}_{\text{klass}} &= \frac{1}{4\pi c} \int_{V = L^3} d^3r\mathbf{E} \times \mathbf{B} = \frac{-1}{4\pi c^2} \int d^3r\dot{\mathbf{A}} \times \operatorname{rot} \mathbf{A} \\
&= \frac{-i}{4\pi c^2} \sum_{\mathbf{k}} \dot{c}_{-\mathbf{k}} \times (\mathbf{k} \times c_{\mathbf{k}}) = \frac{-i}{4\pi c^2} \sum_{\mathbf{k}} \mathbf{k}(\dot{c}_{-\mathbf{k}} c_{\mathbf{k}}) \\
&= \frac{-i}{4\pi c^2} \sum \frac{1}{4\omega_{\mathbf{k}} i} \mathbf{k}(b_{-\mathbf{k}} - b_{\mathbf{k}}^*) \cdot (b_{\mathbf{k}} + b_{-\mathbf{k}}^*) \\
&= \sum_{\mathbf{k}} \frac{-1}{4\pi c^2 \omega_{\mathbf{k}}} \frac{\mathbf{k}}{4} (b_{-\mathbf{k}} b_{\mathbf{k}} + b_{-\mathbf{k}} b_{-\mathbf{k}}^* - b_{\mathbf{k}}^* b_{\mathbf{k}} - b_{\mathbf{k}}^* b_{-\mathbf{k}}^*).
\end{aligned}$$

Der erste und der vierte Term ergeben jeweils 0 wegen der Symmetrie $\mathbf{k} \to -\mathbf{k}$, der zweite und der dritte sind aus demselben Grunde gleich. Es bleibt

$$\mathbf{P}_{\text{klass.}} = \sum_{\mathbf{k}} \frac{\mathbf{k}}{8\pi c^2 \omega_{\mathbf{k}}} (b_{\mathbf{k}}^* b_{\mathbf{k}}) = \sum_{\mathbf{k},\lambda} \frac{\mathbf{k}}{8\pi c^2 \omega_{\mathbf{k}}} b_{\mathbf{k}\lambda}^* b_{\mathbf{k}\lambda}.$$

Der Übergang zu den Operatoren $a_{\mathbf{k}\lambda}$ (Gl. (23)) liefert den I m p u l s o p e r a t o r des elektromagnetischen Feldes

$$\mathbf{P} = \sum_{\mathbf{k},\lambda} \hbar\mathbf{k} a_{\mathbf{k}\lambda}^* a_{\mathbf{k}\lambda} = \sum_{\mathbf{k},\lambda} \hbar\mathbf{k} N_{\mathbf{k}\lambda}. \tag{32}$$

Im klassischen Ausdruck hätte man auch die Reihenfolge der komplexen Zahlen b^* und b vertauschen dürfen, dann wäre das quantentheoretische Resultat $\sum_{\mathbf{k}} \hbar\mathbf{k}(a_{\mathbf{k}} a_{\mathbf{k}}^*)$ gewesen, was mit Gl. (32) übereinstimmt, da $\sum_{\mathbf{k}} [a_{\mathbf{k}}^*, a_{\mathbf{k}}]\hbar\mathbf{k}$ aus Symmetriegründen ($\mathbf{k} \to -\mathbf{k}$) Null ist. Wegen der Vertauschungsrelationen

$$[N_{\mathbf{k}\lambda}, a_{\mathbf{k}'\lambda'}^*]_- = \delta_{\mathbf{k}\mathbf{k}'} \delta_{\lambda\lambda'} a_{\mathbf{k}\lambda}^* \tag{33}$$

gilt $$[\mathbf{P}, a_{\mathbf{k}\lambda}^*]_- = \hbar\mathbf{k} a_{\mathbf{k}\lambda}^*. \tag{34}$$

Dieser Kommutator liefert das Transformationsverhalten von $a_{\mathbf{k}\lambda}^*$ unter Translationen mit dem Vektor $\mathbf{a}$ (s. Gl. (13.38))

$$U^{-1}(T_{\mathbf{a}}) a_{\mathbf{k}\lambda}^* U(T_{\mathbf{a}}) = a_{\mathbf{k}\lambda}^* e^{i\mathbf{k}\mathbf{a}}, \qquad U(T_{\mathbf{a}}) = e^{-\frac{i}{\hbar}\mathbf{P}\mathbf{a}}. \tag{35}$$

Daraus folgt für die Operatoren **A** und **E**

$$U^{-1}(T_a)\begin{Bmatrix}\mathbf{A}(\mathbf{r})\\ \mathbf{E}(\mathbf{r})\end{Bmatrix}U(T_a)=\begin{Bmatrix}\mathbf{A}(\mathbf{r}-\mathbf{a})\\ \mathbf{E}(\mathbf{r}-\mathbf{a})\end{Bmatrix}. \tag{36}$$

P ist also, wie es sein muß, der infinitesimale Translationsoperator.
Die Eigenwerte des Impulsoperators sind

$$\mathbf{P}'_{\ldots n_{\mathbf{k}\lambda}\ldots}=\sum_{\mathbf{k},\lambda}\hbar\mathbf{k}n_{\mathbf{k}\lambda}. \tag{37}$$

Mit der Erhöhung von $n_{\mathbf{k}\lambda}$ um 1 wird also der Impuls um $\hbar\mathbf{k}$ erhöht. Die Quanten der Sorte $(\mathbf{k},\lambda)$ besitzen daher den Impuls $\hbar\mathbf{k}$. Die Beziehung zwischen Energie und Impuls der Quanten lautet

$$\mathbf{p}=\hbar\mathbf{k},\qquad E=\hbar\omega_{\mathbf{k}}=\hbar|\mathbf{k}|c,\qquad \frac{E^2}{c^2}-\mathbf{p}^2=0. \tag{38}$$

Für klassische Teilchen der Masse m gilt nach der Relativitätstheorie

$$\frac{E^2}{c^2}-\mathbf{p}^2=m^2c^2.$$

Sieht man die Quanten als Teilchen an, so haben sie die Masse Null, ihre Geschwindigkeit ist $\mathbf{p}c^2/E=\mathbf{c}$, also die Lichtgeschwindigkeit.
Was bedeutet nun der Index λ bei den Quanten der Sorte $(\mathbf{k},\lambda)$? Nach Gl. (17) hängt er mit der Polarisation, d. h. mit dem Vektorcharakter des Feldes zusammen, der sich aus dem Verhalten unter Drehungen ergibt. Wir untersuchen daher den Vektoroperator $\mathbf{a}_{\mathbf{k}}$ unter Drehungen. Um dabei **k** nicht zu verändern, das ja ganzzahlig bestimmt ist, betrachten wir Drehungen um die **k**-Richtung.
Für jeden Vektoroperator **V** gilt, daß sein Erwartungswert im gedrehten Zustand auch gedreht ist, also

$$(U\Phi,\mathbf{V}U\Phi)=(\Phi,e^{\boldsymbol{\alpha}\times}\mathbf{V}\Phi)=e^{\boldsymbol{\alpha}\times}(\Phi,\mathbf{V}\Phi)$$

und damit

$$U^{-1}(R_{\boldsymbol{\alpha}})\mathbf{V}U(R_{\boldsymbol{\alpha}})=e^{\boldsymbol{\alpha}\times}\mathbf{V}=:R_{\boldsymbol{\alpha}}\mathbf{V}$$

oder infinitesimal mit $U(R_{\boldsymbol{\alpha}})=e^{-\frac{i}{\hbar}\mathbf{J}\boldsymbol{\alpha}}$

$$\frac{i}{\hbar}[\mathbf{J}\boldsymbol{\alpha},\mathbf{V}]_-=\boldsymbol{\alpha}\times\mathbf{V}.$$

Wenden wir diese Gleichung auf $\mathbf{a}_{\mathbf{k}}^*$ bei einer Drehung um **k** an, so gilt mit Gl. (16)

$$\frac{i}{\hbar}[\mathbf{J}\hat{\mathbf{k}},\mathbf{a}_{\mathbf{k}}^*]_-=\hat{\mathbf{k}}\times\mathbf{a}_{\mathbf{k}}^*=\hat{\mathbf{k}}\times\sum_\lambda \mathbf{e}_{\mathbf{k}\lambda}^*a_{\mathbf{k}\lambda}^*=+i\lambda\sum_\lambda \mathbf{e}_{\mathbf{k}\lambda}^*a_{\mathbf{k}\lambda}^* \tag{39}$$

oder $$[\mathbf{J}\hat{\mathbf{k}},a_{\mathbf{k}\lambda}^*]_-=\hbar\lambda a_{\mathbf{k}\lambda}^*. \tag{40}$$

Der Zustand Φ_0 ist definitionsgemäß invariant unter Drehungen, daher muß gelten

$$J\Phi_0 = 0. \tag{41}$$

In Anwendung auf den Zustand $\Phi_{\mathbf{k}\lambda} = a^*_{\mathbf{k}\lambda}\Phi_0$ ergibt sich

$$J\hat{k}\Phi_{\mathbf{k}\lambda} = [J\hat{k}, a^*_{\mathbf{k}\lambda}]_-\Phi_0 + a^*_{\mathbf{k}\lambda}J\hat{k}\Phi_0 = \lambda\hbar a^*_{\mathbf{k}\lambda}\Phi_0 = \hbar\lambda\Phi_{\mathbf{k}\lambda}.$$

Die Größe $\hbar\lambda = \pm\hbar$ ist also für einen Einquantenzustand mit dem Impuls $\hbar\mathbf{k}$ der Eigenwert des Drehimpulses in Richtung $\mathbf{k}$. Man nennt diesen Eigenwert Helizität. Die Helizitätseigenschaft ersetzt die Charakterisierung des Spins eines Teilchens als Drehimpuls im Ruhsystem, das es für Teilchen mit Lichtgeschwindigkeit nicht gibt. Trotz dieser Besonderheiten spricht man manchmal sogar vom Spin 1, obgleich massive Teilchen vom Spin 1 drei Einstellungen $\pm\hbar$, 0 besitzen. Alle diese Eigenschaften werden in den Namen Photon zusammengefaßt.

Photonen vom Impuls $\hbar\mathbf{k}$ haben die Energie $\hbar\omega_{\mathbf{k}} = \hbar|\mathbf{k}|c$, sind daher masselos, haben die Helizität $\pm\hbar$ und sind Bosonen. Die letzte Eigenschaft erkennt man an der totalen Symmetrie der Zustände (27), die aus den Vertauschungsrelationen folgt. Sie korrespondiert zur Ganzzahligkeit der Helizität.

Der Operator $a^*_{\mathbf{k}\lambda}$ erzeugt ein Photon mit Impuls $\hbar\mathbf{k}$ und Helizität λ.

§ 34 Feldoperatoren und ihre Messung im Zusammenhang mit der Photonenzahl. Plancksches Strahlungsgesetz

Heisenberg-Bild der Feldoperatoren; Maxwell-Gleichungen für die Operatoren.

Die physikalischen elektromagnetischen Felder sind **E** und **B**. Im Heisenberg-Bild sollten die Operatoren **E** und **B** den Maxwellschen Gleichungen genügen. Wir geben zunächst das Vektorpotential im Heisenberg-Bild an. Die Quantisierungsvorschrift (33.24) hat uns wie beim Einteilchenproblem auf Operatoren im Schrödinger-Bild geführt. Die Anwendung von Gl. (18.20) ergibt die Heisenberg-Operatoren

$$A_H(\mathbf{r}, t) = U_S^* A_S(\mathbf{r}) U_S, \qquad U_S = e^{-\frac{i}{\hbar}H_S t}, \qquad H_S = \sum_{\mathbf{k},\lambda} a^*_{\mathbf{k}\lambda} a_{\mathbf{k}\lambda}\hbar\omega_{\mathbf{k}},$$

$$A_H(\mathbf{r}, t) = \sum_{\mathbf{k},\lambda}\left(\frac{2\pi\hbar c^2}{\omega_{\mathbf{k}}L^3}\right)^{1/2} e^{i\mathbf{k}\mathbf{r}} e_{\mathbf{k}\lambda} U_S^* a_{\mathbf{k}\lambda} U_S + \text{h.a.} \tag{1}$$

$$= \sum_{\mathbf{k},\lambda}\left(\frac{2\pi\hbar c^2}{\omega_{\mathbf{k}}L^3}\right)^{1/2} e^{i\mathbf{k}\mathbf{r} - i\omega_{\mathbf{k}}t} e_{\mathbf{k}\lambda} a_{\mathbf{k}\lambda} + \text{h.a.}\,.$$

Hierbei wurde die Beziehung

$$U_S^* a_{\mathbf{k}\lambda} U_S = a_{\mathbf{k}\lambda} e^{-i\omega_{\mathbf{k}}t}$$

benutzt, die aus Gl. (33.33) in Analogie zu Gl. (33.34) und (33.35) folgt und die klassische Zeitabhängigkeit liefert. Es gilt die Bewegungsgleichung

$$\frac{1}{c^2}\frac{\partial^2}{\partial t^2}\mathbf{A}_H(\mathbf{r},t) - \Delta\mathbf{A}_H(\mathbf{r},t) = 0, \qquad \operatorname{div}\mathbf{A}_H(\mathbf{r},t) = 0. \tag{2}$$

Mit $\mathbf{B}_H = \operatorname{rot}\mathbf{A}_H, \quad \mathbf{E}_H = -\frac{1}{c}\dot{\mathbf{A}}_H$

ergeben sich daraus die Maxwellschen Gleichungen für die Operatoren:

$$\operatorname{rot}\mathbf{E}_H(\mathbf{r},t) = -\frac{1}{c}\dot{\mathbf{B}}_H(\mathbf{r},t), \qquad \operatorname{rot}\mathbf{B}_H(\mathbf{r},t) = \frac{1}{c}\dot{\mathbf{E}}_H(\mathbf{r},t), \tag{3}$$

$$\operatorname{div}\mathbf{E}_H(\mathbf{r},t) = 0, \qquad \operatorname{div}\mathbf{B}_H(\mathbf{r},t) = 0.$$

Im folgenden werden wir den Index H an den zeitabhängigen Feldoperatoren weglassen.

Vertauschungsrelationen der Feldoperatoren

Für die Vertauschungsrelationen werden meistens Integraldarstellungen angegeben. Wir wollen daher zu kontinuierlichen Werten der Wellenzahl-Vektoren **k**, d. h. zu $L \to \infty$ übergehen. Dann ergibt sich nach Anhang 3 aus Gl. (1)

$$\mathbf{A}(\mathbf{r},t) = \int d^3k \left(\frac{2\pi\hbar c^2}{\omega_{\mathbf{k}}}\right)^{1/2} \frac{e^{i\mathbf{kr}}}{(2\pi)^{3/2}}\,\mathbf{a}(\mathbf{k},t) + \text{h.a.} \tag{4}$$

mit $\mathbf{a}(\mathbf{k},t) = \sum_\lambda \mathbf{e}_\lambda(\mathbf{k})a_\lambda(\mathbf{k},t)$

und

$$\begin{aligned} &[a_\lambda(\mathbf{k},t), a^*_{\lambda'}(\mathbf{k}',t')]_- = \delta^3(\mathbf{k}-\mathbf{k}')\delta_{\lambda\lambda'}e^{-i\omega_{\mathbf{k}}(t-t')},\\ &[a_\lambda(\mathbf{k},t), a_{\lambda'}(\mathbf{k}',t')]_- = 0. \end{aligned} \tag{5}$$

Für die Vertauschungsrelationen der Feldoperatoren

$$[A_\ell(\mathbf{r},t), A_m(\mathbf{r}',t')]_-, \qquad \ell, m = 1, 2, 3$$

benötigen wir die Vertauschungsrelationen der kartesischen Komponenten der Erzeugungs- und Vernichtungsoperatoren. Mit Gl. (5) ergibt sich

$$\begin{aligned} [a_\ell(\mathbf{k}), a^*_m(\mathbf{k}')]_- &= \sum_{\lambda,\lambda'} (\mathbf{e}_\lambda(\mathbf{k}))_\ell(\mathbf{e}^*_{\lambda'}(\mathbf{k}'))_m[a_\lambda(\mathbf{k}), a_{\lambda'}(\mathbf{k}')]\\ &= \sum_\lambda (\mathbf{e}_\lambda(\mathbf{k}))_\ell(\mathbf{e}^*_\lambda(\mathbf{k}'))_m\,\delta^3(\mathbf{k}-\mathbf{k}')\\ &=: T_{\ell m}(\mathbf{k})\delta^3(\mathbf{k}-\mathbf{k}'). \end{aligned}$$

Man kann $T_{\ell m}(\mathbf{k})$ explizit ausrechnen oder durch den allgemeinsten Ansatz eines nur von **k** abhängigen Tensors zweiter Stufe

$$T_{\ell m}(\mathbf{k}) = \sum_\lambda (\mathbf{e}_\lambda(\mathbf{k}))_\ell(\mathbf{e}^*_\lambda(\mathbf{k}))_m = \alpha\delta_{\ell m} + \beta\frac{k_\ell k_m}{k^2}$$

bestimmen. Wegen $\sum_{\ell} k_\ell T_{\ell m} = 0$ und $\sum_{\ell} T_{\ell\ell} = \sum_{\lambda} e_\lambda(\mathbf{k}) e^*_\lambda(\mathbf{k}) = 2$ folgen

$$\alpha k_\ell + \beta k_\ell = 0, \qquad 3\alpha + \beta = 2$$

und $$T_{\ell m}(\mathbf{k}) = \delta_{\ell m} - \frac{k_\ell k_m}{\mathbf{k}^2}.$$

Die Vertauschungsrelationen der zeitabhängigen Operatoren lauten deshalb

$$[a_\ell(\mathbf{k}, t), a^*_m(\mathbf{k}', t')]_- = \left(\delta_{\ell m} - \frac{k_\ell k_m}{\mathbf{k}^2}\right) \delta^3(\mathbf{k} - \mathbf{k}') e^{-i\omega_\mathbf{k}(t-t')}. \tag{6}$$

Die Entwicklung (4) ergibt

$$\begin{aligned}
&(2\pi)^3 [A_\ell(\mathbf{r}, t), A_m(\mathbf{r}', t')]_- \\
&= 2\pi\hbar c^2 \int d^3k d^3k' \frac{e^{i\mathbf{kr}} e^{-i\mathbf{k}'\mathbf{r}'}}{\sqrt{\omega_\mathbf{k}\omega_{\mathbf{k}'}}} [a_\ell(\mathbf{k}, t) + a^*_\ell(-\mathbf{k}, t), a^*_m(\mathbf{k}', t') + a_m(-\mathbf{k}', t')]_- \\
&= 2\pi\hbar c^2 \int \frac{d^3k}{\omega_\mathbf{k}} \left(\delta_{\ell m} - \frac{k_\ell k_m}{\mathbf{k}^2}\right) e^{i\mathbf{k}(\mathbf{r}-\mathbf{r}')} (e^{-i\omega_\mathbf{k}(t-t')} - e^{i\omega_\mathbf{k}(t-t')}).
\end{aligned}$$

Mit $\tau = t - t'$, $\boldsymbol{\xi} = \mathbf{r} - \mathbf{r}'$ kann man diesen Ausdruck umformen zu

$$\left(\delta_{\ell m} \frac{1}{c^2} \frac{\partial^2}{\partial \tau^2} - \partial_{\xi_\ell} \partial_{\xi_m}\right) 4\pi i\hbar c^2 \int \frac{d^3k}{\omega_\mathbf{k} \mathbf{k}^2} e^{i\mathbf{k}\boldsymbol{\xi}} \sin \omega_\mathbf{k} \tau.$$

Die Funktion

$$\mathscr{A}(\boldsymbol{\xi}, \tau) := \int \frac{d^3k}{k^3} \frac{e^{i\mathbf{k}\boldsymbol{\xi}}}{(2\pi)^3} \sin \omega_\mathbf{k} \tau \tag{7}$$

erfüllt die Wellengleichung

$$\left(\frac{1}{c^2} \frac{\partial^2}{\partial \tau^2} - \Delta\right) \mathscr{A} = 0. \tag{8}$$

Die Vertauschungsrelationen für das Vektorpotential schreiben sich mit der Abkürzung

$$\partial_{\ell m} := \frac{1}{c^2} \frac{\partial^2}{\partial \tau^2} \delta_{\ell m} - \frac{\partial}{\partial \xi_\ell} \frac{\partial}{\partial \xi_m} \tag{9}$$

$$[A_\ell(\mathbf{r}, t), A_m(\mathbf{r}', t')]_- = 4\pi i\hbar c \partial_{\ell m} \mathscr{A}(\mathbf{r} - \mathbf{r}', t - t'). \tag{10}$$

Für die elektrischen Feldstärken erhält man wegen $\mathbf{E} = -\frac{1}{c} \dot{\mathbf{A}}$

$$\begin{aligned}
[E_\ell(\mathbf{r}, t), E_m(\mathbf{r}', t')]_- &= -\frac{1}{c^2} \frac{\partial^2}{\partial \tau^2} \partial_{\ell m} \mathscr{A}(\boldsymbol{\xi}, \tau) 4\pi i\hbar c \\
&= 4\pi i\hbar c \partial_{\ell m} \mathscr{D}(\boldsymbol{\xi}, \tau)
\end{aligned} \tag{11}$$

mit $$\mathscr{D}(\boldsymbol{\xi}, \tau) = -\frac{1}{c^2} \frac{\partial^2}{\partial \tau^2} \mathscr{A}(\boldsymbol{\xi}, \tau) = \int \frac{d^3k}{k} \frac{e^{i\mathbf{k}\boldsymbol{\xi}}}{(2\pi)^3} \sin \omega_\mathbf{k} \tau. \tag{12}$$

Aus Gl. (8) folgt für D die Wellengleichung

$$\left(\frac{1}{c^2}\frac{\partial^2}{\partial\tau^2}-\Delta\right)\mathscr{D}(\xi,\tau)=0, \tag{13}$$

während aus der Def. (12) die Anfangsbedingungen

$$\mathscr{D}(\xi,0)=0 \quad \text{und} \quad \frac{\partial}{c\partial\tau}\mathscr{D}\bigg|_{\tau=0}=\int d^3k\,\frac{e^{ik\xi}}{(2\pi)^3}=\delta^3(\xi) \tag{14}$$

abgelesen werden können. Das Integral (12) läßt sich auch für beliebige Variable ausrechnen:

$$\begin{aligned}\mathscr{D}(\xi,\tau)&=\int_0^\infty\frac{2\pi}{i\xi}\,dk(e^{ik\xi}-e^{-ik\xi})\frac{\sin\omega_k\tau}{(2\pi)^3}=\int_{-\infty}^{+\infty}\frac{2\pi}{i\xi}\,dk\,\frac{e^{ik\xi}}{(2\pi)^3}\frac{1}{2i}(e^{i\omega_k\tau}-e^{-i\omega_k\tau})\\&=\frac{\pi}{\xi}\int\frac{dk}{(2\pi)^3}(e^{ik(\xi-c\tau)}-e^{ik(\xi+c\tau)})\\&=\frac{1}{4\pi\xi}\{\delta(\xi-c\tau)-\delta(\xi+c\tau)\}=\frac{\operatorname{sgn}\tau}{2\pi}\,\delta(\xi^2-c^2\tau^2).\end{aligned} \tag{15}$$

Die Vertauschungsrelationen für **E** und **B** ergeben sich aus Gl. (10) zu (Summation über gleiche Indizes)

$$\begin{aligned}[E_\varrho(\mathbf{r},t),B_m(\mathbf{r}',t')]_-&=\frac{1}{c}\frac{\partial}{\partial\tau}\epsilon_{mnr}\partial_{\xi_n}[A_\varrho(\mathbf{r},t),A_r(\mathbf{r}',t')]_-\\&=\epsilon_{mnr}\frac{1}{c}\frac{\partial}{\partial\tau}\partial_{\xi_n}\partial_{\varrho r}4\pi i\hbar c\mathscr{A}(\xi,\tau)\\&=\epsilon_{mn\varrho}\frac{1}{c}\frac{\partial}{\partial\tau}\partial_{\xi_n}\frac{1}{c^2}\frac{\partial^2}{\partial\tau^2}4\pi i\hbar c\mathscr{A}=-\epsilon_{mn\varrho}\frac{1}{c}\frac{\partial}{\partial\tau}\partial_{\xi_n}4\pi i\hbar c\mathscr{D}(\xi,\tau),\end{aligned}$$

also $$[E_\varrho(\mathbf{r},t),B_m(\mathbf{r}',t')]_-=-4\pi i\hbar\epsilon_{\varrho mn}\frac{\partial}{\partial\tau}\frac{\partial}{\partial\xi_n}\mathscr{D}(\xi,\tau). \tag{16}$$

Wegen der Invarianz der Maxwell-Gleichungen unter **E** → −**B**, **B** → **E** gilt

$$[B_\varrho(\mathbf{r},t),B_m(\mathbf{r}',t')]_-=[E_\varrho(\mathbf{r},t),E_m(\mathbf{r}',t')]_-. \tag{17}$$

Alle Kommutatoren der Felder verschwinden, falls nicht $\xi^2-c^2\tau^2=0$ ist. Das bedeutet, daß eine gegenseitige Störung von Messungen der Feldstärken nur vorhanden ist, wenn die beiden Raumzeitpunkte der Messungen lichtartig zueinander liegen, d. h. durch Lichtstrahlen untereinander in Kontakt sein können. Das entspricht der allgemeinen Vorstellung von Kausalität. Man könnte erwarten, daß auch Beeinflussungen durch Wirkungen, die sich langsamer als die Lichtgeschwindigkeit fortpflanzen, vorliegen; dies ist bei wechselwirkenden Theorien auch der Fall. Für sie verschwinden die Kommutatoren im allgemeinen nur im raumartigen Bereich, also für Wirkungen mit Überlichtgeschwindigkeit. Im freien Fall wie hier haben die Wirkungen Lichtgeschwindigkeit (Dispersion $\omega_k=kc$) und daher ist der Kommutator höchstens für lichtartige Abstände ungleich Null. Die gleichzeitigen Kommutatoren von **E** mit **E** und von **B** mit **B** verschwinden wegen Gl. (14), nicht dagegen

$$[E_\ell(\mathbf{r}, t), B_m(\mathbf{r}', t)]_- = -4\pi i\hbar c\epsilon_{\ell mn} \frac{\partial}{\partial x_n} \delta^3(\mathbf{r} - \mathbf{r}'). \tag{18}$$

Es gibt daher Zustände, die Eigenzustände zu allen Feldoperatoren $E_\ell(\mathbf{r})$ (**r** bel., $\ell = 1, 2, 3$) mit den Eigenwerten $\mathscr{E}_\ell(\mathbf{r})$ sind. Da es keine anderen Observablen gibt, die mit allen $E_\ell(\mathbf{r})$ vertauschen, sind sie nicht entartet, sie bilden eine Basis. Aufgrund der Gl. (18) läßt sich die Wirkung von $B_m(\mathbf{r})$ auf diese Basis angeben, wie ja auch $\mathbf{P}\Phi_\mathbf{r} = \frac{-\hbar}{i} \nabla_\mathbf{r}\Phi_\mathbf{r}$ aus den Vertauschungsregeln von **P** und **R** folgt. Praktische Bedeutung hat diese Basis kaum gewonnen, sie gibt aber im Prinzip die Möglichkeit, Eigenzustände zu vorgegebenen elektrischen Feldern zu konstruieren. Die bisher behandelte Basis der Eigenzustände der Photonenzahl-Operatoren $a^*_{\mathbf{k}\lambda} a_{\mathbf{k}\lambda}$ versagt in dieser Beziehung vollständig, da die Erwartungswerte aller Feldoperatoren für einen beliebigen dieser Basiszustände verschwinden. Man erkennt dies daran, daß alle Feldoperatoren (**E** und **B**) Photonen sowohl erzeugen als auch vernichten, aber keinen Term enthalten, der die Photonenzahl ungeändert läßt. Während die Erwartungswerte der Felder in dieser Basis verschwinden, sind die Schwankungen sogar unendlich groß. Es gilt für das Schwankungsquadrat im Zustand mit den Photonenzahlen $n_{\mathbf{k}\lambda}$ nach Gl. (33.26)

$$\langle \mathbf{E}^2(\mathbf{r}, t)\rangle = \frac{2\pi\hbar}{L^3} \sum_\mathbf{k} \omega_\mathbf{k} \langle a_\mathbf{k} a^*_\mathbf{k} + a^*_\mathbf{k} a_\mathbf{k}\rangle = \frac{4\pi}{L^3} \sum_{\mathbf{k},\lambda} \hbar\omega_\mathbf{k} \left(n_{\mathbf{k}\lambda} + \frac{1}{2}\right). \tag{19}$$

Selbst für das Vakuum (alle $n_{\mathbf{k}\lambda} = 0$) bleibt eine Unschärfe der Felder, sie ist unendlich. Diese sogenannte Vakuum- oder Nullpunktsschwankung haben wir bei der Definition der Energie in Gl. (33.30) weggelassen und damit den Energienullpunkt verschoben, was zulässig ist. Vergleicht man aber beispielsweise zwei Photonenvakua miteinander, die sich dadurch unterscheiden, daß ein Paar unendlich ausgedehnter leitender paralleler Platten eingebracht wird, so muß man den Unterschied der Nullpunktsenergien berücksichtigen. Dieser sogenannte Casimir-Effekt wurde berechnet und stimmt mit dem Experiment überein. In ähnlicher Weise muß man z. B. auch die Nullpunktsschwankungen in der Differenz zweier Atomniveaus berücksichtigen. Sie liefert den Hauptteil des sogenannten Lambshifts, der Verschiebung eines ($\ell = 0$)-Niveaus relativ zum entsprechenden ($\ell = 1$)-Niveau im Wasserstoffatom. (Ohne die Korrekturen des Strahlungsfeldes liegt keine Verschiebung vor.)

Während für die Eigenzustände des Feldes die Photonenzahlen unscharf sind und für die Eigenzustände der Photonenzahlen die Unschärfe der Felder mit wachsender Photonenzahl wächst, nehmen die sogenannten kohärenten Zustände eine Mittelstellung ein, indem wenigstens die Erwartungswerte von **E** und **B** beliebig vorgegeben werden können und die Unschärfe des Feldes nur die unvermeidbare Nullpunktsschwankung ist.

Kohärente Zustände

Wir schließen unmittelbar an die Behandlung beim Oszillator in § 13 an. In Analogie zu Gl. (13.50) definiert man als kohärente Zustände

$$\Phi_{\{\ldots c_{\mathbf{k}\lambda}\ldots\}} =: \Phi_c = . \sqrt{} e^{\sum_{\mathbf{k},\lambda} c_{\mathbf{k}\lambda} a^*_{\mathbf{k}\lambda}} \Phi_0, \qquad (\Phi_c, \Phi_c) = 1. \tag{20}$$

Dann gilt nach Gl. (13.51)

$$a_{\mathbf{k}\lambda}\Phi_c = . \sqrt{} a_{\mathbf{k}\lambda} e^{\sum_{\mathbf{k}'\lambda'} c_{\mathbf{k}'\lambda'} a^*_{\mathbf{k}'\lambda'}} \Phi_0 = c_{\mathbf{k}\lambda}\Phi_c, \tag{21}$$

also z. B. auch

$$(\Phi_c, a^*_{\mathbf{k}\lambda} a_{\mathbf{k}'\lambda'} \Phi_c) = c^*_{\mathbf{k}\lambda} c_{\mathbf{k}'\lambda'}. \tag{22}$$

Damit ergeben sich folgende Erwartungswerte:

$$(\Phi_c, \mathbf{A}(\mathbf{r}, t)\Phi_c) = \sum_{\mathbf{k},\lambda} \left(\frac{2\pi\hbar c^2}{\omega}\right)^{1/2} c_{\mathbf{k}\lambda} \mathbf{e}_{\mathbf{k}\lambda} \frac{e^{i(\mathbf{k}\mathbf{r}-\omega t)}}{L^{3/2}} + \text{c.c.} \tag{23}$$

$$=: \mathscr{A}(\mathbf{r}, t), \qquad \operatorname{div} \mathscr{A}(\mathbf{r}, t) = 0,$$

$$(\Phi_c, \mathbf{E}(\mathbf{r}, t)\Phi_c) = -\frac{1}{c}\dot{\mathscr{A}}(\mathbf{r}, t), \tag{24}$$

$$(\Phi_c, \mathbf{B}(\mathbf{r}, t)\Phi_c) = \nabla \times \mathscr{A}(\mathbf{r}, t). \tag{25}$$

Durch geeignete Wahl der $c_{\mathbf{k}\lambda}$ in Φ_c kann man beliebige Erwartungswerte von **E** und **B** konstruieren. Die Photonenzahlen sind nicht scharf, ihre Erwartungswerte lauten

$$\overline{N_{\mathbf{k}\lambda}} := (\Phi_c, a^*_{\mathbf{k}\lambda} a_{\mathbf{k}\lambda} \Phi_c) = |c_{\mathbf{k}\lambda}|^2,$$

$$\overline{N^2_{\mathbf{k}\lambda}} := (\Phi_c, a^*_{\mathbf{k}\lambda} \underbrace{a_{\mathbf{k}\lambda} a^*_{\mathbf{k}\lambda}}_{a^*_{\mathbf{k}\lambda} a_{\mathbf{k}\lambda} + 1} a_{\mathbf{k}\lambda} \Phi_c) = |c_{\mathbf{k}\lambda}|^4 + |c_{\mathbf{k}\lambda}|^2$$

mit dem relativen Schwankungsquadrat

$$\left(\frac{\Delta N_{\mathbf{k}\lambda}}{\overline{N_{\mathbf{k}\lambda}}}\right)^2 = \frac{\overline{N^2_{\mathbf{k}\lambda}} - (\overline{N_{\mathbf{k}\lambda}})^2}{(\overline{N_{\mathbf{k}\lambda}})^2} = \frac{1}{\overline{N_{\mathbf{k}\lambda}}}. \tag{26}$$

Für starke Felder ($|c_{\mathbf{k}\lambda}|^2 \gg 1$) kann man die Unschärfe der Photonenzahlen vernachlässigen.

Die Schwankung des elektrischen Feldes

$$(\Delta \mathbf{E})^2 = (\Phi_c, \mathbf{E}^2(\mathbf{r}, t)\Phi_c) - (\Phi_c, \mathbf{E}(\mathbf{r}, t)\Phi_c)^2$$

ergibt sich mit Gl. (22) zu

$$(\Delta \mathbf{E})^2 = \frac{4\pi}{L^3} \sum_{\mathbf{k},\lambda} \frac{\hbar\omega_{\mathbf{k}}}{2}. \tag{27}$$

Sie ist unabhängig von Φ_c gleich der Nullpunktsschwankung, wächst also nicht mit der Stärke des Erwartungswertes des Feldes.

Plancksches Strahlungsgesetz

Am Anfang der Quantentheorie stand die Untersuchung der Strahlung eines Hohlraumes. Plancks Interpolation zwischen der klassisch hergeleiteten Formel für lange Wellen und der empirisch gewonnenen Formel für kurze Wellen lieferte eine mit großer Genauigkeit bestätigte Formel für alle Wellenlängen. Seine etwas spätere Herleitung führte ihn auf die revolutionäre Idee der Energiequanten von der Größe $h\nu = \hbar\omega$. Das erlaubte eine Messung von h, der Planckschen Konstanten. Nachdem wir eine konsequente Quantentheorie der Teilchen und Felder dargestellt haben, soll nun eine Herleitung des Planckschen Strahlungsgesetzes in diesem Rahmen gegeben werden.

Wir betrachten das freie Strahlungsfeld in einem Würfel der Kantenlänge L an einem Temperaturbad der Temperatur T und fragen nach der mittleren Photonenzahl zu fester Frequenz und Polarisation. Es gilt nach Gl. (15.23)

$$\langle n_{\mathbf{k}\lambda}\rangle = \frac{\mathrm{Sp}\, N_{\mathbf{k}\lambda} e^{-\frac{H}{kT}}}{\mathrm{Sp}\, e^{-\frac{H}{kT}}} = \mathrm{Sp}\, \rho N_{\mathbf{k}\lambda}. \tag{28}$$

Führen wir statt $\mathbf{k}\lambda$ den Index α und für $\hbar\omega_\alpha/kT$ die Abkürzung Ω_α ein, so gilt mit $H = \sum_\alpha \hbar\omega_\alpha N_\alpha$

$$\langle n_\alpha\rangle = \frac{\mathrm{Sp}\, N_\alpha e^{-\sum_{\alpha'} \Omega_{\alpha'} N_{\alpha'}}}{\mathrm{Sp}\, e^{-\sum_{\alpha'} \Omega_{\alpha'} N_{\alpha'}}} = -\frac{d}{d\Omega_\alpha} \ln \mathrm{Sp}\, e^{-\sum_{\alpha'} \Omega_{\alpha'} N_{\alpha'}}.$$

Die Spur berechnen wir in der Basis mit den Photonenzahlen $\{\ldots n_{\alpha'} \ldots\}$. Das ergibt

$$\mathrm{Sp}\, e^{-\sum_{\alpha'} \Omega_{\alpha'} N_{\alpha'}} = \mathrm{Sp} \prod_{\alpha'} e^{-\Omega_{\alpha'} N_{\alpha'}} = \sum_{\{\ldots n_{\alpha'} \ldots\}} \prod_{\alpha'} e^{-\Omega_{\alpha'} n_{\alpha'}}$$

$$= \prod_{\alpha'} \left\{ \sum_{n_{\alpha'}} e^{-\Omega_{\alpha'} n_{\alpha'}} \right\} = \prod_{\alpha'} \frac{1}{1 - e^{-\Omega_{\alpha'}}}$$

und daher

$$\langle n_\alpha\rangle = -\frac{d}{d\Omega_\alpha} \sum_{\alpha'} \ln \frac{1}{1 - e^{-\Omega_{\alpha'}}} = \frac{d}{d\Omega_\alpha} \ln(1 - e^{-\Omega_\alpha}) = \frac{e^{-\Omega_\alpha}}{1 - e^{-\Omega_\alpha}} = \frac{1}{e^{\Omega_\alpha} - 1}.$$

Das Resultat

$$\langle n_{\mathbf{k}\lambda}\rangle = \frac{1}{e^{\frac{\hbar\omega_{\mathbf{k}\lambda}}{kT}} - 1} \tag{29}$$

ist die mittlere Zahl der Photonen bei der Temperatur T im Zustand $\mathbf{k}\lambda$. Die Gesamtteilchenzahl ergibt sich nach Gl. (33.6) für $L \to \infty$ zu

$$\langle N \rangle = \sum_{\mathbf{k},\lambda} \langle n_{\mathbf{k},\lambda} \rangle = \int d^3k \left(\frac{L}{2\pi}\right)^3 2 \frac{1}{e^{\frac{\hbar\omega}{kT}} - 1} =: L^3 \int d\omega \langle n(\omega) \rangle. \tag{30}$$

Dabei ist

$$\langle n(\omega) \rangle d\omega = \frac{\omega^2}{\pi^2 c^3} \frac{d\omega}{e^{\frac{\hbar\omega}{kT}} - 1} \tag{31}$$

die mittlere Teilchendichte im Frequenzintervall $d\omega$. Die entsprechende Spektralverteilung der mittleren räumlichen Energiedichte lautet

$$\langle u(\omega) \rangle d\omega = \frac{\hbar\omega^3 d\omega}{\pi^2 c^3} \frac{1}{e^{\frac{\hbar\omega}{kT}} - 1}. \tag{32}$$

Dies ist die von Planck angegebene Formel, die mit den Messungen übereinstimmt. Aus ihr folgen die anderen vor Aufstellung dieser Formel bekannten Gesetze unmittelbar (Stefan-Boltzmann-Gesetz $U_{ges} \propto T^4$, Wiensches Verschiebungsgesetz $\lambda_{max} T = \text{const}$ und die Grenzfälle für große und kleine Wellenlängen). Das Maximum der Spektralverteilung (32) liegt bei

$$\frac{\hbar\omega_{max}}{kT} = x_0 \qquad \text{mit } e^{-x_0} = 1 - \frac{x_0}{3}, \; x_0 \approx 2{,}82.$$

Dort ist die mittlere Teilchenzahl in einem Quantenzustand $\mathbf{k}\lambda$ klein gegen 1:

$$\langle n_{\mathbf{k}\lambda} \rangle = \frac{1}{e^{x_0} - 1} = 0{,}063 \sim e^{-x_0} = e^{-\frac{\hbar\omega_{max}}{kT}}.$$

§ 35 Strahlungsübergänge, Multipolentwicklung

Die Aufklärung der Spektren von Atomen ist eines der wichtigsten Probleme, das durch die Quantentheorie gelöst wurde. Die induzierte Emission und Absorption konnten wir in § 23 im Rahmen der Quantentheorie des Elektrons mit Hilfe eines klassischen elektromagnetischen Feldes beschreiben, weil die Änderung des Feldes dabei vernachlässigbar ist. Zur Behandlung der spontanen Emission muß das elektromagnetische Feld quantisiert werden. Bei der spontanen Emission handelt es sich um einen Übergang von einem Zustand eines angeregten Atoms ohne Strahlungsfeld (Photonenvakuum) zu einem Zustand mit niedrigerem Atomniveau und einem Strahlungsfeld (Photonen). Bei diesem Prozeß entsteht das Strahlungsfeld erst, seine Änderung ist wesentlich.

Wir betrachten als Beispiel für einen Strahlungsübergang das Wasserstoffatom mit ruhendem Kern. Dabei können wir die entsprechende Behandlung in § 23 übernehmen, müssen aber neben den Operatoren **R** und **P** des Elektrons das elektromagnetische Feld als Schrödingerschen Feldoperator ansehen. Gl. (23.27) liefert damit für den Störoperator

$$H' = -\left\{\frac{e}{mc}\sum_{\mathbf{k},\lambda}\left(\frac{2\pi\hbar c^2}{\omega_k L^3}\right)^{1/2} \mathbf{e}_{\mathbf{k}\lambda} a_{\mathbf{k}\lambda} e^{i\mathbf{k}\mathbf{R}} + \text{h.a.}\right\}\mathbf{P}. \quad (1)$$

Die ungestörten Zustände $\Phi_{a\{\ldots n_{\mathbf{k}\lambda}\ldots\}}$ seien durch die Quantenzahlen des Wasserstoffatoms $a = (n, \ell, m, m_s)$ und die Besetzungszahlen des Photonzustandes $\{\ldots n_{\mathbf{k}\lambda}\ldots\}$ charakterisiert. Die zugehörigen Energien sind

$$E = E_a + \sum_{\mathbf{k},\lambda} \hbar\omega_k n_{\mathbf{k}\lambda}.$$

Gl. (1) zeigt, daß beim Übergang ein Photon entsteht (Emission) und ein Photon vernichtet wird (Absorption). Wir wollen uns auf die Emission beschränken. Dazu berechnen wir zunächst den Übergang von einem Atomzustand a mit einer bestimmten Photonenbesetzung zu einem Atomzustand b mit einer Photonenbesetzung, bei der für ein $\mathbf{k}\lambda$ die Anzahl gegenüber dem Anfangszustand um 1 vermehrt ist. Dann trägt von der Summe in Gl. (1) nur der Term $\mathbf{k}\lambda$ bei. Wegen Gl. (33.28) ergibt sich

$$(\Phi_f, H'\Phi_i) = \frac{-e}{mc}\left(\frac{2\pi\hbar c^2}{\omega_k L^3}\right)^{1/2} \mathbf{e}^*_{\mathbf{k}\lambda}(\Phi_b, e^{-i\mathbf{k}\mathbf{R}}\mathbf{P}\Phi_a)\sqrt{n_{\mathbf{k}\lambda}+1}. \quad (2)$$

Dabei sind Φ_a, Φ_b Anfangs- und Endzustand des Atoms ohne Photonen. Die totale Übergangswahrscheinlichkeit beträgt nach Gl. (23.10)

$$w_{a\to b}(\text{total}) = \frac{e^2}{m^2c^2}\frac{1}{\hbar}\sum_{\mathbf{k},\lambda}\frac{2\pi c^2}{\omega_k L^3}|\mathbf{e}^*_{\mathbf{k}\lambda}\mathbf{M}_{ba}|^2(n_{\mathbf{k}\lambda}+1)f(\omega_{ba}+\omega) \quad (3)$$

mit $\mathbf{M}_{ba} = (\Phi_b, e^{-i\mathbf{k}\mathbf{R}}\mathbf{P}\Phi_a)$, $\quad \hbar\omega_{ba} = E_b - E_a < 0.$

Diese Formel enthält wegen der 1 in $n_{\mathbf{k}\lambda} + 1$ die spontane Emission. Für sie gewinnt man bei Übergang zu kontinuierlichen **k**-Werten

$$R_{a\to b}(\text{spontan}) = \frac{e^2}{m^2c^2}\frac{1}{\hbar}\sum_{\lambda}\int\frac{k^2dk\,d\Omega}{(2\pi)^3}L^3\frac{2\pi c^2}{\omega_k L^3}|(\mathbf{e}^*_{\mathbf{k}\lambda}\mathbf{M}_{ba})|^2\frac{1}{t}f(\omega_{ba}+\omega)$$

$$= \frac{e^2}{m^2c^2}\frac{1}{(2\pi)^2\hbar c}\sum_{\lambda}\int d\Omega\,\omega\,d\omega\,|(\mathbf{e}^*_{\mathbf{k}\lambda}\mathbf{M}_{ba})|^2\frac{1}{t}f(\omega_{ba}+\omega).$$

Für große t hat f(x) ein ausgeprägtes Maximum bei x = 0, das Integral $1/t \int f(x)dx$ hat den Wert 2π. Daher gilt

$$R_{a\to b}(\text{spontan}) = \frac{\omega_{ab}}{2\pi\hbar}\frac{e^2}{c^3m^2}\int d\Omega\sum_{\lambda}|(\mathbf{e}^*_{\mathbf{k}\lambda}\mathbf{M}_{ba})|^2_{\omega=\omega_{ab}}.$$

Die Summe über λ läßt sich wie vor Gl. (34.6) ausführen:

$$\sum_{\lambda}(\mathbf{M}^*\mathbf{e}_{\mathbf{k}\lambda})(\mathbf{e}^*_{\mathbf{k}\lambda}\mathbf{M}) = \mathbf{M}^*\mathbf{M} - (\mathbf{M}^*\hat{\mathbf{k}})(\hat{\mathbf{k}}\mathbf{M}), \qquad \hat{\mathbf{k}} = \frac{\mathbf{k}}{|\mathbf{k}|}.$$

In erster störungstheoretischer Näherung lautet die spontane Übergangsrate also

$$R_{a \to b}(\text{spontan}) = \frac{\omega_{ab}}{2\pi m^2 c^2} \frac{e^2}{\hbar c} \int d\Omega \, \{\mathbf{M}^*_{ba}\mathbf{M}_{ba} - (\mathbf{M}^*_{ba}\hat{k})(\hat{k}\mathbf{M}_{ba})\}_{kc=\omega_{ab}} \tag{4}$$

mit $\mathbf{M}_{ba} = (\Phi_b, e^{-i\mathbf{kR}}\mathbf{p}\Phi_a)$.

In Dipolnäherung $(\Phi_b, \mathbf{kR}\Phi_a) \ll 1$ ergibt sich mit $\mathbf{P}_{ba}\mathbf{P}^*_{ba} = m^2\omega^2_{ba}\mathbf{R}_{ba}\mathbf{R}^*_{ba}$ (s. Gl. (23.32)) mit $e\mathbf{R} = \mathbf{d}$

$$R_{a \to b}(\text{spontan, Dipolnäherung}) = \frac{\omega^3_{ab}}{2\pi\hbar c^3} \int d\Omega \, \{\mathbf{d}^*_{ba}\mathbf{d}_{ba} - (\mathbf{d}^*_{ba}\hat{k})(\hat{k}\mathbf{d}_{ba})\}$$

$$= \frac{\omega^3}{2\pi\hbar c^3} \frac{8\pi}{3} |\mathbf{d}_{ba}|^2. \tag{5}$$

Bei der Berechnung wurde das Integral

$$\int d\Omega(\mathbf{a}\hat{k})(\hat{k}\mathbf{b}) = \frac{4\pi}{3} \mathbf{ab}$$

benutzt, dessen Abhängigkeit von den konstanten Vektoren **a** und **b** aus der Drehinvarianz folgt und dessen Zahlenfaktor $\frac{4\pi}{3}$ aus dem Spezialfall $\mathbf{a} = \mathbf{b} = \mathbf{e}_z$ berechnet werden kann.

Aus Gl. (5) entnimmt man die Lebensdauer $\tau = R^{-1}$ aufgrund der spontanen Emission. Für das Wasserstoffatom und sichtbares Licht ergibt sich die Größenordnung

$$\tau_{\text{spontan}} \sim 10^{-8}\,\text{s}.$$

Die induzierte Emission beschreibt der Term proportional zu $n_{\mathbf{k}\lambda}$ in Gl. (3). Ist nur ein $n_{\mathbf{k}\lambda} \neq 0$, dann ist die Energie des Strahlungsfeldes $\hbar\omega_{\mathbf{k}\lambda}n_{\mathbf{k}\lambda}$, die Intensität $I = \hbar\omega_{\mathbf{k}\lambda}n_{\mathbf{k}\lambda}cL^{-3}$. Gl. (3) liefert $(E_a > E_b)$

$$w_{a \to b}(\text{induz.}) = \frac{2\pi e^2}{m^2 c\hbar^2\omega^2} I |(\Phi_b, e^{-i\mathbf{kR}}\mathbf{e}^*_{\mathbf{k}\lambda}\mathbf{P}\Phi_a)|^2 f(\omega_{ba} + \omega).$$

Dies stimmt wegen Gl. (23.18) mit Gl. (23.29) überein. Für die induzierte Emission liefert also die Quantisierung des elektromagnetischen Feldes in der ersten Ordnung der Störungstheorie keine Abweichung gegenüber der klassischen Behandlung des Feldes.

Übergänge können nur stattfinden, wenn $(\Phi_f, H'\Phi_i)$ nicht verschwindet. In Dipolnäherung ($e^{-i\mathbf{kR}} \to 1$) transformiert sich H' unter Drehungen der Atomkoordinaten wie ein Vektor (**P**). Nach dem Wigner-Eckart-Theorem (Gl. (25.20)) gilt dann die Auswahlregel $\ell_b = \ell_a \pm 1$. Da außerdem **P** die Parität ändert, muß $(-1)^{\ell_a} = -(-1)^{\ell_b}$ gelten. Zusammen liefert das als Auswahlregel in Dipolnäherung

$$\Delta\ell = \pm 1. \tag{6}$$

Will man die Drehimpuls- und Paritätsauswahlregeln allgemein diskutieren, so ist eine Zerlegung des Feldes nach Multipolen zweckmäßig. Sie führt auf Photonenzustände, die durch die Quantenzahlen von $\mathbf{J}^2$, J_z und die Parität charakterisiert sind anstelle des Impulses $\hbar\mathbf{k}$ und der Helizität λ.

Multipolentwicklung und Auswahlregeln

Wir fragen zunächst nach dem Transformationsverhalten von speziellen Vektorfeldern unter Drehungen. Die allgemeine Definition des mit der Drehung R transformierten Vektorfeldes $\mathbf{C}(\mathbf{r})$ lautet

$$\{\mathbf{C}(\mathbf{r})\}_R = R\mathbf{C}(R^{-1}\mathbf{r}). \tag{7}$$

Für das Vektorfeld $\mathbf{C}(\mathbf{r}) = \mathbf{r}$ gilt danach

$$\{\mathbf{r}\}_R = \mathbf{r}. \tag{8}$$

Das Feld $\mathbf{r}$ ist also unter Drehungen invariant, was auch anschaulich klar ist. Auch das Feld $\mathbf{r}f(r)$ ist invariant, ebenso $\nabla_r f(r) = \hat{r}f'(r)$. Ferner gilt

$$\{\mathbf{r}f(\mathbf{r})\}_R = \mathbf{r}f(R^{-1}\mathbf{r})$$

und $$\{\nabla_\mathbf{r} f(\mathbf{r})\}_R = \nabla_\mathbf{r} f(R^{-1}\mathbf{r}). \tag{9}$$

Mit Gl. (25.15) folgt

$$\{\mathbf{r}Y_{JM}(\hat{r})\}_R = \mathbf{r}Y_{JM}(R^{-1}\hat{r}) = \sum_{M'} \mathbf{r}Y_{JM'}(\hat{r})D^J_{M'M}(R).$$

Diese Felder bilden also eine (2J + 1)-dimensionale Darstellung der Drehgruppe (J ganz), sie gehören zu den Vektorkugelfunktionen.

Für die Entwicklung des divergenzfreien Vektorpotentials brauchen wir Multipolfelder, die divergenzfrei sind. Das ist zum Beispiel

$$\mathbf{U}_{JM}(\mathbf{r}) = \nabla \times \mathbf{r}Y_{JM}(\hat{r})f_J(r), \qquad \nabla \cdot \mathbf{U}_{JM}(\mathbf{r}) = 0. \tag{10}$$

Es gilt $$\{\mathbf{U}_{JM}(\mathbf{r})\}_R = \sum_{M'} \mathbf{U}_{JM'}(\mathbf{r})D^J_{M'M}(R). \tag{11}$$

Ein weiterer Satz ist

$$\mathbf{V}_{JM}(\mathbf{r}) = \nabla \times (\nabla \times \mathbf{r})Y_{JM}(\hat{r})g_J(r), \qquad \nabla \cdot \mathbf{V}_{JM} = 0, \tag{12}$$

er transformiert sich unter Drehungen wie $\mathbf{U}$.

Die beiden Sätze (10) und (12) sind unabhängig voneinander, da sie zu verschiedener Parität gehören. Die Paritätstransformation wird für ein polares Vektorfeld definiert als

$$\{\mathbf{C}(\mathbf{r})\}_\pi = -\mathbf{C}(-\mathbf{r}), \tag{13}$$

und für ein Feld mit der Parität τ gilt

$$\{\mathbf{C}_\tau(\mathbf{r})\}_\pi = \tau\mathbf{C}_\tau(\mathbf{r}). \tag{14}$$

Das Feld $\mathbf{r}$ hat die Parität +1, es geht in sich über unter der Paritätsoperation. Das gleiche gilt für $\nabla f(r)$.

Wegen $\quad Y_{JM}(-\hat{r}) = (-1)^J Y_{JM}(\hat{r})$

hat das Feld $\mathbf{U}$ in Gl. (10) die Parität $\tau = (-1)^{J+1}$, das Feld $\mathbf{V}_{JM}$ in Gl. (12) die Parität $\tau = (-1)^J$.

Divergenzfreie Felder lassen sich nach den U_{JM} und V_{JM} entwickeln. (Ein divergenzfreies Feld entspricht zwei skalaren Feldern, diese lassen sich nach den Y_{JM} entwickeln, s. Anhang 7.)

Wir wollen nun diese Felder U_{JM} und V_{JM} benutzen, um das Vektorpotential nach ihnen zu entwickeln. Dazu führen wir zunächst Felder zu fester Frequenz ein:

$$\mathbf{A}(\mathbf{r}, t) = \int_{-\infty}^{+\infty} d\omega e^{-i\omega t} \mathbf{A}_\omega(\mathbf{r}), \qquad \mathbf{A}_\omega^*(\mathbf{r}) = \mathbf{A}_{-\omega}(\mathbf{r}) \tag{15}$$

oder

$$\mathbf{A}(\mathbf{r}, t) = \int_0^\infty d\omega e^{-i\omega t} \mathbf{A}_\omega(\mathbf{r}) + \text{c.c.}\,. \tag{16}$$

Die Feldgleichung (33.5) führt zu

$$\Delta \mathbf{A}_\omega(\mathbf{r}) + k^2 \mathbf{A}_\omega(\mathbf{r}) = 0, \qquad kc = \omega. \tag{17}$$

Sollen die Standardfelder **U** und **V** diese Gleichung erfüllen, so muß wegen

$$\Delta = \frac{(\mathbf{r} \times \nabla)^2}{r^2} + \frac{1}{r}\frac{\partial^2}{\partial r^2} r \qquad \text{(s. Gl. (22.12/13))}$$

$$\left(\frac{-J(J+1)}{r^2} + \frac{1}{r}\frac{\partial^2}{\partial r^2} r + k^2\right) \begin{Bmatrix} f_J(r) \\ g_J(r) \end{Bmatrix} = 0 \qquad \text{für } r \neq 0 \tag{18}$$

gelten. Die Lösungen dieser Gleichung sind die halbzahligen Bessel-Funktionen $j_J(kr)$. Für kleine r gilt

$$j_J(kr) = (kr)^J + \ldots, \tag{19}$$

wie man durch Einsetzen sofort sieht. (Die andere Möglichkeit $f_J(r) = (kr)^{-J-1} + \ldots$ löst zwar Gl. (18), aber nicht Gl. 17).)

Die Standardfelder lauten somit

$$\mathbf{A}_{\omega JM\tau}(\mathbf{r}) = \text{const} \begin{cases} \frac{1}{k} \nabla \times (\nabla \times \mathbf{r}) Y_{JM}(\hat{\mathbf{r}}) j_J(kr) & \tau = (-1)^J \\ \nabla \times \mathbf{r} Y_{JM}(\hat{\mathbf{r}}) j_J(kr) & \tau = (-1)^{J+1}\,. \end{cases} \tag{20}$$

Der Feldoperator kann nach ihnen entwickelt werden:

$$\mathbf{A}_H(\mathbf{r}, t) = \int d\omega \sum_{J=1}^{\infty} \sum_{M=-J}^{+J} \sum_{\tau = \pm(-1)^J} \mathbf{A}_{\omega JM\tau}(\mathbf{r}) a_{\omega JM\tau} e^{-i\omega t} + \text{h.c.}, \tag{21}$$

$$\{\mathbf{A}_{\omega JM\tau}(\mathbf{r})\}_R = \sum_{m'} \mathbf{A}_{\omega JM'\tau}(\mathbf{r}) D^J_{M'M}(R),$$

$$\{\mathbf{A}_{\omega JM\tau}(\mathbf{r})\}_\pi =: -\mathbf{A}_{\omega JM\tau}(-\mathbf{r}) = \tau \mathbf{A}_{\omega JM\tau}(\mathbf{r})$$

mit

$$[a_{\omega JM\tau}, a^*_{\omega' J' M' \tau'}]_- = \delta(\omega - \omega')\delta_{JJ'}\delta_{MM'}\delta_{\tau\tau'}.$$

Der Operator $a^*_{\omega JM\tau}$ erzeugt ein Photon mit der Energie $\hbar\omega$, mit dem Drehimpulsquadrat $\hbar^2 J(J+1)$, mit der 3-Komponente des Drehimpulses $\hbar M$ und der Parität τ. Dabei gilt $J = 1, 2, \ldots, M = -J, \ldots, +J, \tau = \pm 1$.

Die Matrixelemente der Übergänge lauten damit

$$(\Phi_{(E,j,m_j\tau)_b}, A^*_{\omega JM\tau}(R)P\Phi_{(E,j,m_j\tau)_a}), \tag{22}$$

wenn die Atomzustände ebenfalls durch Energie, Gesamtdrehimpuls, 3-Komponente des Drehimpulses und Parität gekennzeichnet werden. Die Auswahlregeln haben die einfache Form

$$\begin{aligned} &E_a - E_b = \hbar\omega, \qquad |j_a - j_b| \leqslant J \leqslant j_a + j_b \\ &m_{ja} - m_{jb} = M, \qquad \tau_a\tau_b = \tau. \end{aligned} \tag{23}$$

Ist die Wellenlänge groß gegen die Atomdimensionen, also $(\Phi_b, kR\Phi_a) \ll 1$, so erkennt man an Gl. (19) und (20), daß die Übergangswahrscheinlichkeiten mit J abnehmen. Den niedrigsten Term in kR erhält man mit $J = 1$ und $\tau = (-1)^J$. Man nennt diesen Übergang, weil er nach Gl. (5) durch den Dipoloperator bestimmt ist, elektrischen Dipolübergang (E 1). Der Übergang mit $J = 1$ und $\tau = -(-1)^J$ heißt magnetischer Dipolübergang (M 1). Allgemein gilt für elektrische Übergänge (EJ)

$$(EJ): \qquad \tau_{EJ} = (-1)^J \qquad \omega_{a\to b} \sim |\{|\mathbf{P}|(kR)^{J-1}\}_{ba}|^2 \tag{24}$$

und für magnetische Übergänge (MJ)

$$(MJ): \qquad \tau_{MJ} = -(-1)^J \qquad \omega_{a\to b} \sim |\{|\mathbf{P}|(kR)^J\}_{ba}|^2.$$

III.2 Skalare Felder

Die fundamentalen Felder der klassischen Physik (elektromagnetisches Feld, Gravitationsfeld) sind keine skalaren Felder. Von daher ergibt sich nicht das Problem, skalare Felder zu quantisieren. Wir haben aber in § 32 gesehen, daß die nichtrelativistische Quantentheorie eines Systems von Elektronen in die Form einer zweikomponentigen Spinorfeldtheorie gebracht werden kann. Ganz analog kann man bei spinlosen Teilchen vorgehen, was dann zu einer skalaren einkomponentigen Feldformulierung führt, bei der wegen der total symmetrischen Zustände Kommutatoren anstelle von Antikommutatoren auftreten. Diese nichtrelativistische Quantenfeldtheorie soll im folgenden § 36 behandelt werden.

Wenn es auch keine fundamentalen klassischen skalaren Felder gibt, so kommen skalare Felder doch bei phänomenologischen Beschreibungen vor, etwa als Dichteschwankung in Flüssigkeiten. Eine Quantisierung dieses Feldes oder die Behandlung von Gitterschwingungen im Festkörper führt auf sogenannte Quasiteilchen wie z. B. Phononen, deren Energieimpulsbeziehung stark von derjenigen echter nichtrelativistischer Teilchen $E = p^2/2m$ abweicht. Das soll am Beispiel der Flüssigkeit bei niedrigen Temperaturen gezeigt werden.

Der letzte Paragraph dieses Kapitels ist der relativistischen Theorie skalarer massiver Teilchen gewidmet, in der neben den geladenen Teilchen auch immer Antiteilchen mit gleicher Masse und entgegengesetzter Ladung auftreten, eine Voraussage, die zuerst Dirac bei seiner relativistischen Behandlung des Elektrons (Spin 1/2) gemacht hatte und die dann durch die Entdeckung des Positrons bestätigt wurde.

§ 36 Nichtrelativistisches Quantenfeld für spinlose Teilchen

Statt einer Umschreibung des Vielteilchenproblems der Quantenmechanik spinloser Teilchen wollen wir den total symmetrischen Zustandsraum für beliebige Teilchenzahlen unmittelbar konstruieren im Anschluß an die Resultate für Elektronen (§ 32) und für Photonen (III.1). Die Äquivalenz mit der Vielteilchenquantenmechanik muß dann nachträglich gezeigt werden.

Zustandsraum und Feldoperator

Der Zustandsraum besitze die Basis

$$\Phi_{\mathbf{p}_1,\ldots,\mathbf{p}_n} = a^*(\mathbf{p}_1)\ldots a^*(\mathbf{p}_n)\Phi_0, \qquad n = 0, 1, 2, \ldots \tag{1}$$

mit $([A, B]_- := AB - BA)$

$$[a(\mathbf{p}), a^*(\mathbf{p}')]_- = \delta^3(\mathbf{p} - \mathbf{p}'), \qquad [a(\mathbf{p}), a(\mathbf{p}')]_- = 0 \tag{2}$$

und $a(\mathbf{p})\Phi_0 = 0.$ (3)

T e i l c h e n z a h l o p e r a t o r N, I m p u l s o p e r a t o r **P** und E n e r g i e o p e r a t o r H seien durch

$$N\Phi_{\mathbf{p}_1,\ldots,\mathbf{p}_n} = n\Phi_{\mathbf{p}_1,\ldots,\mathbf{p}_n}, \qquad N\Phi_0 = 0$$

$$\mathbf{P}\Phi_{\mathbf{p}_1,\ldots,\mathbf{p}_n} = \sum_{i=1}^{n} \mathbf{p}_i\Phi_{\mathbf{p}_1,\ldots,\mathbf{p}_n}, \qquad \mathbf{P}\Phi_0 = 0, \tag{4}$$

$$H\Phi_{\mathbf{p}_1,\ldots,\mathbf{p}_n} = \sum_{i=1}^{n} \frac{\mathbf{p}_i^2}{2m}\Phi_{\mathbf{p}_1,\ldots,\mathbf{p}_n}, \qquad H\Phi_0 = 0,$$

definiert. Wir wollen also Teilchen der Masse m mit der Energie $\mathbf{p}^2/2m$ beschreiben. Aus Gl. (4) folgt

$$[N, a^*(\mathbf{p})]_-\Phi_{\mathbf{p}_1,\ldots,\mathbf{p}_n} = \{(n+1) - n\}a^*(\mathbf{p})\Phi_{\mathbf{p}_1,\ldots,\mathbf{p}_n},$$

also $[N, a^*(\mathbf{p})]_- = a^*(\mathbf{p})$ und $[N, a(\mathbf{p})]_- = -a(\mathbf{p}).$ (5)

Daraus ergibt sich wegen $N\Phi_0 = 0$ eindeutig

$$N = \int d^3p\, a^*(\mathbf{p})a(\mathbf{p}).$$

Entsprechend gilt

$$[\mathbf{P}, a^*(\mathbf{p})]_- = \mathbf{p}a^*(\mathbf{p}), \qquad [\mathbf{P}, a(\mathbf{p})]_- = -\mathbf{p}a(\mathbf{p}) \tag{6}$$

und $$[H, a^*(\mathbf{p})]_- = \frac{\mathbf{p}^2}{2m}a^*(\mathbf{p}), \qquad [H, a(\mathbf{p})]_- = -\frac{\mathbf{p}^2}{2m}a(\mathbf{p}), \tag{7}$$

woraus $\mathbf{P} = \int d^3p\, \mathbf{p}a^*(\mathbf{p})a(\mathbf{p})$ und $H = \int d^3p \frac{\mathbf{p}^2}{2m} a^*(\mathbf{p})a(\mathbf{p})$

folgt. Damit ist die freie Theorie von spinlosen Teilchen der Energie $\mathbf{p}^2/2m$ vollständig beschrieben. Will man lokale Wechselwirkungen einführen (etwa elektromagnetische), so ist es zweckmäßig, einen ortsabhängigen Feldoperator einzuführen:

$$\varphi(\mathbf{r}) = \int d^3p \frac{e^{+\frac{i\mathbf{pr}}{\hbar}}}{(2\pi\hbar)^{3/2}} a(\mathbf{p}), \qquad a(\mathbf{p}) = \int d^3r \frac{e^{-\frac{i\mathbf{pr}}{\hbar}}}{(2\pi\hbar)^{3/2}} \varphi(\mathbf{r}). \tag{8}$$

Gl. (2) liefert die Vertauschungsrelationen

$$[\varphi(\mathbf{r}), \varphi(\mathbf{r}')]_- = 0, \qquad [\varphi(\mathbf{r}), \varphi^*(\mathbf{r}')]_- = \delta^3(\mathbf{r}-\mathbf{r}'). \tag{9}$$

Eine neue Basis des Zustandsraumes ist dann

$$\Phi_{\mathbf{r}_1,\ldots,\mathbf{r}_n} = \varphi^*(\mathbf{r}_1), \ldots, \varphi^*(\mathbf{r}_n)\Phi_0, \qquad \varphi(\mathbf{r})\Phi_0 = 0. \tag{10}$$

Gl. (5) liefert

$$[\varphi(\mathbf{r}), N]_- = \varphi(\mathbf{r}), \qquad N\Phi_0 = 0. \tag{11}$$

Dies bestimmt N eindeutig, da die Anwendung von N auf die Basis (10) damit bekannt ist. Aufgrund der Vertauschungsrelationen (9) erfüllt

$$N = \int d^3r \varphi^*(\mathbf{r})\varphi(\mathbf{r}) \tag{12}$$

Gl. (11):

$$[\varphi(\mathbf{r}'), N]_- = \int d^3r [\varphi(\mathbf{r}'), \varphi^*(\mathbf{r})]_- \varphi(\mathbf{r}) = \varphi(\mathbf{r}').$$

Aus Gl. (6) folgt

$$\begin{aligned} [\varphi(\mathbf{r}), \mathbf{P}]_- &= \int d^3p \frac{e^{\frac{i\mathbf{pr}}{\hbar}}}{(2\pi\hbar)^{3/2}} [a(\mathbf{p}), \mathbf{P}]_- \\ &= \int d^3p \mathbf{p} \frac{e^{\frac{i\mathbf{pr}}{\hbar}}}{(2\pi\hbar)^{3/2}} a(\mathbf{p}) = \frac{\hbar}{i} \nabla\varphi(\mathbf{r}), \qquad \mathbf{P}\Phi_0 = 0, \end{aligned} \tag{13}$$

was **P** als infinitesimalen Translationsoperator des skalaren Feldes zeigt,

$$e^{-\frac{i}{\hbar}\mathbf{Pb}} \varphi(\mathbf{r}) e^{+\frac{i}{\hbar}\mathbf{Pb}} = \varphi(\mathbf{r}+\mathbf{b}),$$

und die eindeutige Lösung

$$\mathbf{P} = \int d^3r \varphi^*(\mathbf{r}) \frac{\hbar}{i} \nabla\varphi(\mathbf{r}) = \int d^3r \varphi^*(\mathbf{r}) \underset{\sim}{\mathbf{p}} \varphi(\mathbf{r}) \tag{14}$$

besitzt. Analog gilt

$$H = \int d^3r \varphi^*(\mathbf{r}) \frac{\underset{\sim}{\mathbf{p}}^2}{2m} \varphi(\mathbf{r}). \tag{15}$$

Wechselwirkung

Nachdem der Hamilton-Operator in Gl. (15) als Integral über eine Dichte geschrieben ist, können nun lokale Wechselwirkungen mit einem äußeren elektromagnetischen Feld in der üblichen Weise eingeführt werden durch

$$H = \int d^3r\varphi^*(\mathbf{r}) \left\{ \frac{1}{2m}\left(\underset{\sim}{\mathbf{p}} - \frac{e}{c}\mathbf{A}\right)^2 + e\varphi_{\text{elm}} \right\} \varphi(\mathbf{r}), \tag{16}$$

wobei φ_{elm} das elektromagnetische Potential ist. Wir erkennen daran, daß $e\varphi^*(\mathbf{r})\varphi(\mathbf{r})$ der Operator der elektrischen Ladungsdichte ist und daß für den Operator der Gesamtladung gilt

$$Q = e \int d^3r\varphi^*(\mathbf{r})\varphi(\mathbf{r}) = eN. \tag{17}$$

Alle Teilchen haben also die gleiche Ladung.

Gl. (16) stellt einen Einteilchenoperator dar,

$$H =: \int d^3r\varphi^*(\mathbf{r})h^{(1)}(\mathbf{r}, \nabla)\varphi(\mathbf{r}) = \int d^3r \{h^{(1)}(\mathbf{r}, \nabla)\varphi(\mathbf{r})\}^*\varphi(\mathbf{r}),$$

denn in Anwendung auf die Basis (10) liefert er

$$\begin{aligned} H\Phi_{\mathbf{r}_1\ldots\mathbf{r}_n} &= \int d^3r \{h^{(1)}(\mathbf{r}, \nabla)\varphi(\mathbf{r})\}^*\varphi(\mathbf{r})\Phi_{\mathbf{r}_1\ldots\mathbf{r}_n} \\ &= \int d^3r \{h^{(1)}(\mathbf{r}, \nabla)\varphi(\mathbf{r})\}^* \sum_{i=1}^{n} \delta^3(\mathbf{r} - \mathbf{r}_i)\Phi_{\mathbf{r}_1\ldots\not{\mathbf{r}}_i\ldots\mathbf{r}_n} \\ &= \sum_{i=1}^{n} \{h^{(1)}(\mathbf{r}_i, \nabla_i)\}^*\Phi_{\mathbf{r}_1\ldots\mathbf{r}_i\ldots\mathbf{r}_n}. \end{aligned} \tag{18}$$

Ein typischer Zweiteilchenoperator beschreibt die Coulomb-Wechselwirkung zwischen den geladenen Teilchen:

$$H_c^{(2)} := \frac{1}{2} \int d^3r d^3r' \varphi^*(\mathbf{r})\varphi^*(\mathbf{r}') \frac{e^2}{|\mathbf{r} - \mathbf{r}'|} \varphi(\mathbf{r}')\varphi(\mathbf{r}). \tag{19}$$

Für sie ergibt sich wegen

$$\begin{aligned} \varphi^*(\mathbf{r})\varphi^*(\mathbf{r}')\varphi(\mathbf{r}')\varphi(\mathbf{r})\Phi_{\mathbf{r}_1\ldots\mathbf{r}_n} &= \varphi^*(\mathbf{r})\varphi^*(\mathbf{r}')\varphi(\mathbf{r}') \sum_{i=1}^{n} \delta^3(\mathbf{r} - \mathbf{r}_i)\Phi_{\mathbf{r}_1\ldots\not{\mathbf{r}}_i\ldots\mathbf{r}_n} \\ &= \varphi^*(\mathbf{r})\varphi^*(\mathbf{r}') \sum_{\substack{j=1 \\ j\neq i}}^{n} \sum_{i=1}^{n} \delta^3(\mathbf{r} - \mathbf{r}_i)\delta^3(\mathbf{r}' - \mathbf{r}_j)\Phi_{\mathbf{r}_1\ldots\not{\mathbf{r}}_i\ldots\not{\mathbf{r}}_j\ldots\mathbf{r}_n} \\ &= \sum_{\substack{i,j \\ i\neq j}} \delta^3(\mathbf{r} - \mathbf{r}_i)\delta(\mathbf{r}' - \mathbf{r}_j)\Phi_{\mathbf{r}_1\ldots\mathbf{r}_i\ldots\mathbf{r}_j\ldots\mathbf{r}_n} \end{aligned}$$

$$H_c^{(2)}\Phi_{\mathbf{r}_1\ldots\mathbf{r}_n} = \frac{1}{2} \sum_{\substack{i,j \\ i\neq j}} \frac{e^2}{|\mathbf{r}_i - \mathbf{r}_j|} \Phi_{\mathbf{r}_1\ldots\mathbf{r}_n}. \tag{20}$$

Äquivalenz mit der quantenmechanischen Vielteilchenbehandlung

Mit den Gln. (18) und (20) sind wir in der Lage, die Äquivalenz dieser Feldtheorie mit der Beschreibung durch Vielteilchenwellenfunktionen der Quantenmechanik zu zeigen. Ein allgemeiner Zustand des Systems im Schrödinger-Bild lautet

$$\Phi(t) = \sum_{n=1}^{\infty} \int d^3r_1 \ldots d^3r_n \psi(\mathbf{r}_1, \ldots, \mathbf{r}_n, t)\Phi_{\mathbf{r}_1 \ldots \mathbf{r}_n} + \psi_0(t)\Phi_0,$$

wobei die Wellenfunktionen ψ symmetrisch angesetzt werden sollen, da nur symmetrische Anteile zu Φ beitragen. Die Schrödinger-Gleichung

$$i\hbar\dot{\Phi}(t) = H\Phi(t)$$

schreibt sich für einen Hamilton-Operator, der die Summe von (16) und (19) ist, aufgrund der Gln. (18) und (20)

$$i\hbar\dot{\psi}(\mathbf{r}_1 \ldots \mathbf{r}_n, t) = \left\{ \sum_{i=1}^{n} h^{(1)}(\mathbf{r}_i, \nabla_i) + \frac{1}{2} \sum_{\substack{i,j \\ i \neq j}} \frac{e^2}{|\mathbf{r}_i - \mathbf{r}_j|} \right\} \psi(\mathbf{r}_1 \ldots \mathbf{r}_n, t), \tag{21}$$

$$i\hbar\dot{\psi}_0(\psi) = 0. \qquad n = 1, 2, \ldots .$$

Dies ist die Schrödinger-Gleichung für n spinlose Teilchen, die sich im äußeren elektromagnetischen Feld ($\mathbf{A}, \varphi_{elm}$) befinden und durch Coulombsche Wechselwirkung aneinander gekoppelt sind. Die feldtheoretische Formulierung mit einem Hamilton-Operator, der die Teilchenzahl erhält, ergibt also inhaltlich nichts Neues.

Feldgleichungen im Heisenberg-Bild

Für einen zeitunabhängigen Hamilton-Operator gilt

$$\varphi_H(\mathbf{r}, t) = e^{\frac{i}{\hbar}Ht} \varphi(\mathbf{r}) e^{-\frac{i}{\hbar}Ht} \tag{22}$$

und daher

$$i\hbar\dot{\varphi}_H(\mathbf{r}, t) = [\varphi_H, H]_- = e^{\frac{i}{\hbar}Ht} [\varphi(\mathbf{r}), H]_- e^{-\frac{i}{\hbar}Ht}.$$

Ist etwa H eine Summe des Einteilchenoperators $H^{(1)}$,

$$H^{(1)} = \int d^3r \varphi^*(\mathbf{r}) \left\{ \frac{\underline{p}^2}{2m} + V(\mathbf{r}) \right\} \varphi(\mathbf{r}),$$

und des Coulomb-Operators H_C in Gl. (19), dann gilt

$$i\hbar\dot{\varphi}_H(\mathbf{r}, t) = \left\{ \frac{\underline{p}^2}{2m} + V(\mathbf{r}) \right\} \varphi_H(\mathbf{r}, t) + \int d^3r' \frac{e^2 \varphi_H^*(\mathbf{r}', t)\varphi_H(\mathbf{r}', t)}{|\mathbf{r} - \mathbf{r}'|} \varphi_H(\mathbf{r}, t). \tag{23}$$

Dies ist eine nichtlineare Gleichung für den Operator φ_H. Der lineare Anteil entspricht der Gleichung für die Schrödingersche Wellenfunktion für ein Teilchen in Gl. (21). Wir könnten in Gl. (23) von der Operatoreigenschaft von $\varphi_H(\mathbf{r}, t)$ absehen und sie als eine „klassische Feldgleichung" auffassen. Dann würde die Quantisierung dieser „klassischen Feldgleichung" durch die Forderung kanonischer Vertauschungsrelationen für die kanonischen Variablen auf die hier behandelte Feldtheorie führen. Nur gibt es eben keine klassisch aufgestellte Feldgleichung (23) im Gegensatz zu den klassischen Maxwell-Gleichungen. Daher haben wir den Zugang von der Teilchenseite gewählt. Die resultierende Quantenfeldtheorie ist unabhängig vom Ausgangspunkt Teilchen oder Feld und verknüpft beide Aspekte. Die Anwendung dieser Feldtheorie ist auf Energien kleiner mc^2 beschränkt, da die nichtrelativistische Näherung $E = p^2/2m$ wesentlich benutzt wurde.

§ 37 Quasiteilchen am Beispiel einer schwach angeregten Flüssigkeit

Die klassische Beschreibung komplizierter Systeme geht oft nicht auf die fundamentalen Wechselwirkungen zurück, sondern macht phänomenologische Ansätze, die innerhalb bestimmter Parameterbereiche eine brauchbare Näherung darstellen. Dies gilt etwa für Schwingungen im Festkörper. In der harmonischen Näherung ist der Hamilton-Operator dann eine quadratische Form in den Impulsen und Koordinaten. Die Transformation auf Normalkoordinaten liefert ungekoppelte Gleichungen für sie. Die Quantisierung dieser endlich vielen ungekoppelten Oszillatoren führt zu äquidistanten Energiestufen $\hbar\omega_\alpha\left(n_\alpha + \frac{1}{2}\right)$ der einzelnen Oszillatoren. Dies erlaubt eine Interpretation als Vorhandensein von n_α Quanten der Sorte α (mode α). Man spricht von Elementaranregungen oder Quasiteilchen; bei Schallanregungen heißen sie Phononen. In der harmonischen Näherung ist der Festkörper ein „Gas" von unabhängigen Quasiteilchen, wobei diese mit den physikalischen Teilchen, die den Festkörper aufbauen, nicht verwechselt werden dürfen. Die Berücksichtigung anharmonischer Beiträge führt zur Streuung der Quasiteilchen. Beschreibt man Festkörper oder Flüssigkeit als Kontinuum, so liefert das eine Feldtheorie. Können die Abweichungen der Feldgrößen von ihren Mittelwerten als klein angesehen werden, so daß man in einer Entwicklung nur bis zu quadratischen Gliedern zu gehen braucht, so ergeben sich unendlich viele unabhängige Freiheitsgrade vom Typ eines Oszillators. Wir wollen dies an einer schwach angeregten Flüssigkeit studieren.

Klassische Behandlung

Das zu untersuchende skalare Feld in der Flüssigkeit soll die Massendichte $\rho(\mathbf{r}, t)$ sein. Die Abweichung vom Mittelwert bezeichnen wir mit $u(\mathbf{r}, t)$

$$\rho(\mathbf{r}, t) = \rho_0 + u(\mathbf{r}, t), \qquad \rho_0 = \frac{\int d^3r\,\rho(\mathbf{r}, t)}{\int d^3r}\,. \tag{1}$$

Die kinetische Energie der Flüssigkeit ist

$$E_{kin} = \int d^3r \frac{\rho}{2} v^2. \tag{2}$$

Wir behandeln eine schwach angeregte Flüssigkeit, so daß höhere als quadratische Glieder in u und v weggelassen werden können und die Strömung rotationsfrei ist:

$$\text{rot } \mathbf{v} = 0. \tag{3}$$

Die potentielle Energie ist allgemein ein Funktional der Dichte

$$E_{pot} = \mathscr{F}[\rho(\mathbf{r}, t)], \tag{4}$$

das wir nach u entwickeln:

$$E_{pot} = \mathscr{F}[\rho_0] + \int d^3r f_1(\mathbf{r}) u(\mathbf{r}, t) + \frac{1}{2} \int d^3r d^3r' f_2(\mathbf{r}, \mathbf{r}') u(\mathbf{r}, t) u(\mathbf{r}', t) + \ldots \tag{5}$$

Die Koeffizienten $f_1(\mathbf{r})$ und $f_2(\mathbf{r}, \mathbf{r}')$ sind für u = 0 zu berechnen, d. h. im Gleichgewichtszustand der Flüssigkeit. In diesem Zustand gibt es keine Abhängigkeiten von **r**, deshalb ist $f_1(\mathbf{r}) = \text{const}$. Wegen der Def. (1) verschwindet das Integral $\int d^3r u$ und damit der zweite Term in Gl. (5). Da im Gleichgewicht auch keine Richtung ausgezeichnet ist, gilt

$$f_2(\mathbf{r}, \mathbf{r}') = f(|\mathbf{r} - \mathbf{r}'|).$$

Unter Fortlassung einer uninteressanten Konstanten erhalten wir

$$E_{pot} = \frac{1}{2} \int d^3r d^3r' f(|\mathbf{r} - \mathbf{r}'|) u(\mathbf{r}) u(\mathbf{r}'). \tag{6}$$

Die Kontinuitätsgleichung

$$\text{div } \rho \mathbf{v} + \dot{\rho} = 0, \qquad \rho_0 \text{ div } \mathbf{v} + \dot{u} + \ldots = 0 \tag{7}$$

liefert den Zusammenhang zwischen den kleinen Größen **v** und **u**.

Der Einfachheit halber verlangen wir wie beim elektromagnetischen Feld Periodizität in den drei Ortskoordinaten mit der Periodizitätslänge L. Durch die Fourier-Transformation

$$u(\mathbf{r}, t) = \sum_{\mathbf{k}} \frac{e^{i\mathbf{k}\mathbf{r}}}{L^{3/2}} u_{\mathbf{k}}(t),$$

$$\mathbf{k} = \frac{2\pi}{L} \{n_x, n_y, n_z\}, \qquad n_{x,y,z} = 0, \pm 1, \pm 2, \ldots, \tag{8}$$

$$u_{\mathbf{k}}(t) = \int_{V = L^3} \frac{e^{-i\mathbf{k}\mathbf{r}}}{L^{3/2}} u(\mathbf{r}, t), \qquad u^*(\mathbf{r}, t) = u(\mathbf{r}, t), u_{\mathbf{k}} = u^*_{-\mathbf{k}}$$

wird die kontinuierliche Variable **r** zur diskreten **k**, was die formale Anwendung der Lagrangeschen Gleichungen erleichtert.

Die Fourier-Transformation der Gln. (7) und (3) ergibt

$$i\mathbf{k}\rho_0 \mathbf{v_k} + \dot{u}_\mathbf{k} = 0 \quad \text{und} \quad \mathbf{k} \times \mathbf{v_k} = 0,$$

also $$\mathbf{v_k} = \frac{\mathbf{k}}{k^2}\frac{i}{\rho_0}\dot{u}_\mathbf{k}.$$

Kinetische und potentielle Energie lassen sich damit durch $u_\mathbf{k}$ und

$$\tilde{f}_\mathbf{k} := \int d^3r e^{i\mathbf{kr}} f(|\mathbf{r}|), \qquad \tilde{f}_\mathbf{k} = L^{3/2} f_\mathbf{k}$$

ausdrücken:

$$E_{kin} = \frac{\rho_0}{2}\int d^3r \mathbf{v}^2 = \frac{\rho_0}{2}\sum_\mathbf{k} \mathbf{v_k v_{-k}} = \frac{1}{2\rho_0}\sum_\mathbf{k}\frac{1}{k^2}\dot{u}_\mathbf{k}\dot{u}_{-\mathbf{k}}, \tag{9}$$

$$E_{pot} = \frac{1}{2}\int d^3r d^3r' f(|\mathbf{r}-\mathbf{r}'|)u(\mathbf{r})u(\mathbf{r}') = \frac{1}{2}\sum_\mathbf{k}\tilde{f}_\mathbf{k} u_\mathbf{k} u_{-\mathbf{k}}. \tag{10}$$

Die Lagrange-Funktion $L = E_{kin} - E_{pot}$ liefert die Bewegungsgleichungen

$$\left(\frac{\partial L}{\partial \dot{u}_{-\mathbf{k}}}\right)^{\cdot} - \frac{\partial L}{\partial u_{-\mathbf{k}}} = \frac{1}{\rho_0}\frac{1}{k^2}\ddot{u}_\mathbf{k} + \tilde{f}_\mathbf{k} u_\mathbf{k} = 0$$

oder $$\ddot{u}_\mathbf{k} + \omega_\mathbf{k}^2 u_\mathbf{k} = 0 \qquad \text{mit } \omega_\mathbf{k} = +\sqrt{\rho_0 k^2 \tilde{f}_\mathbf{k}}. \tag{11}$$

Ist a die Reichweite der Wechselwirkung, verschwindet f(r) also praktisch für $r > a$, dann gilt

$$\tilde{f}_\mathbf{k} = \int d^3r e^{i\mathbf{kr}} f(r) \underset{ka \ll 1}{\approx} \int d^3r f(r) = \tilde{f}_0. \tag{12}$$

Schallausbreitung beruht auf Dichteschwankungen. Beim gewöhnlichen Schall sind die Wellenlängen $\lambda = 2\pi/k$ groß gegen a. Die Näherung (12) ist anwendbar und führt zu der linearen Abhängigkeit in der Dispersion (11)

$$\omega_\mathbf{k} = (\rho_0 \tilde{f}_0)^{1/2} k, \qquad ka \ll 1.$$

Für die Schallgeschwindigkeit v_{Sch} als Gruppengeschwindigkeit $d\omega/dk$ oder als Phasengeschwindigkeit ω/k erhält man

$$v_{Sch} = (\rho_0 \tilde{f}_0)^{1/2}. \tag{13}$$

Das Verhalten von $f_\mathbf{k}$ und damit von $\omega_\mathbf{k}$ ist also durch die mittlere Dichte ρ_0 und v_{Sch} bestimmt:

$$f_\mathbf{k} = \rho_0^{-1} v_{Sch}^2, \qquad \omega_\mathbf{k} = k v_{Sch}, \qquad \text{falls } ak \ll 1. \tag{14}$$

Unser Ziel ist die Quantisierung der klassischen Feldgleichungen (11). Wir gehen wie im Falle des elektromagnetischen Feldes vor und schreiben dazu die Energie (9) und (10) um:

$$E = E_{kin} + E_{pot} = \frac{1}{2\rho_0}\sum_\mathbf{k}\frac{1}{k^2}\{\dot{u}_\mathbf{k}\dot{u}_{-\mathbf{k}} + \omega_\mathbf{k}^2 u_\mathbf{k} u_{-\mathbf{k}}\} = \frac{1}{2\rho_0}\sum_\mathbf{k} b_\mathbf{k}^* b_\mathbf{k}\frac{1}{k^2}. \tag{15}$$

Dabei gilt analog Gl. (33.12)

$$b_{\mathbf{k}} = \omega_k u_{\mathbf{k}} + i\dot{u}_{\mathbf{k}}, \qquad \dot{b}_{\mathbf{k}} = -i\omega_k b_{\mathbf{k}}, \qquad b_{\mathbf{k}} + b^*_{-\mathbf{k}} = 2\omega_k u_{\mathbf{k}}.$$

Mit $\quad (k^2\rho_0)^{-1/2} b_{\mathbf{k}} = ip_{\mathbf{k}} + \omega_k q_{\mathbf{k}}$ (16)

ergibt sich die klassische Hamilton-Funktion unabhängiger Oszillatoren

$$H(\ldots p_{\mathbf{k}}, q_{\mathbf{k}} \ldots) = \frac{1}{2} \sum_{\mathbf{k}} (p_{\mathbf{k}}^2 + \omega_k^2 q_{\mathbf{k}}^2). \tag{17}$$

Quantisierung

Die Forderung der kanonischen Vertauschungsrelationen für die $p_{\mathbf{k}}$, $q_{\mathbf{k}}$ liefert mit

$$\sqrt{2\hbar\omega_k}\, a_{\mathbf{k}} = ip_{\mathbf{k}} + \omega_k q_{\mathbf{k}}$$

die V e r t a u s c h u n g s r e l a t i o n e n

$$[a_{\mathbf{k}}, a^*_{\mathbf{k}'}]_- = \delta_{\mathbf{k},\mathbf{k}'} \qquad [a_{\mathbf{k}}, a_{\mathbf{k}'}]_- = 0, \tag{18}$$

den Hamilton-Operator

$$H = \sum_{\mathbf{k}} \hbar\omega_k a^*_{\mathbf{k}} a_{\mathbf{k}}, \tag{19}$$

den F e l d o p e r a t o r

$$u(\mathbf{r}) = \sum_{\mathbf{k}} \left(\frac{\hbar k^2 \rho_0}{2\omega_k L^3}\right)^{1/2} e^{i\mathbf{kr}} (a_{\mathbf{k}} + a^*_{-\mathbf{k}}) \tag{20}$$

und den Z u s t a n d s r a u m der Anregungen

$$a^*_{\mathbf{k}_1} \ldots a^*_{\mathbf{k}_n} \Phi_G, \qquad a_{\mathbf{k}} \Phi_G = 0, \tag{21}$$

wobei Φ_G der Gleichgewichtszustand (ohne Anregungen) ist.

Beim Hamilton-Operator haben wir die Nullpunktsenergie $\frac{1}{2} \sum_{\mathbf{k}} \hbar\omega_k$ weggelassen, da die Energie des Gleichgewichtszustandes ohnehin schon weggelassen war. Der Hamilton-Operator in Gl. (19) ist damit als E n e r g i e o p e r a t o r d e r A n r e g u n g e n definiert:

$$H\Phi_G = 0. \tag{22}$$

Der I m p u l s o p e r a t o r lautet

$$\mathbf{P} = \sum_{\mathbf{k}} \hbar \mathbf{k} a^*_{\mathbf{k}} a_{\mathbf{k}}, \qquad \mathbf{P}\Phi_G = 0. \tag{23}$$

Die aus Gl. (18) folgende Vertauschungsrelation

$$[\mathbf{P}, u(\mathbf{r})]_- = -\frac{\hbar}{i} \nabla_r u(\mathbf{r}) \tag{24}$$

zeigt, daß der in Gl. (23) definierte Operator der infinitesimale Translationsoperator des Feldes ist.

Nach Gl. (19) und (23) erzeugt a_k^* ein Quant mit der Energie $\hbar\omega_k$ und dem Impuls $\hbar k$. Die Dispersionsbeziehung (11) ergibt den Zusammenhang zwischen Energie und Impuls der Quanten

$$\epsilon_p = \hbar\omega_k = p\sqrt{\rho_0 \tilde{f}_{p/\hbar}}\,. \tag{25}$$

Die Energie der Quanten zu gegebenem Impuls hängt also von der Wechselwirkung $\tilde{f}_k$ ab. Es gilt nach Gl. (14)

$$\epsilon_p = p v_{Sch} \qquad \text{für } p \ll \frac{\hbar}{a}.$$

In diesem Grenzfall heißen die Quasiteilchen daher Phononen.

Wie schon betont, beschreibt $\tilde{f}_k$ und also ω_k eine Eigenschaft des Gleichgewichtszustandes. Man kann ω_k durch die Korrelationsfunktion der Dichte in diesem Zustand

$$G(r, r') = (\Phi_G, u(r)u(r')\Phi_G) \tag{26}$$

ausdrücken:

$$G(r, r') = \sum_{k,k'} \frac{1}{L^3} e^{ikr - ik'r'} (\Phi_G, (a_k + a_{-k}^*)(a_{-k'} + a_{k'}^*)\Phi_G) \frac{\rho_0 \hbar k k'}{2\sqrt{\omega_k \omega_{k'}}}\,.$$

Unter Verwendung des Matrixelementes

$$(\Phi_G, a_k a_{k'}^* \Phi_G) = (\Phi_G, [a_k, a_{k'}^*]_- \Phi_G) = \delta_{kk'}$$

ergibt dies

$$G(r, r') = \sum_k \frac{1}{L^3} e^{ik(r-r')} \frac{\rho_0 \hbar k^2}{2\omega_k} =: G(r - r').$$

Damit lautet der Zusammenhang zwischen Dichte, Korrelationsfunktion und Frequenz ω_k

$$\tilde{G}_k = \int d^3\xi\, G(\xi) e^{ik\xi} = \frac{\rho_0 \hbar k^2}{2\omega_k}\,. \tag{27}$$

Die Funktion G(r) kann experimentell zum Beispiel aus der elastischen Neutronenstreuung an der Flüssigkeit ermittelt werden. Man mißt die sogenannte Strukturfunktion

$$S(|r - r'|) := \frac{1}{n_0} \langle (n(r) - n_0)(n(r') - n_0) \rangle = \frac{1}{n_0} \langle n(r) n(r') \rangle - n_0 \tag{28}$$

mit $n(r) = m^{-1}\rho(r)$. Bei dieser Definition wird über die Kontinuumstheorie hinausgegangen, indem eine Anzahldichte für Atome der Masse m eingeführt wird. Für die schwach angeregte Flüssigkeit gilt

$$S(|\mathbf{r}-\mathbf{r}'|) = \frac{1}{m\rho_0}(\Phi_G, (\rho(\mathbf{r})-\rho_0)(\rho(\mathbf{r}')-\rho_0)\Phi_G) = \frac{1}{m\rho_0} G(\mathbf{r}-\mathbf{r}') \tag{29}$$

und daher mit Gl. (27)

$$\omega_k = \frac{\hbar k^2}{2m\tilde{S}_k} \quad \text{oder} \quad \epsilon_p = \hbar\omega_k = \frac{p^2}{2m\tilde{S}_{p/\hbar}}. \tag{30}$$

Die Funktion $S(\mathbf{r}-\mathbf{r}')$ hat eine Singularität an der Stelle $\mathbf{r}=\mathbf{r}'$, wie schon aus ihrer Interpretation folgt: $\langle n(\mathbf{r})n(\mathbf{r}')\rangle d^3r'/\langle n(\mathbf{r})\rangle$ ist die Anzahl der Teilchen im Volumen d^3r', wenn sich ein Teilchen bei $\mathbf{r}$ befindet. In einer beliebig kleinen ϵ-Umgebung von $\mathbf{r}$ findet man stets das bei $\mathbf{r}$ fixierte Teilchen mit der Folge

$$\int_{|\mathbf{r}-\mathbf{r}'|<\epsilon} d^3r' \frac{1}{n_0}\langle n(\mathbf{r})n(\mathbf{r}')\rangle = 1 \quad \text{oder} \quad \frac{1}{n_0}\langle n(\mathbf{r})n(\mathbf{r}')\rangle = \delta^3(\mathbf{r}-\mathbf{r}') + g(\mathbf{r}-\mathbf{r}'), \tag{31}$$

wobei g von den anderen Teilchen herrührt und nicht singulär ist. Die Abspaltung der Delta-Funktion ergibt sich auch formal nach Einführung des Feldoperators $\varphi(\mathbf{r})$ der Atome (spinlos):

$$\begin{aligned}\langle n(\mathbf{r})n(\mathbf{r}')\rangle &= \langle \varphi^*(\mathbf{r})\varphi(\mathbf{r})\varphi^*(\mathbf{r}')\varphi(\mathbf{r}')\rangle \\ &= \langle \varphi^*(\mathbf{r})[\varphi(\mathbf{r})\varphi^*(\mathbf{r}')]_-\varphi(\mathbf{r}')\rangle + \langle \varphi^*(\mathbf{r})\varphi^*(\mathbf{r}')\varphi(\mathbf{r})\varphi(\mathbf{r}')\rangle \\ &= \delta^3(\mathbf{r}-\mathbf{r}')n_0 + n_0 g(\mathbf{r}-\mathbf{r}').\end{aligned}$$

Der zweite Term tritt zum Beispiel bei der Coulomb-Wechselwirkung in Gl. (36.19) und (36.20) auf; er enthält keine Selbstwechselwirkung der Teilchen.

Die Singularität von $S(\mathbf{r})$ bestimmt das Verhalten von $\tilde{S}_k$ für $k \to \infty$, da allgemein die Fourier-Transformierte glatter Funktionen asymptotisch verschwindet. Aus den Gln. (28) und (31) entnimmt man

$$\tilde{S}_k = \int d^3r S(\mathbf{r}) e^{i\mathbf{kr}} \underset{k\to\infty}{\to} \int d^3r \delta^3(\mathbf{r}) e^{i\mathbf{kr}} = 1. \tag{32}$$

Für kleine Werte k liefert Gl. (14) zusammen mit Gl. (30)

$$\tilde{S}_k = \frac{\hbar k}{2mv_{Sch}}, \qquad ak \ll 1. \tag{33}$$

Fig. 1 gibt eine Skizze des experimentellen Verlaufs von $\tilde{S}_k$ für ^4He aus elastischen Neutronenstreuungen. Die Lage des Hauptmaximums ist durch den Abstand der Atome bestimmt. Fig. 2 zeigt das experimentelle Anregungsspektrum $\epsilon(p)$ aus inelastischen Neutronenstreuungen. Man erkennt nach dem Phononenanteil $\epsilon = kv_{Sch}$ ein ausgeprägtes Minimum, das dem Maximum von $\tilde{S}_k$ nach Gl. (30) entspricht. Für einen genaueren Vergleich muß man auch Mehrfachanregungen berücksichtigen. Bei niedrigen Anregungsenergien sind nur Phononen vorhanden und Anregungen in der Nähe des Minimums. Letztere haben den Namen R o t o n e n bekommen. Man kann beide Anregungen als ein Gas mit zwei Sorten Quasiteilchen beschreiben.

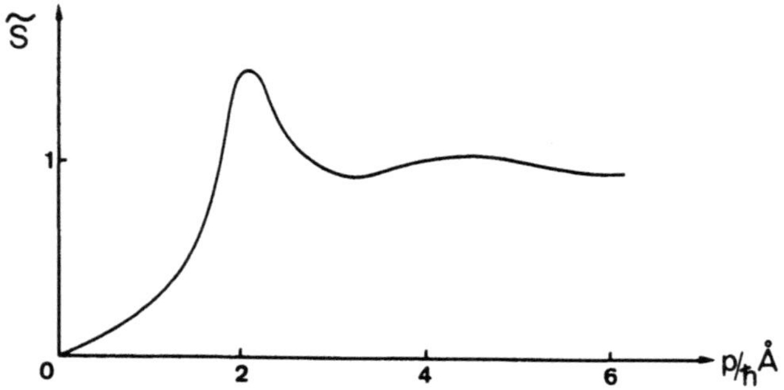

Fig. 1 Strukturfunktion von ^{4}He ($T \sim 1$ K)

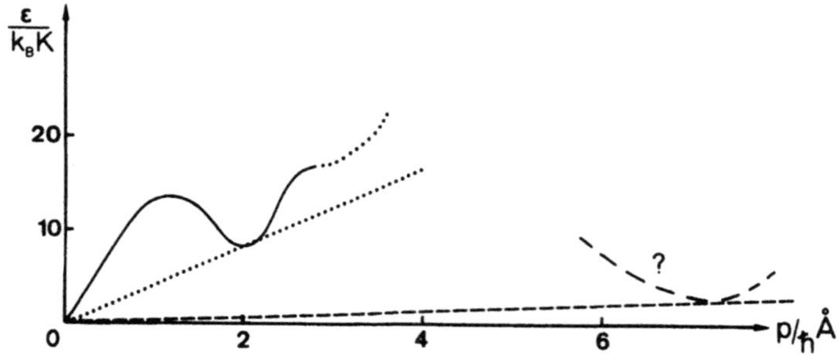

Fig. 2 Anregungsspektrum und kritische Geschwindigkeit
(k_B = Boltzmann-Konstante, K = Kelvin, 1 Å = 10^{-10}m)

Reibungsfreiheit (Superfluidität)

In flüssigem Helium (^{4}He) bei niedrigen Temperaturen ($T \to 0$) erleidet ein makroskopischer Körper bei seiner Bewegung durch die Flüssigkeit keine Reibung, falls die Geschwindigkeit unterhalb einer kritischen Geschwindigkeit v_c liegt. Keine Reibung bedeutet, daß die Flüssigkeit nicht angeregt wird. Wird ein Quasiteilchen mit dem Impuls $\mathbf{p}$ und der Energie $\epsilon(\mathbf{p})$ durch die Bewegung des Körpers der Masse M angeregt, so verliert der Körper den Impuls $\mathbf{p} = M\Delta\mathbf{v}$. Dabei nimmt seine Energie um den Betrag

$$\frac{Mv^2}{2} - \frac{M}{2}\left(v - \frac{p}{M}\right)^2 = vp - \frac{p^2}{2M}$$

ab. Diese Energie muß größer oder gleich der Energie der Anregung sein

$$vp - \frac{p^2}{2M} > \epsilon(p) \quad \text{oder} \quad v \cos \vartheta > \frac{\epsilon(p)}{p} + \frac{p}{2M}.$$

Anregungen können also nur stattfinden, wenn gilt

$$v > \left(\frac{\epsilon(p)}{p}\right)_{\text{Min}} =: v_c.$$

In Fig. 2 ist punktiert die Gerade $\epsilon(p)/p = \text{const} = \{\epsilon(p)/p\}_{\text{Min}}$ eingezeichnet, falls die punktierte Fortsetzung der Kurve oberhalb der Geraden liegt. Die kritische Geschwindigkeit ist in diesem Falle durch die Rotonen bestimmt. Experimentell ist die kritische Geschwindigkeit aber viel kleiner. Man schließt daher auf ein weiteres Minimum, das wahrscheinlich mit langen Wirbellinien zusammenhängt. Diese Vermutung und die zugehörige Gerade sind in der Figur gestrichelt eingezeichnet. Das Spektrum der Quasiteilchen ist also recht kompliziert.

Zum Schluß soll noch einmal betont werden, daß die hier gegebene Darstellung durch Quasiteilchen die Phänomene nur beschreibt und nicht auf fundamentale Wechselwirkungen zurückführt. Die Einführung der Quasiteilchen verknüpft aber viele experimentelle Daten durch wenige Annahmen, die ihrerseits durch Experimente gestützt sind.

§ 38 Relativistisches Feld spinloser massiver Teilchen, Antiteilchen

Eine Beschreibung spinloser Teilchen, die auch für Geschwindigkeiten bis zur Lichtgeschwindigkeit gültig ist, unterscheidet sich von derjenigen in § 36 primär durch die Ersetzung der Beziehung $E = \mathbf{p}^2/2m$ durch

$$E = (\mathbf{p}^2 c^2 + m^2 c^4)^{1/2} = mc^2 + \frac{\mathbf{p}^2}{2m} + \ldots . \tag{1}$$

Aber nicht nur diese Beziehung muß, wie es der Fall ist, invariant gegenüber Lorentz- bzw. Poincaré-Transformationen sein, sondern die gesamte Theorie muß unter diesen Transformationen in sich übergehen. Es ist deshalb angebracht, zunächst einiges über die Poincaré-Transformationen zusammenzustellen.

Poincaré- und Lorentz-Transformationen

Als Poincaré-Transformationen definieren wir lineare Transformationen der reellen Koordinaten x^μ

$$x'^\mu = \Lambda^\mu{}_\nu x^\nu + a^\mu; \qquad \Lambda^\mu{}_\nu,\ a^\mu \ \text{reell} \tag{2}$$

mit den Definitionen

$$\{x^\mu\} := \{ct, \mathbf{r}\} = \{x^0, x^k\}; \qquad \{x_\mu\} := \{x_0, x_k\} = \{x^0, -x^k\}$$

$$\text{oder} \qquad x_\mu =: g_{\mu\nu} x^\nu, \qquad x^\mu =: g^{\mu\nu} x_\nu, \qquad g^{\mu\nu} = g_{\mu\nu} = \begin{pmatrix} 1 & & & \\ & -1 & & \\ & & -1 & \\ & & & -1 \end{pmatrix}. \tag{3}$$

Dabei soll über doppelt vorkommende griechische Indizes stets summiert werden.

Die Transformationen $\Lambda^\mu{}_\nu$ beschreiben die homogenen Lorentz-Transformationen. Sie sollen das Skalarprodukt

$$x^\mu g_{\mu\nu} y^\nu = x^\mu y_\mu = xy \tag{4}$$

für beliebige x und y invariant lassen:

$$x'y' = \Lambda^\mu{}_\rho x^\rho g_{\mu\nu} \Lambda^\nu{}_\sigma y^\sigma \overset{!}{=} x^\rho g_{\rho\sigma} y^\sigma = xy. \tag{5}$$

Daher folgt mit den Matrizen L und G

$$\begin{aligned} &L := (\Lambda^\mu{}_\nu), \qquad G := (g_{\mu\nu}) \\ &L^T G L = G. \end{aligned} \tag{6}$$

Durch Bildung der Determinante ergibt sich

$$\det L = \pm 1, \tag{7}$$

durch Ausschreiben von G_{oo}

$$1 = G_{oo} = L_{\mu o} G_{\mu\nu} L_{\nu o} = L_{oo} G_{oo} L_{oo} - \sum_k L_{ko} G_{kk} L_{ko} = L_{oo}^2 - \sum_k (L_{ko})^2,$$

$$\text{also} \qquad L_{oo} \geqslant +1 \quad \text{oder} \quad L_{oo} \leqslant -1. \tag{8}$$

Für die Raumspiegelung $\{x'^\mu\} = \{x^0, -x^k\}$ bzw. die Zeitumkehr $\{x'^\mu\} = \{-x^0, x^k\}$ erhält man $\det L = -1$, $L_{oo} = 1$ bzw. $\det L = -1$, $L_{oo} = -1$.

Für die eigentlichen orthochronen Lorentz-Transformationen, die stetig mit der Einheit zusammenhängen und auf die wir uns beschränken wollen, muß wegen der Stetigkeit gelten

$$\det L = 1 \quad \text{und} \quad L_{oo} \geqslant 1. \tag{9}$$

Infinitesimale Lorentz-Transformationen setzen wir an als

$$L = 1 + G\epsilon + \ldots, \qquad \epsilon := (\epsilon_{\mu\nu}), \tag{10}$$

erhalten nach Gl. (6)

$$(1 + \epsilon^T G^T + \ldots) G (1 + G\epsilon + \ldots) = G$$

und daraus die Bedingungsgleichung für die Matrix ϵ

$$\epsilon^T + \epsilon = 0, \qquad \epsilon = 4 \times 4 \text{ Matrix}. \tag{11}$$

Die Transformationen hängen also von $(4^2 - 4)/2 = 6$ reellen Parametern ab, die Poincaré-Transformationen (2) von zehn Parametern. Sie bilden eine Gruppe, da u. a. das Produkt zweier Transformationen wieder die Bedingungsgleichung (6) erfüllt.

Aufbau des Zustandsraumes, Feldoperatoren

Zur Beschreibung von relativistischen spinlosen Teilchen der Masse m definieren wir wie in § 36 Erzeugungs- und Vernichtungsoperatoren und mit ihrer Hilfe eine Basis des Zustandsraumes

$$a^*(\mathbf{p}_1)\ldots a^*(\mathbf{p}_n)\Phi_0, \qquad a(\mathbf{p})\Phi_0 = 0, \tag{12}$$

$$[a(\mathbf{p}), a^*(\mathbf{p}')]_- = 2w\delta^3(\mathbf{p}-\mathbf{p}'), \qquad [a(\mathbf{p}_1), a(\mathbf{p}_2)] = 0,\ w = +\sqrt{m^2c^2+\mathbf{p}^2}. \tag{13}$$

Da der Operator $a^*(\mathbf{p})$ ein Teilchen vom Impuls $\mathbf{p}$ mit der Energie cw erzeugen soll, muß für die Operatoren N, **P**, H gelten

$$[N, a^*(\mathbf{p})]_- = a^*(\mathbf{p}), \qquad N\Phi_0 = 0,$$

$$[\mathbf{P}, a^*(\mathbf{p})]_- = \mathbf{p}a^*(\mathbf{p}), \qquad \mathbf{P}\Phi_0 = 0,$$

$$[H, a^*(\mathbf{p})]_- = cwa^*(\mathbf{p}), \qquad H\Phi_0 = 0.$$

Diese Relationen legen die Wirkung der Operatoren N, **P** und H auf die Basis fest. Aus ihnen gewinnt man mit Hilfe der Vertauschungsrelationen (13) die expliziten Ausdrücke

$$N = \int \frac{d^3p}{2w} a^*(\mathbf{p})a(\mathbf{p}), \tag{14}$$

$$\mathbf{P} = \int \frac{d^3p}{2w} \mathbf{p}a^*(\mathbf{p})a(\mathbf{p}), \tag{15}$$

$$H = \int \frac{d^3p}{2w} cwa^*(\mathbf{p})a(\mathbf{p}) \tag{16}$$

sowie
$$U(b_\mu)a^*(\mathbf{p})U^{-1}(b_\mu) = e^{\frac{ib_\mu p^\mu}{\hbar}} a^*(\mathbf{p}), \qquad p^\mu p_\mu = mc^2 \tag{17}$$

mit
$$U(b_\mu) = e^{\frac{i}{\hbar}P^\mu b_\mu}, \qquad P^\mu = \left\{\frac{H}{c}, \mathbf{P}\right\}. \tag{18}$$

Wir haben in Gl. (13) eine andere Normierung als in Gl. (36.2) gewählt, was natürlich nichts an dem physikalischen Inhalt der Theorie ändert. Die Wahl ist so getroffen, daß die rechte Seite der Kommutatoren (13) und damit z. B. das Skalarprodukt $(a^*(\mathbf{p})\Phi_0, a^*(\mathbf{p}')\Phi_0)$ lorentzinvariant ist. Das ermöglicht ein einfaches Transformationsverhalten der $a(\mathbf{p})$ und führt in den Gln. (14) bis (16) zu dem invarianten Maß $d^3p/2w$ auf der dreidimensionalen „Massenschale" $p^\mu p_\mu = m^2c^2$. Die Invarianz dieses Maßes folgt aus der Umformung $\left(\delta(\alpha x) = \frac{1}{|\alpha|}\delta(x)\right)$

$$\int \frac{d^3p}{2w}\ldots = \int d^4p\,\frac{\delta(p^0-w)}{2w}\ldots = \int d^4p\delta([p^0-w][p^0+w])\Theta(p^0)\ldots = \int d^4p\delta(p^2-m^2)\Theta(p^0)\ldots \tag{19}$$

mit $$\Theta(p^0) = \begin{cases} 1 & \text{für } p^0 > 0 \\ 0 & \text{für } p^0 < 0 \end{cases}, \tag{20}$$

die die Invarianz unter orthochronen eigentlichen Lorentz-Transformationen unmittelbar zeigt. Damit ist auch die zum Maß $d^3p/2w$ gehörige Deltafunktion $2w\delta^3(\mathbf{p} - \mathbf{p}')$ invariant:

$$\frac{d^3p'}{2w'} = \frac{d^3p}{2w}, \qquad 2w'\delta^3(\mathbf{p}_1' - \mathbf{p}_2') = 2w\delta^3(\mathbf{p}_1 - \mathbf{p}_2). \tag{21}$$

Man kann diese Gleichungen auch direkt nachrechnen (R 19). Fordern wir nun, daß die Operatoren $a(\mathbf{p})$ unter Lorentz-Transformationen in neue $\{a(\mathbf{p})\}_\Lambda$ übergehen, die ein Teilchen mit Impuls $\mathbf{\Lambda p}$ vernichten, also

$$\{a(\mathbf{p})\}_\Lambda = a(\mathbf{p}'), \qquad \{a^*(\mathbf{p})\}_\Lambda = a^*(\mathbf{p}'), \qquad p' := \Lambda p, \tag{22}$$

so gehen die Vertauschungsrelationen (13) bei dieser Transformation in sich über

$$\begin{aligned} \{[a(\mathbf{p}_1), a^*(\mathbf{p}_2)]_-\}_\Lambda &= [a(\mathbf{p}_1'), a^*(\mathbf{p}_2')]_- = \delta^3(\mathbf{p}_1' - \mathbf{p}_2')2w_1' \\ &= \delta^3(\mathbf{p}_1 - \mathbf{p}_2)2w_1 = [a(\mathbf{p}_1), a^*(\mathbf{p}_2)]_-. \end{aligned} \tag{23}$$

Außerdem gilt

$$\{a(\mathbf{p})\}_\Lambda \Phi_0 = a(\mathbf{p}')\Phi_0 = 0. \tag{24}$$

Mit dem Transformationsgesetz (22) sind die definierenden Relationen der Theorie vom Bezugssystem unabhängig, die Theorie genügt also den Anforderungen der speziellen Relativitätstheorie. Die Transformation (22) führt zu einer äquivalenten Beschreibung. Weil die Transformationen stetig aus der Identität hervorgehen, lassen sie sich nach § 18 unitär darstellen.

$$U(\Lambda)a(\mathbf{p})U^{-1}(\Lambda) = a(\overrightarrow{\Lambda p}). \tag{25}$$

Die sechs **E r z e u g e n d e n** $M^{\mu\nu}$ **d e r L o r e n t z - T r a n s f o r m a t i o n e n** definieren wir durch

$$\begin{aligned} &U(\Lambda) = 1 - \frac{i}{2\hbar}\epsilon_{\mu\nu}M^{\mu\nu} + \ldots, \qquad M^{\mu\nu} = -M^{\nu\mu}, \qquad M^{\mu\nu}\Phi_0 = 0, \\ &(\Lambda x)_\mu = x_\mu + \epsilon_{\mu\nu}x^\nu + \ldots, \qquad \epsilon_{\mu\nu} = -\epsilon_{\nu\mu}. \end{aligned} \tag{26}$$

Will man sie durch die Erzeugungs- und Vernichtungsoperatoren ausdrücken, so ist es bequem, statt $a(\mathbf{p})$ die von vier Variablen abhängige Größe $a(p)$ einzuführen mit $a(p)|_{p^0 = w} = a(\mathbf{p})$. Variationen von $a(\mathbf{p})$ unter der Nebenbedingung $p_0 = w$ sind dann durch Variationen von $a(p)$ bestimmt. Daher gilt mit $(\Lambda p)_\mu = p_\mu + \epsilon_{\mu\nu}p^\nu$

$$a(\overrightarrow{\Lambda p}) - a(\mathbf{p}) = \{a(\Lambda p) - a(p)\}_{p_0 = w} = \epsilon_{\mu\nu}p^\nu\partial^\mu a(p)|_{p_0 = w} + \ldots .$$

Einsetzen von Gl. (26) in Gl. (25) ergibt damit

$$-\frac{i}{2\hbar}[\epsilon_{\mu\nu}M^{\mu\nu}, a(\mathbf{p})]_- = \epsilon_{\mu\nu}p^\nu\partial^\mu a(p)|_{p^0 = w},$$

und da die Parameter $\epsilon_{\mu\nu} = -\epsilon_{\nu\mu}$ frei wählbar sind,

$$[M^{\mu\nu}, a(\mathbf{p})]_- = i\hbar(p^\nu\partial^\mu - p^\mu\partial^\nu)a(\mathbf{p})|_{p^0=w}.$$

Die mit $M^{\mu\nu}\Phi_0 = 0$ eindeutige Lösung dieses Kommutators lautet

$$M^{\mu\nu} = \int \frac{d^3p}{2w}\, a^*(\mathbf{p})i\hbar(p^\mu\partial^\nu - p^\nu\partial^\mu)a(\mathbf{p})|_{p^0=w}. \tag{27}$$

Das Verhalten unter Lorentz-Transformationen liest man daraus unmittelbar ab

$$U(\Lambda)M^{\mu\nu}U^{-1}(\Lambda) = (\Lambda^{-1})^\mu{}_{\mu'}(\Lambda^{-1})^\nu{}_{\nu'}M^{\mu'\nu'},$$

ebenso das von P^μ aufgrund der Gln. (15) und (16):

$$U(\Lambda)P^\mu U^{-1}(\Lambda) = (\Lambda^{-1})^\mu{}_{\mu'}P^{\mu'}.$$

Die Größen P^μ bzw. $M^{\mu\nu}$ transformieren sich also wie ein Vektoroperator bzw. ein Tensoroperator 2. Stufe.

Für infinitesimale $(\Lambda - 1)$ ergeben sich daraus und mit Gl. (26) die fundamentalen Vertauschungsrelationen der Erzeugenden der Poincaré-Gruppe:

$$\begin{aligned}
[M^{\mu\nu}, M^{\rho\sigma}]_- &= -i\hbar(g^{\mu\rho}M^{\nu\sigma} - g^{\nu\rho}M^{\mu\sigma} + g^{\mu\sigma}M^{\rho\nu} - g^{\nu\sigma}M^{\rho\mu}),\\
[M^{\mu\nu}, P^\rho]_- &= -i\hbar(g^{\mu\rho}P^\nu - g^{\nu\rho}P^\mu),\\
[P^\mu, P^\nu]_- &= 0.
\end{aligned} \tag{28}$$

Diese Kommutatoren hätten auch analog der Behandlung der Drehimpulsvertauschungsrelationen unmittelbar aus der Gruppenstruktur hergeleitet werden können.

Insgesamt haben wir damit eine lorentzinvariante Theorie wechselwirkungsfreier Teilchen der Masse m formuliert.

Die Einführung von Wechselwirkungen kann in diesem Rahmen lorentzinvariant erfolgen. Die einzige klassisch bekannte Wechselwirkung, die elektromagnetische, koppelt lokal an die Teilchen. Deshalb wird man auch von den zu erratenden anderen Wechselwirkungen versuchsweise Lokalität fordern. Dazu braucht man einen ortsabhängigen Feldoperator. In Analogie zur nichtrelativistischen Theorie führen wir wie in Gl. (36.8) zunächst den Feldoperator der freien Theorie

$$\varphi_+(\mathbf{r}) = \int \frac{d^3p}{2w} f_\mathbf{p}(\mathbf{r})a(\mathbf{p}); \qquad f_\mathbf{p}(\mathbf{r}) = \frac{1}{(2\pi\hbar)^{3/2}} e^{+\frac{i}{\hbar}\mathbf{pr}}, \tag{29}$$

bzw. mit Gl. (17)

$$\begin{aligned}
\varphi_+(x) &:= \varphi_{+H}(\mathbf{r}, t) = e^{\frac{i}{\hbar}Ht}\varphi_+(\mathbf{r})e^{-\frac{i}{\hbar}Ht} = \int \frac{d^3p}{2w} f_\mathbf{p}(\mathbf{r})e^{-\frac{ix_0p^0}{\hbar}}a(\mathbf{p}) = \int \frac{d^3p}{2w} f_\mathbf{p}(x)a(\mathbf{p}),\\
f_\mathbf{p}(x) &= \left.\frac{e^{-\frac{i}{\hbar}p^\mu x_\mu}}{(2\pi\hbar)^{3/2}}\right|_{p^0=w}
\end{aligned} \tag{30}$$

ein.

Unter Translationen in Raum und Zeit gilt nach Gl. (18)

$$U(b_\mu)\varphi_+(x)U^{-1}(b_\mu) = \varphi_+(x+b), \tag{31}$$
$$[P_\mu, \varphi_+(x)]_- = -i\hbar\partial_\mu\varphi_+(x),$$

unter Lorentz-Transformationen nach Gl. (25) und wegen $f_{\mathbf{p}}(x) = f_{\overrightarrow{\Lambda p}}(\Lambda x)$

$$U(\Lambda)\varphi_+(x)U^{-1}(\Lambda) = \int \frac{d^3p}{2w} f_{\mathbf{p}}(x)a(\Lambda p) = \varphi_+(\Lambda x),$$
$$[M^{\mu\nu}, \varphi_+(x)]_- = -i\hbar(x^\mu\partial^\nu - x^\nu\partial^\mu)\varphi_+(x). \tag{32}$$

Der eingeführte Feldoperator transformiert sich also unter Poincaré-Transformationen wie ein skalares Feld.

Die Feldgleichung für $\varphi_+(x)$ folgt aus Gl. (30)

$$i\hbar\frac{\partial}{\partial t}\varphi_+(x) = -[H, \varphi_+(x)]_- = \int\frac{d^3p}{2w} f_{\mathbf{p}}(x)cwa(\mathbf{p})$$
$$= c\sqrt{m^2c^2 + \left(\frac{\hbar}{i}\nabla_{\mathbf{r}}\right)^2}\,\varphi_+(x). \tag{33}$$

Sie ist nicht lokal: die Zeitableitung am Orte $\mathbf{r}$ hängt nicht nur vom Feld in infinitesimaler Umgebung von $\mathbf{r}$ ab. Das macht die Einführung einer lokalen Wechselwirkung schwierig.

Die Vertauschungsrelationen lauten

$$[\varphi_+(x), \varphi_+(x')]_- = 0,$$
$$[\varphi_+(x), \varphi_+^*(x')]_- = \int\frac{d^3p}{2w}\frac{d^3p'}{2w'} f_{\mathbf{p}}(x)f_{\mathbf{p}'}^*(x')[a(\mathbf{p}), a^*(\mathbf{p}')]_-$$
$$= \int\frac{d^3p}{2w}\left.\frac{e^{-\frac{i}{\hbar}p(x-x')}}{(2\pi\hbar)^3}\right|_{p_0=w}. \tag{34}$$

Die rechte Seite der letzten Gleichung ist eine invariante Funktion, sie verschwindet nicht für raumartige Abstände, wie man an dem Spezialfall $x_0 - x_0' = 0$, $\mathbf{x} - \mathbf{x}' \neq 0$ sieht. Ein Kommutator, der für raumartigen Abstand verschwindet, wird oft lokal genannt. Hängen nämlich zwei Observable $Q_{1,2}(x)$ vom Feldoperator nur an der Stelle x ab, dann kommutieren diese lokalen Observablen für raumartige Abstände, falls der Feldkommutator lokal ist. Messungen zweier lokaler Observabler bei raumartigem Abstand beeinflussen sich also unter dieser Voraussetzung nicht. Wirkungen können sich dann nicht mit Überlichtgeschwindigkeit ausbreiten, weshalb man auch von kausalen Kommutatoren lokaler Observabler spricht.

Das Feld $\varphi_+(x)$ ist weder bezüglich der Feldgleichung (33) noch bezüglich des Kommutators (34) lokal.

Will man an der Forderung der Lokalität festhalten, so kann man zur iterierten Gl. (33) übergehen:

$$(i\hbar\partial_t)^2\varphi_+(x) = i\hbar\partial_t c\sqrt{m^2c^2 - \hbar^2\Delta}\,\varphi_+(x) = c^2(m^2c^2 - \hbar^2\Delta)\varphi_+(x)$$

oder $$(\partial^\mu\partial_\mu + \kappa^2)\varphi_+(x) = 0, \qquad \kappa = \frac{mc}{\hbar}. \tag{35}$$

Dies ist die Klein-Gordon-Gleichung, die schon in § 3 eine Rolle spielte. Sie ist lokal und enthält x und t in symmetrischer Weise, so daß die Lorentz-Invarianz evident ist. Sie ist nicht äquivalent zu Gl. (33): neben den Lösungen von Gl. (33) genügen auch alle Lösungen von

$$i\hbar\frac{\partial}{\partial t}\varphi = -c\sqrt{m^2c^2 - \hbar^2\Delta}\,\varphi \tag{36}$$

der Gl. (35). Die Größen $\varphi_+(x)$ als Lösungen von Gl. (33) zusammen mit $\{\varphi_+(x)\}^*$ als Lösungen von Gl. (36) schöpfen die Lösungsmannigfaltigkeit von Gl. (35) aus. Die Zahl der Freiheitsgrade hat sich also beim Übergang zur Klein-Gordon-Gleichung verdoppelt. Will man diese Verdoppelung vermeiden, ohne die lokale Gl. (35) aufzugeben, so kann man die Nebenbedingung

$$\varphi^*(x) = \varphi(x) \tag{37}$$

stellen, also

$$\varphi(x) = \varphi_+(x) + \{\varphi_+(x)\}^*$$

ansetzen. Führt man die elektromagnetische Wechselwirkung in der üblichen Weise durch die Ersetzung $\partial_\mu \to \partial_\mu + \frac{ie}{\hbar c}A_\mu$ ein,

$$\left(\partial_\mu + \frac{ie}{\hbar c}A_\mu\right)\left(\partial^\mu + \frac{ie}{\hbar c}A^\mu\right)\varphi + \kappa^2\varphi = 0,$$

so ist die neue Gleichung nur für e = 0 mit der Forderung (37) verträglich, das heißt, die Teilchen sind ungeladen.

Der Feldoperator für ungeladene Teilchen lautet also

$$\varphi(x) = \int\frac{d^3p}{2w}\{a(\mathbf{p})f_{\mathbf{p}}(x) + a^*(\mathbf{p})f_{\mathbf{p}}^*(x)\}. \tag{38}$$

Das entspricht völlig dem Feldoperator $A_\mu(x)$ in Gl. (34.1), der ebenfalls Teilchen (Photonen) ohne Ladungen beschreibt. Der Kommutator (34) ist für das Feld (38) lokal, wie man unmittelbar aus den Vertauschungsrelationen (13) oder als Spezialfall aus der folgenden Gl. (45) entnehmen kann.

Antiteilchen als Folge lokaler Feldgleichungen für geladene Teilchen

Will man Ladungen zulassen, so muß man die Bedingung (37) aufgeben und die allgemeinste Lösung der Klein-Gordon-Gleichung (35) ansetzen:

$$\varphi(x) = \alpha\varphi_+(x) + \beta\{\varphi'_+(x)\}^*,$$
$$\varphi_+(x) = \int \frac{d^3p}{2w} f_p(x)a(p), \qquad \varphi'_+(x) = \int \frac{d^3p}{2w} f_p(x)b(p). \tag{39}$$

Als unabhängige Freiheitsgrade sollen die Operatoren b mit den Operatoren a vertauschen:

$$[a(p), b(p')]_- = 0, \qquad [a(p)b^*(p')]_- = 0, \qquad [a(p), a(p')]_- = [b(p)b(p')]_- = 0,$$
$$[a(p), a^*(p')]_- = [b(p), b^*(p')]_- = 2w\delta^3(p-p'). \tag{40}$$

Die durch b^* erzeugten Teilchen haben nach Konstruktion dieselbe Masse und denselben Spin, nämlich Null, wie die durch a^* erzeugten Teilchen. Als freie Teilchen unterscheiden sich die beiden Sorten also nicht, wir werden aber sehen, daß sie entgegengesetzte Ladungen haben. Man nennt die b-Teilchen deshalb Antiteilchen.
Der Zustandsraum besitzt die Basis

$$a^*(p_1)a^*(p_2)\dots a^*(p_{n_a})b^*(p'_1)\dots b^*(p'_{n_b})\Phi_0, \qquad n_a, n_b = 0, 1, 2\dots$$
$$a(p)\Phi_0 = b(p)\Phi_0 = 0. \tag{41}$$

Die Erzeugenden der Poincaré-Gruppe addieren sich

$$P^\mu = \int \frac{d^3p}{2w} p^\mu\{a^*(p)a(p) + b^*(p)b(p)\}$$
$$= P^\mu_{(a)} + P^\mu_{(b)}, \qquad p^0 = w, \tag{42}$$

$$M^{\mu\nu} = M^{\mu\nu}_{(a)} + M^{\mu\nu}_{(b)}. \tag{43}$$

Der Feldoperator $\varphi(x)$ ist nach Gl. (39) nicht additiv

$$\varphi(x) = \int \frac{d^3p}{2w} \{\alpha f_p(x)a(p) + \beta f^*_p(x)b^*(p)\}. \tag{44}$$

Die Vertauschungsrelationen lauten für ihn

$$[\varphi(x), \varphi^*(x')]_- = \int \frac{d^3p}{2w} \frac{1}{(2\pi\hbar)^3} \left\{|\alpha|^2 e^{-\frac{i}{\hbar}p(x-x')} - |\beta|^2 e^{\frac{i}{\hbar}p(x-x')}\right\}. \tag{45}$$

Die rechte Seite $R(x-x') = R(\xi)$ ist lorentzinvariant: $R(\Lambda\xi) = R(\xi)$. Falls $|\alpha|^2 = |\beta|^2$ gesetzt wird, verschwindet sie aus Symmetriegründen ($p \to -p$) für $\xi_0 = 0$ und damit im ganzen raumartigen Bereich $\xi^2 < 0$, da man jeden Punkt dieses Bereiches durch eine Lorentz-Transformation auf $\xi_0 = 0$ transformieren kann. Der Feldoperator ist daher für $|\alpha| = |\beta|$ lokal. Die Phasen von α, β kann man in a und b hineindefinieren. Bis auf einen (beliebigen) Vorfaktor erhält man also einen lokalen Feldoperator nur durch die Definition

$$\varphi(x) = \int \frac{d^3p}{2w} \{f_p(x)a(p) + f_p^*(x)b^*(p)\}, \tag{46}$$

$$[\varphi(x), \varphi^*(x')]_- = \int \frac{d^3p}{2w} \frac{1}{(2\pi\hbar)^3} \left\{ e^{-\frac{i}{\hbar}p(x-x')} - e^{\frac{i}{\hbar}p(x-x')} \right\} =: i\Delta(x-x'),$$

$$[\varphi(x), \varphi(x')]_- = 0, \qquad \Delta(\xi) = 0 \qquad \text{für } \xi^2 < 0.$$

Aus der Lokalität des Kommutators (45) für den Feldoperator (46) folgt die Kausalität für lokale Observable wie z. B. $\varphi^*(x)\varphi(x)$. Durch Einführung von Antiteilchen und eine geeignete Definition eines von Ort und Zeit abhängigen Feldoperators haben wir also eine lokale und kausale Theorie formuliert. Die experimentelle Suche nach den geforderten Antiteilchen war ausnahmslos erfolgreich. Dies ist eine wichtige Bestätigung für die Forderung der Lokalität und Kausalität einer Feldtheorie.

Spin und Statistik

Man kann sich die Frage stellen, ob spinlose Teilchen auch mit Hilfe von Antikommutatoren wie im Falle der Elektronen beschrieben werden können. Würde bei einer solchen Quantisierung der Antikommutator der Felder für raumartigen Abstand verschwinden, so würde etwa für $Q(x) := \varphi^*(x)\varphi(x)$ der Kommutator $[Q(x), Q(y)]_-$, wie zu fordern, kausal sein. Die Theorie wäre in diesem Punkt akzeptabel. Wegen $[a(p), a^*(p')]_\mp = \mp [b^*(p), b(p')]_\mp = 2w\delta^3(p-p')$ verschwindet aber nach Gl. (45) der entsprechende Antikommutator des Feldes

$$[\varphi(x), \varphi^*(x')]_+ = \frac{1}{(2\pi\hbar)^3} \int \frac{d^3p}{2w} \left\{ |\alpha|^2 e^{\frac{i}{\hbar}p(x-x')} + |\beta|^2 e^{-\frac{i}{\hbar}p(x-x')} \right\} \tag{47}$$

für raumartigen Abstand $x - x'$ bei keiner Wahl von $(\alpha, \beta) \neq (0, 0)$. Deshalb müssen Antikommutatoren als fundamentale Vertauschungsrelationen der Erzeugungs- und Vernichtungsoperatoren ausgeschlossen werden. Dies ist ein Spezialfall des allgemeinen Zusammenhangs von Spin und Statistik, wonach Teilchen mit ganzzahligem Spin Bosonen und Teilchen mit halbzahligem Spin Fermionen sein müssen. Er ist in der Natur ausnahmslos realisiert.

Eichtransformationen und verallgemeinerte Ladungen

Wenn man auch Feldoperatoren als Lösungen der Klein-Gordon-Gleichung (35) zuläßt, die nicht hermitesch sind, kann man eine sogenannte *globale Eichtransformation*

$$\varphi(x) \to e^{i\alpha}\varphi(x), \qquad \alpha \text{ reelle Konstante} \tag{48}$$

vornehmen, unter der die Theorie in sich übergeht. Die Eichtransformation der Operatoren a und b lautet, falls komplexe Zahlen unverändert bleiben,

$$a(p) \to e^{i\alpha}a(p), \qquad b^*(p) \to e^{i\alpha}b^*(p). \tag{49}$$

Neben der Bewegungsgleichung und den Vertauschungsrelationen bleibt auch die Vakuumbedingung (41) invariant. Es handelt sich also um eine äquivalente Beschreibung, die durch eine unitäre Transformation dargestellt wird:

$$U(\alpha)a(\mathbf{p})U^{-1}(\alpha) = e^{i\alpha}a(\mathbf{p}), \qquad U(\alpha)b^*(\mathbf{p})U^{-1}(\alpha) = e^{i\alpha}b^*(\mathbf{p}), \ U(\alpha)\Phi_0 = \Phi_0,$$
$$U =: e^{-iQ\alpha}, \qquad Q\Phi_0 = 0. \tag{50}$$
$$[Q, a^*(\mathbf{p})]_- = a^*(\mathbf{p}), \qquad [Q, b^*(\mathbf{p})]_- = -b^*(\mathbf{p}).$$

Die Erzeugende Q nennt man v e r a l l g e m e i n e r t e L a d u n g. Aufgrund der Vertauschungsrelationen erzeugt a^* ein Teilchen mit der Ladung 1 und b^* ein Teilchen mit der Ladung -1. Die Gln. (50), (41) und (40) bestimmen Q eindeutig zu

$$Q = \int \frac{d^3p}{2w} \{a^*(\mathbf{p})a(\mathbf{p}) - b^*(\mathbf{p})b(\mathbf{p})\}. \tag{51}$$

Zu den Ladungen gehören Ströme, die der Kontinuitätsgleichung genügen

$$Q = \int d^3x j_0(x), \qquad \partial^\mu j_\mu(x) = 0. \tag{52}$$

Der Strom ist leicht zu erraten. Da die Bewegungsgleichung (35) von zweiter Ordnung in den Ableitungen ist, muß der Strom, wenn die Kontinuitätsgleichung eine Folge der Bewegungsgleichungen sein soll, schon eine Ableitung enthalten. Außerdem muß er hermitesch sein. Man findet

$$j'_\mu(x) = i\hbar[\varphi^*(x)\,\partial_\mu\varphi(x) - \{\partial_\mu\varphi(x)\}^*\varphi(x)] =: \varphi^*(x)i\hbar\overleftrightarrow{\partial}_\mu\varphi(x),$$
$$\partial^\mu j'_\mu(x) = 0, \qquad Q' = \int d^3x j'_0(x). \tag{53}$$

Will man Q' durch die Erzeugungs- und Vernichtungsoperatoren nach Gl. (46) ausdrücken, so treten dabei Integrale

$$\int d^3x f^*_{\mathbf{p}}(x) i\hbar\overleftrightarrow{\partial}_0 f_{\mathbf{p}'}(x) =: (f_{\mathbf{p}}, f_{\mathbf{p}'}) \tag{54}$$

auf, die sich aufgrund der Definition (29) berechnen lassen:

$$(f_{\mathbf{p}}, f_{\mathbf{p}'}) = \int d^3x(w + w') \frac{e^{-\frac{i}{\hbar}(p'-p)x}}{(2\pi\hbar)^3} = 2w\delta^3(\mathbf{p} - \mathbf{p}'),$$
$$(f^*_{\mathbf{p}}, f^*_{\mathbf{p}'}) = -(f_{\mathbf{p}}, f_{\mathbf{p}'}), \qquad (f^*_{\mathbf{p}'}, f_{\mathbf{p}'}) = 0. \tag{55}$$

Damit ergibt sich zusammen mit Gl. (53)

$$Q' = \int \frac{d^3p}{2w} \{a^*(\mathbf{p})a(\mathbf{p}) - b(\mathbf{p})b^*(\mathbf{p})\}, \qquad Q'\Phi_0 \neq 0.$$

Vertauscht man hier b mit b^*, so daß alle Erzeugungsoperatoren in Q links von den Vernichtungsoperatoren stehen, und führt dafür das übliche Symbol der N o r m a l - o r d n u n g

$$: b(\mathbf{p})b^*(\mathbf{p}') : = b^*(\mathbf{p}')b(\mathbf{p}) \tag{56}$$

ein, so erhält man mit Gl. (51) für den Ladungsoperator

$$Q = \int d^3x : \varphi^*(x) i\hbar \overleftrightarrow{\partial}_0 \varphi(x) :, \qquad Q\Phi_0 = 0. \tag{57}$$

Der zugehörige Stromoperator ist daher definiert als

$$j_\mu(x) = : \varphi^*(x) i\hbar \overleftrightarrow{\partial}_\mu \varphi(x) :. \tag{58}$$

Für hermitesche Felder ist der Strom Null in Einklang damit, daß diese Felder neutrale Teilchen beschreiben.

An wechselwirkungsfreien Teilchen läßt sich die Ladung nicht beobachten. Ein vorgegebenes äußeres elektromagnetisches Feld A_μ koppelt aber an den Strom in der Form $ej_\mu A^\mu$, wodurch die elektrische Ladung e zu messen ist. Für den elektromagnetischen Strom und die elektrische Ladung gilt daher

$$Q_{elm} = e \int \frac{d^3p}{2w} \{a^*(\mathbf{p})a(\mathbf{p}) - b^*(\mathbf{p})b(\mathbf{p})\}, \tag{59}$$

$$j^\mu_{elm} = e : \varphi^*(x) i\hbar \overleftrightarrow{\partial}^\mu \varphi(x) :.$$

Antiteilchen sind experimentell nachgewiesen worden. Unter den Teilchen vom Spin Null bilden zum Beispiel die geladenen π-Mesonen ein Paar von Teilchen und Antiteilchen. Ihre Ladungen betragen e und $-$e, ihre Massen sind gleich. Zum ungeladenen π^0-Meson gibt es kein Antiteilchen, das sich im Vorzeichen einer verallgemeinerten Ladung unterscheidet. Der Feldoperator des π^0-Mesons ist daher hermitesch anzusetzen. Auch zu elektrisch neutralen Teilchen kann es Antiteilchen geben. Das K^0-Meson hat eine verallgemeinerte Ladung, die man strangeness nennt, vom Wert +1. Sein Antiteilchen ist das $\bar{K}^0$-Meson mit der strangeness -1.

Diskrete Symmetrien

Die Quantenfeldtheorie freier spinloser Teilchen ist charakterisiert durch die Klein-Gordon-Gleichung (35)

$$(\partial^\mu \partial_\mu + \kappa^2)\varphi(x) = 0,$$

die Vertauschungsrelationen (46)

$$[\varphi(x), \varphi(x')]_- = 0$$

$$[\varphi(x), \varphi^*(x')]_- = \int \frac{d^3p}{2w} \frac{1}{(2\pi\hbar)^3} \left\{ e^{-\frac{i}{\hbar}p(x-x')} - e^{\frac{i}{\hbar}p(x-x')} \right\} = i\Delta(x-x')$$

und die Vakuumbedingung (41)

$$a(\mathbf{p})\Phi_0 = b(\mathbf{p})\Phi_0 = 0.$$

Dabei sind die Erzeugungs- und Vernichtungsoperatoren durch Gl. (46)

$$\varphi(x) = \int \frac{d^3p}{2w} \{a(\mathbf{p}) f_{\mathbf{p}}(x) + b^*(\mathbf{p}) f^*_{\mathbf{p}}(x)\}$$

bestimmt mit der aus Gl. (55) folgenden Umkehr

$$a(\mathbf{p}) = (f_{\mathbf{p}}, \varphi), \qquad b(\mathbf{p}) = (f_{\mathbf{p}}, \varphi^*). \tag{60}$$

Die Größen $(f_{\mathbf{p}}, \varphi)$ sind, wie es sein muß, nicht von der Koordinate x_0 abhängig. Die hier zusammengefaßten Gleichungen gehen unter einer Reihe von diskreten Substitutionen in sich über bzw. in Relationen, bei denen statt der komplexen Zahlen ihre konjugiert komplexen stehen.

a) R a u m s p i e g e l u n g. Für ein skalares Feld ist die Raumspiegelung durch

$$\{\varphi(x)\}_\pi := \varphi(x^0, -x^k) \tag{61}$$

definiert. Die Invarianz der Gl. (35) unter dieser Substitution ist evident, die der Vertauschungsrelationen (46) erkennt man durch Umbenennung von **p** in −**p** im Integral. Für die Vernichtungsoperatoren erhält man nach Gl. (60)

$$\{a(\mathbf{p})\}_\pi = (f_{\mathbf{p}}, \{\varphi\}_\pi) = a(-\mathbf{p}), \qquad \{b(\mathbf{p})\}_\pi = b(-\mathbf{p}). \tag{62}$$

Daher geht auch die Vakuumbedingung (41) in sich über. Es gibt somit einen unitären Operator Π mit den Eigenschaften

$$\begin{aligned} &\Pi\varphi(x)\Pi^{-1} = \varphi(x^0, -x^k) \\ &\Pi a(\mathbf{p})\Pi^{-1} = a(-\mathbf{p}), \qquad \Pi b(\mathbf{p})\Pi^{-1} = b(-\mathbf{p}), \qquad \Pi\Phi_0 = \Phi_0, \end{aligned} \tag{63}$$

wodurch er im ganzen Zustandsraum definiert ist.

Ob in einer wechselwirkenden Theorie die Gleichungen unter Raumspiegelungen invariant sind, muß im einzelnen geprüft werden. Bei den neutralen π-Mesonen muß in Gl. (61) ein Minuszeichen angebracht werden, damit die Theorie der Pion-Nukleon-Wechselwirkung in sich übergeht. Das bedeutet, daß das Feld der π-Mesonen kein skalares sondern ein pseudoskalares Feld ist. Man sagt auch, die π-Mesonen haben die E i g e n p a r i t ä t −1.

b) I n v e r s i o n. Bei der durch

$$\{\varphi(x)\}_I := \varphi(-x) \tag{64}$$

definierten Inversion ist die Invarianz der Bewegungsgleichung sofort zu sehen, der Kommutator aber geht ins konjugiert Komplexe über, es kann sich also höchstens um eine antiunitäre Transformation handeln. Für die Vernichtungsoperatoren erhält man wegen $f_{\mathbf{p}}(-x) = f^*_{\mathbf{p}}(x)$

$$\begin{aligned} &\{a(\mathbf{r})\}_I = \int_{x^0} d^3x \{f^*_{\mathbf{p}}(x) i\overleftrightarrow{\partial}_0\}^* \{\varphi(x)\}_I = \int d^3x f^*_{\mathbf{p}}(-x)\, i^* \overleftrightarrow{\partial}_0 \varphi(-x) = a(\mathbf{p}), \\ &\{b(\mathbf{p})\}_I = b(\mathbf{p}). \end{aligned} \tag{65}$$

Damit geht auch die Vakuumbedingung in sich über und es gibt einen antiunitären Operator $\bar{I}$, der durch die definierenden Relationen

$$\bar{I}\varphi(x)\bar{I}^{-1} = \varphi(-x),$$
$$\bar{I}a(\mathbf{p})\bar{I}^{-1} = a(\mathbf{p}), \qquad \bar{I}b(\mathbf{p})\bar{I}^{-1} = b(\mathbf{p}), \qquad \bar{I}\Phi_0 = \Phi_0 \tag{66}$$

eindeutig bestimmt ist.

c) Zeitumkehr oder Bewegungsumkehr. Die Substitution für die Zeitumkehr

$$\{\varphi(x)\}_T := \varphi(-x^0, x^k) \tag{67}$$

läßt sich aus den vorhergehenden Transformationen I und Π zusammensetzen. Das Resultat ist die Existenz eines antiunitären Operators mit den folgenden Eigenschaften

$$\begin{aligned} &\bar{T}\varphi(x)\bar{T}^{-1} = \varphi(-x^0, x^k),\\ &\bar{T}a(\mathbf{p})\bar{T}^{-1} = a(-\mathbf{p}), \qquad \bar{T}b(\mathbf{p})\bar{T}^{-1} = b(-\mathbf{p}), \qquad \bar{T}\Phi_0 = \Phi_0. \end{aligned} \tag{68}$$

Daß die Bewegungsumkehr durch einen antiunitären Operator dargestellt wird, hatten wir schon in Gl. (21.15) für den nichtrelativistischen Fall gesehen.

d) Teilchen-Antiteilchen-Konjugation. Eine die Koordinaten nicht betreffende Transformation ist die Teilchen-Antiteilchen-Konjugation, die durch

$$\begin{aligned} &\{a(\mathbf{p})\}_C := b(\mathbf{p}), \qquad \{b(\mathbf{p})\}_C := a(\mathbf{p}),\\ \text{d. h.}\quad &\{\varphi(x)\}_C := \varphi^*(x) \end{aligned} \tag{69}$$

definiert ist. Unter ihr gehen Bewegungsgleichung, Vertauschungsrelationen und Vakuumbedingung in sich über. Für den unitären Operator C, der durch

$$Ca(\mathbf{p})C^{-1} = b(\mathbf{p}), \qquad Cb(\mathbf{p})C^{-1} = a(\mathbf{p}), \qquad C\Phi_0 = \Phi_0 \tag{70}$$

definiert ist, gilt

$$C\varphi(x)C^{-1} = \varphi^*(x). \tag{71}$$

Wir hatten gesehen, daß Teilchen und Antiteilchen entgegengesetzte elektrische Ladung besitzen. Bei Einbeziehung der elektromagnetischen Wechselwirkung muß daher wegen dieses Vorzeichenwechsels

$$\{A_\mu(x)\}_C = -A_\mu(x)$$

gesetzt werden, um die C-Symmetrie zu erreichen.

e) Θ-Transformation. Die Transformation

$$\{\varphi(x)\}_\Theta := \varphi^*(-x) \tag{72}$$

setzt sich aus $\bar{T}$, Π und C zusammen. Sie wird deshalb durch einen antiunitären Operator $\bar{\Theta}$ bewirkt:

$$\bar{\Theta}\varphi(x)\bar{\Theta}^{-1} = \varphi^*(-x). \tag{73}$$

Diese Transformation wird hier erwähnt, weil man für lorentzinvariante lokale Theorien die Existenz des Operators $\bar{\Theta}$ auch bei Wechselwirkung allgemein zeigen kann (sogenanntes CPT-Theorem). Eine experimentell festgestellte Verletzung der Θ-Symmetrie hätte also für die Quantenfeldtheorie schwerwiegende Folgen. Die bisher beobachteten Verletzungen von T, Π und C sind alle von der Art, daß die Θ-Symmetrie erhalten bleibt. Die Θ-Symmetrie ermöglicht die Definition von Antiteilchen auch dann, wenn die C-Symmetrie verletzt ist.

III.3 Relativistische Quantenfeldtheorie für massive Teilchen vom Spin 1/2

Die in der Natur vorkommenden Teilchen vom Spin 1/2 (z. B. Elektronen und Nukleonen) können Geschwindigkeiten von nahezu Lichtgeschwindigkeit besitzen. Diese Geschwindigkeiten können künstlich in Beschleunigern erzeugt werden, sie kommen aber auch u. a. als kosmische Strahlung und in heißen Objekten wie Sternen natürlich vor. In solchen Situationen muß die Beschreibung den Forderungen der speziellen Relativitätstheorie genügen. Da durch die Wechselwirkung bei hohen Energien auch immer Antiteilchen entstehen, handelt es sich im Prinzip um eine Vielteilchenbeschreibung. Die Veränderung der Teilchenzahl macht eine feldtheoretische Beschreibung notwendig.

Wir folgen damit nicht den bahnbrechenden Arbeiten von Dirac, in denen die relativistische Gleichung für das Elektron, die sogenannte Dirac-Gleichung, als Einteilchengleichung aufgestellt, das Antielektron oder Positron als Elektronenzustand negativer Energie vorausgesagt und die Paarbildung von Teilchen und Antiteilchen mit Hilfe des Pauli-Prinzips und der „Dirac-See" erklärt wurde. Wir haben ohnehin im § 38 gesehen, daß Antiteilchen auch für Bosonen existieren, die nicht dem Pauli-Prinzip unterworfen sind.

Teilchen vom Spin 1/2 spielen eine fundamentale Rolle, weil man im Prinzip aus ihnen beliebige Spins aufbauen kann einschließlich Spin 0. Diese mathematische Eigenschaft findet unter Umständen in der Natur eine Entsprechung. Mit Ausnahme der masselosen Teilchen mit der Helizität 1, wie zum Beispiel Photonen, lassen sich alle bisher beobachteten Erscheinungen durch sogenannte Quarks und Leptonen beschreiben, die alle den Spin 1/2 besitzen.

§ 39 Spin 1/2-Teilchen ohne Wechselwirkung

Zustandsraum

Wegen der Forderung der relativistischen Invarianz der Theorie müssen die Poincaré-Transformationen im Zustandsraum unitär dargestellt werden:

$$U(T_b) = e^{ib_\mu P^\mu}; \qquad U(\Lambda), \qquad \text{speziell } U(R_\alpha) = e^{-\frac{i}{\hbar}\alpha J}. \tag{1}$$

Die Einteilchenzustände mit Impuls $p = 0$ sollen sich unter Drehungen nach der zweidimensionalen Darstellung $D^{1/2}(R)$ transformieren, weil Teilchen vom Spin 1/2 beschrieben werden sollen. Für diese Zustände gilt daher nach Gl. (20.19)

$$\mathbf{P}\Phi_{\mathbf{0}\sigma} = 0, \qquad P^0\Phi_{\mathbf{0}\sigma} = mc\Phi_{\mathbf{0}\sigma}, \qquad \sigma = \pm 1, \tag{2}$$

$$J_3\Phi_{\mathbf{0}\sigma} = \frac{\hbar}{2}\sigma\Phi_{\mathbf{0}\sigma}, \qquad \mathbf{J}^2\Phi_{\mathbf{0}\sigma} = \hbar^2 s(s+1)\Phi_{\mathbf{0}\sigma}, \qquad s = \frac{1}{2},$$

$$U(R)\Phi_{\mathbf{0}\sigma} = \sum_{\sigma'} \Phi_{\mathbf{0}\sigma'} D^{1/2}_{\sigma'\sigma}(R) = \sum_{\sigma'} \Phi_{\mathbf{0}\sigma'} \left\{ e^{-\frac{i\alpha\sigma}{2}} \right\}_{\sigma'\sigma}. \tag{3}$$

Gl. (2) gibt an, daß es sich um Teilchen der Masse m handelt.

Alle anderen Einteilchenzustände gewinnt man durch Anwendung von Lorentz-Transformationen auf $\Phi_{\mathbf{0}\sigma}$. Um vom Impuls $\mathbf{0}$ zum Impuls $\mathbf{p}$ zu kommen, kann man eine drehungsfreie Lorentz-Transformation (boost) $L_\mathbf{p}$ in Richtung $\mathbf{p}$ ausführen.

$$L_\mathbf{p}\tilde{p} := p, \qquad \{\tilde{p}^\mu\} := \{mc, \mathbf{0}\}, \qquad (L_\mathbf{p}x)_{\perp\mathbf{p}} = (x)_{\perp\mathbf{p}}. \tag{4}$$

Die Translationsoperatoren P^μ transformieren sich unter Lorentz-Transformationen wie ein Vierer-Vektor $(U^{-1}(\Lambda)U(T_b)U(\Lambda) = U(\Lambda^{-1}T_b\Lambda))$

$$U^{-1}(\Lambda)P^\mu U(\Lambda) = (\Lambda P)^\mu.$$

Daher gilt

$$P^\mu U(L_\mathbf{p})\Phi_{\mathbf{0}\sigma} = U(L_\mathbf{p})(L_\mathbf{p}P)^\mu\Phi_{\mathbf{0}\sigma} = U(L_\mathbf{p})(L_\mathbf{p}\tilde{p})^\mu\Phi_{\mathbf{0},\sigma} = p^\mu U(L_\mathbf{p})\Phi_{\mathbf{0}\sigma}.$$

Das erlaubt die Definition

$$\Phi_{\mathbf{p}\sigma} = U(L_\mathbf{p})\Phi_{\mathbf{0}\sigma}, \qquad P^\mu\Phi_{\mathbf{p}\sigma} = p^\mu\Phi_{\mathbf{p}\sigma}, \tag{5}$$

die den Index σ auch an Zuständen mit $\mathbf{p} \neq 0$ erklärt. Er beschreibt für $\mathbf{p} \neq 0$ nicht die Spinkomponente in 3-Richtung.

Für allgemeine Lorentz-Transformationen Λ ergibt sich

$$\begin{aligned} U(\Lambda)\Phi_{\mathbf{p}\sigma} &= U(\Lambda)U(L_\mathbf{p})\Phi_{\mathbf{0}\sigma} = U(L_{\Lambda\mathbf{p}})U(L^{-1}_{\Lambda\mathbf{p}})U(\Lambda)U(L_\mathbf{p})\Phi_{\mathbf{0}\sigma} \\ &= U(L_{\Lambda\mathbf{p}})U(L^{-1}_{\Lambda\mathbf{p}}\Lambda L_\mathbf{p})\Phi_{\mathbf{0}\sigma}. \end{aligned} \tag{6}$$

Die Transformation $L^{-1}_{\Lambda\mathbf{p}}\Lambda L_\mathbf{p}$ ist eine Drehung $R(\Lambda, p)$, da sie den Vektor $\tilde{p}$ in sich überführt:

$$L^{-1}_{\Lambda\mathbf{p}}\Lambda L_\mathbf{p}\tilde{p} = L^{-1}_{\Lambda\mathbf{p}}\Lambda p = \tilde{p}.$$

Damit schreibt sich Gl. (6) bei Verzicht auf den festen Index 1/2 an D

$$U(\Lambda)\Phi_{\mathbf{p}\sigma} = U(L_{\Lambda\mathbf{p}}) \sum_{\sigma'} \Phi_{\mathbf{0}\sigma'} D_{\sigma'\sigma}(R(\Lambda, p)) = \sum_{\sigma'} \Phi_{\Lambda\mathbf{p},\sigma'} D_{\sigma'\sigma}(R(\Lambda, p)) \tag{7}$$

$$R(\Lambda, p) = L^{-1}_{\Lambda\mathbf{p}}\Lambda L_\mathbf{p}, \qquad p^2 = m^2c^2.$$

Der Einteilchenzustandsraum

$$\{\Phi_{\mathbf{p}\sigma}\}, \qquad \mathbf{p} \text{ bel.}, \qquad \sigma = \pm 1, \qquad P^\mu P_\mu \Phi_{\mathbf{p}\sigma} = m^2c^2\Phi_{\mathbf{p}\sigma},$$

ist nach Gl. (7) invariant unter Poincaré-Transformationen und läßt sich aus einem Zustand durch Lorentz-Transformationen erzeugen. Er charakterisiert ein Teilchen vom Spin 1/2 mit der Masse m.

Der gesamte Zustandsraum für beliebige Teilchenzahlen wird mit Hilfe von Erzeugungs- und Vernichtungsoperatoren durch die Basis

$$\Phi_{\mathbf{p}_1\sigma_1\ldots\mathbf{p}_n\sigma_n} = a^*_{\sigma_1}(\mathbf{p}_1)\ldots a^*_{\sigma_n}(\mathbf{p}_n)\Phi_0, \qquad a_\sigma(\mathbf{p})\Phi_0 = 0 \tag{8}$$

gegeben mit

$$[a_\sigma(\mathbf{p}), a^*_{\sigma'}(\mathbf{p}')]_+ = 2w\delta^3(\mathbf{p}-\mathbf{p}')\delta_{\sigma\sigma'}, \qquad w = +\sqrt{m^2c^2+\mathbf{p}^2}, \tag{9}$$

$$[a_\sigma(\mathbf{p}), a_{\sigma'}(\mathbf{p}')]_+ = 0$$

und $\Phi_{\mathbf{p}\sigma} = a^*_\sigma(\mathbf{p})\Phi_0.$

Hier sind Antikommutatoren gefordert, wodurch die Zustände total antisymmetrisch werden im Einklang mit der nichtrelativistischen Theorie für Spin 1/2-Teilchen.

Nach Gl. (7) soll für Poincaré-Transformationen gelten

$$U(\Lambda)a^*_\sigma(\mathbf{p})U^{-1}(\Lambda) = \sum_{\sigma'} a^*_{\sigma'}(\Lambda\mathbf{p})D_{\sigma'\sigma}(R(\Lambda,p)), \qquad U(\Lambda)\Phi_0 = 0 \tag{10}$$

und wegen Gl. (5)

$$[P^\mu, a^*_\sigma(\mathbf{p})]_- = p^\mu a^*_\sigma(\mathbf{p}), \qquad p^2 = m^2c^2, \qquad P^\mu\Phi_0 = 0$$

oder $$U(T_b)a^*_\sigma(\mathbf{p})U^{-1}(T_b) = e^{+ib_\mu p^\mu}a^*_\sigma(\mathbf{p}), \qquad U(T_b)\Phi_0 = \Phi_0. \tag{11}$$

Aus den Gln. (11) und (9) folgt die explizite Form für den Impulsoperator

$$P^\mu = \sum_\sigma \int \frac{d^3p}{2w}\, p^\mu a^*_\sigma(\mathbf{p})a_\sigma(\mathbf{p}), \tag{12}$$

aus der Definition

$$N\Phi_{\mathbf{p}_1\sigma_1\ldots\mathbf{p}_n\sigma_n} = n\Phi_{\mathbf{p}_1\sigma_1\ldots\mathbf{p}_n\sigma_n}$$

die Form

$$N = \sum_\sigma \int \frac{d^3p}{2w}\, a^*_\sigma(\mathbf{p})a_\sigma(\mathbf{p}) \tag{13}$$

für den Teilchenzahloperator.

Damit ist die Theorie von freien Spin 1/2-Teilchen einer Sorte vollständig definiert.

Führt man einen orts- und zeitabhängigen Feldoperator durch

$$\tilde{\varphi}_\sigma(x) = \int \frac{d^3p}{2w}\, f_{\mathbf{p}}(x)a_\sigma(\mathbf{p}), \qquad f_{\mathbf{p}}(x) = \left.\frac{e^{-\frac{ipx}{\hbar}}}{(2\pi\hbar)^{3/2}}\right|_{p^0=w}$$

ein, so hat dieser zwar nach Gl. (11) das richtige Verhalten unter Translationen

$$U(T_b)\tilde{\varphi}_\sigma(x)U^{-1}(T_b) = \int \frac{d^3p}{2w} f_p(x)U(T_b)a_\sigma(\mathbf{p})U^{-1}(T_b) = \tilde{\varphi}_\sigma(x+b),$$

aber unter Lorentz-Transformationen transformiert er sich wegen der impulsabhängigen Drehung $R(\Lambda, p)$ in Gl. (10) nicht lokal. Gäbe es eine zweidimensionale Darstellung der Lorentz-Transformationen, so daß man setzen könnte

$$D(R(\Lambda, p)) = D(L_{\Lambda p}^{-1}\Lambda L_p) = D(L_{\Lambda p}^{-1})D(\Lambda)D(L_p), \tag{14}$$

so würde

$$\sum_{\sigma'} D_{\sigma\sigma'}(L_p)a_{\sigma'}(\mathbf{p}) = \{D(L_p)a(\mathbf{p})\}_\sigma$$

das folgende Transformationsverhalten haben:

$$U(\Lambda)\underline{\{D(L_p)a(\mathbf{p})\}_\sigma}U^{-1}(\Lambda) = \{D(L_p)D^*(R(\Lambda, p))a(\Lambda\mathbf{p})\}_\sigma \tag{15}$$

$$= \{D(L_p)D^{-1}(R(\Lambda, p))a(\Lambda\mathbf{p})\}_\sigma = \sum_{\sigma'} D_{\sigma\sigma'}^{-1}(\Lambda)\underline{\{D(L_{\Lambda p})a(\Lambda\mathbf{p})\}_{\sigma'}},$$

bei dem die Transformation nicht mehr von **p** abhängt. Der F e l d o p e r a t o r

$$\varphi_\sigma^{(+)}(x) := \sum_{\sigma'} \int \frac{d^3p}{2w} f_p(x)D_{\sigma\sigma'}(L_p)a_{\sigma'}(\mathbf{p}) \tag{16}$$

würde sich unter P o i n c a r é - T r a n s f o r m a t i o n e n lokal transformieren:

$$U(\Lambda)\varphi_\sigma^{(+)}(x)U^{-1}(\Lambda) = \sum_{\sigma'} D_{\sigma\sigma'}^{-1}(\Lambda)\varphi_{\sigma'}^{(+)}(\Lambda x), \tag{17}$$

$$U(T_b)\varphi_\sigma^{(+)}(x)U^{-1}(T_b) = \varphi_\sigma^{(+)}(x+b).$$

Die Feldgleichung ist nicht lokal und lautet

$$i\hbar \frac{\partial}{\partial t}\varphi_\sigma^{(+)}(x) = \sqrt{m^2c^2 - \hbar^2\Delta}\,\varphi_\sigma^{(+)}(x). \tag{18}$$

Wir wollen nun zeigen, daß es zweidimensionale Darstellungen $D(\Lambda)$ gibt.

Zweidimensionale Darstellungen der Lorentz-Transformationen

Für die zweidimensionale Darstellung der Drehungen, die ein Spezialfall der Lorentz-Transformationen sind, gilt nach Gl. (20.40) und (20.37) mit der 3-parametrigen Matrix D(R) aus SU(2)

$$D(R)\sigma D^*(R) = R^{-1}\sigma, \qquad D(R) = e^{-\frac{i\alpha\sigma}{2}}$$

oder $\quad D(R)\mathbf{r}\sigma D^*(R) = \mathbf{r}'\sigma, \qquad \mathbf{r}' = R\mathbf{r} \qquad (19)$

mit $\quad \mathbf{r}\sigma = \begin{pmatrix} z & x - iy \\ x + iy & -z \end{pmatrix}. \qquad (20)$

Mit der Kenntnis det D(R) = 1 liest man aus Gl. (19) und (20) ab

$$\det \mathbf{r}\boldsymbol{\sigma} = -\mathbf{r}^2 = \det \mathbf{r}'\boldsymbol{\sigma} = -\mathbf{r}'^2.$$

Läßt sich Gl. (19) auf Lorentz-Transformationen verallgemeinern? Sie enthalten 6 reelle Parameter, wogegen die allgemeine komplexe 2 x 2-Matrix 8 reelle Parameter enthält. Die vier Koordinaten x^μ lassen sich als Matrix schreiben:

$$x^\mu \bar{\tau}_\mu = \begin{pmatrix} x^0 + x^3 & x^1 - ix^2 \\ x^1 + ix^2 & x^0 - x^3 \end{pmatrix} = x^0 + \mathbf{r}\boldsymbol{\sigma} \tag{21}$$

mit $\bar{\tau}_\mu = \tau^\mu = \{1, \boldsymbol{\sigma}\}, \qquad \tau_\mu \bar{\tau}_\nu + \tau_\nu \bar{\tau}_\mu = 2g_{\mu\nu}.$

Es gilt $\det x^\mu \bar{\tau}_\mu = x^{0 2} - \mathbf{r}^2 = x^\mu x_\mu.$ (22)

Der Ansatz

$$D(\Lambda) x^\mu \bar{\tau}_\mu D^*(\Lambda) = x'^\mu \bar{\tau}_\mu, \qquad x' = \Lambda x \tag{23}$$

ist die allgemeinste homogene lineare Transformation der x^μ, bei der reelle x^μ in reelle x'^μ übergehen. Gl. (22) und die Forderung $x'^2 = x^2$ liefern $|\det D(\Lambda)| = 1$, was nach Festlegung einer durch Gl. (23) nicht bestimmten Phase zu

$$\det D(\Lambda) = 1 \tag{24}$$

führt, womit zwei von 8 reellen Parametern festgelegt sind. Weitere Bedingungen dürfen also für die allgemeine Lorentz-Transformation nicht gestellt werden. Damit ist unser Ziel erreicht, eine zweidimensionale Darstellung der Lorentz-Transformationen zu finden; sie ist nicht unitär. Da $D(\Lambda)$ ein Inverses $D(\Lambda^{-1})$ besitzt, kann man schreiben

$$D = HU, \qquad H := (DD^*)^{1/2}, \qquad U = H^{-1}D \tag{25}$$

mit einer hermiteschen und positiv definiten Matrix H (det H = 1) und einer unitären Matrix U (det U = 1). Die Darstellungen der Drehungen sind unitär, daher gilt für sie

$$H(R) = \{D(R)D^*(R)\}^{1/2} = 1.$$

Die dreiparametrige Schar hermitescher Matrizen H stellt die drehungsfreien Lorentz-Transformationen dar. Durch $\boldsymbol{\sigma}$ ausgedrückt gilt

$$U = e^{-\frac{i\boldsymbol{\alpha}\boldsymbol{\sigma}}{2}}, \qquad H = e^{\frac{\boldsymbol{\beta}\boldsymbol{\sigma}}{2}}, \qquad \boldsymbol{\alpha}, \boldsymbol{\beta} \text{ reell.} \tag{26}$$

Für $H = D(L_\mathbf{p})$ entnimmt man aus Gl. (23) mit Gl. (20.38) und

$$\tilde{p}^\mu \bar{\tau}_\mu = mc\bar{\tau}_0 = mc, \qquad D(L_\mathbf{p}) = e^{\frac{\boldsymbol{\beta}\boldsymbol{\sigma}}{2}}$$

$$\frac{1}{mc} D(L_\mathbf{p}) \tilde{p}^\mu \bar{\tau}_\mu D^*(L_\mathbf{p}) = \frac{p^\mu \bar{\tau}_\mu}{mc} = \frac{1}{mc}(p^0 + \mathbf{p}\boldsymbol{\sigma})$$

$$= e^{\boldsymbol{\beta}\boldsymbol{\sigma}} = \cosh\beta + \hat{\boldsymbol{\beta}}\boldsymbol{\sigma} \sinh\beta, \qquad \beta = |\boldsymbol{\beta}|, \qquad \boldsymbol{\beta} = \beta\hat{\boldsymbol{\beta}},$$

also $\cosh\beta = \frac{p_0}{mc}, \qquad \hat{\boldsymbol{\beta}} \sinh\beta = \frac{\mathbf{p}}{mc}, \qquad \tanh\beta = \frac{|\mathbf{p}|}{p_0}, \qquad \text{falls} \qquad D(L_\mathbf{p}) = e^{\frac{\boldsymbol{\beta}\boldsymbol{\sigma}}{2}}.$

Aus der obigen Beziehung

$$D^2(L_p) = D(L_p^2) = \frac{p^\mu \bar{\tau}_\mu}{mc} \tag{27}$$

gewinnt man

$$D(L_p) = \left(\frac{p^\mu \bar{\tau}_\mu}{mc}\right)^{1/2} = \frac{mc + p^\mu \bar{\tau}_\mu}{\{2mc(mc + p^0)\}^{1/2}}, \tag{28}$$

was am einfachsten durch Quadrieren nachgewiesen wird.
Aus Gl. (21) ergibt sich

$$p^\mu \bar{\tau}_\mu p^\nu \tau_\nu = p^2 = m^2c^2, \tag{29}$$

also $$D^{-2}(L_p) = \frac{p^\mu \tau_\mu}{mc} \tag{30}$$

und $$D^{-1}(L_p) = D(L_p^{-1}) = \frac{mc + p^\mu \tau_\mu}{\{2mc(mc + p^0)\}^{1/2}}. \tag{31}$$

Lokaler Feldoperator und Antiteilchen

Die Feldgleichung (18) ist nicht lokal. Wie im Falle skalarer Felder gehen wir deshalb zur lokalen Klein-Gordon-Gleichung über

$$(\partial^\mu \partial_\mu + \kappa^2)\varphi_\sigma(x) = 0, \qquad \sigma = \pm 1 \tag{32}$$

$$\begin{aligned} U(\Lambda)\varphi_\sigma(x)U(\Lambda^{-1}) &= \sum_{\sigma'} D^{-1}_{\sigma\sigma'}(\Lambda)\varphi_{\sigma'}(\Lambda x), \\ U(T_b)\varphi_\sigma(x)U^{-1}(T_b) &= \varphi_\sigma(x + b), \end{aligned} \tag{33}$$

die neben den Lösungen (16) mit positiver Frequenz (wegen $f_p(x) \propto e^{-\frac{i}{\hbar}px}$ mit $p^0 = w > 0$) auch solche mit negativer Frequenz besitzt. Man kann für die letzteren nicht einfach $\{\varphi_\sigma^{(+)}(x)\}^*$ verwenden, da dieses Feld sich nicht nach Gl. (33) transformiert. Es gilt vielmehr nach Gl. (10)

$$U(\Lambda)a_\sigma^*(p)U^{-1}(\Lambda) = \sum_{\sigma'} D^T_{\sigma\sigma'}(L^{-1}_{\Lambda p}\Lambda L_p)a^*_{\sigma'}(\Lambda p). \tag{34}$$

Da sich jede 2 x 2-Matrix als Linearkombination der $\bar{\tau}_\mu$ schreiben läßt, folgt aus den Gln. (21) und (22)

$$D(\Lambda) =: \hat{V}^\mu \bar{\tau}_\mu, \qquad D^{-1}(\Lambda) = \hat{V}^\mu \tau_\mu, \qquad \hat{V}^\mu \hat{V}_\mu = 1, \qquad D^T(\Lambda) = \hat{V}^\mu \bar{\tau}^T_\mu.$$

Wegen der expliziten Form (20.35) der σ gilt

$$\{\bar{\tau}^T_\mu\} = \{1, \sigma^T\} = \{1, \sigma_1, -\sigma_2, \sigma_3\} = \{1, -\sigma_2\sigma\sigma_2\} = \sigma_2\{\tau_\mu\}\sigma_2$$

oder $$\bar{\tau}^T_\mu = \epsilon\tau_\mu\epsilon^{-1}, \qquad \epsilon := i\sigma_2 = \begin{pmatrix} 0 & 1 \\ -1 & 0 \end{pmatrix}, \qquad \epsilon^2 = -1, \qquad \epsilon^*\epsilon = 1. \tag{35}$$

Für die transponierte Matrix D^T erhält man

$$D^T(\Lambda) = \epsilon D^{-1}(\Lambda)\epsilon^{-1} = \epsilon^{-1}D^{-1}(\Lambda)\epsilon. \tag{36}$$

Aus Gl. (34) ergibt sich damit

$$U(\Lambda)\{D(L_{\mathbf{p}})\epsilon a^*(\mathbf{p})\}_\sigma U^{-1}(\Lambda) = \sum_{\sigma'} D^{-1}_{\sigma\sigma'}(\Lambda)\{D(L_{\Lambda\mathbf{p}})\epsilon a^*(\Lambda\mathbf{p})\}_{\sigma'}. \tag{37}$$

Für den Feldoperator mit negativen Frequenzen

$$\varphi_\sigma^{(-)}(x) = \sum_{\sigma'} \int \frac{d^3p}{2w} f^*_{\mathbf{p}}(x)\{D(L_{\mathbf{p}})\epsilon\}_{\sigma\sigma'} a^*_{\sigma'}(\mathbf{p}) \tag{38}$$

gilt also

$$U(\Lambda)\varphi_\sigma^{(-)}(x)U^{-1}(\Lambda) = \sum_{\sigma'} D^{-1}_{\sigma\sigma'}(\Lambda)\varphi_{\sigma'}^{(-)}(\Lambda x). \tag{39}$$

Dieses Transformationsverhalten, das mit dem in Gl. (17) übereinstimmt, gilt für beliebige Operatoren $a^*_\sigma(\mathbf{p})$ in Gl. (38), falls sie nur der Gl. (10) genügen.

Zur Vereinfachung der Schreibweise führen wir in Gl. (16) und (38) die Bezeichnungen

$$f_\sigma^{\mathbf{p}\sigma'}(x) := f_{\mathbf{p}}(x)D_{\sigma\sigma'}(L_{\mathbf{p}}) \tag{40}$$

und

$$\{g_\sigma^{\mathbf{p}\sigma'}(x)\}^* := f^*_{\mathbf{p}}(x)\{D(L_{\mathbf{p}})\epsilon\}_{\sigma\sigma'} \tag{41}$$

ein. Es gilt unter Verwendung von $D^*(L_{\mathbf{p}}) = D(L_{\mathbf{p}})$ und Gl. (30) und (36)

$$\begin{aligned} g_\sigma^{\mathbf{p}\sigma'}(x) &= f_{\mathbf{p}}(x)\{D^T(L_{\mathbf{p}})\epsilon\}_{\sigma\sigma'} = f_{\mathbf{p}}(x)\{\epsilon D(L_{\mathbf{p}}^{-1})\}_{\sigma\sigma'} \\ &= f_{\mathbf{p}}(x)\{\epsilon D(L_{\mathbf{p}}^{-2})D(L_{\mathbf{p}})\}_{\sigma\sigma'} = \sum_{\sigma''}\left\{\epsilon\,\frac{p^\mu\tau_\mu}{mc}\right\}_{\sigma\sigma''} f_{\sigma''}^{\mathbf{p}\sigma'}(x), \end{aligned} \tag{42}$$

was unter Fortlassung der unteren Indizes auch

$$g^{\mathbf{p}\sigma'}(x) = \epsilon\,\frac{p^\mu\tau_\mu}{mc} f^{\mathbf{p}\sigma'}(x) = \frac{1}{\kappa}\,\epsilon i\partial^\mu\tau_\mu f^{\mathbf{p}\sigma'}(x) \tag{43}$$

geschrieben werden kann. Es gilt die Umkehrung

$$\begin{aligned} -\frac{1}{\kappa}\, i\partial^\nu\bar{\tau}_\nu\epsilon g^{\mathbf{p}\sigma'}(x) &= \frac{-1}{\kappa^2}\,\partial^\nu\bar{\tau}_\nu\partial^\mu\tau_\mu f^{\mathbf{p}\sigma'}(x) = f^{\mathbf{p}\sigma'}(x) \\ \{f^{\mathbf{p}\sigma'}(x)\}^* &= \frac{i}{\kappa}\,\partial^\nu\bar{\tau}^T_\nu\epsilon\{g^{\mathbf{p}\sigma'}(x)\}^* = \frac{1}{\kappa}\,\epsilon i\partial^\nu\tau_\nu\{g^{\mathbf{p}\sigma'}\}^*. \end{aligned} \tag{44}$$

Die allgemeinste Lösung der Gl. (32) lautet bis auf eine Konstante

$$\varphi_\sigma(x) = \sum_{\sigma'}\int\frac{d^3p}{2w}\,[f_\sigma^{\mathbf{p}\sigma'}(x)a_{\sigma'}(\mathbf{p}) + \beta\{g_\sigma^{\mathbf{p}\sigma'}(x)b_{\sigma'}(\mathbf{p})\}^*]. \tag{45}$$

Hier mußten wir wieder den Zustandsraum verdoppeln durch Einführung der Operatoren $b_\sigma(\mathbf{p})$, die mit den Operatoren a antikommutieren sollen und unter sich dieselben Vertauschungsrelationen wie die Operatoren a haben sollen. Damit sind Antiteilchen auch bei Spin 1/2-Teilchen für lokale Feldgleichungen nötig. Die Antiteilchen der Elektronen heißen Positronen. Sie haben dieselbe Masse und denselben Spin wie die Elektronen, aber entgegengesetzte Ladung.

Um zu untersuchen, ob der Feldoperator (45) auch lokale Vertauschungsrelationen hat, berechnen wir

$$[\varphi_\sigma(x), \varphi^*_{\sigma'}(x')]_+ = \sum_{\sigma''} \int \frac{d^3p}{2w} \{f^{p\sigma''}_\sigma(x)(f^{p\sigma''}_{\sigma'}(x'))^* + |\beta|^2 (g^{p\sigma''}_\sigma(x))^* g^{p\sigma''}_{\sigma'}(x')\}.$$

Für die weitere Berechnung benötigt man mit Gl. (40)

$$\sum_{\sigma''} D_{\sigma\sigma''}(L_p)\{D_{\sigma'\sigma''}(L_p)\}^* = \sum_{\sigma''} D_{\sigma\sigma''}(L_p) D_{\sigma''\sigma'}(L_p) = \left(\frac{p^\mu \bar{\tau}_\mu}{mc}\right)_{\sigma\sigma'}$$

und mit Gl. (41)

$$\sum_{\sigma''} (D(L_p)\epsilon)_{\sigma\sigma''}\{(D(L_p)\epsilon)_{\sigma'\sigma''}\}^* = \{D(L_p)\epsilon\epsilon^* D^*(L_p)\}_{\sigma\sigma'} = \{D(L_p^2)\}_{\sigma\sigma'}$$
$$= \left(\frac{p^\mu \bar{\tau}_\mu}{mc}\right)_{\sigma\sigma'}.$$

Für den Kommutator ergibt sich so

$$[\varphi_\sigma(x), \varphi^*_{\sigma'}(x')]_+ = \int \frac{d^3p}{2w} \frac{1}{(2\pi\hbar)^3} \left[e^{-\frac{i}{\hbar}p(x-x')} + |\beta|^2 e^{\frac{i}{\hbar}p(x-x')}\right] \left(\frac{p^\mu \bar{\tau}_\mu}{mc}\right)_{\sigma\sigma'} \tag{46}$$
$$= \frac{1}{\kappa} (i\partial^\mu_\xi \bar{\tau}_\mu)_{\sigma\sigma'} \frac{1}{(2\pi\hbar)^3} \int \frac{d^3p}{2w} \left(e^{-\frac{i}{\hbar}p\xi} - |\beta|^2 e^{+\frac{i}{\hbar}p\xi}\right), \qquad \xi = x - x'.$$

Nur für $|\beta| = 1$ ist der Feldoperator lokal, d. h. der Antikommutator verschwindet nur dann für raumartige Abstände nach Gl. (38.45). Unter Ausnutzung einer freien Phase lautet der Feldoperator (45) einer lokalen und kausalen Theorie also

$$\varphi_\sigma(x) = \sum_{\sigma'} \int \frac{d^3p}{2w} \{f^{p\sigma'}_\sigma(x) a_{\sigma'}(p) + (g^{p\sigma'}_\sigma(x))^* b^*_{\sigma'}(p)\}, \tag{47}$$

mit der lokalen Feldgleichung

$$(\partial^\mu \partial_\mu + \kappa^2)\varphi_\sigma(x) = 0, \qquad \sigma = \pm 1,$$

den lokalen Poincaré-Transformationen

$$U(T_b)\varphi_\sigma(x)U^{-1}(T_b) = \varphi_\sigma(x+b),$$
$$U(\Lambda)\varphi_\sigma(x)U^{-1}(\Lambda) = \sum_{\sigma'} D^{-1}_{\sigma\sigma'}(\Lambda)\varphi_{\sigma'}(\Lambda x)$$

und den kausalen Vertauschungsrelationen

$$[\varphi_\sigma(x), \varphi^*_{\sigma'}(x')]_+ = \frac{1}{\kappa}(i\partial^\mu_x \bar{\tau}_\mu)_{\sigma\sigma'} i\Delta(x-x'), \qquad [\varphi_\sigma(x), \varphi_{\sigma'}(x')]_+ = 0,$$

$\Delta(\xi)$ aus Gl. (38.46).

Die Teilchen-Antiteilchen-Konjugation $a \leftrightarrow b$, unter der Bewegungsgleichung, Vertauschungsrelationen der a und b und die Vakuumbedingung invariant sind, wird durch den unitären Operator C dargestellt:

$$Ca_\sigma(\mathbf{p})C^{-1} = b_\sigma(\mathbf{p}), \qquad Cb_\sigma(\mathbf{p})C^{-1} = a_\sigma(\mathbf{p}). \tag{48}$$

Es gilt wegen Gl. (43) und (44)

$$\begin{aligned}\varphi^c(x) = C\varphi(x)C^{-1} &= \sum_{\sigma'} \int \frac{d^3p}{2w} \{f^{p\sigma'}(x)b_{\sigma'}(\mathbf{p}) + (g^{p\sigma'}(x))^* a^*_{\sigma'}(\mathbf{p})\}\\ &= \left\{\frac{1}{\kappa}\,\epsilon i\partial^\mu\tau_\mu\varphi(x)\right\}^* = \frac{1}{\kappa}\,\epsilon(-i)\partial^\mu\tau^T_\mu\varphi^*(x)\\ &= -\frac{1}{\kappa}\, i\partial^\mu\bar{\tau}_\mu\epsilon\varphi^*(x).\end{aligned} \tag{49}$$

Diese Transformation ist also für den Feldoperator mit Ableitungen verbunden. Um das zu vermeiden, werden wir die Ableitung in Gl. (49) später als Hilfsgröße einführen.

Die Phasentransformation

$$a_\sigma(\mathbf{p}) \to e^{i\alpha}a_\sigma(\mathbf{p}), \qquad b^*_\sigma(\mathbf{p}) \to e^{i\alpha}b^*_\sigma(\mathbf{p}), \qquad \varphi_\sigma(x) \to e^{i\alpha}\varphi_\sigma(x) \tag{50}$$

erlaubt die Definition einer verallgemeinerten Ladung wie in Gl. (38.48) und (38.51):

$$Q = \sum_\sigma \int \frac{d^3p}{2w} \{a^*_\sigma(\mathbf{p})a_\sigma(\mathbf{p}) - b^*_\sigma(\mathbf{p})b_\sigma(\mathbf{p})\}. \tag{51}$$

Es gilt, wie es sein muß,

$$[Q, a^*_\sigma(\mathbf{p})]_- = a^*_\sigma(\mathbf{p}), \qquad [Q, b^*_\sigma(\mathbf{p})]_- = -b^*_\sigma(\mathbf{p}'), \qquad Q\Phi_0 = 0. \tag{52}$$

Will man keine Verdoppelung des Zustandsraumes, dann muß man die Lösung von Gl. (47) einschränken durch die Zusatzbedingung

$$a_\sigma(\mathbf{p}) = b_\sigma(\mathbf{p}) \quad \text{oder} \quad \varphi^c(x) = \varphi(x) \tag{53}$$

d. h. $\quad \varphi^*(x) = \frac{1}{\kappa}\,\epsilon i\partial^\mu\tau_\mu\varphi(x) \quad$ bzw. $\quad \varphi(x) = -\frac{1}{\kappa}\, i\partial^\mu\bar{\tau}_\mu\epsilon\varphi^*(x).$

Dann sind alle verallgemeinerten Ladungen (51) in der Theorie Null.

Gl. (53) ist im Gegensatz zum skalaren Fall Gl. (38.37) eine Differentialgleichung, die die Klein-Gordon-Gleichung aufgrund von Gl. (35) zur Folge hat, wie man durch Einsetzen der beiden letzten Gln. (53) ineinander erkennt:

$$\begin{aligned}\varphi(x) &= -\frac{1}{\kappa}\, i\partial^\mu\bar{\tau}_\mu\epsilon\varphi^*(x) = -\frac{1}{\kappa}\, i\partial^\mu\bar{\tau}_\mu\epsilon^2\,\frac{i}{\kappa}\,\partial^\nu\tau_\nu\varphi(x)\\ &= -\frac{1}{\kappa^2}\,\partial^\mu\partial^\nu\bar{\tau}_\mu\tau_\nu\varphi(x) = -\frac{1}{\kappa^2}\,\partial^\mu\partial_\mu\varphi(x).\end{aligned}$$

Man nennt die durch Gl. (53) eingeschränkte Theorie nach dem Autor einer wichtigen diesbezüglichen Arbeit Majorana-Theorie.

Insgesamt haben wir in diesem Paragraphen eine Beschreibung von massiven Spin 1/2-Teilchen ohne Wechselwirkung gegeben durch einen lokalen, kausalen Feldoperator (47). Will man verallgemeinerte Ladungen beschreiben, so muß man neben den Teilchen Antiteilchen einführen, die sich nur in der Ladung unterscheiden. Der Zustandsraum ist gegeben durch

$$a^*_{\sigma_1}(p_1)\dots a^*_{\sigma_{n_a}}(p_{n_a})b^*_{\sigma'_1}(p'_1)\dots b^*_{\sigma'_{n_b}}(p'_{n_b})\Phi_0, \tag{54}$$

$$a_\sigma(p)\Phi_0 = b_\sigma(p)\Phi_0 = 0, \qquad \sigma_i = \pm 1$$

mit

$$[a_\sigma(p), a^*_{\sigma'}(p')]_+ = [b_\sigma(p), b^*_{\sigma'}(p')]_+ = \delta_{\sigma\sigma'}2w\delta^3(p-p'),$$

$$[a_\sigma(p), b_{\sigma'}(p')]_+ = [a_\sigma(p), b^*_{\sigma'}(p')]_+ = 0, \tag{55}$$

$$[a_\sigma(p), a_{\sigma'}(p')]_+ = [b_\sigma(p), b_{\sigma'}(p')]_+ = 0.$$

Wenn a^* ein Elektron erzeugt, so erzeugt b^* ein Positron.

§ 40 Dirac-Gleichung

Die durch die Gln. (39.47), (39.54) und (39.55) definierte freie Theorie massiver Spin 1/2-Teilchen ging von den Zuständen und ihrem Transformationsverhalten aus, um von Anfang an sicherzustellen, daß es sich um Spin 1/2-Teilchen handelt. Dirac ging in seiner grundlegenden Arbeit von einer Feldgleichung aus, die eine Differentialgleichung erster Ordnung in allen vier Koordinaten sein sollte und aus der die Klein-Gordon-Gleichung folgen sollte. Dies führt auf ein vierkomponentiges Feld, von dem man dann nachweisen muß, daß es Teilchen vom Spin 1/2 beschreibt. Wir wollen die Dirac-Gleichung im folgenden durch Umwandlung der zwei Gln. (39.47) zweiter Ordnung in vier Gleichungen erster Ordnung gewinnen. Der Zustandsraum bleibt dadurch unverändert.

Herleitung der Dirac-Gleichung und Transformationsverhalten

Wir führen als Hilfsgröße eine geeignete erste Ableitung der Feldoperatoren $\varphi_\sigma(x)$ ein. Um gleichzeitig die Ableitung bei der Teilchen-Antiteilchen-Konjugation in Gl. (39.49) zu vermeiden, definieren wir

$$\chi(x) := \frac{i}{\kappa}\,\partial^\mu\tau_\mu\varphi(x). \tag{1}$$

Dann schreibt sich Gl. (39.47) mit Gl. (39.30)

$$\frac{i}{\kappa}\,\partial^\nu\bar{\tau}_\nu\chi(x) = -\frac{1}{\kappa^2}\,\partial_\mu\partial^\mu\varphi(x) = \varphi(x). \tag{2}$$

Faßt man φ und χ zu einer vierkomponentigen Größe ψ_α ($\alpha = 1, 2, 3, 4$) zusammen, so gilt

$$\begin{pmatrix} -\kappa & i\partial^\mu \bar{\tau}_\mu \\ i\partial^\mu \tau_\mu & -\kappa \end{pmatrix} \begin{pmatrix} \varphi \\ \chi \end{pmatrix} = 0 \tag{3}$$

oder $$(i\partial^\mu \gamma_\mu - \kappa)\psi = 0, \qquad \kappa = \frac{mc}{\hbar} \tag{4}$$

mit den 4 x 4-Matrizen γ_μ und dem Viererspinor ψ

$$\gamma_\mu = \begin{pmatrix} 0 & \bar{\tau}_\mu \\ \tau_\mu & 0 \end{pmatrix}, \qquad \psi = \begin{pmatrix} \varphi \\ \chi \end{pmatrix} \sqrt{mc}. \tag{5}$$

Gl. (4) ist die berühmte Dirac-Gleichung für freie Spin 1/2-Teilchen. Für die γ_μ gilt nach Gl. (39.21)

$$\gamma_\mu \gamma_\nu + \gamma_\nu \gamma_\mu = 2g_{\mu\nu}, \quad \text{speziell} \quad \gamma_0^2 = 1, \qquad \gamma_\kappa^2 = -1 \quad \text{oder} \quad (\gamma_\mu)^{-1} = \gamma^\mu = g^{\mu\nu}\gamma_\nu. \tag{6}$$

Sie sind unitär:

$$\gamma_\mu^* = \begin{pmatrix} 0 & \tau_\mu^* \\ \bar{\tau}_\mu^* & 0 \end{pmatrix} = \begin{pmatrix} 0 & \tau_\mu \\ \bar{\tau}_\mu & 0 \end{pmatrix} = \begin{pmatrix} 0 & \bar{\tau}^\mu \\ \tau^\mu & 0 \end{pmatrix} = \gamma^\mu = (\gamma_\mu)^{-1}. \tag{7}$$

Die Matrizen $\frac{1 \pm \gamma_5}{2}$ mit

$$\begin{aligned} &\gamma_5 := i\gamma^0\gamma^1\gamma^2\gamma^3 = \begin{pmatrix} 1 & 0 \\ 0 & -1 \end{pmatrix}, \\ &\gamma_\mu\gamma_5 + \gamma_5\gamma_\mu = 0, \qquad \gamma_5^2 = 1, \qquad \gamma_5^* = \gamma_5 \end{aligned} \tag{8}$$

projizieren auf die oberen bzw. unteren Zweierspinoren:

$$\frac{1 + \gamma_5}{2}\psi = \begin{pmatrix} \varphi \\ 0 \end{pmatrix} \sqrt{mc}, \qquad \frac{1 - \gamma_5}{2}\psi = \begin{pmatrix} 0 \\ \chi \end{pmatrix} \sqrt{mc}. \tag{9}$$

Das Transformationsverhalten von ψ folgt aus dem von φ und χ. Nach Gl. (39.47) gilt

$$\begin{aligned} U(T_b)\varphi(x)U^{-1}(T_b) &= \varphi(x + b), \\ U(\Lambda)\varphi(x)U^{-1}(\Lambda) &= D^{-1}(\Lambda)\varphi(\Lambda x) \end{aligned}$$

und mit den Gln. (1), (2), (39.21) und (39.23)

$$U(\Lambda)\chi(x)U^{-1}(\Lambda) = \frac{i}{\kappa}\,\partial_x^\mu \tau_\mu D^{-1}(\Lambda)\varphi(\Lambda x)$$

$$= \frac{i}{\kappa}\,\partial_x^\mu \tau_\mu D^{-1}(\Lambda)\,\frac{i}{\kappa}\,\partial_{\Lambda x}^\nu \bar{\tau}_\nu \chi(\Lambda x) = -\frac{1}{\kappa^2}\,\partial_x^\mu \tau_\mu \partial_x^\nu \bar{\tau}_\nu D^*(\Lambda)\chi(\Lambda x)$$

$$= -\frac{1}{\kappa^2}\,\partial^\mu \partial_\mu D^*(\Lambda)\chi(\Lambda x) = D^*(\Lambda)\chi(\Lambda x).$$

Damit ergibt sich für die Poincaré-Transformationen

$$U(\Lambda)\psi(x)U^{-1}(\Lambda) = \sqrt{mc}\begin{pmatrix} D^{-1}(\Lambda)\varphi(\Lambda x) \\ D^*(\Lambda)\chi(\Lambda x)\end{pmatrix} = \begin{pmatrix} D^{-1}(\Lambda) & 0 \\ 0 & D^*(\Lambda)\end{pmatrix}\psi(\Lambda x)$$

$$=: T^{-1}_{\alpha\beta}(\Lambda)\psi_\beta(\Lambda x) \quad \text{mit} \quad T = \begin{pmatrix} D & 0 \\ 0 & D^{*-1}\end{pmatrix}, \tag{10}$$

$$U(T_b)\psi(x)U^{-1}(T_b) = \psi(x+b)$$

und $\quad U(\Lambda)\psi^*(x)U^{-1}(\Lambda) = \{T^{-1}_{\alpha\beta}(\Lambda)\}^*\psi^*_\beta(\Lambda x) = \psi^*_\beta(\Lambda x)\{T^{-1\,*}(\Lambda)\}_{\beta\alpha}$

mit $\quad T^{-1*} = \begin{pmatrix} D^{*-1} & 0 \\ 0 & D\end{pmatrix} = \gamma_0 T\gamma_0 \quad \text{wegen} \quad \gamma_0 = \begin{pmatrix} 0 & 1 \\ 1 & 0\end{pmatrix}.$ (11)

Für die Größe

$$\bar\psi := \psi^*\gamma_0 \tag{12}$$

wird das Transformationsverhalten besonders einfach:

$$U(\Lambda)\bar\psi(x)U^{-1}(\Lambda) = \psi^*(\Lambda x)T^{-1\,*}(\Lambda)\gamma_0 = \psi^*(\Lambda x)\gamma_0 T(\Lambda) = \bar\psi(\Lambda x)T(\Lambda). \tag{13}$$

Aus den Gln. (10) und (13) erkennt man, daß

$$S(x) := \bar\psi(x)\psi(x) := \sum_{\alpha=1}^{4} \bar\psi_\alpha(x)\psi_\alpha(x) \tag{14}$$

ein skalarer Feldoperator ist:

$$U(\Lambda)S(x)U^{-1}(\Lambda) = \bar\psi(\Lambda x)T(\Lambda)T^{-1}(\Lambda)\psi(\Lambda x) = S(\Lambda x). \tag{15}$$

Das Transformationsverhalten der γ_μ folgt aus dem der τ_μ und $\bar\tau_\mu$. Aufgrund von Gl. (39.23) gilt

$$\bar\tau_\mu = D\bar\tau'_\mu D^*, \qquad \bar\tau'_\mu = \Lambda_\mu{}^\nu\bar\tau_\nu \tag{16}$$

und wegen Gl. (39.35) und (39.36)

$$\begin{aligned}\tau_\mu &= \epsilon\bar\tau_\mu^T\epsilon^{-1} = \epsilon(D\bar\tau'_\mu D^*)^T\epsilon^{-1} = \epsilon D^{*T}\bar\tau'^T_\mu D^T\epsilon^{-1} \\ &= D^{*-1}\epsilon\bar\tau'^T_\mu\epsilon^{-1}D^{-1} = D^{*-1}\tau'_\mu D^{-1},\end{aligned} \tag{17}$$

also mit Gl. (5) und (10)

$$\gamma_\mu = \begin{pmatrix} 0 & D\bar\tau'_\mu D^* \\ D^{*-1}\tau'_\mu D^{-1} & 0\end{pmatrix} = T\begin{pmatrix} 0 & \bar\tau'_\mu \\ \tau'_\mu & 0\end{pmatrix}T^{-1} = T\gamma'_\mu T^{-1} \tag{18}$$

oder $\quad x'^\mu\gamma_\mu = Tx^\mu\gamma_\mu T^{-1}$

mit $\quad \gamma'_\mu = \Lambda_\mu{}^\nu\gamma_\nu, \qquad x'^\mu = \Lambda^\mu{}_\nu x^\nu, \qquad T = T(\Lambda).$

Aus dieser Gleichung folgt z. B., daß das Feld

$$F_{\mu\nu}(x) := \bar\psi(x)\gamma_\mu\gamma_\nu\psi(x)$$

ein Tensorfeld zweiter Stufe ist:

$$\begin{aligned} U(\Lambda)F_{\mu\nu}(x)U^{-1}(\Lambda) &= \bar{\psi}(\Lambda x)T\gamma_\mu T^{-1}T\gamma_\nu T^{-1}\psi(\Lambda x) \\ &= \Lambda^{-1}{}_\mu{}^{\mu'}\Lambda^{-1}{}_\nu{}^{\nu'}F_{\mu'\nu'}(\Lambda x). \end{aligned} \tag{19}$$

Entwicklung nach Erzeugungs- und Vernichtungsoperatoren und Vertauschungsrelationen

Wenn wir die Entwicklung (39.47) auch vierkomponentig schreiben wollen, so müssen wir statt $f_\sigma^{p\sigma'}(x)$ und $g_\sigma^{p\sigma'}(x)$ ihre vierkomponentigen Erweiterungen einsetzen. Dazu ist es bequem, die zweikomponentigen Einheitsspinoren

$$e(\sigma) \qquad \text{mit} \qquad e(\sigma = 1) = \begin{pmatrix} 1 \\ 0 \end{pmatrix} \qquad \text{und} \qquad e(\sigma = -1) = \begin{pmatrix} 0 \\ 1 \end{pmatrix} \tag{20}$$

einzuführen. Dann gilt nach Gl. (39.40)

$$f_\sigma^{p\sigma'}(x) = \{D(L_p)e(\sigma')\}_\sigma f_p(x).$$

Wir definieren einen Viererspinor $u(p, \sigma)$ durch die Gleichung

$$\sqrt{mc}\begin{pmatrix} f^{p\sigma}(x) \\ \frac{i}{\kappa}\partial^\mu\tau_\mu f^{p\sigma}(x) \end{pmatrix} =: u(p, \sigma)f_p(x). \tag{21}$$

Gl. (39.30) erlaubt die Umformung

$$\frac{i}{\kappa}\partial^\mu\tau_\mu f^{p\sigma}(x) = \frac{p^\mu\tau_\mu}{mc}D(L_p)e(\sigma)f_p(x) = D(L_p^{-1})e(\sigma)f_p(x),$$

und mit den Gln. (39.28) und (39.31) ergibt sich

$$\begin{aligned} u(p, \sigma) &= \sqrt{mc}\begin{pmatrix} D(L_p)e(\sigma) \\ D(L_p^{-1})e(\sigma) \end{pmatrix} = \sqrt{mc}\begin{pmatrix} D(L_p) & 0 \\ 0 & D^{-1}(L_p) \end{pmatrix}\begin{pmatrix} e(\sigma) \\ e(\sigma) \end{pmatrix} \\ &= T(L_p)u_0(\sigma) = \frac{1}{\sqrt{2(mc + p_0)}}\begin{pmatrix} mc & p^\mu\bar{\tau}_\mu \\ p^\mu\tau_\mu & mc \end{pmatrix}\begin{pmatrix} e(\sigma) \\ e(\sigma) \end{pmatrix}, \end{aligned} \tag{22}$$

also $$u(p, \sigma) = \frac{1}{\sqrt{2(mc + p_0)mc}}(mc + p^\mu\gamma_\mu)u_0(\sigma), \tag{23}$$

$$u_0(\sigma) = \sqrt{mc}\begin{pmatrix} e(\sigma) \\ e(\sigma) \end{pmatrix} = u(p = 0, \sigma),$$

$$u_0^*(\sigma)u_0(\sigma') = mc(e^*(\sigma), e^*(\sigma))\begin{pmatrix} e(\sigma') \\ e(\sigma') \end{pmatrix} = 2mc\delta_{\sigma\sigma'}. \tag{24}$$

Die Normierung (24) ist die in der Literatur übliche, weshalb wir in Gl. (5) den Faktor $\sqrt{mc}$ eingeführt haben.

Für $u(p, \sigma)$ gilt nach Gl. (23) und (6)

$$p^\mu\gamma_\mu u(p, \sigma) = mcu(p, \sigma), \qquad \bar{u}p^\mu\gamma_\mu = \bar{u}mc. \tag{25}$$

$u_0(\sigma)$ ist durch folgende Gleichungen charakterisiert:

$$\begin{aligned} &\gamma_0 u_0(\sigma) = u_0(\sigma), \qquad u_0^*(\sigma)\gamma_0 = u_0^*(\sigma),\\ &\Sigma_z u_0(\sigma) = \sigma u_0(\sigma), \qquad \Sigma_x u_0(\sigma) = u_0(-\sigma), \qquad \Sigma_y u_0(\sigma) = i\sigma u_0(-\sigma) \end{aligned} \tag{26}$$

mit $$\boldsymbol{\Sigma} := \begin{pmatrix} \boldsymbol{\sigma} & 0 \\ 0 & \boldsymbol{\sigma} \end{pmatrix} = \frac{i}{2}\boldsymbol{\gamma} \times \boldsymbol{\gamma}. \tag{27}$$

Die invariante Norm lautet

$$\bar{u}(p, \sigma)u(p, \sigma') = \bar{u}_0(\sigma)T^{-1}(L_{\mathbf{p}})T(L_{\mathbf{p}})u_0(\sigma') = 2mc\delta_{\sigma\sigma'}. \tag{28}$$

Ferner gilt

$$\bar{u}(p, \sigma)\gamma_\mu u(p, \sigma') = 2p_\mu\delta_{\sigma\sigma'}, \tag{29}$$

speziell $u^*(p, \sigma)u(p, \sigma') = 2w\delta_{\sigma\sigma'}, \qquad u_0^*(\sigma)\gamma_k u_0(\sigma') = 0$

wegen $\bar{u}(p, \sigma)p^\nu(\gamma_\mu\gamma_\nu + \gamma_\nu\gamma_\mu)u(p, \sigma') = \bar{u}(p, \sigma)\{mc\gamma_\mu + \gamma_\mu mc\}u(p, \sigma')$
$= \bar{u}(p, \sigma)p^\nu 2g_{\mu\nu}u(p, \sigma') = 2p_\mu 2mc\delta_{\sigma\sigma'}$.

Für die vierkomponentige Erweiterung von $\{g_\sigma^{\mathbf{p}\sigma'}(x)\}^*$ führen wir den Viererspinor $v(p, \sigma)$ ein:

$$\sqrt{mc}\begin{pmatrix} g^{\mathbf{p}\sigma *}(x) \\ \frac{i}{\kappa}\,\partial^\mu\tau_\mu g^{\mathbf{p}\sigma *}(x) \end{pmatrix} =: v(p, \sigma)f_{\mathbf{p}}^*(x). \tag{30}$$

Einsetzen von Gl. (39.41) ergibt

$$\frac{i}{\kappa}\,\partial^\mu\tau_\mu g^{\mathbf{p}\sigma *}(x) = -\frac{p^\mu\tau_\mu}{mc}D(L_{\mathbf{p}})\epsilon f_{\mathbf{p}}^*(x)e(\sigma) = -D(L_{\mathbf{p}}^{-1})\epsilon f_{\mathbf{p}}^*(x)e(\sigma)$$

und damit wie bei $u(p, \sigma)$

$$\begin{aligned} v(p, \sigma) &= \sqrt{mc}\begin{pmatrix} D(L_{\mathbf{p}}) & 0 \\ 0 & D^{*-1}(L_{\mathbf{p}}) \end{pmatrix}\begin{pmatrix} \epsilon e(\sigma) \\ -\epsilon e(\sigma) \end{pmatrix} = T(L_{\mathbf{p}})v_0(\sigma)\\ &= \frac{1}{\sqrt{2mc(mc + p_0)}}\begin{pmatrix} mc & -p^\mu\bar{\tau}_\mu \\ -p^\mu\tau_\mu & mc \end{pmatrix}\begin{pmatrix} \epsilon e(\sigma) \\ -\epsilon e(\sigma) \end{pmatrix} = \frac{mc - p^\mu\gamma_\mu}{\sqrt{2mc(mc + p_0)}}v_0(\sigma) \end{aligned} \tag{31}$$

mit $$v_0(\sigma) = \sqrt{mc}\begin{pmatrix} \epsilon e(\sigma) \\ -\epsilon e(\sigma) \end{pmatrix} = \sqrt{mc}\begin{pmatrix} 0 & \epsilon \\ -\epsilon & 0 \end{pmatrix}\begin{pmatrix} e(\sigma) \\ e(\sigma) \end{pmatrix} = i\gamma_2 u_0(\sigma) \tag{32}$$

und $v_0^*(\sigma)v_0(\sigma') = u_0^*(\sigma)i\gamma_2 i\gamma_2 u_0(\sigma') = u_0^*(\sigma)u_0(\sigma') = 2mc\delta_{\sigma\sigma'}$.

Für $v(p, \sigma)$ gilt aufgrund der Gl. (31) und (6)

$$p^\mu\gamma_\mu v(p, \sigma) = -mcv(p, \sigma), \qquad \bar{v}(p, \sigma)p^\mu\gamma_\mu = -\bar{v}(p, \sigma)mc. \tag{33}$$

$v_0(\sigma) = i\gamma_2 u_0(\sigma)$ hat die Eigenschaften

$$\gamma_0 v_0(\sigma) = -v_0(\sigma), \qquad v_0^*(\sigma)\gamma_0 = -v_0^*(\sigma), \tag{34}$$
$$\Sigma_z v_0(\sigma) = -\sigma v_0(\sigma), \qquad \Sigma_x v_0(\sigma) = -v_0(-\sigma), \qquad \Sigma_y v_0(\sigma) = i\sigma v_0(-\sigma).$$

Für die invariante Norm gilt

$$\begin{aligned}\bar{v}(p,\sigma)v(p,\sigma') &= \bar{v}_0(\sigma)T^{-1}(L_{\mathbf{p}})T(L_{\mathbf{p}})v_0(\sigma')\\ &= v_0^*(\sigma)\gamma_0 v_0(\sigma') = -2mc\delta_{\sigma\sigma'}.\end{aligned} \tag{35}$$

Die Orthogonalität der u und v ergibt sich aus den Gln. (26) und (34)

$$\bar{u}(p,\sigma)v(p,\sigma') = \frac{1}{2}[\{u_0^*(\sigma)\gamma_0\}v_0(\sigma') + u_0^*(\sigma)\{\gamma_0 v_0(\sigma)\}] = 0. \tag{36}$$

Wegen
$$\begin{aligned}\gamma_0 v(p,\sigma) &= . /\!\!\!\!V\gamma_0(-\gamma^\mu p_\mu + mc)v_0(\sigma) = . /\!\!\!\!V(-\gamma^\mu(rp)_\mu + mc)\gamma_0 v_0(\sigma)\\ &= -v(rp,\sigma) \qquad \text{mit} \qquad (rp)^\mu = \{p^0, -\mathbf{p}\}\end{aligned} \tag{37}$$

läßt sich Gl. (36) umschreiben in eine andere nützliche Form:

$$0 = \bar{u}(p,\sigma)v(p,\sigma') = u^*(p,\sigma)\gamma_0 v(p,\sigma') = -u^*(p,\sigma)v(rp,\sigma'). \tag{38}$$

Mit den hier eingeführten Viererspinoren sind wir nun in der Lage, die Entwicklung (39.47) durch den vierkomponentigen Diracschen Feldoperator zu formulieren:

$$\begin{aligned}\psi_\alpha(x) &= \sum_\sigma \int \frac{d^3p}{2w}\{f_{\mathbf{p}}(x)u_\alpha(p,\sigma)a_\sigma(\mathbf{p}) + f_{\mathbf{p}}^*(x)v_\alpha(p,\sigma)b_\sigma^*(\mathbf{p})\},\\ \alpha &= 1,2,3,4; \qquad \sigma = \pm 1, \qquad f_{\mathbf{p}}(x) = \frac{1}{(2\pi\hbar)^{3/2}}e^{-\frac{i}{\hbar}px}\Big|_{p^0=w}.\end{aligned} \tag{39}$$

Ihre Umkehrung lautet unter Beachtung von Gl. (38)

$$\begin{aligned}a_\sigma(\mathbf{p}) &= \int d^3x f_{\mathbf{p}}^*(x)u^*(p,\sigma)\psi(x)\\ b_\sigma^*(\mathbf{p}) &= \int d^3x f_{\mathbf{p}}(x)v^*(p,\sigma)\psi(x).\end{aligned} \tag{40}$$

Die Vertauschungsrelationen folgen aus Gl. (39.55):

$$\begin{aligned}&[\psi_\alpha(x), \bar{\psi}_\beta(x')]_+\\ &= \int \frac{d^3p}{2w}\{f_{\mathbf{p}}(x)f_{\mathbf{p}}^*(x')\sum_\sigma u_\alpha(p,\sigma)\bar{u}_\beta(p,\sigma) + f_{\mathbf{p}}^*(x)f_{\mathbf{p}}(x')\sum_\sigma v_\alpha(p,\sigma)\bar{v}_\beta(p,\sigma)\}.\end{aligned}$$

Die Matrix $P_{\alpha\beta}(p) := \frac{1}{2mc}\sum_\sigma u_\alpha\bar{u}_\beta$ projiziert bei festem p auf den zweidimensionalen Raum $\{u(p,+1), u(p,-1)\}$ aufgrund der Gleichungen

$$P^2 = P, \qquad \sum_\beta P_{\alpha\beta}u_\beta(p,\sigma) = u_\alpha(p,\sigma) \quad \text{und} \quad \text{Sp}\,P = \frac{1}{2mc}\sum_{\sigma,\alpha}\bar{u}_\alpha u_\alpha = 2.$$

Der Projektionsoperator $\frac{1}{2mc}(\gamma^\mu p_\mu + mc)$ hat nach Gl. (25) die gleichen Eigenschaften, daher gilt

$$\sum_\sigma u_\alpha(p, \sigma)\bar{u}_\beta(p, \sigma) = \gamma^\mu_{\alpha\beta} p_\mu + \delta_{\alpha\beta} mc. \tag{41}$$

Entsprechend erhält man

$$-\sum_\sigma v_\alpha(p, \sigma)\bar{v}_\beta(p, \sigma) = \{-\gamma^\mu p_\mu + mc\}_{\alpha\beta}. \tag{42}$$

Das ergibt für den Antikommutator

$$\begin{aligned}[\psi_\alpha(x), \bar{\psi}_\beta(x')]_+ &= (i\hbar\partial^\mu\gamma_\mu + mc)_{\alpha\beta} i\Delta(x - x'), \\ i\Delta(\xi) &= \int \frac{d^3p}{2w} \{f_{\mathbf{p}}(\xi) - f^*_{\mathbf{p}}(\xi)\} \frac{1}{(2\pi\hbar)^{3/2}}\end{aligned} \tag{43}$$

in Einklang mit Gl. (39.47). Hier steht die schon vom skalaren Feld bekannte Funktion $i\Delta(\xi)$ aus Gl. (38.46). Aus Gl. (39.55) folgen die übrigen Vertauschungsrelationen

$$[\psi_\alpha(x), \psi_\beta(x')]_+ = 0. \tag{44}$$

Die Interpretation des Feldoperators ist durch seine Entwicklung (39) gegeben, d. h. durch die Operatoren $a_\sigma(\mathbf{p})$ und $b_\sigma(\mathbf{p})$, deren Wirkungsweise im vorigen Paragraphen erläutert ist. Der Feldoperator ψ vernichtet Teilchen und erzeugt Antiteilchen.

Helizitätsbasis

Man kann die Einteilchenzustände statt durch die z-Komponente $\Sigma_z = \frac{i}{2}(\gamma \times \gamma)_z$ des Spins im Ruhsystem auch durch die Helizität λ als Eigenwert von $\boldsymbol{\Sigma}\hat{\mathbf{p}}$ charakterisieren, also statt

$$\Sigma_z u_0(\sigma) = \sigma u_0(\sigma) \quad \text{bzw.} \quad \Sigma_z v_0(\sigma) = -\sigma v_0(\sigma)$$

die Gleichungen $\left(\hat{p} = \frac{\mathbf{p}}{|\mathbf{p}|}\right)$

$$\boldsymbol{\Sigma}\hat{\mathbf{p}} u(p, \lambda) = \lambda u(p, \lambda) \quad \text{bzw.} \quad \boldsymbol{\Sigma}\hat{\mathbf{p}} v(p, \lambda) = -\lambda v(p, \lambda) \tag{45}$$

fordern.

Diese Bedingungen sind mit den Gleichungen

$$(p^\mu\gamma_\mu - mc)u(p, \lambda) = 0 \quad \text{bzw.} \quad (-p^\mu\gamma_\mu - mc)v(p, \lambda) = 0 \tag{46}$$

verträglich, da $\boldsymbol{\Sigma}\mathbf{p} = \frac{i}{2}\gamma \times \gamma\mathbf{p}$ mit $p^0\gamma_0 - \mathbf{p}\gamma - mc$ kommutiert. In der Entwicklung des Feldoperators

$$\psi_\alpha(x) = \int \frac{d^3p}{2w} \sum_\lambda \{f_{\mathbf{p}}(x)u_\alpha(p, \lambda)a_\lambda(\mathbf{p}) + f^*_{\mathbf{p}}(x)v_\alpha(p, \lambda)b^*_\lambda(\mathbf{p})\}$$

erzeugen die Operatoren $a^*_\lambda(\mathbf{p})$ bzw. $b^*_\lambda(\mathbf{p})$ Teilchen bzw. Antiteilchen mit Impuls $\mathbf{p}$ und Helizität λ. Die Charakterisierung durch $\lambda = +1$ bzw. -1 wird auch als Rechts- bzw. Linkshändigkeit bezeichnet. Der Vorteil der Helizitätsbeschreibung liegt in der Invarianz der Helizität unter Drehungen und in der Vermeidung der Einführung eines Ruhsystems, das für masselose Teilchen, die immer Lichtgeschwindigkeit besitzen, nicht existiert.

Im Grenzfall hoher Energien $mc/p_0 \to 0$ gilt nach Gl. (46)

$$u(p, \lambda) = \gamma_0 \boldsymbol{\gamma}\hat{\mathbf{p}} u(p, \lambda) \quad \text{bzw.} \quad v(p, \lambda) = \gamma_0 \boldsymbol{\gamma}\hat{\mathbf{p}} v(p, \lambda). \tag{47}$$

Wegen $\gamma_5 \gamma_0 \boldsymbol{\gamma} = \boldsymbol{\Sigma}$ (48)

folgt daraus

$$\begin{aligned} &\gamma_5 u(p, \lambda) = \boldsymbol{\Sigma}\hat{\mathbf{p}} u(p, \lambda) = \lambda u(p, \lambda) \\ \text{bzw.} \quad &\gamma_5 v(p, \lambda) = \boldsymbol{\Sigma}\hat{\mathbf{p}} v(p, \lambda) = -\lambda v(p, \lambda). \end{aligned} \tag{49}$$

Deswegen enthält $\psi_+ := \frac{1 + \gamma_5}{2} \psi$ im Grenzfall $mc/p_0 \to 0$ nur rechtshändige Teilchen und nur linkshändige Antiteilchen. Bei $\psi_- := \frac{1 - \gamma_5}{2} \psi$ ist es gerade umgekehrt.

Für massive Teilchen gilt dies nur für $mc/p_0 \ll 1$, ist also vom Bezugssystem abhängig. Für masselose Teilchen sind Rechts- und Linkshändigkeit lorentzinvariante Begriffe und charakterisieren verschiedene Teilchensorten, die unter Spiegelungen ihre Rollen vertauschen. Mit Hilfe des Feldoperators ψ_+ für masselose Teilchen läßt sich eine gegenüber eigentlichen Lorentz-Transformationen invariante Feldtheorie aufbauen, die nur rechtshändige Teilchen und linkshändige Antiteilchen enthält. Sie ist nicht spiegelungsinvariant.

Diskrete Symmetrien

Die Dirac-Gleichung (4) ist unter einer Reihe von diskreten Transformationen invariant, die im folgenden angegeben werden sollen:

a) R a u m s p i e g e l u n g $x \to rx = \{x^0, -x^k\}$. Der Feldoperator

$$\psi^{(r)}(x) := \Gamma_r \psi(rx)$$

genügt der Dirac-Gleichung (4)

$$\begin{aligned} (i\gamma_\mu \partial^\mu - \kappa)\psi^{(r)}(x) &= \Gamma_r \{i\Gamma_r^{-1} \gamma_\mu \Gamma_r \partial^\mu - \kappa\} \psi(rx) \\ &= \Gamma_r \{i\Gamma_r^{-1} \gamma_\mu \Gamma_r (r\partial_y)^\mu - \kappa\} \psi(y) = 0, \end{aligned}$$

falls $\Gamma_r^{-1} \gamma_\mu \Gamma_r = (r\gamma)_\mu$ gilt. Das ist erfüllt für $(\Gamma_r)_{\alpha\beta} = (\gamma_0)_{\alpha\beta} \eta_r$.

Die neuen Erzeugungs- bzw. Vernichtungsoperatoren ergeben sich mit den Gln. (40) und (37) zu

$$a_\sigma^{(r)}(\mathbf{p}) = \int d^3x f_{\mathbf{p}}^*(x) u^*(\mathbf{p}, \sigma)\psi^{(r)}(x) = \int d^3x f_{\mathbf{p}}^*(x) u^*(\mathbf{p}, \sigma)\gamma_0 \eta_r \psi(rx)$$
$$= \int d^3x f_{r\mathbf{p}}^*(rx) u^*(r\mathbf{p}, \sigma)\eta_r \psi(rx)$$
$$= \eta_r a_\sigma(-\mathbf{p})$$

und $\quad b_\sigma^{*(r)}(\mathbf{p}) = -\eta_r b_\sigma^*(-\mathbf{p}), \qquad b_\sigma^{(r)}(\mathbf{p}) = -\eta_r^* b_\sigma(-\mathbf{p}).$

Der räumliche Impuls ändert also sein Vorzeichen, während die Spinkomponente unverändert bleibt, wie es für polare (p) und axiale Vektoren (J) unter Raumspiegelungen sein muß. Wenn die Operatoren a und b das Vakuum annullieren, dann wegen dieser Relation ebenso die $a^{(r)}$, $b^{(r)}$. Für $|\eta_r| = 1$ erfüllen die $a^{(r)}$ und $b^{(r)}$ die Vertauschungsrelationen (39.55) der a und b. Beim Übergang von a, b zu $a^{(r)}$, $b^{(r)}$ geht daher das Vakuum in sich über und die orthonormale Basis (39.54) wieder in eine solche. Also gibt es eine unitäre Transformation Π mit

$$\Pi a_\sigma(\mathbf{p})\Pi^{-1} = a_\sigma^{(r)}(\mathbf{p}) = \eta_r a_\sigma(-\mathbf{p}), \qquad |\eta_r| = 1,$$
$$\Pi b_\sigma(\mathbf{p})\Pi^{-1} = b_\sigma^{(r)}(\mathbf{p}) = -\eta_r^* b_\sigma(-\mathbf{p}) \tag{50}$$

und $\quad \Pi\psi(x)\Pi^{-1} = \psi^{(r)}(x) = \eta_r \gamma_0 \psi(rx);$

$$\Pi\Phi_0 = \Phi_0.$$

Der Unterschied der Phasen bei a und b in diesen Gleichungen hat u. a. zur Folge, daß ein Zustand mit einem Teilchen vom Spin 1/2 und seinem Antiteilchen unter Raumspiegelungen neben der Umkehr der räumlichen Impulse noch ein Vorzeichen aufnimmt:

$$\Pi a_\sigma^*(\mathbf{p}) b_{\sigma'}^*(\mathbf{p}')\Phi_0 = -|\eta_r|^2 a_\sigma^*(-\mathbf{p}) b_{\sigma'}^*(-\mathbf{p}')\Phi_0.$$

Man sagt, der Zustand habe die E i g e n p a r i t ä t -1. Das ist z. B. wichtig für die Zustände des Positroniums, eines Systems, das aus einem Elektron und einem Positron besteht.

In der zweikomponentigen Schreibweise

$$\frac{1}{\sqrt{mc}}\psi = \begin{pmatrix} \varphi \\ \frac{i}{\kappa}\partial^\mu \tau_\mu \varphi \end{pmatrix} = \gamma_0 \begin{pmatrix} \frac{i}{\kappa}\partial^\mu \tau_\mu \varphi \\ \varphi \end{pmatrix}$$

führt die Raumspiegelung

$$\Pi\psi(x)\Pi^{-1} = \eta_r \gamma_0 \psi(rx)$$

zu $\quad \Pi\varphi(x)\Pi^{-1} = \eta_r \frac{i}{\kappa}\partial_y^\mu \tau_\mu \varphi(y)\Big|_{y=rx}.$

Sie wird also nicht durch eine von x unabhängige 2 × 2-Matrix, sondern durch eine Ableitungsmatrix dargestellt. Deshalb ist die vierkomponentige Diracsche Beschreibung bei Paritätserhaltung die einfachere.

Dieser Sachverhalt läßt sich auch unabhängig von der speziellen Darstellung der ψ und γ_μ formulieren, da φ der Projektion $\psi_+ = \frac{1+\gamma_5}{2}\psi$ entspricht:

Unter Verwendung der aus Gl. (4) folgenden Relation

$$\psi_- = \frac{1-\gamma_5}{2}\psi = \frac{1-\gamma_5}{2}\frac{i}{\kappa}\partial^\mu\gamma_\mu\psi = \frac{i}{\kappa}\partial^\mu\gamma_\mu\psi_+$$

gilt
$$\begin{aligned}\Pi\psi_+(x)\Pi^{-1} &= \frac{1+\gamma_5}{2}\Pi\psi(x)\Pi^{-1} = \frac{1+\gamma_5}{2}\eta_r\gamma_0\psi(rx)\\ &= \eta_r\gamma_0\frac{1-\gamma_5}{2}\psi(rx) = \eta_r\gamma_0\psi_-(rx)\\ &= \eta_r\gamma_0\frac{i}{\kappa}\partial_y^\mu\gamma_\mu\psi_+(y)\Big|_{y=rx}.\end{aligned} \tag{51}$$

Man sieht hier unmittelbar, daß die Raumspiegelung der Projektion ψ_+ durch eine Ableitung dieser Projektion gegeben ist.

b) I n v e r s i o n $x \to \mathrm{Inv}\,x := -x$. Wie beim skalaren Fall in Gl. (38.66) wird die Inversion durch einen antiunitären Operator dargestellt. Wegen der Vertauschungsrelationen von Inversion und Translation

$$\mathrm{Inv}\,T_a x = \mathrm{Inv}\,(x+a) = -(x+a) = T_{-a}\,\mathrm{Inv}\,x$$

gilt nämlich

$$\begin{aligned}&(\bar{U}(\mathrm{Inv}) := \bar{I}, \qquad U(T_a) := U_a = e^{\frac{i}{\hbar}P^\mu a_\mu})\\ &\bar{I}U_a = U_{-a}\bar{I},\end{aligned}$$

und wegen der Antiunitarität

$$\bar{I}P_\mu = +P_\mu\bar{I} \quad \text{oder} \quad \bar{I}P_\mu\bar{I}^{-1} = P_\mu. \tag{52}$$

Der gesamte Viererimpuls ist also invariant und damit auch das Vorzeichen der Energie. Bei einem unitären Operator hätte sich das Vorzeichen der Energie geändert, was im Widerspruch dazu stünde, daß unitäre oder antiunitäre Transformationen das Eigenwertspektrum hermitescher Operatoren ungeändert lassen.
Wir müssen also eine Substitution

$$\psi(x) \to \psi^I(x) := \Gamma_I\psi(-x)$$

suchen, bei der gleichzeitig die komplexen Zahlen ins konjugiert Komplexe überführt werden. Dann gilt anstelle der Dirac-Gleichung (4)

$$\{i\gamma^\mu_{\alpha\beta}\partial_\mu - \kappa\delta_{\alpha\beta}\}^*\psi^I_\beta(x) = 0. \tag{53}$$

Es ist bequem, den Differentialoperator in dieser Gleichung reell zu wählen, d. h. neue γ'_μ zu wählen mit den Bedingungen

$$\{i\gamma'^{\mu}_{\alpha\beta}\}^* = i\gamma'^{\mu}_{\alpha\beta} \quad \text{oder} \quad \gamma'^{T}_{\mu} = -\gamma'^{*}_{\mu} \quad \text{neben} \quad \gamma'^{*}_{\mu} = \gamma'^{-1}_{\mu}. \tag{54}$$

Das läßt sich durch eine unitäre Transformation mit einer vierdimensionalen Matrix $S = (S_{\alpha\beta})$ vermöge

$$\gamma'_\mu = S\gamma_\mu S^*, \qquad \psi' = S\psi, \qquad S^*S = 1$$

erreichen, die an den Gleichungen der Theorie nichts ändert. Es gilt z. B.

$$(i\gamma'_\mu \partial^\mu - \kappa)\psi' = S(i\gamma_\mu \partial^\mu - \kappa)S^*S\psi = 0.$$

Eine mögliche Lösung der Gl. (54) ist

$$\begin{aligned} &S = \frac{i}{\sqrt{2}}\begin{pmatrix} \sigma_2 & i \\ -1 & i\sigma_2 \end{pmatrix}, \\ &i\gamma'_0 = \begin{pmatrix} 0 & 1 \\ -1 & 0 \end{pmatrix}, \qquad i\gamma'_1 = \begin{pmatrix} 0 & -\sigma_1 \\ -\sigma_1 & 0 \end{pmatrix}, \\ &i\gamma'_2 = \begin{pmatrix} 1 & 0 \\ 0 & -1 \end{pmatrix}, \qquad i\gamma'_3 = \begin{pmatrix} 0 & -\sigma_3 \\ -\sigma_3 & 0 \end{pmatrix}. \end{aligned} \tag{55}$$

Unter den Bedingungen (54) folgt aus

$$v'(p, \sigma) =. \mathcal{V}(-p^\mu \gamma'_\mu + mc)v'_0(\sigma), \qquad \gamma'_0 v'_0(\sigma) = -v'_0(\sigma)$$

$$\Sigma'_z v'_0(\sigma) = -\sigma v'_0(\sigma)$$

für den konjugierten Spinor

$$\begin{aligned} &v'^*(p, \sigma) =. \mathcal{V}(+p^\mu \gamma'_\mu + mc)v'^*_0(\sigma), \\ &\gamma_0 v'^*_0(\sigma) = v'^*_0(\sigma), \qquad \Sigma'_z v'^*_0(\sigma) = +\sigma v'^*_0(\sigma). \end{aligned} \tag{56}$$

Die Spinoren $v'^*_0(\sigma)$ genügen also denselben Gleichungen wie $u'_0(\sigma)$, sind also bis auf eine Phase gleich.

Die Gl. (23) und (32)

$$u^*_0(\sigma) = u_0(\sigma) \quad \text{und} \quad v_0(\sigma) = i\gamma_2 u_0(\sigma)$$

liefern zusammen mit der aus Gl. (55) folgenden Beziehung

$$S i\gamma_2 S^T = 1$$

$$v'_0(\sigma) = Sv_0(\sigma) = Si\gamma_2 u_0(\sigma) = (S^T)^{-1}u_0(\sigma) = S^{*T}u^*_0(\sigma) = (Su_0(\sigma))^* = u'^*_0(\sigma) \tag{57}$$

und damit

$$v'(p, \sigma) = u'^*(p, \sigma). \tag{58}$$

Die Entwicklung (39) wird dadurch besonders einfach

$$\psi'_\alpha(x) = \sum_\sigma \int \frac{d^3p}{2w} [a_\sigma(p) f_\alpha^{p\sigma}(x) + b_\sigma^*(p) \{f_\alpha^{p\sigma}(x)\}^*] \tag{59}$$

mit $\quad f_\alpha^{p\sigma}(x) = \frac{1}{(2\pi\hbar)^{3/2}} e^{-\frac{i}{\hbar}px} u'_\alpha(p,\sigma)\Big|_{p^0=w}$.

Im folgenden werden wir die Gln. (54) als erfüllt ansehen, die Striche aber weglassen. Gl. (53) lautet dann

$$(i\gamma_\mu \partial^\mu - \kappa)\psi^I(x) = 0$$

und wird durch $\psi^I(x) = \Gamma_I \psi(-x)$ erfüllt

$$(i\gamma_\mu \partial_x^\mu - \kappa)\Gamma_I \psi(-x) = \Gamma_I(-i\Gamma_I^{-1}\gamma_\mu\Gamma_I\partial_{-x}^\mu - \kappa)\psi(-x) = 0,$$

falls $\Gamma_I^{-1}\gamma_\mu\Gamma_I = -\gamma_\mu$ gilt. Dies ist für $\Gamma_I = \gamma_5\eta_I$ der Fall.
Die Gln. (40) ergeben unter Beachtung der Antiunitarität für die neuen Erzeugungs- und Vernichtungsoperatoren

$$\begin{aligned} a_\sigma^I(p) &= \int d^3x \{f_p^*(x) u^*(p,\sigma)\}^* \psi^I(x) \\ &= \int d^3x f_p(x) u(p,\sigma)\gamma_5\eta_I\psi(-x). \end{aligned}$$

Zur Umformung verwenden wir die Gln. (54), (22) und (34)

$$\begin{aligned} u_\alpha(p,\sigma)\gamma_{5\alpha\beta} &= (\gamma_5^T u(p,\sigma))_\beta = -(\gamma_5 u(p,\sigma))_\beta \\ \gamma_5 u(p,\sigma) &= \mathcal{N}(-p^\mu\gamma_\mu + mc)\gamma_5 u_0(\sigma) \\ \gamma_5 u_0(\sigma) &= \gamma_5 i\gamma_2 v_0(\sigma) = \gamma_0\gamma_1\gamma_2\gamma_3\gamma_2 v_0(\sigma) \\ &= \gamma_1\gamma_3\gamma_0 v_0(\sigma) = \gamma_3\gamma_1 v_0(\sigma) = -i\Sigma_y v_0(\sigma) = \sigma v_0(-\sigma) \end{aligned}$$

und erhalten

$$\begin{aligned} a_\sigma^I(p) &= \eta_I \int d^3x f_p^*(-x)(-\sigma) v(p,-\sigma)\psi(-x) \\ &= \eta_I \int d^3y f_p^*(y)(-\sigma) v(p,-\sigma)\psi(y) \\ &= -\sigma\eta_I \int d^3y f_p^*(y) u^*(p,-\sigma)\psi(y) = -\sigma\eta_I a_{-\sigma}(p). \end{aligned}$$

Die entsprechenden Umformungen

$$\begin{aligned} u_\alpha^*(p,\sigma)\gamma_{5\alpha\beta} &= (\gamma_5^T u^*(p,\sigma))_\beta = (\gamma_5^* u(p,\sigma))_\beta^* = (\gamma_5 u(p,\sigma))_\beta^* \\ &= (\sigma v_\beta(p,-\sigma))^* = \sigma u_\beta(p,-\sigma) \end{aligned}$$

ergeben $b_\sigma^{I*}(p) = \eta_I\sigma \int d^3x f_p(-x) u(p,-\sigma)\psi(-x) = \eta_I\sigma b_{-\sigma}^*(p)$.

Die Operatoren a^I und b^I erfüllen für $|\eta_I| = 1$ dieselben Vertauschungsrelationen wie die a und b; die Vakuumbedingung ist erfüllt. Die orthonormierte Basis des Zustandsraumes geht in eine ebensolche über. Daher gibt es einen antiunitären Operator $\bar{I}$ mit

$$\begin{aligned}
&\psi^{I}(x) = \bar{I}\psi(x)\bar{I}^{-1} = \eta_I\gamma_5\psi(-x), \qquad |\eta_I| = 1, \bar{I}\Phi_0 = \Phi_0,\\
&a_\sigma^{I*}(p) = \bar{I}a_\sigma^*(p)\bar{I}^{-1} = -\sigma\eta_I^* a_{-\sigma}^*(p),\\
&b_\sigma^{I*}(p) = \bar{I}b_\sigma^*(p)\bar{I}^{-1} = \sigma\eta_I b_{-\sigma}^*(p).
\end{aligned} \tag{60}$$

Zweifache Anwendung der Transformation liefert

$$\begin{aligned}
&\psi^{II}(x) = \eta_I^*\gamma_5^{T*}\eta_I\gamma_5\psi(x) = -\psi(x),\\
&a_\sigma^{*II}(p) = -\sigma\eta_I\sigma\eta_I^* a_\sigma(p) = -a_\sigma^*(p),\\
&b^{*II}(p) = -b_\sigma^*(p).
\end{aligned} \tag{61}$$

Für die Projektion $\psi_+(x) = \frac{1+\gamma_5}{2}\psi(x)$ gilt mit Gl. (54)

$$\begin{aligned}
\bar{I}\psi_+(x)\bar{I}^{-1} &= \frac{1-\gamma_5}{2}\bar{I}\psi(x)\bar{I}^{-1} = \frac{1-\gamma_5}{2}\eta_I\gamma_5\psi(-x)\\
&= -\eta_I\psi_-(-x) = -\eta_I\frac{i}{\kappa}(\gamma_\mu\partial^\mu\psi_+)_{-x}.
\end{aligned} \tag{62}$$

Die Inversion ist also für ψ_+ mit einer Ableitung verbunden.

c) Zeitumkehr oder Bewegungsumkehr $x \to \tau x := -rx$. Man kann die Zeitumkehr aufgrund ihrer Definition aus Inversion und Raumspiegelung zusammensetzen. Sie muß daher wieder durch einen antiunitären Operator $\bar{T}$ dargestellt werden

$$\begin{aligned}
\bar{T}\psi(x)\bar{T}^{-1} &= \Pi\bar{I}\psi(x)\bar{I}^{-1}\Pi^{-1} = \eta_r\eta_I\gamma_5\gamma_0\psi(-rx)\\
&= \eta_T\gamma_5\gamma_0\psi(-rx), \qquad |\eta_T| = 1, \bar{T}\Phi_0 = \Phi_0,\\
\bar{T}a_\sigma^*(p)\bar{T}^{-1} &= -\sigma\eta_I^*\eta_r^* a_{-\sigma}^*(-p) = -\sigma\eta_T^* a_{-\sigma}^*(-p),\\
\bar{T}b_\sigma^*(p)\bar{T}^{-1} &= -\sigma\eta_T b_{-\sigma}^*(-p).
\end{aligned} \tag{63}$$

Bei der Zeitumkehr oder Bewegungsumkehr ändern Impuls und Spin im Ruhsystem ihr Vorzeichen. Es gilt in Einklang mit Gl. (21.16)

$$\begin{aligned}
\bar{T}^2 a_\sigma^*(p)\bar{T}^{-2} &= -\sigma\eta_T(+\sigma)\eta_T^* a_\sigma^*(p) = -a_\sigma^*(p)\\
\bar{T}^2 b_\sigma^*(p)\bar{T}^{-2} &= -\sigma\eta_T^*(+\sigma)\eta_T b_\sigma^*(p) = -b_\sigma^*(p)\\
\bar{T}^2\psi(x)\bar{T}^{-2} &= -\psi(x).
\end{aligned} \tag{64}$$

Für die Projektion $\psi_+ = \frac{1+\gamma_5}{2}\psi$ gilt

$$\bar{T}\psi_+(x)\bar{T}^{-1} = \frac{1-\gamma_5}{2}\bar{T}\psi(x)\bar{T}^{-1} = \frac{1-\gamma_5}{2}\eta_T\gamma_5\gamma_0\psi(-rx) = -\eta_T\gamma_0\psi_+(-rx). \tag{65}$$

Die Zeitumkehr ist für ψ_+ eine Transformation ohne Ableitungen. Sie ist in dieser Beziehung einfacher als Raumspiegelung und Inversion. Die schwache Wechselwirkung ist experimentell invariant unter T, nicht aber unter Π und I.

d) Teilchen-Antiteilchen-Konjugation $a \leftrightarrow b$. Die Substitution

$$\psi(x) \to \psi^C(x) = \eta_C \psi^*(x)$$

läßt die Dirac-Gleichung (4) unter den Bedingungen (54) invariant. Ändert man bei dieser Substitution die komplexen Zahlen nicht, so folgt aus Gl. (59)

$$a_\sigma^C(\mathbf{p}) = \eta_C b_\sigma(\mathbf{p}) \qquad b_\sigma^{*C}(\mathbf{p}) = \eta_C a_\sigma^*(\mathbf{p}).$$

Die Vertauschungsrelationen bleiben für $|\eta_C| = 1$ invariant, ebenso das Vakuum. Daher gibt es einen unitären Operator C mit

$$\begin{aligned} \psi^C(x) &= C\psi(x)C^{-1} = \eta_C\psi^*(x), \qquad |\eta_C| = 1, \qquad C\Phi_0 = \Phi_0, \\ a_\sigma^{*C}(\mathbf{p}) &= Ca_\sigma^*(\mathbf{p})C^{-1} = \eta_C^* b_\sigma^*(\mathbf{p}), \\ b_\sigma^{*C}(\mathbf{p}) &= Cb_\sigma^*(\mathbf{p})C^{-1} = \eta_C a_\sigma^*(\mathbf{p}). \end{aligned} \tag{66}$$

Für die Projektion $\psi_+ = \dfrac{1+\gamma_5}{2}\psi$ gilt

$$\begin{aligned} C\psi_+(x)C^{-1} &= \frac{1+\gamma_5}{2} C\psi C^{-1} = \frac{1+\gamma_5}{2}\eta_C\psi^* = \eta_C\left(\frac{1-\gamma_5}{2}\psi\right)^* \\ &= \eta_C\psi_-^* = \eta_C\left(\frac{i}{\kappa}\partial_\mu\gamma^\mu\psi_+\right)^*. \end{aligned} \tag{67}$$

Diese Transformation ist also für ψ_+ mit Ableitungen verbunden. Die schwache Wechselwirkung ist experimentell nicht invariant unter dieser Transformation.

e) Die Θ-Transformation. Die Kombination $\bar{I}C = \bar{\Theta}$ liefert mit den Gln. (60) und (66)

$$\begin{aligned} \bar\Theta\psi(x)\bar\Theta^{-1} &= \eta_\Theta\gamma_5\psi^*(-x), \qquad |\eta_\Theta| = 1, \qquad \bar\Theta\Phi_0 = \Phi_0, \\ \bar\Theta a_\sigma^*(\mathbf{p})\bar\Theta^{-1} &= -\sigma\eta_\Theta^* b_{-\sigma}^*(\mathbf{p}), \\ \bar\Theta b_\sigma^*(\mathbf{p})\bar\Theta^{-1} &= \sigma\eta_\Theta a_{-\sigma}^*(\mathbf{p}). \end{aligned} \tag{68}$$

Daraus ergibt sich für die Projektion $\psi_+ = \dfrac{1+\gamma_5}{2}\psi$

$$\begin{aligned} \bar\Theta\psi_+(x)\bar\Theta^{-1} &= \eta_\Theta\frac{1-\gamma_5}{2}\gamma_5\psi^*(-x) = -\eta_\Theta\left(\frac{1+\gamma_5}{2}\psi(-x)\right)^* \\ &= -\eta_\Theta\psi_+^*(-x), \end{aligned} \tag{69}$$

also eine ableitungsfreie Transformation.

Daß jede auch wechselwirkende kausale lorentzinvariante Feldtheorie unter $\bar\Theta$ invariant ist, wurde schon im Anschluß an Gl. (38.73) erläutert.

§ 41 Elektronen im äußeren Feld, lokale Eichsymmetrie

Die relativistische Beschreibung eines Elektrons durch die Dirac-Gleichung gewinnt erst wesentlichen und nachprüfbaren Gehalt, wenn die Wechselwirkung wenigstens mit dem elektromagnetischen Feld berücksichtigt wird. Wir wollen uns in diesem Paragraphen auf von außen vorgegebene elektromagnetische Felder beschränken. Die volle Quantenfeldtheorie der Elektronen und Photonen, die Quantenelektrodynamik, berücksichtigt auch die Freiheitsgrade des elektromagnetischen Feldes. Sie ist die am weitesten entwickelte Quantenfeldtheorie und stimmt in der störungstheoretischen Entwicklung nach der Kopplungskonstanten bis zu hohen Ordnungen ausgezeichnet mit der Erfahrung überein. Ihre eingehende Behandlung würde den Rahmen dieser Darstellung sprengen.

Lokale Eichinvarianz

In Analogie zur Behandlung der Schrödinger-Gleichung (3.8) machen wir in der freien Dirac-Gleichung (40.4) die Ersetzung

$$\underset{\sim}{p} \to \underset{\sim}{p} - \frac{e}{c}\mathbf{A}, \qquad i\hbar\frac{\partial}{\partial t} \to i\hbar\frac{\partial}{\partial t} - e\varphi$$

oder $$\partial^\mu \to D^\mu := \partial^\mu + \frac{ie}{\hbar c}A^\mu, \qquad A^\mu = \{\varphi, \mathbf{A}\}$$

mit der resultierenden F e l d g l e i c h u n g

$$(i\gamma_\mu D^\mu - \kappa)\psi = 0, \qquad (i\gamma_\mu\partial^\mu - \kappa)\psi = \frac{e}{\hbar c}A^\mu\gamma_\mu\psi \tag{1}$$

und der Gleichung für $\bar\psi = \psi^*\gamma_0$

$$\bar\psi(-i\gamma_\mu \underset{\leftarrow}{D}^{*\mu} - \kappa) = 0, \qquad \bar\psi(-i\gamma_\mu\underset{\leftarrow}{\partial}^\mu - \kappa) = \bar\psi\,\frac{e}{\hbar c}A^\mu\gamma_\mu. \tag{2}$$

Unter lokaler Eichung des elektromagnetischen Potentials

$$A^\mu \to A^\mu + \partial^\mu\Lambda(x) \tag{3}$$

gehen die Gl. (1) und (2) in sich über, falls man die gleichzeitige Ersetzung

$$\psi(x) \to \psi(x)e^{-i\frac{e}{\hbar c}\Lambda(x)} \tag{4}$$

vornimmt. Es gilt nämlich

$$\partial^\mu e^{-i\frac{e}{\hbar c}\Lambda(x)} = e^{-i\frac{e}{\hbar c}\Lambda(x)}\left(-i\frac{e}{\hbar c}\{\partial^\mu\Lambda\} + \partial^\mu\right)$$

und daher mit Gl. (1)

$$\left(i\gamma_\mu D^\mu - \frac{e}{\hbar c}\{\partial^\mu\Lambda\}\gamma_\mu - \kappa\right) e^{-i\frac{e}{\hbar c}\Lambda}\psi$$

$$= e^{-i\frac{e}{\hbar c}\Lambda}\left(i\gamma_\mu D^\mu + \frac{e}{\hbar c}\gamma_\mu\{\partial^\mu\Lambda\} - \frac{e}{\hbar c}\{\partial^\mu\Lambda\}\gamma_\mu - \kappa\right)\psi = 0.$$

Die Dirac-Gleichung (1) ist also unter lokalen Eichtransformationen (3), (4) invariant. Umgekehrt legt die Forderung der Invarianz unter Gl. (3) und (4) die Wechselwirkung weitgehend fest. Ableitungen des Operators ψ dürfen nur in der Form $\partial^\mu + i\frac{e}{\hbar c}A^\mu$ vorkommen; Terme ohne Ableitungen von ψ sind erlaubt, falls sie nur invariante Bildungen des Feldes A^μ, wie z. B. $\partial^\mu A^\nu - \partial^\nu A^\mu = F^{\mu\nu}$, also **E** und **B** enthalten. Läßt man diese Terme weg, so spricht man von minimaler Kopplung. Wir wollen diese Kopplung zu Grunde legen und werden sehen, daß sich dadurch das beobachtete magnetische Moment des Elektrons ergibt.

Schrödinger-Bild, Paarerzeugung

Da die Gl. (1) schon recht kompliziert ist, wollen wir im folgenden das Schrödinger-Bild verwenden, in dem der Feldoperator $\psi_S =: \psi(\mathbf{r})$ nicht von der Zeit abhängt. Dabei geht natürlich die relativistische Schreibweise verloren, da t und **r** verschieden behandelt werden. Die relativistische Invarianz der Theorie bleibt aber erhalten. Die Wechselwirkung tritt im Schrödinger-Bild nur in der zeitlichen Entwicklung des Zustandes auf und wir können den Feldoperator $\psi(\mathbf{r})$ der Gl. (40.39) für t = 0 entnehmen:

$$\psi(\mathbf{r}) = \frac{1}{(2\pi\hbar)^{3/2}}\sum_\sigma\int\frac{d^3p}{2w}\left\{e^{\frac{i}{\hbar}\mathbf{pr}}u(\mathbf{p},\sigma)a_\sigma(\mathbf{p}) + e^{-\frac{i}{\hbar}\mathbf{pr}}v(\mathbf{p},\sigma)b_\sigma^*(\mathbf{p})\right\}. \tag{5}$$

Die Vertauschungsrelationen für den Feldoperator folgen aus Gl. (40.43) und (40.44). Wegen

$$\Delta(\xi)|_{\xi_0=0} = 0, \qquad \partial_0\Delta(\xi)|_{\xi_0=0} = -\frac{1}{\hbar}\delta^3(\xi)$$

ergibt sich

$$[\psi_\alpha(\mathbf{r}), \psi_\beta^*(\mathbf{r}')]_+ = \delta_{\alpha\beta}\delta^3(\mathbf{r}-\mathbf{r}'), \qquad [\psi_\alpha(\mathbf{r}), \psi_\beta(\mathbf{r}')]_+ = 0. \tag{6}$$

Wir wollen nun den Hamilton-Operator im Schrödinger-Bild bestimmen.
Der Zusammenhang zwischen $\psi(\mathbf{r}, t)$ und $\psi(\mathbf{r})$ ist durch

$$\psi(\mathbf{r}, t) = U^{-1}(t)\psi(\mathbf{r})U(t), \qquad \Phi_S(t) = U(t)\Phi_S(0), \qquad UU^* = 1 \tag{7}$$

gegeben. Mit der Schrödinger-Gleichung

$$i\hbar\dot{\Phi}_S(t) = H_S(t)\Phi_S(t), \quad \text{also} \quad i\hbar\dot{U}(t) = H_S(t)U(t),$$

folgt daraus

$$i\hbar\dot{\psi}(\mathbf{r}, t) = U^{-1}[\psi(\mathbf{r}), H_S(t)]_- U(t). \tag{8}$$

Die linke Seite dieser Gleichung ergibt sich aus Gl. (1) zu

$$i\hbar\dot{\psi}(\mathbf{r}, t) = \gamma_0 \{-ic\gamma_k\hbar\partial^k + mc^2 + eA^\mu\gamma_\mu\}\psi(\mathbf{r}, t)$$

und damit der Kommutator zu

$$[\psi(\mathbf{r}), H_S(t)]_- = \gamma_0 \left\{c\gamma_k \frac{\hbar}{i}\partial^k + mc^2 + eA^\mu(\mathbf{r}, t)\gamma_\mu\right\}\psi(\mathbf{r}) =: h(t)\psi(\mathbf{r}). \tag{9}$$

Diese Gleichung bestimmt den Hamilton-Operator $H_S(t)$ bis auf ein additives Vielfaches des Einheitsoperators eindeutig zu

$$H_S(t) = \int d^3r\psi^*(\mathbf{r})h(t)\psi(\mathbf{r}) + \lambda I, \tag{10}$$

was man aufgrund von Gl. (6) verifiziert:

$$\begin{aligned}[\psi(\mathbf{r}'), H_S(t)]_- &= \int d^3r\{\psi(\mathbf{r}')\psi^*(\mathbf{r})h\psi(\mathbf{r}) - \psi^*(\mathbf{r})h\underbrace{\psi(\mathbf{r})\psi(\mathbf{r}')}\} \\ &\qquad - \psi(\mathbf{r}')h\psi(\mathbf{r}) \\ &= \int d^3r[\psi(\mathbf{r}'), \psi^*(\mathbf{r})]_+ h\psi(\mathbf{r}) = h\psi(\mathbf{r}').\end{aligned}$$

Zerlegt man h in den wechselwirkungsfreien Teil und den Rest,

$$h(t) = h^0 + \gamma_0 eA^\mu\gamma_\mu, \tag{11}$$

und entsprechend $H_S(t)$ in $H^0 + H'(t)$, so läßt sich H^0 durch Einsetzen der Entwicklung (5) berechnen. Aus den Gln. (40.25) und (40.33) ergibt sich

$$\begin{aligned}h^0u(p, \sigma)e^{\frac{i}{\hbar}pr} &= \gamma_0(-p^k\gamma_k c + mc^2)u(p, \sigma)e^{\frac{i}{\hbar}pr} \\ &= \gamma_0(-p^\mu\gamma_\mu c + mc^2 + p^0\gamma_0 c)u(p, \sigma)e^{\frac{i}{\hbar}pr} = wcu(p, \sigma)e^{\frac{i}{\hbar}pr}\end{aligned}$$

und $\quad h_0 v(p, \sigma)e^{-\frac{i}{\hbar}pr} = -wcv(p, \sigma)e^{-\frac{i}{\hbar}pr}.$

Zusammen mit den Normierungs- und Orthogonalitätsrelationen (40.29), (40.35) und (40.38) erhält man das Resultat

$$\begin{aligned}H^0 &= \sum_\sigma \int \frac{d^3p}{2w}\{a_\sigma^*(\mathbf{p})a_\sigma(\mathbf{p}) - b_\sigma(\mathbf{p})b_\sigma^*(\mathbf{p})\}wc + \lambda^0 I \\ &= \sum_\sigma \int \frac{d^3p}{2w}\{a_\sigma^*(\mathbf{p})a_\sigma(\mathbf{p}) + b_\sigma^*(\mathbf{p})b_\sigma(\mathbf{p})\}wc + \lambda^{0\prime} I.\end{aligned} \tag{12}$$

Verlangt man die Annullierung des Zustandes Φ_0 durch H^0, also $H^0\Phi_0 = 0$, so wird $\lambda^{0\prime} = 0$ und damit

$$H^0 = :\int d^3r\bar{\psi}\left(c\gamma_k \frac{\hbar}{i}\partial^k + mc^2\right)\psi:, \qquad H^0\Phi_0 = 0, \tag{13}$$

wobei die Doppelpunkte bedeuten, daß die Vernichtungsoperatoren nach rechts vertauscht werden, und zwar so, als ob alle Operatoren antikommutierten.

Der so gewonnene Operator H^0 entspricht, wie zu verlangen, dem Energieoperator (38.42). Der Operator H' hat die klassische Form der Wechselwirkung $\int d^3r j_{\mu elm} A^\mu$, wenn man als Stromoperator definiert

$$j_{\mu elm} = e\bar{\psi}\gamma_\mu\psi + \lambda_\mu I.$$

Der zugehörige Heisenberg-Operator genügt aufgrund der Dirac-Gleichung (1), (2) der Kontinuitätsgleichung, wie es für den elektromagnetischen Strom sein muß:

$$\partial^\mu\bar{\psi}(\mathbf{r}, t)\gamma_\mu\psi(\mathbf{r}, t) = \bar{\psi}(\underset{\rightarrow}{\partial^\mu}\gamma_\mu + \underset{\leftarrow}{\partial^\mu}\gamma_\mu)\psi = \bar{\psi}(\underset{\rightarrow}{D^\mu}\gamma_\mu + \underset{\leftarrow}{D^{*\mu}}\gamma_\mu)\psi = 0. \tag{14}$$

Drückt man $\bar{\psi}\gamma_\mu\psi$ durch Erzeugungs- und Vernichtungsoperatoren aus, so erhält man vier Typen von Termen:

$$a^*_\sigma(\mathbf{p})a_{\sigma'}(\mathbf{p}'), \quad a^*_\sigma(\mathbf{p})b^*_{\sigma'}(\mathbf{p}'), \quad b_\sigma(\mathbf{p})a_{\sigma'}(\mathbf{p}') \text{ und } b_\sigma(\mathbf{p})b^*_{\sigma'}(\mathbf{p}').$$

Während man durch die Doppelpunktvorschrift erreichen kann, daß der letzte Typ den Zustand Φ_0 annulliert, ist das für die beiden mittleren nicht möglich. Diese können auch nicht etwa in H' nach Integration mit A^μ allgemein zum Verschwinden gebracht werden, da A^μ beliebig vorgegebene Funktionen sind. *Die Wechselwirkung* H' *erzeugt und vernichtet also Paare von Elektronen und Positronen.*

Die Definition des Stromes

$$j_\mu =: \bar{\psi}\gamma_\mu\psi :, \quad \partial^\mu j_\mu = 0, \quad j_\mu\Phi_0 \neq 0, \quad (\Phi_0, j_\mu\Phi_0) = 0 \tag{15}$$

liefert für den Ladungsoperator wieder Gl. (39.51):

$$Q = \int d^3r : \psi^*\psi : = \sum_\sigma \int \frac{d^3p}{2w_p} \{a^*_\sigma(\mathbf{p})a_\sigma(\mathbf{p}) - b^*_\sigma(\mathbf{p})b_\sigma(\mathbf{p})\}, \qquad Q\Phi_0 = 0.$$

Man kann j_μ auch als Kommutator schreiben. In der Zerlegung

$$\bar{\psi}\gamma_\mu\psi = \frac{1}{2}[\bar{\psi}, \gamma_\mu\psi]_- + \frac{1}{2}[\bar{\psi}, \gamma_\mu\psi]_+$$

erkennt man, daß der Antikommutator wegen der Vertauschungsrelationen (6) ein Vielfaches des Einheitsoperators ist. Andererseits gilt aufgrund der Definition des Doppelpunktes

$$\bar{\psi}\gamma_\mu\psi = : \bar{\psi}\gamma_\mu\psi : + \lambda'_\mu I$$

und daher

$$: \bar{\psi}\gamma_\mu\psi : = \frac{1}{2}[\bar{\psi}, \gamma_\mu\psi]_- + \lambda''_\mu I,$$

woraus $-\lambda''_\mu = \frac{1}{2}(\Phi_0, [\bar{\psi}, \gamma_\mu\psi]_-\Phi_0)$ folgt.

Mit Hilfe der Teilchen-Antiteilchenkonjugation (40.66)

$$C\psi C^{-1} = \psi^c, \qquad C\Phi_0 = \Phi_0, \qquad C^*C = 1$$

zeigen wir nun, daß λ''_μ verschwindet. Es gilt nämlich,

$$C[\bar{\psi}, \gamma_\mu\psi]_- C^{-1} = [\overline{\psi^c}, \gamma_\mu\psi^c]_- = -[\bar{\psi}, \gamma_\mu\psi]_-,$$

was man am einfachsten zunächst in der speziellen Darstellung der γ_μ mit $\gamma_\mu^{*T} = -\gamma_\mu$, $\psi^c = \psi^*$ und nachträglicher Transformation auf beliebige Darstellungen erkennt (R 20). Für jeden Operator Q mit $CQC^{-1} = -Q$ verschwindet aber der Erwartungswert im Zustand Φ_0 wegen

$$(\Phi_0, Q\Phi_0) = (C^{-1}\Phi_0, QC^{-1}\Phi_0) = (\Phi_0, CQC^{-1}\Phi_0) = -(\Phi_0, Q\Phi_0).$$

Damit ergibt sich $\lambda''_\mu = 0$ und

$$j_\mu = :\bar{\psi}\gamma_\mu\psi: = \frac{1}{2}[\bar{\psi}, \gamma_\mu\psi]_-, \tag{16}$$

$$Cj_\mu C^{-1} = -j_\mu.$$

Der Hamilton-Operator der Wechselwirkung lautet

$$H'(t) = :e\int d^3r\bar{\psi}(r)\gamma_\mu\psi(r)A^\mu(r,t): = e\int d^3r j_\mu(r)A^\mu(r,t), \tag{17}$$

er erzeugt i. allg. aus dem Zustand Φ_0 einen Zustand mit einem Elektron und einem Positron

$$H'(t)\Phi_0 \propto \Phi_{e^+e^-}.$$

Man erkennt daraus, daß Φ_0 kein Eigenzustand der Energie in Anwesenheit eines äußeren Feldes ist, selbst wenn dieses Feld nicht von der Zeit abhängt. Die Eigenzustände der Energie haben keine feste Teilchenzahl, wohl aber feste Ladung. Dies macht die Beschreibung des Elektron-Positron-Feldes in einem vorgegebenen klassischen elektromagnetischen Feld so schwierig, daß man eine Entwicklung nach der Kopplungskonstanten $\frac{e^2}{\hbar c} \approx \frac{1}{137}$ vornimmt. Von dieser Entwicklung soll hier nur das erste Glied behandelt werden.

Pauli-Gleichung für die Wellenfunktion des Elektrons, magnetisches Moment und Spin-Bahn-Kopplung

Im Schrödinger-Bild ist die zeitliche Änderung eines Zustandsvektors gegeben durch

$$i\hbar\dot{\Phi}(t) = H(t)\Phi(t) = (H^0 + H'(t))\Phi(t). \tag{18}$$

Da H unter der Ersetzung $\psi \to \psi e^{i\alpha}$ invariant ist und daher mit dem Ladungsoperator vertauscht, kann man Zustände mit fester Ladung betrachten. Wir wollen die zeitliche Änderung eines Zustandes untersuchen, der bei Vernachlässigung von H' ein Einelektron-Zustand ist; er besitzt die Ladung e. Da die Teilchenzahl nicht erhalten ist, schreiben wir den allgemeinsten Zustand mit $Q\Phi = 1 \cdot \Phi$

$$\Phi = \Phi^0 + \Phi', \qquad \Phi^0 = \sum_\sigma \int \frac{d^3p}{\sqrt{2w}} \varphi_\sigma(\mathbf{p}, t)\Phi_{\mathbf{p}\sigma}, \tag{19}$$

$$\Phi_{\mathbf{p}\sigma} = a^*_\sigma(\mathbf{p})\Phi_0, \qquad (\Phi_{\mathbf{p}\sigma}, \Phi_{\mathbf{p}'\sigma'}) = 2w\delta^3(\mathbf{p} - \mathbf{p}')\delta_{\sigma\sigma'}, \qquad (\Phi_{\mathbf{p}\sigma}, \Phi') = 0.$$

Der Anteil Φ' ist eine Linearkombination von Zuständen, in denen außer dem Erzeugungsoperator eines Elektrons noch beliebige Paarerzeugungsoperatoren von einem Elektron und einem Positron vorkommen. Dieser Anteil soll im Grenzfall $H' \to 0$ verschwinden. Der Zustand Φ^0 soll auf Eins normiert sein. Dann ist aus

$$(\Phi^0, \Phi^0) = \sum_\sigma \int d^3p \varphi^*_\sigma(\mathbf{p}, t)\varphi_\sigma(\mathbf{p}, t) = 1$$

zu erkennen, daß $\varphi_\sigma(\mathbf{p}, t)$ die normierte Wahrscheinlichkeitsamplitude für ein Elektron mit Spin-Komponente $\hbar\sigma/2$ und Impuls $\mathbf{p}$ ist.

Multipliziert man Gl. (18) von links mit $\Phi_{\mathbf{p}\sigma}$, so erhält man

$$\begin{aligned} i\hbar(\Phi_{\mathbf{p}\sigma}, \dot{\Phi}) &= i\hbar\sqrt{2w}\,\dot{\varphi}_\sigma(\mathbf{p}, t) \\ &= (\Phi_{\mathbf{p}\sigma}, H^0\Phi) + (\Phi_{\mathbf{p}\sigma}, H'\Phi^0) + (\Phi_{\mathbf{p}\sigma}, H'\Phi'), \end{aligned} \tag{20}$$

wobei der letzte Term näherungsweise weggelassen werden soll, da er von höherer Ordnung als der zweite ist.

Wegen $(\Phi_{\mathbf{p}\sigma}, H^0\Phi) = (H^0\Phi_{\mathbf{p}\sigma}, \Phi) = cw_{\mathbf{p}}(\Phi_{\mathbf{p}\sigma}, \Phi)$

ergibt sich

$$\begin{aligned} i\hbar\dot{\varphi}_\sigma(\mathbf{p}, t) &= cw\varphi_\sigma(\mathbf{p}, t) + \sum_{\sigma'} \int \frac{d^3p'}{2\sqrt{ww'}} (\Phi_{\mathbf{p}\sigma}, H'\Phi_{\mathbf{p}'\sigma'})\varphi_{\sigma'}(\mathbf{p}', t), \\ (\Phi_{\mathbf{p}\sigma}, H'\Phi_{\mathbf{p}'\sigma'}) &= e\bar{u}(p, \sigma)\gamma_\mu u(p', \sigma') \int d^3r A^\mu(\mathbf{r}, t) \frac{e^{-\frac{i}{\hbar}(\mathbf{p}-\mathbf{p}')\mathbf{r}}}{(2\pi\hbar)^3} \\ &=: \bar{u}(p, \sigma)\gamma_\mu u(p', \sigma') \frac{e}{(2\pi\hbar)^{3/2}} \tilde{A}^\mu(\mathbf{p} - \mathbf{p}', t). \end{aligned} \tag{21}$$

Um das magnetische Moment des Elektrons zu berechnen, wählen wir ein homogenes zeitlich konstantes Magnetfeld, also

$$\{A^\mu\} = \{0, \mathbf{A}\}, \qquad \mathbf{A}(\mathbf{r}) = \frac{\mathbf{B}}{2} \times \mathbf{r}.$$

Damit ergibt sich

$$\frac{1}{(2\pi\hbar)^{3/2}} \tilde{\mathbf{A}}(\mathbf{q}) = \frac{\mathbf{B}}{2} \times i\hbar\nabla_{\mathbf{q}}\delta^3(\mathbf{q})$$

und nach partieller Integration unter Verwendung von Gl. (40.29)

$$\sum_{\sigma'} \int \frac{d^3p'}{2\sqrt{ww'}} (\Phi_{p\sigma}, H'\Phi_{p'\sigma'})\varphi_{\sigma'}(p', t) = \frac{e}{2} B \times i\hbar\nabla_{p'}\bar{u}(p, \sigma)\gamma u(p', \sigma') \frac{\varphi_{\sigma'}(p', t)}{2\sqrt{ww'}}\Bigg|_{p'=p}$$

$$= \frac{eB}{2w} p \times i\hbar\nabla_p\varphi_\sigma(p, t) + \frac{eB}{4w} \cdot \bar{u}(p, \sigma)\gamma \times i\hbar\nabla_{p'}u(p', \sigma')\Bigg|_{p'=p} \varphi_{\sigma'}(p, t). \tag{22}$$

Der erste Term der rechten Seite wirkt nicht auf den Spin. Er beschreibt die Wechselwirkung $-\mu_{\mathrm{Bahn}} B\varphi_\sigma$ mit dem Bahnmoment. Wegen

$$\underset{\sim}{L}\varphi_\sigma(p) = i\hbar\nabla_p \times p\varphi_\sigma(p)$$

ergibt sich

$$\mu_{\mathrm{Bahn}} = \frac{e}{2w} L, \tag{23}$$

was für $p \ll mc$ in Gl. (24.5) übergeht.

Der zweite Term der rechten Seite von Gl. (22) liefert das magnetische Moment des Spins.

Zwei Fälle sollen explizit angegeben werden. Zunächst der nichtrelativistische Grenzfall $p \ll mc$. Für ihn gilt wegen $u(p, \sigma) = \left(1 - \frac{p\gamma}{2mc}\right)u_0(\sigma)$

$$\nabla_{p'}u(p', \sigma') = -\frac{\gamma}{2mc} u_0(\sigma')$$

und mit Gl. (40.27)

$$\bar{u}(p, \sigma)\gamma \times i\hbar\nabla_p u(p, \sigma') = -\frac{i\hbar}{2mc} u_0(\sigma)\gamma \times \gamma u_0(\sigma')$$

$$= -\frac{\hbar}{mc} u_0(\sigma)\Sigma u_0(\sigma') = -2\hbar\sigma_{\sigma\sigma'}.$$

Daher folgt für die Spinwechselwirkung $\left(S = \frac{\hbar}{2}\sigma\right)$ in Gl. (22)

$$-\frac{eB}{4w} 2\hbar(\sigma\varphi(p, t))_\sigma = -\frac{e}{mc} B(S\varphi)_\sigma = -B(\mu_{\mathrm{Spin}}\varphi)_\sigma$$

mit $$\mu_{\mathrm{Spin}} = \frac{e}{mc} S \qquad (p \ll mc). \tag{24}$$

Das Verhältnis von μ_{Spin} und S ist also gerade das beobachtete nach Gl. (24.8). Hätten wir die Wechselwirkung nicht minimal angesetzt, sondern einen Term $\propto F_{\mu\nu}\gamma^\mu\gamma^\nu$ hinzugefügt, der die lokale Eichinvarianz erhält, so hätte das magnetische Moment des Spins beliebige Werte annehmen können. Der Wert (24) ist eine Stütze für die minimale Kopplung.

Wie schon erwähnt, führt die Berücksichtigung der Freiheitsgrade des elektromagnetischen Feldes zu sehr kleinen bei minimaler Kopplung berechenbaren Korrekturen für das magnetische Spinmoment, die durch Präzisionsmessungen bestätigt sind.

Insgesamt erhalten wir für den nichtrelativistischen Grenzfall die Gleichung

$$i\hbar\dot{\varphi}_\sigma(\mathbf{p}, t) = \left(mc^2 + \frac{\mathbf{p}^2}{2m} + \ldots\right)\varphi_\sigma(\mathbf{p}, t) - \frac{\mathbf{B}e}{2mc}\{\mathbf{L}\varphi_\sigma(\mathbf{p}, t) + 2(\mathbf{S}\varphi(\mathbf{p}, t))_\sigma\}. \quad (25)$$

Die Wahrscheinlichkeitsamplitude für den Ort

$$\chi_\sigma(\mathbf{r}, t) := \int d^3p\varphi_\sigma(\mathbf{p}, t)\,\frac{e^{+\frac{i}{\hbar}\mathbf{pr}}}{(2\pi\hbar)^{3/2}} \quad (26)$$

genügt der Gleichung

$$i\hbar\dot{\chi}_\sigma(\mathbf{r}, t) = \left(mc^2 + \frac{\mathbf{p}^2}{2m} + \ldots\right)\chi_\sigma(\mathbf{r}, t) - \frac{\mathbf{B}e}{2mc}\{\mathbf{L}\chi_\sigma(\mathbf{r}, t) + 2(\mathbf{S}\chi(\mathbf{r}, t))_\sigma\}, \quad p \ll mc. \quad (27)$$

Diese Gleichung trägt den Namen **Pauli-Gleichung**. Hier ist sie für den Fall eines homogenen Magnetfeldes aufgeschrieben.

Wählt man die Impulsverteilung des Elektrons speziell so, daß kein Impuls senkrecht zu $\mathbf{B}$ in der Verteilung $\varphi_\sigma(\mathbf{p})$ vorkommt, dann hat auch das vollrelativistische Resultat eine einfache Form. Für diesen Fall erhält man (R 21)

$$\mathbf{B}\bar{u}(p, \sigma)\gamma \times i\hbar\nabla_{\mathbf{p}}u(p, \sigma') = -2\hbar\mathbf{B}\sigma_{\sigma\sigma'}$$

und mit Gl. (22) für die Wechselwirkung des Spins mit dem Magnetfeld

$$-\frac{e}{2}\mathbf{B}2\hbar\,\frac{(\sigma\varphi(\mathbf{p}, t))_\sigma}{2w}.$$

Die vollrelativistische Gleichung lautet dann

$$i\hbar\dot{\varphi}_\sigma(\mathbf{p}, t) = cw\varphi_\sigma(\mathbf{p}, t) - \frac{\mathbf{B}e}{2w}\{\mathbf{L}\varphi_\sigma(\mathbf{p}, t) + 2(\mathbf{S}\varphi(\mathbf{p}, t))_\sigma\} \quad (28)$$

mit $\quad \varphi_\sigma(\mathbf{p}, t) = 0 \qquad$ für $\mathbf{p} \times \mathbf{B} \neq 0$, $|\mathbf{p}|$ bel.

Gegenüber dem nichtrelativistischen Grenzfall steht hier bei Bahn- und Spinmoment im Nenner w anstelle von mc.

Nach dem homogenen Magnetfeld wollen wir nun ein elektrisches Feld betrachten, wie es etwa für das Elektron im Wasserstoffatom vorliegt. Wir setzen daher

$$eA^\mu = \{V(\mathbf{r}), \mathbf{0}\}.$$

Gl. (21) geht dabei über in

$$i\hbar\dot{\varphi}_\sigma(\mathbf{p}, t) = cw\varphi_\sigma(\mathbf{p}, t) + \sum_{\sigma'}\int d^3p'\bar{u}(p, \sigma)\gamma_0 u(p', \sigma')\,\frac{\tilde{V}(\mathbf{p} - \mathbf{p}')}{(2\pi\hbar)^{3/2}}\,\frac{\varphi_{\sigma'}(\mathbf{p}', t)}{2\sqrt{ww'}}. \quad (29)$$

Wir wollen das Integral in nichtrelativistischer Näherung nur bis zu quadratischen Gliedern in p/m berechnen. Einsetzen der Gl. (40.23) liefert nach einigen Umformungen (R 22)

$$\frac{\bar{u}(p,\sigma)\gamma_0 u(p'\sigma')}{2\sqrt{w_p w_p'}} = \delta_{\sigma\sigma'}\left(1 - \frac{(\mathbf{p}-\mathbf{p}')^2}{8m^2c^2}\right) + \frac{i}{4m^2c^2}(\mathbf{p}-\mathbf{p}') \times \mathbf{p}'\sigma_{\sigma\sigma'}. \tag{30}$$

Nach Einsetzen dieser Entwicklung in Gl. (29) benutzen wir den einfach nachzurechnenden Faltungssatz (R 23)

$$\frac{1}{(2\pi\hbar)^{3/2}} \int d^3p' \tilde{f}(\mathbf{p}-\mathbf{p}')\tilde{g}(\mathbf{p}') = \widetilde{fg}(\mathbf{p}) \tag{31}$$

und $\quad \mathbf{p}\tilde{f}(\mathbf{p}) = \widetilde{\frac{\hbar}{i}\nabla f}(\mathbf{p}), \qquad \mathbf{p}^2\tilde{f}(\mathbf{p}) = -\hbar^2\widetilde{\Delta f}(\mathbf{p}).$

Der Übergang zum Ortsraum nach Gl. (26) liefert dann

$$i\hbar\dot{\chi}_\sigma(\mathbf{r},t) = \left(mc^2 + \frac{\mathbf{p}^2}{2m} + \dots\right) + V(\mathbf{r})\chi_\sigma + \frac{\hbar^2}{8m^2c^2}\Delta V(\mathbf{r})\chi_\sigma + \frac{1}{2m^2c^2}\nabla V \times \mathbf{p}(S\chi)_\sigma. \tag{32}$$

Die Interpretation der ersten beiden Terme ist evident. Der dritte Term heißt *Darwin-Term*, der vierte ist die aus Gl. (24.19) bekannte Spin-Bahn-Kopplung mit dem richtigen Vorfaktor. Der Darwin-Term besagt, daß die Kopplung an das Feld nichtlokal ist. Sie hängt von dem Feld in der Nachbarschaft des Teilchenortes **r** ab, weil dort die Ladungsdichte nicht Null ist. Die Lineardimension dieses Ladungsbereiches ist nach Gl. (32) gleich $\hbar/mc\sqrt{8}$, also von der Größenordnung der *Compton-Wellenlänge* des Teilchens. Dies ist typisch für alle relativistischen Theorien.

Insgesamt haben wir in diesem Paragraphen gesehen, daß die lokale Eichinvarianz mit minimaler Kopplung auch im relativistischen Bereich die Wechselwirkung des Elektrons mit einem äußeren elektromagnetischen Feld in Übereinstimmung mit der Erfahrung beschreibt.

Es ist sehr befriedigend, daß ein konzeptionell so einfacher Ansatz die verschiedenartigsten Phänomene dieser Wechselwirkung quantitativ wiedergibt.

§ 42 Ausblick auf die volle quantentheoretische Behandlung der fundamentalen Wechselwirkungen

Um einen Eindruck von der Tragweite der Quantentheorie für die gesamte Physik zu vermitteln, soll in diesem Abschnitt ein Ausblick gegeben werden auf die Beschreibung der in der Natur vorkommenden fundamentalen Felder bzw. Teilchen und ihre Wechselwirkungen, eine Beschreibung, die den allgemeinen Forderungen der Quantentheorie und der Relativitätstheorie genügt. Es sieht derzeit so aus, als ob die Erfassung aller Phänomene durch Felder mit Nahwechselwirkung möglich sei, d. h. durch lokale Feldgleichungen, die eine sehr enge Beziehung zu den entsprechenden klassischen Gleichungen besitzen. Darüber hinaus scheinen alle Wechselwirkungen durch die Vorschrift minimaler eichinvarianter Ankopplung nach dem Vorbild der Elektrodynamik richtig beschrieben zu sein.

Quantenelektrodynamik (QED)

Die QED beschreibt die Wechselwirkung des Elektronen- und Positronenfeldes mit dem elektromagnetischen Feld, oder in der Teilchensprechweise, die Wechselwirkung der Elektronen und Positronen mit den Photonen. Sie ist das bestuntersuchte Beispiel einer relativistischen Quantenfeldtheorie. Der Zustandsraum ist aufgebaut aus Elektronen-, Positronen- und Photonenzuständen. Die Maxwellschen Gleichungen, die die Wechselwirkung zwischen Ladungen und Feldern klassisch beschreiben, werden als Operatorgleichungen aufgefaßt. Diese gekoppelten Gleichungen für die Feldoperatoren sind bisher nur formal in jeder Ordnung der Feinstrukturkonstanten $\frac{e^2}{\hbar c} \approx \frac{1}{137}$ gelöst. Die Resultate der Störungstheorie der QED stimmen bis zu den höchsten gerechneten Ordnungen ausgezeichnet mit den Beobachtungen überein. Als Beispiel sei das m a g n e t i s c h e M o m e n t des Elektrons angeführt $\left(\alpha = \frac{e^2}{\hbar c}\right)$.

$$\mu(e^-) =: \frac{e\hbar}{2mc}(1 + a)$$

$$a_{th} = \frac{1}{2}\frac{\alpha}{\pi} - 0{,}3284790\left(\frac{\alpha}{\pi}\right)^2 + (1{,}1765 \pm 0{,}0013)\left(\frac{\alpha}{\pi}\right)^3 + \ldots,$$

$$a_{exp} = (11596522 \pm 0{,}4) \cdot 10^{-10},$$

$$a_{th} = (11596525 \pm 1) \cdot 10^{-10}.$$

Bei den Rechnungen treten zunächst in höheren Ordnungen Unendlichkeiten auf, die aber beobachtbare Größen nicht berühren, wenn man auch Massen- und Ladungsparameter der Theorie durch die beobachteten Massen und Ladungen ausdrückt. Man nennt dieses Verfahren R e n o r m i e r u n g. Wir erläutern es am Beispiel der Elektronenmasse. Der Einelektronenzustand niedrigster Energie ist der Zustand mit der Ladung e, dem Impuls Null und der Energie mc^2. Zu dieser Energie trägt das elektromagnetische Eigenfeld des Elektrons bei, das somit die Trägheit des Elektrons erhöht. Daher unterscheidet sich die Energie ohne Wechselwirkung ($e = 0$) von derjenigen mit Wechselwirkung ($e \neq 0$), was zu verschiedenen Massen in den beiden Fällen führt. Der ursprüngliche Massenparameter m_0 in den Gleichungen, der die Masse des Elektrons ohne Wechselwirkung angibt, verliert die Bedeutung einer Elektronenmasse, wenn die Wechselwirkung berücksichtigt wird. Der Massenparameter muß renormiert, d. h. neu justiert werden, wenn er mit Wechselwirkung die Masse des Elektrons angeben soll. In der untersten Ordnung lautet die Beziehung zwischen der tatsächlichen Masse m und dem Parameter m_0

$$m = m_0 + \alpha \frac{3m}{4\pi} \log \frac{M^2}{m^2} + \ldots, \qquad M^2 \to \infty.$$

Hier steht explizit ein divergenter Ausdruck.

Eine entsprechende Renormierung muß auch für die Ladung vorgenommen werden. Für sie ergibt sich in unterster Ordnung

$$e^2 = e_0^2 \left(1 - \frac{\alpha}{3\pi} \log \frac{M^2}{m^2} + \ldots\right), \qquad M^2 \to \infty.$$

Daß man nach Einführung der beobachteten (und daher endlichen) Größen für Ladung und Masse des Elektrons, also nach Renormierung, in beliebiger Ordnung zu endlichen Ausdrücken kommt, wird im wesentlichen durch die lokale Eichsymmetrie der Gleichungen garantiert. Diese hat auch zur Folge, daß die Quanten des elektromagnetischen Feldes, die Photonen, eine verschwindende Masse sowie die Helizität $\pm\hbar$ besitzen.

Die formale Störungstheorie für eine beliebige Feldtheorie wird durch sogenannte Feynman-Diagramme übersichtlich dargestellt.

Die Wechselwirkungsenergie in niedrigster Ordnung ist für die QED entsprechend Gl. (41.17) durch

$$H' = : e \int d^3r \bar{\psi}(r) \gamma_\mu \psi(r) A^\mu(x) :$$

gegeben, wobei hier $A^\mu(x)$ Photonen erzeugt und vernichtet. Das zugehörige Feynman-Diagramm hat die Gestalt

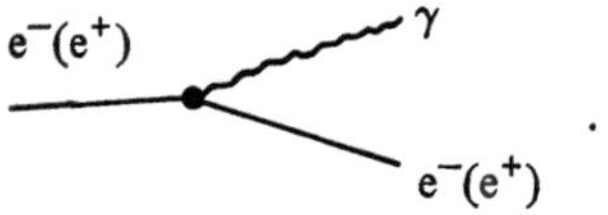

Es stellt die Vernichtung und Erzeugung eines Elektrons bzw. Positrons bei Erzeugung eines Photons γ dar und ist zur Kopplung e proportional.

Für die Streuung von Elektronen an Elektronen ergibt sich daraus z. B. das Diagramm

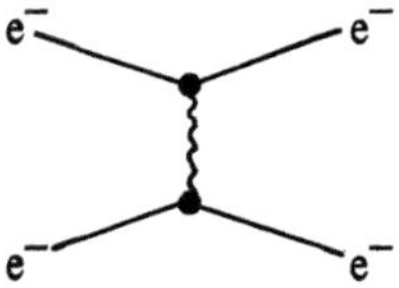

und für den Compton-Effekt das Diagramm

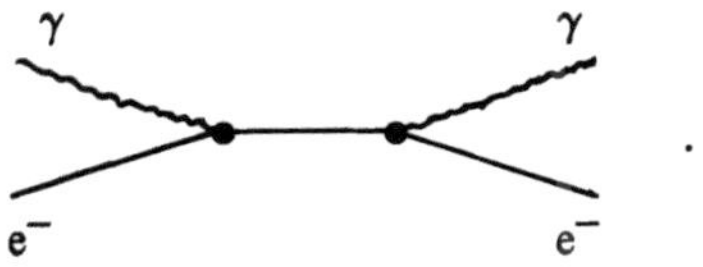

Quantenchromodynamik (QCD)

Auch die starke Wechselwirkung läßt sich nach heutigem Stand durch eine lokale Eichtheorie beschreiben. Es ist eine Wechselwirkung zwischen Spin 1/2- Quarks mit Farbladungen und Gluonen, die als masselose Vektorbosonen der Helizität $\pm\hbar$ an den Farbladungen angreifen wie die Photonen an den elektrischen Ladungen. Es gibt drei mögliche Werte für die Farbe (blau, rot und grün). Die Bezeichnung Farbe für dieses Merkmal ist eine willkürliche Konvention. Sie erklärt auch den Namen Chromodynamik für die Theorie. Die lokale Eichsymmetrie läßt bei minimaler Ankopplung nur eine Kopplungskonstante g zu, die die Wechselwirkungen zwischen den verschiedenen Farbladungen bestimmt.

Die Quarks sind die Bausteine der stark wechselwirkenden Elementarteilchen. Es bestehen z. B. die Nukleonen im wesentlichen aus drei Quarks, die Mesonen aus einem Quark und einem Antiquark. Dabei ist die Farbladung dieser Teilchen wie aller anderen bisher beobachteten Teilchen Null. Bei hohen Energien ist die effektive Wechselwirkung klein (asymptotische Freiheit), daher kann man in diesem Bereich Störungstheorie treiben. Die Experimente sind mit diesen Rechnungen im Einklang. Bei nicht so hohen Energien müssen neue Methoden verwendet werden, wie etwa die Annäherung des kontinuierlichen Raumes durch ein diskretes Gitter. Ein ganz neuer Aspekt einer Feldtheorie ist die Erfahrung, daß offenbar isolierte Systeme stets die Farbladung Null besitzen. Daraus würde folgen, daß Quarks grundsätzlich nicht einzeln vorkommen können (confinement).

Elektroschwache Wechselwirkung

Ein Prototyp der schwachen Wechselwirkung ist der β-Zerfall des Neutrons

$$n \to p + e^- + \bar{\nu}_e$$

oder im Diagramm

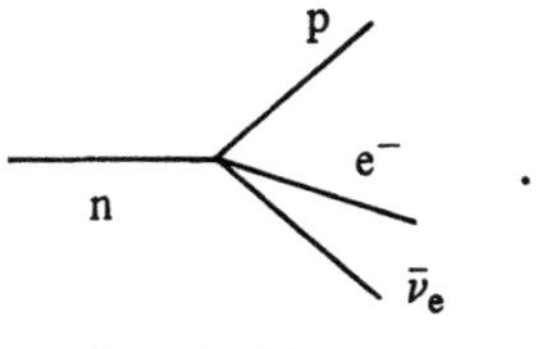

Dies ist zunächst eine Vier-Fermionen-Wechselwirkung, die man aber nach dem Vorgang der Elektron-Elektron-Streuung als ein Resultat zweier Dreierwechselwirkungen auffassen kann:

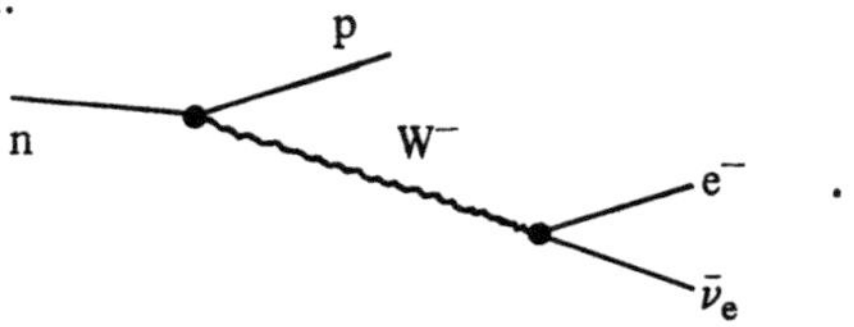

Das zunächst hypothetische Teilchen W hat den Spin 1, trägt eine elektrische Ladung, und seine Masse muß aufgrund niederenergetischer Daten ein Energieäquivalent mindestens im 100 GeV-Bereich besitzen, wenn die Kopplungskonstanten der schwachen Wechselwirkung von der Größenordnung der elektromagnetischen Kopplungskonstante sein sollen. Dieses W-Boson wurde experimentell gesucht und gefunden, seine Eigenschaften entsprechen den Vorhersagen. Auch der postulierte neutrale Partner Z^0, der Anlaß zu neutralen Strömen gibt, wurde nachgewiesen.

Faßt man die Quarks als fundamentale Teilchen auf, aus denen Neutron und Proton gebildet sind, so wird der β-Zerfall durch das Diagramm

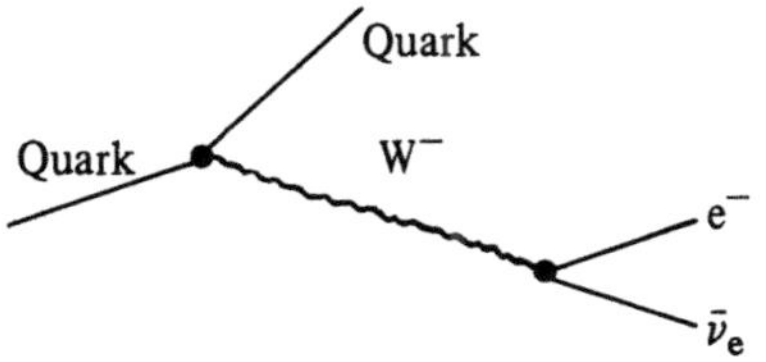

beschrieben. Bei Energieübertragungen $\gg M_W c^2$ kann man die Masse des W-Bosons vernachlässigen. Es handelt sich dann um eine lokale Eichtheorie wie bei den Photonen, man spricht zusammenfassend von der elektroschwachen Wechselwirkung.

Alle Wechselwirkungen der Quarks scheinen danach lokale Eichwechselwirkungen zu sein. Das gibt Anlaß zu sehr detaillierten Vermutungen über eine Vereinigung der starken Wechselwirkung der Quantenchromodynamik mit der elektroschwachen zu einer „Grand Unified Theory" (GUT), mit nur einer einzigen Kopplungskonstanten im Bereich extrem hoher Energien, die unterhalb dieses Energiebereiches in die verschiedenen beobachteten Kopplungskonstanten aufspaltet.

Es soll noch erwähnt werden, daß auch die Gravitationstheorie als lokale Eichtheorie aufgefaßt werden kann. Wir gehen jedoch darauf nicht weiter ein, da die Interpretation der Metrik als Quantenfeld zu sehr aus dem Rahmen der hier behandelten Quantenfeldtheorien herausführt.

Schlußbemerkung

Für alle bisher untersuchten Phänomene der Physik ist die Quantentheorie der grundlegende Rahmen einer zutreffenden Beschreibung. Das gilt sowohl für die nichtrelativistische wie für die relativistische Quantentheorie. Dabei ist allerdings in Rechnung zu stellen, daß in den Theorien mit unendlich vielen Freiheitsgraden über die Störungstheorie hinaus nur bei sehr vereinfachten nichtlinearen Feldgleichungen die Lösungen überblickt werden können. Die bisherigen Grundannahmen der Quantentheorie könnten daher für komplizierte Systeme zu noch unbekannten Eigenschaften führen.

Sollten Änderungen an den Grundannahmen der Quantentheorie nötig werden, wofür es keinen Hinweis gibt, so müßten sie die Resultate für die unzähligen Fälle unverändert lassen, in denen quantitative Voraussagen der bisherigen Theorie von den empirischen Daten mit höchster Präzision erfüllt werden. Daher dürfte der Spielraum in den Grundannahmen der Quantentheorie sehr klein sein.

Anhang

A1 Gruppengeschwindigkeit

Gruppengeschwindigkeit ist ein Begriff, der sich auf ein Wellenpaket bezieht, also eine Überlagerung von ebenen Wellen:

$$A(\mathbf{r}, t) = \int d^3k\, a(\mathbf{k})\, e^{-i\omega(\mathbf{k})t + i\mathbf{kr}}.$$

Die Gruppengeschwindigkeit ist dann nützlich, wenn die Amplitudenfunktion $a(\mathbf{k})$ im wesentlichen nur in der Umgebung eines vorgegebenen Wertes $\mathbf{k}_0$ von Null verschieden ist. Dann kann man den Exponenten für nicht zu große Zeiten t um diese Stelle entwickeln und nach dem ersten Glied in $\mathbf{k} - \mathbf{k}_0 =: \Delta\mathbf{k}$ abbrechen:

$$\mathbf{kr} - \omega(\mathbf{k})t = \mathbf{k}_0\mathbf{r} - \omega(\mathbf{k}_0)t + \Delta\mathbf{k}(\mathbf{r} - t\, \mathrm{grad}_{\mathbf{k}}\, \omega|_{\mathbf{k}=\mathbf{k}_0}) + \ldots .$$

Man erhält

$$A(\mathbf{r}, t) = e^{i\mathbf{k}_0\mathbf{r} - i\omega(\mathbf{k}_0)t} f(\mathbf{r} - t\, \mathrm{grad}_{\mathbf{k}}\, \omega|_{\mathbf{k}_0}),$$

$$f(\boldsymbol{\xi}) \quad = \int d^3k\, a(\mathbf{k})\, e^{i\Delta\mathbf{k}\boldsymbol{\xi}}.$$

Variiert man $\mathbf{r}$ mit der Zeit t linear nach der Gleichung

$$\mathbf{r}(t) = t\mathbf{v}_{gr} + \mathbf{r}_0,$$

so bleibt die Amplitude f konstant, wenn man

$$\mathbf{v}_{gr} = \mathrm{grad}_{\mathbf{k}}\, \omega(\mathbf{k})|_{\mathbf{k}=\mathbf{k}_0}$$

wählt. Man nennt daher $\mathbf{v}_{gr}$ die Geschwindigkeit des Wellenpaketes oder die Gruppengeschwindigkeit. Sie ist zu unterscheiden von der Phasengeschwindigkeit $\mathbf{v}_{Ph} = \frac{\mathbf{k}}{k^2}\omega$.

Die Intensitätsverteilung $|A(\mathbf{r}, t)|^2$ bewegt sich im Rahmen dieser Näherung ohne Formänderung mit der Geschwindigkeit $\mathbf{v}_{gr}$. Daher ist $\mathbf{v}_{gr}$ auch die Fortpflanzungsgeschwindigkeit der Energie.

A2 Das Prinzip von Maupertuis

Es soll gezeigt werden, daß aus dem Variationsprinzip

$$\delta \int_{\mathbf{r}_a}^{\mathbf{r}_b} ds \sqrt{E - V(\mathbf{r}(s))} = 0 \qquad \text{mit } \delta\mathbf{r}_a = \delta\mathbf{r}_b = 0,\ \delta E = 0$$

die Newtonsche Bewegungsgleichung

$$m\ddot{\mathbf{r}} = -\operatorname{grad} V = \mathbf{F}$$

folgt.

Zunächst wird statt des Parameters s, der der Variation unterliegt, ein Parameter τ eingeführt, der nicht mitvariiert wird, für den also $\delta \frac{dV}{d\tau} = \frac{d}{d\tau}\delta V$ gilt.

$$0 = \delta \int d\tau \frac{ds}{d\tau}\sqrt{E-V} = \int d\tau \left(\sqrt{E-V}\,\delta\frac{ds}{d\tau} + \frac{ds}{d\tau}\frac{\mathbf{F}\delta\mathbf{r}}{2\sqrt{E-V}}\right).$$

Aus der Definition der Bogenlänge ergibt sich

$$\delta\frac{ds}{d\tau} = \delta\sqrt{\frac{d\mathbf{r}}{d\tau}\frac{d\mathbf{r}}{d\tau}} = \frac{1}{\frac{ds}{d\tau}}\frac{d\mathbf{r}}{d\tau}\delta\frac{d\mathbf{r}}{d\tau} = \frac{d\mathbf{r}}{ds}\frac{d}{d\tau}\delta\mathbf{r}.$$

Nach partieller Integration und Verschwinden der Randterme wegen $\delta\mathbf{r}_{a,b} = 0$ folgt damit

$$0 = \int d\tau\delta\mathbf{r}\left\{-\frac{d}{d\tau}\left(\sqrt{E-V}\frac{d\mathbf{r}}{ds}\right) + \frac{ds}{d\tau}\frac{\mathbf{F}}{2\sqrt{E-V}}\right\}$$

und wegen der beliebigen Variation $\delta\mathbf{r}$ das Verschwinden der geschweiften Klammer. Mit

$$\sqrt{E-V} = \frac{1}{\sqrt{2m}}p, \qquad \frac{d\mathbf{r}}{ds}p = \mathbf{p} \quad \text{und} \quad p = m\frac{ds}{dt}$$

ergibt sich so die Newtonsche Gleichung

$$\mathbf{F} = 2\sqrt{E-V}\frac{d}{ds}\left(\sqrt{E-V}\frac{d\mathbf{r}}{ds}\right) = \frac{p}{m}\frac{d}{ds}\mathbf{p} = \frac{d}{dt}\mathbf{p}.$$

A3 Fourier-Transformation

Dieser Anhang enthält die Grundformeln der Fourier-Transformation und erläutert die verwendete Notation.

Die Fourier-Transformierte $\varphi(\mathbf{p})$ der Funktion $\psi(\mathbf{r})$ wird definiert durch

$$\varphi(\mathbf{p}) = \int d^3r\psi(\mathbf{r})\frac{e^{-\frac{i}{\hbar}\mathbf{pr}}}{(2\pi\hbar)^{3/2}}$$

mit der Umkehrung

$$\psi(\mathbf{r}) = \int d^3p\varphi(\mathbf{p})\frac{e^{+\frac{i}{\hbar}\mathbf{pr}}}{(2\pi\hbar)^{3/2}}.$$

Es gibt eine ausgedehnte mathematische Literatur über die Frage, in welchem Sinne und für welche Funktionen $\psi(\mathbf{r})$ das rechte Integral in der letzten Gleichung die Funktion $\psi(\mathbf{r})$ darstellt. Hier soll nur erwähnt werden, daß für jede absolut quadratintegrable (d. h. in physikalischer Sprechweise normierbare) Funktion diese Darstellung als Approximation im Mittel existiert.

Substituiert man die erste Gleichung in die zweite und vertauscht man die Integrationsreihenfolge, so ergibt sich

$$\psi(\mathbf{r}) = \int d^3r' \left\{ \int d^3p \frac{e^{\frac{i}{\hbar}\mathbf{p}(\mathbf{r}-\mathbf{r}')}}{(2\pi\hbar)^3} \right\} \psi(\mathbf{r}')$$

mit dem Resultat

$$\int d^3p \frac{e^{\frac{i}{\hbar}\mathbf{p}(\mathbf{r}-\mathbf{r}')}}{(2\pi\hbar)^3} = \delta^3(\mathbf{r}-\mathbf{r}')$$

als Darstellung der Diracschen Delta-Funktion. Es gilt

$$\int_G d^3r\delta^3(\mathbf{r}-\mathbf{r}') = \begin{cases} 1 & \text{für } \mathbf{r}' \epsilon G \\ 0 & \text{sonst} \end{cases} .$$

Mit der Notation des Skalarproduktes kann man schreiben

$$\varphi(\mathbf{p}) = (f_\mathbf{p}, \psi), \qquad f_\mathbf{p}(\mathbf{r}) := \frac{e^{\frac{i}{\hbar}\mathbf{pr}}}{(2\pi\hbar)^{3/2}},$$

$$\psi(\mathbf{r}) = \int d^3p(f_\mathbf{p}, \psi) f_\mathbf{p}(\mathbf{r}).$$

Orthogonalität: $(f_\mathbf{p}, f_{\mathbf{p}'}) = \delta^3(\mathbf{p}-\mathbf{p}'),$

Vollständigkeit: $\int d^3p f_\mathbf{p}(\mathbf{r}) f^*_\mathbf{p}(\mathbf{r}') = \delta^3(\mathbf{r}-\mathbf{r}').$

Gelegentlich wird zur Vereinfachung der Schreibweise der Vektor $\mathbf{k} = \mathbf{p}/\hbar$ eingeführt, dann gilt

$$c(\mathbf{k}) := (f_\mathbf{k}, \psi), \qquad f_\mathbf{k}(\mathbf{r}) := \frac{e^{i\mathbf{kr}}}{(2\pi)^{3/2}} = \hbar^{3/2} f_\mathbf{p}(\mathbf{r}),$$

$$\psi(\mathbf{r}) = \int d^3k(f_\mathbf{k}, \psi) f_\mathbf{k}(\mathbf{r}).$$

Orthogonalität: $(f_\mathbf{k}, f_{\mathbf{k}'}) = \delta^3(\mathbf{k}-\mathbf{k}'),$

Vollständigkeit: $\int d^3k f_\mathbf{k}(\mathbf{r}) f^*_\mathbf{k}(\mathbf{r}') = \delta^3(\mathbf{r}-\mathbf{r}').$

Manchmal ist es zweckmäßig, eine Funktion nur in einem endlichen Würfel der Kantenlänge L zu betrachten und sie dann periodisch fortzusetzen. Eine Funktion $\psi(\mathbf{r})$ mit der Periode L in den drei Variablen x, y, z kann (falls sie z. B. im Würfel normierbar ist) in eine Fourier-Reihe entwickelt werden:

$$\psi(\mathbf{r}) = \sum_{\mathbf{n}} a_{\mathbf{n}} f_{\mathbf{n}}(\mathbf{r}), \qquad f_{\mathbf{n}}(\mathbf{r}) := \frac{e^{\frac{2\pi i}{L}\mathbf{n}\mathbf{r}}}{L^{3/2}},$$

$$\mathbf{n} \;= \{n_x, n_y, n_z\}, \qquad n_{x,y,z} = \text{ganz},$$

$$a_{\mathbf{n}} \;= \int_{V=L^3} d^3r f_{\mathbf{n}}^*(\mathbf{r})\psi(\mathbf{r}), \qquad \int_{V=L^3} d^3r f_{\mathbf{n}}^*(\mathbf{r}) f_{\mathbf{n}'}(\mathbf{r}) = \delta_{\mathbf{n},\mathbf{n}'}.$$

Man schreibt dafür auch mit $\mathbf{k} := \frac{2\pi}{L}\mathbf{n}$, $c_{\mathbf{k}} := a_{\mathbf{n}}$

$$\psi(\mathbf{r}) = \sum_{\mathbf{k}} c_{\mathbf{k}} \frac{e^{i\mathbf{k}\mathbf{r}}}{L^{3/2}}, \qquad \int_{V=L^3} d^3r \frac{e^{-i(\mathbf{k}-\mathbf{k}')\mathbf{r}}}{L} = \delta_{\mathbf{k},\mathbf{k}'}.$$

Für $L \to \infty$ ergibt sich ein Quasikontinuum für $\mathbf{k}$. In diesem Fall kann die Summe durch ein Integral approximiert werden:

$$\sum_{\mathbf{n}} \ldots \to \int d^3n \ldots = \left(\frac{L}{2\pi}\right)^3 \int d^3k \ldots,$$

$$\psi(\mathbf{r}) \to \int d^3k c_{\mathbf{k}} \frac{e^{i\mathbf{k}\mathbf{r}}}{L^{3/2}} \left(\frac{L}{2\pi}\right)^3 = \int d^3k c(\mathbf{k}) \frac{e^{i\mathbf{k}\mathbf{r}}}{(2\pi)^{3/2}}.$$

Der Zusammenhang zwischen $c_{\mathbf{k}}$ und der Fourier-Transformierten $c(\mathbf{k})$ von $\psi(\mathbf{r})$ lautet also

$$c_{\mathbf{k}} = \left(\frac{L}{2\pi}\right)^{3/2} c(\mathbf{k}).$$

A4 Wigners Satz über die möglichen äquivalenten Beschreibungen

Eine durch Messung optimal bestimmte physikalische Situation kann man statt durch den Zustandsvektor Φ auch durch $c_\Phi \Phi$ (c_Φ bel. komplex $\neq 0$) beschreiben, wobei die den physikalischen Größen zugeordneten Operatoren nicht verändert werden. Unter Ausnutzung dieser Freiheit des Zustandsvektors im Strahl soll hier gezeigt werden, daß man jede äquivalente Beschreibung $\Phi \to \tilde{\Phi}$ innerhalb eines kohärenten Teilraumes zu einer unitären oder antiunitären Abbildung machen kann.

Für äquivalente Beschreibungen gilt nach Gl. (18.3)

$$|(\tilde{\Phi}_1, \tilde{\Phi}_2)| = |(\Phi_1, \Phi_2)|, \qquad \Phi_{1,2} \text{ bel.}, (\Phi_1, \Phi_1) = (\Phi_2, \Phi_2) = 1. \tag{1}$$

Die Norm Eins bleibt deshalb erhalten.

Da die Meßdaten den Strahl eindeutig festlegen, gilt $\widetilde{c\Phi_1} = \tilde{c}\tilde{\Phi}_1$. Die Norm von $c\Phi_1$ ist $|c|$, die des Bildes $|\tilde{c}|$. Wir können eine neue Abbildung durch eine andere Wahl des

Zustandsvektors aus dem Strahl definieren mit $|\tilde{c}| = |c|$, so daß die Norm beliebiger Zustände erhalten bleibt. Wenn wir die neue Abbildung wieder mit $\tilde{\Phi}$ bezeichnen, folgt aus Gl. (1)

$$|(\tilde{\Phi}, \tilde{\Phi}')| = |(\Phi, \Phi')| \text{ für bel. } \Phi, \Phi'. \tag{2}$$

Wir nutzen die verbleibende Freiheit in der Phase von $\tilde{\Phi}$, um die Abbildung additiv zu machen. Wegen der aus Gl. (2) folgenden Erhaltung der Orthogonalität für beliebige Vektoren geht eine Linearkombination zweier Vektoren in eine solche ihrer Bilder über. Zunächst gilt sicher

$$\widetilde{\alpha\Phi + \beta\Phi'} = \tilde{\alpha}\tilde{\Phi} + \tilde{\beta}\tilde{\Phi}' + \tilde{\Phi}_\perp,$$

wobei der Vektor $\Phi_\perp$ auf Φ und Φ' senkrecht stehen soll. Skalare Multiplikation mit $\tilde{\Phi}_\perp$ ergibt

$$(\tilde{\Phi}_\perp, \tilde{\Phi}_\perp) = |(\tilde{\Phi}_\perp, \widetilde{\alpha\Phi + \beta\Phi'})| = |(\Phi_\perp, \alpha\Phi + \beta\Phi')| = 0$$

und damit

$$\widetilde{\alpha\Phi + \beta\Phi'} = \tilde{\alpha}\tilde{\Phi} + \tilde{\beta}\tilde{\Phi}'. \tag{3}$$

Greifen wir einen Vektor Φ_0 mit $(\Phi_0, \Phi_0) = 1$ und sein Bild $\tilde{\Phi}_0$ willkürlich heraus, dann gilt für einen beliebigen Vektor Φ_1 senkrecht zu Φ_0 nach Gl. (3)

$$\widetilde{\Phi_0 + \Phi_1} = e^{i\varphi}(\tilde{\Phi}_0 + e^{i\psi}\tilde{\Phi}_1).$$

Wählen wir die Phase von $\tilde{\Phi}_1$ und die von $\widetilde{\Phi_0 + \Phi_1}$ neu, ohne die Bezeichnung zu ändern, so können wir stets die Additivität

$$\widetilde{\Phi_0 + \Phi_1} = \tilde{\Phi}_0 + \tilde{\Phi}_1 \tag{4}$$

für alle Vektoren $\Phi_1 \perp \Phi_0$ erreichen.

Aufgrund der obigen Phasenwahl ist das Skalarprodukt zweier Vektoren $\tilde{\Phi}_{1,2}$, die auf $\tilde{\Phi}_0$ senkrecht stehen, festgelegt. Wir gewinnen es aus

$$|(\widetilde{\Phi_0 + \Phi_1}, \widetilde{\Phi_0 + \Phi_2})| = |1 + (\tilde{\Phi}_1, \tilde{\Phi}_2)| = |(\Phi_0 + \Phi_1, \Phi_0 + \Phi_2)| = |1 + (\Phi_1, \Phi_2)|.$$

Setzt man $z := (\Phi_1, \Phi_2)$ und $w := (\tilde{\Phi}_1, \tilde{\Phi}_2)$, so gilt

$$|z|^2 = |w|^2 \quad \text{und} \quad |1 + z|^2 = |1 + w|^2 = 1 + w + w^* + |w|^2$$

oder $\quad \mathrm{Re}\, w = \mathrm{Re}\, z, \qquad \mathrm{Im}\, w = \pm\, \mathrm{Im}\, z.$

Mit der Def.

$$\begin{aligned} &f_\eta(z) := \mathrm{Re}\, z + i\eta\, \mathrm{Im}\, z, \qquad \eta = \pm 1, \\ &f_\eta(z_1 + z_2) = f_\eta(z_1) + f_\eta(z_2), \qquad f_\eta(z_1 z_2) = f_\eta(z_1) f_\eta(z_2) \end{aligned} \tag{5}$$

erhält man

$$w = f_\eta(z) = \begin{cases} z & \text{für } \eta = 1 \\ z^* & \text{für } \eta = -1. \end{cases}$$

Da man Φ_1 und Φ_2 stetig ändern kann, η aber unstetig ist, muß für alle Φ_1, Φ_2 dasselbe η gelten:

$$(\tilde{\Phi}_1, \tilde{\Phi}_2) = f_\eta((\Phi_1, \Phi_2)), \qquad \eta \text{ unabh. } \Phi_{1,2}, \qquad \Phi_{1,2} \perp \Phi_0. \tag{6}$$

Wählt man $\Phi_2 = z\Phi_3$, so folgt daraus

$$\begin{aligned}(\tilde{\Phi}_1, \widetilde{z\Phi_3}) &= f_\eta(z(\Phi_1, \Phi_3)) = f_\eta(z) f_\eta(\Phi_1, \Phi_3)\\ &= f_\eta(z)(\tilde{\Phi}_1, \tilde{\Phi}_3) = (\tilde{\Phi}_1, f_\eta(z)\tilde{\Phi}_3)\end{aligned}$$

oder, da $\tilde{\Phi}_1$ beliebig,

$$\widetilde{z\Phi_3} = f_\eta(z)\tilde{\Phi}_3, \qquad \Phi_3 \text{ bel.} \perp \Phi_0. \tag{7}$$

Die Additivität der Abbildung für Vektoren senkrecht Φ_0 läßt sich nun nachrechnen: Zunächst gilt nach Gl. (3) für $\Phi_{\perp_1} \perp \Phi_0, \Phi_1$

$$\widetilde{\Phi_1 + \Phi_{\perp_1}} = \alpha\tilde{\Phi}_1 + \beta\tilde{\Phi}_{\perp_1}$$

mit $\alpha(\tilde{\Phi}_1, \tilde{\Phi}_1) = (\tilde{\Phi}_1, \widetilde{\Phi_1 + \Phi_{\perp_1}}) = f_\eta(\Phi_1, \Phi_1) = (\tilde{\Phi}_1, \tilde{\Phi}_1)$,

also $\alpha = 1$ und ebenso $\beta = 1$. Für beliebige Vektoren $\Phi_{1,2} \perp \Phi_0$ erhält man damit $(\Phi_2 := z\Phi_1 + \Phi_{\perp_1})$:

$$\begin{aligned}\widetilde{\Phi_1 + \Phi_2} &= \widetilde{\Phi_1 + z\Phi_1 + \Phi_{\perp_1}} = \widetilde{\Phi_1 + z\Phi_1} + \tilde{\Phi}_{\perp_1}\\ &= f_\eta(1+z)\tilde{\Phi}_1 + \tilde{\Phi}_{\perp_1} = \tilde{\Phi}_1 + \widetilde{z\Phi_1} + \tilde{\Phi}_{\perp_1} = \tilde{\Phi}_1 + \tilde{\Phi}_2.\end{aligned} \tag{8}$$

Für die Vektoren $z\Phi_0$ und $z\Phi_0 + \Phi_1$ $(\Phi_1 \perp \Phi_0)$ können die Phasen der Bildvektoren für $z \neq 0, 1$ neu festgelegt werden (für die neue Abbildung werden wieder die alten Symbole beibehalten):

$$\begin{aligned}\widetilde{z\Phi_0} &\overset{!}{=} f_\eta(z)\tilde{\Phi}_0\\ \widetilde{z\Phi_0 + \Phi_1} &= \widetilde{z(\Phi_0 + z^{-1}\Phi_1)} \overset{!}{=} f_\eta(z)\widetilde{\Phi_0 + z^{-1}\Phi_1}\\ &= f_\eta(z)\tilde{\Phi}_0 + f_\eta(z) f_\eta(z^{-1})\tilde{\Phi}_1 = \widetilde{z\Phi_0} + \tilde{\Phi}_1.\end{aligned}$$

Die einzige Freiheit ist danach nur noch die Phase von $\tilde{\Phi}_0$. Für beliebige Vektoren $\Phi = z_1\Phi_0 + \Phi_1$ und $\Phi' = z_2\Phi_0 + \Phi_2$ gilt jetzt $(\Phi_{1,2} \perp \Phi_0)$:

$$\begin{aligned}(\tilde{\Phi}, \tilde{\Phi}') &= (\widetilde{z_1\Phi_0 + \Phi_1}, \widetilde{z_2\Phi_0 + \Phi_2}) = (\widetilde{z_1\Phi_0} + \tilde{\Phi}_1, \widetilde{z_2\Phi_0} + \tilde{\Phi}_2)\\ &= f_\eta((z_1\Phi_0, z_2\Phi_0)) + f_\eta((\Phi_1, \Phi_2)) = f_\eta((\Phi, \Phi')),\end{aligned} \tag{9}$$

$$\begin{aligned}\widetilde{\Phi + \Phi'} &= \widetilde{z_1\Phi_0 + \Phi_1 + z_2\Phi_0 + \Phi_2} = \widetilde{(z_1 + z_2)\Phi_0} + \tilde{\Phi}_1 + \tilde{\Phi}_2\\ &= \widetilde{z_1\Phi_0} + \tilde{\Phi}_1 + \widetilde{z_2\Phi_0} + \tilde{\Phi}_2 = \tilde{\Phi} + \tilde{\Phi}',\end{aligned} \tag{10}$$

$$\begin{aligned}\widetilde{z\Phi} &= \widetilde{z(z_1\Phi_0 + \Phi_1)} = \widetilde{zz_1\Phi_0 + z\Phi_1} = \widetilde{zz_1\Phi_0} + \widetilde{z\Phi_1}\\ &= f_\eta(z)(\widetilde{z_1\Phi_0} + \tilde{\Phi}_1) = f_\eta(z)\tilde{\Phi}.\end{aligned} \tag{11}$$

Für $\eta = 1$ erhält man

$$(\tilde{\Phi}, \tilde{\Phi}') = (\Phi, \Phi'), \qquad \widetilde{z\Phi} = z\tilde{\Phi}, \qquad \widetilde{\Phi + \Phi'} = \tilde{\Phi} + \tilde{\Phi}'$$

$$\tilde{\Phi} = U\Phi, \qquad U \text{ unitär},$$

für $\eta = -1$

$$(\tilde{\Phi}, \tilde{\Phi}') = (\Phi, \Phi')^*, \qquad \widetilde{z\Phi} = z^*\tilde{\Phi}, \qquad \widetilde{\Phi + \Phi'} = \tilde{\Phi} + \tilde{\Phi}'$$

$$\tilde{\Phi} = \bar{U}\Phi, \qquad \bar{U} \text{ antiunitär.}$$

Der Ausdruck

$$\Delta = (\Phi_1, \Phi_2)(\Phi_2, \Phi_3)(\Phi_3, \Phi_1)$$

läßt erkennen, ob es sich um unitäre oder antiunitäre Transformationen handelt. Sein Bild

$$\tilde{\Delta} := (\tilde{\Phi}_1, \tilde{\Phi}_2)(\tilde{\Phi}_2, \tilde{\Phi}_3)(\tilde{\Phi}_3, \tilde{\Phi}_1) = f_\eta(\Delta)$$

ist invariant unter Phasenänderung der $\tilde{\Phi}_{1,2,3}$. Für geeignete $\Phi_{1,2,3}$ verschwindet der Imaginärteil von Δ nicht und ändert bei der Abbildung sein Vorzeichen ($\eta = -1$) oder ändert es nicht ($\eta = 1$). Der Wert von η ist also durch die ursprüngliche Abbildung $\Phi \to \tilde{\Phi}$ bestimmt.

A5 Klassische Bewegungsgleichung für den Spin

Kovariante Definition des Spins

In einer relativistischen Theorie bilden die Erzeugenden der Lorentz-Transformationen einen schiefsymmetrischen Tensor

$$M^{\mu\nu}, \qquad \mu = 0, 1, 2, 3, \qquad M^{\mu\nu} = -M^{\nu\mu} \tag{1}$$

mit dem Drehimpulsvektor **J** der Erzeugenden der Drehungen

$$J^1 = M^{23}, \qquad J^2 = M^{31}, \qquad J^3 = M^{12} \tag{2}$$

und dem Vektor **K** der Erzeugenden der drehungsfreien Lorentz-Transformationen

$$K^1 = M^{01}, \qquad K^2 = M^{02}, \qquad K^3 = M^{03}. \tag{3}$$

Man schreibt dies auch

$$M^{\mu\nu} = -M^{\nu\mu} = (\mathbf{K}, \mathbf{J}). \tag{4}$$

Wir wollen daraus für ein Teilchen der Masse m den Spin des Teilchens, also den Drehimpuls im Ruhsystem, gewinnen. Geht man durch eine drehungsfreie Lorentz-Transformation jeweils zu einem Bezugssystem über, in dem das Teilchen die Geschwindigkeit Null hat, so ist in diesem System der Drehimpulsvektor gleich dem Spin **s**. Bezeichnen wir Größen im Ruhsystem durch eine Null, dann lautet diese Definition in Formeln

$$\mathring{M}^{\mu\nu} =: (\mathbf{a}, \mathbf{s}), \qquad \{\mathring{p}^\mu\} = \{mc, \mathbf{o}\}. \tag{5}$$

Wir zerlegen den Drehimpulstensor im Ruhsystem in zwei schiefsymmetrische Anteile

$$\mathring{M}^{\mu\nu} = \mathring{L}^{\mu\nu} + \mathring{S}^{\mu\nu}, \qquad \mathring{L}^{\mu\nu} := (\mathbf{a}, \mathbf{o}), \qquad \mathring{S}^{\mu\nu} = (\mathbf{o}, \mathbf{s}). \tag{6}$$

Dadurch sind die Tensoren $L^{\mu\nu}$ und $S^{\mu\nu}$ allgemein definiert. Es gilt mit $V^\mu := S^{\mu\nu}p_\nu$ (Summationskonvention über gleiche Indizes) $\mathring{V}^\mu = \mathring{S}^{\mu\nu}\mathring{p}_\nu = 0$ und daher $V^\mu = 0$ oder

$$S^{\mu\nu}p_\nu = 0, \qquad S^{\mu\nu} = -S^{\nu\mu}. \tag{7}$$

Die 4 Gleichungen $S^{\mu\nu}p_\nu = 0$ sind nicht unabhängig, da wegen der Schiefsymmetrie $p_\mu p_\nu S^{\mu\nu} = 0$ gilt. Es verbleiben also, wie es nach der Def. (6) sein muß, 3 unabhängige Parameter. Eine Lösung der Gl. (7) ist offensichtlich bei beliebigem Vektor W^μ

$$S^{\mu\nu} = \epsilon^{\mu\nu\rho\sigma} \frac{p_\rho}{mc} W_\sigma. \tag{8}$$

Dabei ist $\epsilon^{\mu\nu\rho\sigma}$ der totalschiefsymmetrische Tensor mit $\epsilon^{0123} = -1$. Die Vektoren W_μ und $W_\mu + \alpha p_\mu$ (α bel.) liefern dasselbe $S^{\mu\nu}$; wir wollen daher fordern

$$p^\mu W_\mu = 0. \tag{9}$$

Im Ruhsystem gilt nach Gl. (8), (9) und (6)

$$\mathring{S}^{12} = s^3 = \epsilon^{120\sigma} \frac{\mathring{p}_0}{mc} \mathring{W}_\sigma = -\mathring{W}_3 = \mathring{W}^3$$

$$0 = \mathring{p}^\mu \mathring{W}_\mu = mc\mathring{W}_0, \qquad \text{also} \qquad \{\mathring{W}^\mu\} = \{o, \mathbf{s}\}. \tag{10}$$

Damit ist der Spin als räumlicher Anteil eines Vierervektors im Ruhsystem beschrieben.

Anmerkung: Auch den Vektor $\mathbf{a}$ in Gl. (5) kann man als räumlichen Anteil eines Vierervektors im Ruhsystem schreiben. Da $L^{\mu\nu}$ den Drehimpulstensor ohne Spinanteil beschreibt, gilt für beliebige $\mathbf{p}$

$$L^{\mu\nu} = (\ldots, \mathbf{r} \times \mathbf{p}) \quad \text{oder} \quad L^{mn} = x^m p^n - x^n p^m,$$

was sich unmittelbar zum vollständigen Tensor

$$L^{\mu\nu} = x^\mu p^\nu - x^\nu p^\mu$$

erweitern läßt. Für ihn gilt

$$\mathring{L}^{\mu\nu} = \mathring{x}^\mu \mathring{p}^\nu - \mathring{x}^\nu \mathring{p}^\mu = (-\mathring{\mathbf{x}}mc, \mathbf{o}) = (\mathbf{a}, \mathbf{o})$$

und damit $\{\mathring{x}^\mu\} = \left\{c\tau, \frac{-\mathbf{a}}{mc}\right\}$, ($\tau$ = Eigenzeit = Zeitkoordinate im Ruhsystem).

Bewegungsgleichung

Als kovariante Bewegungsgleichung für den Spin schreiben wir

$$\frac{dW^\mu}{d\tau} = T^\mu \tag{11}$$

mit der invarianten Eigenzeit τ.

Um daraus eine Bewegungsgleichung für $\mathbf{s}$ zu erhalten, müssen wir ins jeweilige Ruhsystem transformieren.

Die drehungsfreie Lorentz-Transformation L_p^{-1}, für die $\{(L_p^{-1}p)^\mu\} = \{\mathring{p}^\mu\} = \{mc, o\}$ gilt, lautet

$$\{(L_p^{-1}x)^\mu\} = \left\{\frac{p^\mu x_\mu}{mc}, x + \frac{p(xp)}{mc(p_0 + mc)} - \frac{x^0 p}{mc}\right\}, \tag{12}$$

$$L_p = L_{rp}^{-1}, \qquad \{(rp)^\mu\} = \{p^0, -p\}.$$

Sie hängt über $p_\mu(\tau)$ von τ ab.

Die Transformation von Gl. (11) ergibt

$$\left(L_p^{-1}\frac{dW}{d\tau}\right)^\mu = (L_p^{-1}T)^\mu = \mathring{T}^\mu = \frac{d}{d\tau}(L_p^{-1}W)^\mu - \left(\frac{dL_p^{-1}}{d\tau}W\right)^\mu,$$

$$\frac{d}{d\tau}\mathring{W}^\mu = \mathring{T}^\mu + \left(\frac{dL_p^{-1}}{d\tau}L_p\mathring{W}\right)^\mu. \tag{13}$$

Der zweite Term auf der rechten Seite hat eine analoge Ursache wie die Zusatzterme, die in der Newtonschen Mechanik bei einer zeitabhängigen Drehung (rotierendes Bezugssystem) als Scheinkräfte auftreten. Dieser Term läßt sich exakt berechnen. Zweimalige Anwendung von Gl. (12) ergibt

$$\overrightarrow{\frac{dL_p^{-1}}{d\tau}L_p\mathring{W}} = \frac{1}{mc(p_0 + mc)}\left(\frac{dp}{d\tau} \times p\right) \times s.$$

Aus $\frac{dW^\mu}{d\tau} = T^\mu$ mit $\{\mathring{W}^\mu\} = \{o, s\}$, $\quad \{\mathring{T}^\mu\} =: \{\ldots, t\}$ folgt so

$$\frac{ds}{d\tau} = t + \omega_T \times s, \qquad \omega_T = \frac{1}{mc(p_0 + mc)}\frac{dp}{d\tau} \times p. \tag{14}$$

Der Vektor **t** beschreibt ein beliebiges von der Umgebung auf das ruhende Teilchen wirkendes Drehmoment. Besitzt das Teilchen ein magnetisches Moment μ, so gilt in einem elektromagnetischen Feld

$$t = \mu \times \mathring{B}, \tag{15}$$

wobei $\mathring{B}$ das Magnetfeld im jeweiligen Ruhsystem ist.

A6 Großkanonische Gesamtheit

Während in der mikrokanonischen Gesamtheit Gesamtenergie und Teilchenzahl fest vorgegeben sind (abgeschlossenes System), ist in der kanonischen Gesamtheit Energieaustausch mit der Umgebung möglich, aber kein Teilchenaustausch. In der großkanonischen Gesamtheit sind Energie und Teilchenaustausch mit der Umgebung möglich;

die Energie des Systems und die Teilchenzahl sind dann als Mittelwerte über die Verteilung zu bestimmen. Bei großen Systemen sind die Schwankungen so klein, daß alle drei Gesamtheiten zu praktisch gleichen Resultaten führen.

Zur Bestimmung der Dichtematrix der großkanonischen Gesamtheit gehen wir von der Definition der Entropie

$$S = -k \operatorname{Sp} \rho \ln \rho \tag{1}$$

aus. Sie ist ein Maß für die Unkenntnis über das System.

Die einzige Kenntnis über die Dichtematrix soll sein

$$\operatorname{Sp} \rho = 1, \qquad \operatorname{Sp} \rho H = U, \qquad \operatorname{Sp} \rho N = n. \tag{2}$$

Ansonsten soll die Unkenntnis maximal sein. Das führt auf das Extremalproblem mit den Lagrangeschen Parametern $\lambda_{1,2,3}$

$$\delta S + \lambda_1 \delta \operatorname{Sp} \rho + \lambda_2 \delta \operatorname{Sp} \rho H + \lambda_3 \delta \operatorname{Sp} \rho N = 0 \tag{3}$$

oder $\quad \operatorname{Sp} \delta\rho\{-k \ln \rho - k + \lambda_1 + \lambda_2 H + \lambda_3 N\} = 0.$

Da $\delta\rho$ ein beliebiger hermitescher Operator ist, folgt das Verschwinden der Klammer, also mit neuen Parametern α, β, γ

$$\ln \rho = -\gamma - \alpha N - \beta H,$$

$$\rho = e^{-\gamma} e^{-\beta H - \alpha N} =: e^{-\gamma} Q. \tag{4}$$

Die Bedingungen (2) bestimmen die Parameter zu

$$e^{\gamma} = \operatorname{Sp} Q =: Z, \tag{5}$$

$$U = Z^{-1} \operatorname{Sp} QH = -Z^{-1} \frac{\partial}{\partial \beta} \operatorname{Sp} Q = -\frac{\partial}{\partial \beta} \ln Z, \tag{6}$$

$$n = Z^{-1} \operatorname{Sp} QN = -\frac{\partial}{\partial \alpha} \ln Z. \tag{7}$$

Für die Entropie der großkanonischen Gesamtheit ergibt sich

$$\begin{aligned} S &= -k \operatorname{Sp} \rho(\ln Q - \ln Z) = k \operatorname{Sp} \rho(\beta H + \alpha N) + k \ln Z \\ &= k\beta U + k\alpha n + k \ln Z. \end{aligned} \tag{8}$$

Temperatur T und chemisches Potential ζ sind durch Ableitungen von S nach U und n definiert:

$$\left(\frac{\partial S}{\partial U}\right)_n =: \frac{1}{T}, \qquad \left(\frac{\partial S}{\partial n}\right)_U =: -\frac{\zeta}{T}. \tag{9}$$

Dabei sollen das Volumen und eventuelle andere Parameter stets festgehalten werden. Mit Gl. (6) und (7) ergibt sich aus Gl. (8)

$$\begin{aligned} dS &= k\beta dU + k\alpha dn + kU d\beta + kn d\alpha + k \frac{\partial \ln Z}{\partial \beta} d\beta + k \frac{\partial \ln Z}{\partial \alpha} d\alpha \\ &= k\beta dU + k\alpha dn, \end{aligned} \tag{10}$$

also wegen der Def. (9)

$$\beta = \frac{1}{kT}, \qquad \alpha = -\frac{\zeta}{kT}. \tag{11}$$

Die Dichtematrix kann damit geschrieben werden als

$$\rho = Z^{-1} e^{-\frac{H}{kT} + \frac{\zeta}{kT} N}, \qquad Z = \mathrm{Sp}\, e^{-\frac{H}{kT} + \frac{\zeta}{kT} N} = Z(T, \zeta). \tag{12}$$

Definieren wir die der großkanonischen Gesamtheit entsprechende thermodynamische Funktion $\Omega(T, \zeta)$ durch

$$\Omega(T, \zeta) := -kT \ln Z(T, \zeta), \tag{13}$$

so ergibt sich aus Gl. (8)

$$\Omega(T, \zeta) = U - TS - \zeta n =: F - \zeta n \tag{14}$$

und aus Gl. (10)

$$d\Omega(T, \zeta) = dU - TdS - SdT - \zeta dn - nd\zeta = -SdT - nd\zeta. \tag{15}$$

A7 Entwicklung eines Vektorfeldes

Ein dreidimensionales Vektorfeld kann in drei unabhängige skalare Felder zerlegt werden. Soll das Verhalten unter Drehungen allein durch die skalaren Felder bestimmt sein, so muß man das Vektorfeld nach drei unabhängigen Vektoren bzw. Vektordifferentialoperatoren entwickeln, die unter Drehungen invariant sind. Wir wählen

$$\{\mathbf{A}_i\} := \{\mathbf{r}, \boldsymbol{\lambda}, \mathbf{r} \times \boldsymbol{\lambda}\}, \qquad \boldsymbol{\lambda} := \mathbf{r} \times \nabla = -\nabla \times \mathbf{r}. \tag{1}$$

Die hermitesch adjungierten Größen lauten

$$\{\mathbf{A}_i^*\} = \{\mathbf{r}, -\boldsymbol{\lambda}, \boldsymbol{\lambda} \times \mathbf{r}\}. \tag{2}$$

Es gilt $\mathbf{A}_i^* \mathbf{A}_j = N_i \delta_{ij}, \qquad \{N_i\} = \{r^2, -\lambda^2, -r^2\lambda^2\}.$ (3)

Die drei Felder

$$\mathbf{F}_i(\mathbf{r}) = \mathbf{A}_i f_i(\mathbf{r}), \qquad i = 1, 2, 3 \tag{4}$$

mit beliebigen Funktionen $f_i(\mathbf{r})$ haben nach Gl. (35.7) folgendes Verhalten unter Drehungen:

$$(\mathbf{F}_i(\mathbf{r}))_R = (\mathbf{A}_i)_R (f_i(\mathbf{r}))_R = \mathbf{A}_i f_i(R^{-1}\mathbf{r}). \tag{5}$$

In der Summe

$$\mathbf{F} := \sum_{i=1}^{3} \mathbf{A}_i f_i(\mathbf{r}) \tag{6}$$

sind die Funktionen f durch **F** bestimmt, wenn radialsymmetrische Anteile in $f_2(\mathbf{r})$ und $f_3(\mathbf{r})$ von vornherein weggelassen werden, da sie ohnehin durch $\mathbf{A}_2$ bzw. $\mathbf{A}_3$ annulliert werden. Mit Gl. (3) erhält man

$$\{A_i^* \mathbf{F}(\mathbf{r})\} = \{r^2 f_1(\mathbf{r}), -\lambda^2 f_2(\mathbf{r}), -\lambda^2 r^2 f_3(\mathbf{r})\}. \tag{7}$$

Die drei Felder $\mathbf{F}_{1,2,3}$ sind in jedem Punkt linear unabhängig, in dem sie nicht verschwinden, da $\mathbf{F} = 0$ die Gleichungen $f_i = 0$ ($i = 1, 2, 3$) zur Folge hat. Daher kann man unter üblichen Voraussetzungen über Differenzierbarkeit beliebige Vektorfelder wie in Gl. (6) als Summe der drei Felder $\mathbf{A}_i f_i(\mathbf{r})$ schreiben, wobei die Funktionen $f_i(\mathbf{r})$ durch Gl. (7) definiert sind. Entwickelt man die letztere nach Kugelfunktionen

$$f_i(\mathbf{r}) = \sum_{J,M} a_{iJM}(r) Y_{JM}(\hat{r}), \qquad J \neq 0 \text{ für } i = 2, 3,$$

so erhält man unter Beachtung von $\mathbf{A}_i g(r) = g(r)\mathbf{A}_i$

$$\mathbf{F} = \sum_{i,JM} a_{iJM}(r) \mathbf{A}_i Y_{JM}(\hat{r}). \tag{8}$$

Die Vektorfelder

$$\mathbf{V}_{iJM}(\mathbf{r}) := \mathbf{A}_i Y_{JM}(\hat{r}), \qquad J \neq 0 \text{ für } i = 2, 3 \tag{9}$$

bilden für festes J eine (2J + 1)-dimensionale Darstellung der Drehgruppe

$$(\mathbf{V}_{iJM}(\mathbf{r}))_R = \mathbf{A}_i Y_{JM}(R^{-1}\hat{r}) = \sum_{M'} \mathbf{A}_i Y_{JM'}(\hat{r}) D^J_{M'M}(R) = \sum_{M'} \mathbf{V}_{iJM'}(\mathbf{r}) D^J_{M'M}(R). \tag{10}$$

Die Zerlegung (8)

$$\mathbf{F}(\mathbf{r}) = \sum_{iJM} a_{iJM}(r) \mathbf{V}_{iJM}(\mathbf{r}) \tag{11}$$

ist dann günstig, wenn man neben den Dreheigenschaften radiale ($i = 1$) und sphärische Komponenten ($i = 2, 3$) erkennen will.

Oft ist es auch zweckmäßig, ein Vektorfeld in longitudinale und transversale Anteile zu zerlegen. Das bedeutet in der Fourier-Transformierten eine Zerlegung nach Vektorkomponenten parallel und senkrecht zur Fourier-Variablen **k**, also die Zerlegung (6) im Fourier-Raum. Rücktransformation in den Ortsraum liefert

$$\mathbf{F}(\mathbf{r}) = \sum_{i=1}^{3} \mathbf{B}_i g_i(\mathbf{r}) \tag{12}$$

mit $\{\mathbf{B}_i\} = \{\nabla, \nabla \times \mathbf{r}, \nabla \times (\nabla \times \mathbf{r})\}$

oder mit Entwicklung der $g_i(\mathbf{r})$ nach Kugelfunktionen

$$\mathbf{F}(\mathbf{r}) = \sum_{iJM} \mathbf{B}_i a_{iJM}(r) Y_{JM}(\hat{r}). \tag{13}$$

Ist insbesondere das Feld **F** divergenzfrei, fehlt also die longitudinale Komponente, so gilt

$$\mathbf{F}(\mathbf{r}) = \sum_{J,M} a_{2JM}(r) \nabla \times \mathbf{r} Y_{JM}(\hat{r}) + \sum_{J,M} \nabla \times (\nabla \times \mathbf{r}) a_{3JM}(r) Y_{JM}(\hat{r}). \tag{14}$$

Diese Entwicklung wurde in Gl. (35.21) benutzt.

Ist weder eine Abspaltung der radialen noch der longitudinalen Komponente zweckmäßig und will man auch das Transformationsverhalten unter Drehungen nicht an den skalaren Feldfunktionen ablesen, dann kann man das Vektorfeld einfach nach drei festen Einheitsvektoren zerlegen. Das führt auf die Definition der „Vektorkugelfunktionen“.
Als die konstanten orthogonalen Einheitsvektoren wählt man

$$\{\mathbf{e}_{+1}, \mathbf{e}_0, \mathbf{e}_{-1}\} := \left\{-\frac{\mathbf{e}_x + i\mathbf{e}_y}{\sqrt{2}}, \mathbf{e}_z, \frac{\mathbf{e}_x - i\mathbf{e}_y}{\sqrt{2}}\right\}, \tag{15}$$

woraus $Y_{1\lambda}(\hat{\mathbf{r}}) = \text{const}\, \hat{\mathbf{r}}\mathbf{e}_\lambda,\ \lambda = 1, 0, -1$

und das Transformationsverhalten

$$(\mathbf{e}_\lambda)_R = R\mathbf{e}_\lambda = \sum_{\lambda'} \mathbf{e}_{\lambda'} D^1_{\lambda'\lambda}(R) \tag{16}$$

folgt.
Entwickelt man diese Komponenten eines Vektorfeldes nach Kugelfunktionen

$$\mathbf{F}(\mathbf{r}) = \sum_{\lambda \ell m} \mathbf{e}_\lambda Y_{\ell m}(\hat{\mathbf{r}}) a_{\lambda \ell m}(r), \tag{17}$$

so transformieren sich die einzelnen Summanden nach der Produktdarstellung:

$$(\mathbf{e}_\lambda Y_{\ell m}(\hat{\mathbf{r}}))_R = \sum_{\lambda' m'} \mathbf{e}_{\lambda'} Y_{\ell m'}(\hat{\mathbf{r}}) D^1_{\lambda'\lambda}(R) D^\ell_{m'm}(R).$$

Deshalb definiert man die Vektorkugelfunktionen mit Gl. (25.4):

$$\mathbf{Y}_{JM(\sigma)}(\hat{\mathbf{r}}) := \sum_{\lambda = 1, 0, -1} Y_{J+\sigma\, m}(\hat{\mathbf{r}}) \mathbf{e}_\lambda \left(\begin{matrix} J+\sigma & 1 \\ m & \lambda \end{matrix} \middle| \begin{matrix} J \\ M \end{matrix}\right) \tag{18}$$

$\sigma = 1, 0, -1$ für $J \neq 0$, $\sigma = +1$ für $J = 0$

mit der Umkehrung

$$\mathbf{e}_\lambda Y_{\ell m}(\hat{\mathbf{r}}) = \sum_{\sigma = 1, 0, -1} \mathbf{Y}_{\ell-\sigma M(\sigma)}(\hat{\mathbf{r}}) \left(\begin{matrix} \ell-\sigma \\ M \end{matrix} \middle| \begin{matrix} \ell & 1 \\ m & \lambda \end{matrix}\right).$$

Die Entwicklung (17) lautet damit

$$\mathbf{F}(\mathbf{r}) = \sum_{\sigma JM} b_{\sigma JM}(r) \mathbf{Y}_{JM(\sigma)}(\hat{\mathbf{r}}). \tag{19}$$

Es gilt aufgrund der Definition (18)

$$\int d\Omega\, \mathbf{Y}^*_{JM(\sigma)}(\hat{\mathbf{r}}) \mathbf{Y}_{J'M'(\sigma')}(\hat{\mathbf{r}}) = \delta_{JJ'} \delta_{MM'} \delta_{\sigma\sigma'}.$$

Für den Fall $\sigma = 0$ entnimmt man der Definition (18) die kompakte Darstellung

$$\mathbf{Y}_{JM(\sigma=0)}(\hat{\mathbf{r}}) = \text{const} \cdot \underset{\sim}{\mathbf{L}} Y_{JM}(\hat{\mathbf{r}}), \qquad \underset{\sim}{\mathbf{L}} = \mathbf{r} \times \frac{\hbar}{i} \nabla. \tag{20}$$

Man erkennt dies etwa daran, daß in Gl. (20) beide Seiten das gleiche Transformationsverhalten unter Drehungen haben und die z-Komponente beider Seiten gleich ist:

$$\mathbf{e}_z \mathbf{Y}_{JM(\sigma=0)} = \mathbf{Y}_{JM} \begin{pmatrix} J & 1 & \big| & J \\ M & 0 & \big| & M \end{pmatrix} = \text{const} \cdot M\mathbf{Y}_{JM},$$

$$\mathbf{e}_z \underset{\sim}{\mathbf{L}} \mathbf{Y}_{JM} = \hbar M \mathbf{Y}_{JM}.$$

Die ersten Vektorkugelfunktionen lauten

$$\mathbf{Y}_{00}(\hat{\mathbf{r}}) \propto \hat{\mathbf{r}} \qquad (\text{nur } \sigma = 1) \text{ invariantes Feld},$$

$$\mathbf{Y}_{1M(\sigma=1)}(\hat{\mathbf{r}}) \propto \hat{\mathbf{r}}(\mathbf{e}_M \hat{\mathbf{r}}) - \frac{1}{3}\mathbf{e}_M,$$

$$\mathbf{Y}_{1M(\sigma=0)}(\hat{\mathbf{r}}) \propto \mathbf{e}_M \times \hat{\mathbf{r}},$$

$$\mathbf{Y}_{1M(\sigma=-1)}(\hat{\mathbf{r}}) \propto \mathbf{e}_M.$$

Rechenschritte

Im folgenden sind Einzelrechnungen aufgeschrieben, die den Text unnötig belastet hätten, da die Ausführung der Rechnungen zum Verständnis der Quantentheorie nicht viel beiträgt. Andererseits sollen sie dem Leser mit wenig rechnerischer Übung ermöglichen, Einzelheiten nachzuvollziehen. Der Geübtere möge versuchen, die im Text angeführten Resultate selbst herzuleiten.

R 1.

$$\psi\left(\frac{\mathbf{p}t}{m}, t\right) = \int \frac{d^3p'}{(2\pi\hbar)^{3/2}} e^{i\frac{\mathbf{p}'}{\hbar}\frac{\mathbf{p}t}{m} - i\frac{p'^2}{2m\hbar}t} \varphi(\mathbf{p}').$$

Der Exponent lautet $-it(\mathbf{p}'^2 - 2\mathbf{p}\mathbf{p}')/2m\hbar$. Nach quadratischer Ergänzung und Einführung der neuen Variablen $\mathbf{k} = (\mathbf{p} - \mathbf{p}')(t/2m\hbar)^{1/2}$ ergibt sich

$$\psi\left(\frac{\mathbf{p}t}{m}, t\right) = \int d^3k e^{-ik^2} \varphi\left(\mathbf{p} - \mathbf{k}\left(\frac{2m\hbar}{t}\right)^{1/2}\right)\left(\frac{m}{\pi t}\right)^{3/2} e^{i\frac{p^2}{2m\hbar}t}.$$

Ersetzt man ik^2 durch zk^2, so existiert das Integral für alle z mit Re $z \geqslant 0$, da φ hinreichend abfällt. Die asymptotische Entwicklung für große t lautet

$$\psi\left(\frac{\mathbf{p}t}{m}, t\right) = \left(\frac{m}{\pi t}\right)^{3/2} e^{i\frac{p^2}{2m\hbar}t}\left\{\varphi(\mathbf{p}) \int d^3k e^{-zk^2} + \frac{1}{2}\Delta\varphi(\mathbf{p}) \int d^3k e^{-zk^2} k^2 \frac{2m\hbar}{t} + \ldots\right\},$$

woraus wegen

$$\int d^3k e^{-zk^2} = \left(\frac{\pi}{z}\right)^{3/2}$$

$$\psi\left(\frac{\mathbf{p}t}{m}, t\right) \sim e^{i\frac{p^2}{2m\hbar}t}\left(\frac{m}{it}\right)^{3/2} \varphi(\mathbf{p})$$

folgt.

R 2. Es gilt mit der Abkürzung $\int d^3r \psi_1^* \underset{\sim}{f} \psi_2 =: f_{12}$

$$\int d^3r (\psi_1 + \alpha\psi_2)^* \underset{\sim}{f}(\psi_1 + \alpha\psi_2) = f_{11} + |\alpha|^2 f_{22} + \alpha f_{12} + \alpha^* f_{21}.$$

Dieser Ausdruck wie auch f_{11} und f_{22} ist reell für beliebige α, daher gilt

$$\alpha f_{12} + \alpha^* f_{21} = \alpha^* f_{12}^* + \alpha f_{21}^*$$

oder $\quad \alpha(f_{12} - f_{21}^*) = \alpha^*(f_{12} - f_{21}^*)^*.$

Mit $\alpha = 1$ und i ergibt sich $f_{12} - f_{21}^* = 0$, also

$$\int d^3r \psi_1^* \underset{\sim}{f} \psi_2 = \int d^3r \psi_2 (\underset{\sim}{f} \psi_1)^*.$$

R 3.

$$[\underset{\sim}{H}, \underset{\sim}{L}] = \left[\frac{\underset{\sim}{p}^2}{2m}, \underset{\sim}{L}\right] + [V(r), \underset{\sim}{L}],$$

$$[\underset{\sim}{p}^2, r \times \underset{\sim}{p}] = \underset{\sim}{p}^2 r \times \underset{\sim}{p} - r \times \underset{\sim}{p}\underset{\sim}{p}^2 = \underset{\sim}{p}^2 r \times \underset{\sim}{p} - r\underset{\sim}{p}^2 \times \underset{\sim}{p} = [\underset{\sim}{p}^2, r] \times \underset{\sim}{p},$$

$$[\underset{\sim}{p}^2, r] f = -\hbar^2(\Delta r f - r\Delta f),$$

$$\Delta r f = \left(\frac{\partial^2}{\partial x^2} + \ldots\right) r f = 2\frac{\partial r}{\partial x}\frac{\partial}{\partial x} f + r\frac{\partial^2}{\partial x^2} f + \ldots = 2\nabla f + r\Delta f,$$

$$[\underset{\sim}{p}^2, r] = -\hbar^2 2\nabla = \frac{\hbar}{i} 2\underset{\sim}{p},$$

$$[\underset{\sim}{p}^2, \underset{\sim}{L}] = [\underset{\sim}{p}^2, r \times \underset{\sim}{p}] = [\underset{\sim}{p}^2, r] \times \underset{\sim}{p} = \frac{\hbar}{i} 2\underset{\sim}{p} \times \underset{\sim}{p} = 0,$$

$$[\underset{\sim}{H}, \underset{\sim}{L}] = [V(r), \underset{\sim}{L}] = [V(r), r \times \underset{\sim}{p}] = V(r) r \times \underset{\sim}{p} - r \times \underset{\sim}{p} V(r)$$
$$= r \times V(r)\underset{\sim}{p} - r \times \underset{\sim}{p} V(r) = r \times [V(r), \underset{\sim}{p}],$$

$$[V(r), \underset{\sim}{p}] f = \frac{\hbar}{i}(V \operatorname{grad} f - \operatorname{grad} Vf) = \frac{\hbar}{i} f(-\operatorname{grad} V) = \frac{\hbar}{i} F f,$$

$$\frac{i}{\hbar}[\underset{\sim}{H}, \underset{\sim}{L}] = r \times F.$$

R 4. Eine quadratintegrable Funktion mit der Periode b läßt sich in eine Fourier-Reihe entwickeln (s. a. A.3):

$$\psi(x) = \frac{a_0}{2} + \sum_{n=1}^{\infty}\left(a_n \cos\frac{2\pi}{b} nx + b_n \sin\frac{2\pi}{b} nx\right)$$

mit $a_n = \frac{2}{b}\int_{-b/2}^{+b/2} dx\psi(x) \cos\frac{2\pi}{b} nx, \qquad b_n = \frac{2}{b}\int_{-b/2}^{b/2} dx\psi(x) \sin\frac{2\pi}{b} nx,$

$$a_0 = \frac{2}{b}\int_{-b/2}^{b/2} dx\psi(x).$$

Hier treten also cosinus- und sinus-Terme auf. Ist die Funktion antisymmetrisch $\psi(x) = -\psi(-x)$, so verschwinden a_0 und alle a_n. Eine im Intervall $0 \leqslant x \leqslant b/2$ gegebene Funktion läßt sich nun stets antisymmetrisch in das Intervall $-b/2 \leqslant x \leqslant 0$ fortsetzen. Es existiert also eine Entwicklung einer im Intervall $0 \leqslant x \leqslant a = b/2$ gegebenen Funktion nach den Funktionen $\sin\frac{\pi}{a} xn$. Diese Funktionen sind daher für das Intervall $0 \leqslant x \leqslant a$ vollständig.

R 5. Die Fourier-Transformierte lautet

$$\varphi(p) = A \int dx e^{\frac{i}{\hbar}\bar{p}x} e^{-\frac{1}{2\gamma\hbar}(x-\bar{x})^2} e^{-\frac{i}{\hbar}px}, \qquad x - \bar{x} =: \xi.$$

Der von ξ abhängige Exponent kann geschrieben werden

$$-\frac{1}{2\gamma\hbar}(\xi^2 + 2i\gamma(p-\bar{p})\xi) = -\frac{1}{2\gamma\hbar}[\xi + i\gamma(p-\bar{p})]^2 - \frac{\gamma}{2\hbar}(p-\bar{p})^2.$$

Die ξ-Integration liefert eine Konstante bezüglich p, so daß die Gl. (12.11) resultiert.

R 6. Die im Text gegebene Definition der hermiteschen Polynome $H_n(x)$ kann in die in der mathematischen Literatur übliche Definition

$$H_n(x) = e^{x^2}\left(-\frac{d}{dx}\right)^n e^{x^2}$$

überführt werden:

$$e^{\frac{x^2}{2}}\left(x - \frac{d}{dx}\right)^n e^{-\frac{x^2}{2}} = e^{x^2} e^{-\frac{x^2}{2}}\left(x - \frac{d}{dx}\right)^n e^{\frac{x^2}{2}} e^{-x^2}$$

$$= e^{x^2} e^{-\frac{x^2}{2}}\left(x - \frac{d}{dx}\right) e^{+\frac{x^2}{2}} e^{-\frac{x^2}{2}}\left(x - \frac{d}{dx}\right)^{n-1} e^{\frac{x^2}{2}} e^{-x^2}$$

$$= e^{x^2}\left[e^{-\frac{x^2}{2}}\left(x - \frac{d}{dx}\right) e^{+\frac{x^2}{2}}\right]^n e^{-x^2} = e^{x^2}\left(-\frac{d}{dx}\right)^n e^{-x^2}.$$

Damit ergeben sich leicht die in Gl. (13.25) angegebenen expliziten Werte der Polynome. Die Darstellung durch eine Erzeugende

$$e^{-t^2 + 2tx} = \sum_{n=0}^{\infty} H_n(x) \frac{t^n}{n!}$$

läßt sich durch Differentiation unmittelbar nachweisen:

$$H_n(x) = \left(\frac{d}{dt}\right)^n e^{-t^2 + 2tx}\Big|_{t=0} = \left(\frac{d}{dt}\right)^n e^{-(t-x)^2 + x^2}\Big|_{t=0}$$

$$= e^{x^2}\left(-\frac{d}{dx}\right)^n e^{-(t-x)^2}\Big|_{t=0} = e^{x^2}\left(-\frac{d}{dx}\right)^n e^{-x^2}.$$

Führt man hier $t = \frac{i}{2\hbar} k$ ein,

$$e^{\frac{k^2}{4\hbar^2}} e^{ikx} = \sum_n H_n(x)\left(\frac{ik}{2\hbar}\right)^n \frac{1}{n!},$$

so zeigt Multiplikation mit $e^{-\frac{x^2}{2}}$, daß die Funktion $e^{-\frac{x^2}{2}} e^{ikx}$ nach den Funktionen

$\psi_n(x)$ der Gl. (13.25) entwickelt werden kann:

$$e^{-\frac{x^2}{2}} e^{ikx} = \sum_{n=0}^{\infty} c_n(k)\psi_n(x), \qquad c_n(k) = \int dy e^{-\frac{y^2}{2}} e^{iky} \psi_n(y)$$

oder $$e^{-\frac{x^2}{2}} e^{ikx} = \int dy \sum_n \psi_n(x)\psi_n(y) e^{-\frac{y^2}{2}} e^{iky}.$$

Multiplikation mit e^{-ikz} und Integration über k liefert

$$e^{-\frac{x^2}{2}} \delta(x-z) = \sum_n \psi_n(x)\psi_n(z) e^{-\frac{z^2}{2}}$$

bzw. die Vollständigkeitsrelation

$$e^{-\frac{(x^2-z^2)}{2}} \delta(x-z) = \delta(x-z) = \sum_n \psi_n(x)\psi_n(z).$$

R 7. Anwendung von Gl. (13.54) auf (13.59) liefert ($\alpha = e^{i\varphi}\rho$)

$$\int d\rho\rho \frac{d\varphi}{\pi} \sum_{n,m} e^{-\rho^2} \frac{\rho^{n+m}}{\sqrt{n!m!}} e^{i\varphi(n-m)} \psi_n(x)\psi_m(y).$$

Die φ-Integration ergibt 0 für $n \neq m$. Für $n = m$ gilt wegen $\int_0^\infty dx e^{-x} \frac{x^n}{n!} = 1$

$$\sum_n \int d\rho\rho 2 e^{-\rho^2} \frac{\rho^{2n}}{n!} \psi_n(x)\psi_n(y) = \sum_n \psi_n(x)\psi_n(y) = \delta(x-y),$$

womit die Vollständigkeit gezeigt ist.
Das Integral

$$\int d\rho d\varphi \rho \psi_\alpha(x) \rho^m e^{im\varphi}$$

ergibt mit Gl. (13.54) für die φ-Integration

$$\sum_n \int_0^{2\pi} d\varphi e^{in\varphi} \psi_n(x) e^{im\varphi}$$

und also Null für m ganz $>$ 0. Für diese m-Werte liefert die ρ-Integration einen endlichen Wert.

R 8. Einsetzen von Gl. (14.16) in die linke Seite von (14.19) führt zu

$$\frac{1}{\pi} \int_0^\infty dk \left(\cos kx + \frac{i\eta}{k - i\eta} e^{ik|x|} \right) \left(\cos ky - \frac{i\eta}{k + i\eta} e^{-ik|y|} \right)$$

$$+ \frac{1}{\pi} \int_0^\infty dk \sin kx \sin ky + \frac{\eta + |\eta|}{2} e^{-\eta(|x| + |y|)}$$

$$= \frac{1}{\pi}\int_0^\infty dk\{\cos kx \cos ky + \sin kx \sin ky\} + \frac{1}{\pi}\int_0^\infty dk \cos kx e^{-ik|y|}\frac{-i\eta}{k+i\eta}$$

$$+ \frac{1}{\pi}\int_0^\infty dk \cos ky e^{ik|x|}\frac{i\eta}{k-i\eta} + \frac{1}{\pi}\int_0^\infty dk e^{ik(|x|-|y|)}\frac{\eta^2}{|k+i\eta|^2} + \frac{\eta+|\eta|}{2}e^{-\eta(|x|+|y|)}.$$

Das erste Integral liefert wegen des Additionstheorems

$$\frac{1}{\pi}\int_0^\infty dk \cos k(x-y) = \frac{1}{2\pi}\int_{-\infty}^{+\infty} dk \cos k(x-y)$$

$$= \frac{1}{2\pi}\int_{-\infty}^{+\infty} dk\left(\frac{e^{ik(x-y)}}{2} + \frac{e^{-ik(x-y)}}{2}\right) = \delta(x-y).$$

Die drei anderen Integrale ergeben zusammen ($\cos kx = \cos k|x|$)

$$\frac{1}{2\pi}\int_0^\infty dk e^{ik(|x|-|y|)}\left(\frac{-i\eta}{k+i\eta} + \frac{i\eta}{k-i\eta} + \frac{2\eta^2}{|k+i\eta|^2}\right)$$

$$+ \frac{1}{2\pi}\int_0^\infty dk e^{-ik(|x|+|y|)}\frac{-i\eta}{k+i\eta} + \frac{1}{2\pi}\int_0^\infty dk e^{ik(|x|+|y|)}\frac{i\eta}{k-i\eta}.$$

Hier verschwindet die Klammer im ersten Integral und die beiden anderen können zu einem Integral zusammengefaßt werden:

$$\frac{-i\eta}{2\pi}\int_{-\infty}^{+\infty} dk e^{-ik(|x|+|y|)}\frac{1}{k+i\eta}.$$

Das Integral

$$\int_{-\infty}^{+\infty} dk e^{-ikp}\frac{1}{k+i\eta}, \qquad p>0$$

berechnet man am einfachsten mit dem Residuensatz der Funktionentheorie, indem der Integrationsweg durch einen Halbkreis in der unteren Halbebene mit Radius $|k| \to \infty$ zu einem geschlossenen Weg ergänzt wird. Diese Ergänzung gibt wegen $|k| \to \infty$ und $\operatorname{Im} k < 0$ keinen Beitrag. Das Residuum der Funktion $e^{-ikp}/k + i\eta$ am Pol $k = -i\eta$ beträgt $e^{-\eta p}$.

Der Residuensatz liefert somit

$$\int_{-\infty}^{+\infty} dk e^{-ikp}\frac{1}{k+i\eta} = \oint \ldots = -2\pi i e^{-\eta p},$$

falls der Pol innerhalb des Integrationsweges liegt, also für $\eta > 0$. Für $\eta < 0$ liegt keine Singularität vor, das Integral ist Null.

Damit ergibt sich

$$\frac{-i\eta}{2\pi}\int_{-\infty}^{+\infty} dk e^{-ik(|x|+|y|)}\frac{1}{k+i\eta} = -\frac{\eta+|\eta|}{2}e^{-\eta(|x|+|y|)}.$$

Dies kompensiert den Beitrag des gebundenen Zustandes, und wir erhalten insgesamt Gl. (14.19).

R 9. Die ursprüngliche orthonormierte Basis sei $\psi_\alpha(\mathbf{r})$, die neue $\psi_n(\mathbf{r})$. Weil die $\psi_n(\mathbf{r})$ eine Basis bilden, läßt sich $\psi_\alpha(\mathbf{r})$ danach entwickeln:

$$\psi_\alpha(\mathbf{r}) = \sum_n \psi_n(\mathbf{r})(\psi_n, \psi_\alpha).$$

Andererseits gilt

$$\psi_n(\mathbf{r}) = \sum_\alpha \psi_\alpha(\mathbf{r})(\psi_\alpha, \psi_n),$$

woraus nach Multiplikation mit $\psi_m(\mathbf{r})$ folgt

$$(\psi_m, \psi_n) = \delta_{mn} = \sum_\alpha (\psi_m, \psi_\alpha)(\psi_\alpha, \psi_n).$$

Für die Spur erhält man

$$\sum_\alpha (\psi_\alpha, Q\psi_\alpha) = \sum_\alpha \sum_{m,n} (\psi_n, \psi_\alpha)^*(\psi_m, \psi_\alpha)(\psi_n, Q\psi_m)$$
$$= \sum_{m,n} \sum_\alpha (\psi_\alpha, \psi_n)(\psi_m, \psi_\alpha)(\psi_n, Q\psi_m)$$

und mit der vorherigen Relation

$$\sum_\alpha (\psi_\alpha, Q\psi_\alpha) = \sum_n (\psi_n, Q\psi_n).$$

Dies zeigt die Unabhängigkeit der Spur von der Basis.
Für die Spur eines Produktes von Operatoren gilt wegen $B\psi_\alpha = \sum_\beta \psi_\beta(\psi_\beta B\psi_\alpha)$

$$\mathrm{Sp}\, AB = \sum_\alpha (\psi_\alpha, AB\psi_\alpha) = \sum_{\alpha,\beta} (\psi_\alpha, A\psi_\beta)(\psi_\beta, B\psi_\alpha),$$

also aufgrund der willkürlichen Benennung der Summationsindizes

$$\mathrm{Sp}\, AB = \mathrm{Sp}\, BA.$$

Daraus folgt für mehrere Operatoren

$$\mathrm{Sp}\, A_1 \ldots A_n = \mathrm{Sp}\, A_1(A_2 \ldots A_n) = \mathrm{Sp}\,(A_2 \ldots A_n)A_1 = \mathrm{Sp}\, A_2A_3 \ldots A_nA_1,$$

d. h. unter der Spur kann man zyklisch vertauschen, ohne ihren Wert zu ändern.

R 10. Wir wählen als die beiden Sätze von Zuständen und Wahrscheinlichkeiten

$$\psi_1 \qquad \psi_2 \qquad\qquad \psi_+ = \frac{1}{\sqrt{2}}(\psi_1 + \psi_2) \qquad \psi_- = \frac{1}{\sqrt{2}}(\psi_1 - \psi_2)$$

$$p_1 = \frac{1}{2} \quad p_2 = \frac{1}{2} \qquad \text{und} \qquad p_+ = \frac{1}{2} \qquad p_- = \frac{1}{2}.$$

Die statistischen Operatoren lauten nach Gl. (15.13)

$$\rho = p_1 P_{\psi_1} + p_2 P_{\psi_2} \quad \text{und} \quad \rho' = p_+ P_{\psi_+} + p_- P_{\psi_-}.$$

Es gilt nach Gl. (15.7)

$$P_{\psi_\pm} f(\mathbf{r}) = \psi_\pm(\mathbf{r})(\psi_\pm, f) = \frac{1}{2}(\psi_1(\mathbf{r}) \pm \psi_2(\mathbf{r}))(\psi_1 \pm \psi_2, f)$$

und daher

$$(P_{\psi_+} + P_{\psi_-}) f(\mathbf{r}) = \psi_1(\mathbf{r})(\psi_1, f) + \psi_2(\mathbf{r})(\psi_2 f) = (P_{\psi_1} + P_{\psi_2}) f(\mathbf{r}),$$

also $\rho = \rho'$.

R 11. Bei der Ausrechnung der Reihe

$$R_\alpha \mathbf{r} = e^{\alpha \times} \mathbf{r} = \sum_{n=0}^{\infty} (\alpha \times)^n \frac{1}{n!} \mathbf{r}$$

verwendet man

$$\alpha \times (\alpha \times \mathbf{r}) = \alpha(\alpha \mathbf{r}) - \alpha^2 \mathbf{r},$$

$$\alpha \times \{\alpha \times (\alpha \times \mathbf{r})\} = -\alpha^2 \alpha \times \mathbf{r},$$

$$\alpha \times [\alpha \times \{\alpha \times (\alpha \times \mathbf{r})\}] = -\alpha^2 \alpha \times (\alpha \times \mathbf{r}).$$

Die ungeraden Glieder ergeben also

$$\alpha \times \mathbf{r} - \frac{\alpha^2}{3!} \alpha \times \mathbf{r} + \frac{\alpha^4}{5!} \alpha \times \mathbf{r} + \ldots = \hat{\alpha} \times \mathbf{r} \sin \alpha,$$

die geraden

$$\mathbf{r} + \frac{1}{2!} \alpha \times (\alpha \times \mathbf{r}) - \frac{\alpha^2}{4!} \alpha \times (\alpha \times \mathbf{r}) + \ldots = \mathbf{r} + \left(\frac{\alpha^2}{2!} - \frac{\alpha^4}{4!} + \frac{\alpha^6}{6!} + \ldots\right) \hat{\alpha} \times (\hat{\alpha} \times \mathbf{r})$$

$$= \mathbf{r} + (1 - \cos \alpha) \hat{\alpha} \times (\hat{\alpha} \times \mathbf{r}).$$

Zusammengefaßt erhält man

$$\mathbf{r}' = e^{\alpha \times} \mathbf{r} = \mathbf{r} + \sin \alpha \hat{\alpha} \times \mathbf{r} + (1 - \cos \alpha) \hat{\alpha} \times (\hat{\alpha} \times \mathbf{r}),$$

also Gl. (19.27).

Die Transformation stellt eine Drehung mit dem Drehwinkel α dar, was man aus der Zerlegung in Vektoren erkennt, die parallel zu $\hat{\alpha}$ bzw. senkrecht zu $\hat{\alpha}$ liegen:

$$\mathbf{r}'_\parallel + \mathbf{r}'_\perp = \mathbf{r}_\parallel + \hat{\alpha} \times \mathbf{r}_\perp \sin \alpha + \mathbf{r}_\perp \cos \alpha.$$

Diese Gleichung ist äquivalent zu

$$\mathbf{r}'_\parallel = \mathbf{r}_\parallel \quad \text{und} \quad \mathbf{r}'_\perp = \hat{\alpha} \times \mathbf{r}_\perp \sin \alpha + \mathbf{r}_\perp \cos \alpha.$$

Die Parallelkomponente bleibt erhalten, für die andere gilt

$$r_\perp'^2 = r_\perp^2 \sin^2 \alpha + r_\perp^2 \cos^2 \alpha = r_\perp^2$$

und $\quad r_\perp' r_\perp = \cos \alpha.$

R 12. Die Umrechnung von kartesischen Koordinaten in Kugelkoordinaten geht von ihrer Definition aus.

$$x \pm iy = re^{\pm i\varphi} \sin \vartheta, \qquad z = r \cos \vartheta.$$

Die Größen $L_\pm$ lassen sich folgendermaßen ausdrücken:

$$\begin{aligned} L_\pm &:= L_x \pm iL_y = yp_z - zp_y \pm i(zp_x - xp_z) \\ &= \mp i\{(x \pm iy)p_z - z(p_x \pm ip_y)\} = \pm i(zp_\pm - r_\pm p_z)\,. \end{aligned}$$

Die Umrechnung von Gl. (20.21) in kartesische Koordinaten ergibt

$$\begin{aligned} \frac{\partial}{\partial\varphi} &= \frac{\partial x}{\partial\varphi}\frac{\partial}{\partial x} + \frac{\partial y}{\partial\varphi}\frac{\partial}{\partial y} + \frac{\partial z}{\partial\varphi}\frac{\partial}{\partial z} \\ &= -r \sin \vartheta \sin \varphi \frac{\partial}{\partial x} + r \sin \vartheta \cos \varphi \frac{\partial}{\partial y} = -y \frac{\partial}{\partial x} + x \frac{\partial}{\partial y}, \end{aligned}$$

also $\quad \dfrac{\hbar}{i}\dfrac{\partial}{\partial\varphi} = x\underset{\sim}{p}_y - y\underset{\sim}{p}_x = \underset{\sim}{L}_3.$

Mit $\quad \dfrac{\partial}{\partial\vartheta} = \dfrac{\partial x}{\partial\vartheta}\dfrac{\partial}{\partial x} + \ldots = r \cos \vartheta \cos \varphi \dfrac{\partial}{\partial x} + r \cos \vartheta \sin \varphi \dfrac{\partial}{\partial y} - r \sin \vartheta \dfrac{\partial}{\partial z}$

berechnet man

$$\begin{aligned} \pm \frac{\partial}{\partial\vartheta} + i \cot \vartheta \frac{\partial}{\partial\varphi} &= (\pm z \cos \varphi - iz \sin \varphi) \frac{\partial}{\partial x} + (\pm z \sin \varphi + iz \cos \varphi) \frac{\partial}{\partial y} \mp r \sin \vartheta \frac{\partial}{\partial z} \\ &= \pm ze^{\mp i\varphi} \frac{\partial}{\partial x} + zie^{\mp i\varphi} \frac{\partial}{\partial y} \mp r \sin \vartheta \frac{\partial}{\partial z}, \end{aligned}$$

$$\begin{aligned} \hbar e^{\pm i\varphi}\left(\pm \frac{\partial}{\partial\vartheta} + i \cot \vartheta \frac{\partial}{\partial\varphi}\right) &= \pm \hbar z \frac{\partial}{\partial x} + \hbar iz \frac{\partial}{\partial y} \mp \hbar r_\pm \frac{\partial}{\partial z} \\ &= \pm iz\underset{\sim}{p}_x - z\underset{\sim}{p}_y \mp ir_\pm \underset{\sim}{p}_z = \pm i(z\underset{\sim}{p}_\pm - r_\pm \underset{\sim}{p}_z) = \underset{\sim}{L}_\pm. \end{aligned}$$

Es gilt $[\underset{\sim}{L}, r] = 0$, da $\underset{\sim}{L}$ nur nach den Winkeln differenziert. Deshalb kann man $\underset{\sim}{L}^2$ in folgender Weise umformen:

$$\begin{aligned} \underset{\sim}{L}^2 &= r \times \underset{\sim}{p} r \times \underset{\sim}{p} = r^2 \hat{r} \times \underset{\sim}{p} \hat{r} \times \underset{\sim}{p} = -r^2 \underset{\sim}{p} \times \hat{r}\hat{r} \times \underset{\sim}{p} = -r^2 \underset{\sim}{p} \hat{r} \times (\hat{r} \times \underset{\sim}{p}) \\ &= -r^2 \underset{\sim}{p}\{\hat{r}(\hat{r}\underset{\sim}{p}) - \hat{r}^2 \underset{\sim}{p}\} = r^2\{\underset{\sim}{p}^2 - (\underset{\sim}{p}\hat{r})(\hat{r}\underset{\sim}{p})\}. \end{aligned}$$

Man erhält also eine Zerlegung von $\underset{\sim}{p}^2$ in einen Winkelanteil und einen Radialanteil

$$\underset{\sim}{p}^2 = \frac{\underset{\sim}{L}^2}{r^2} + (\underset{\sim}{p}\hat{r})(\hat{r}\underset{\sim}{p}).$$

Der Radialanteil vereinfacht sich zu

$$(\underset{\sim}{p}\hat{r})(\hat{r}\underset{\sim}{p}) = \left\{\hat{r}\underset{\sim}{p} + \frac{\hbar}{i}\,\mathrm{div}\,\hat{r}\right\}\hat{r}\underset{\sim}{p} = \left(\frac{\hbar}{i}\right)^2\left(\frac{\partial^2}{\partial r^2} + \frac{2}{r}\frac{\partial}{\partial r}\right) = \left(\frac{\hbar}{i}\right)^2 \frac{1}{r}\frac{\partial^2}{\partial r^2} r$$

$$= \frac{1}{r}\frac{\hbar}{i}\frac{\partial}{\partial r} r \frac{1}{r}\frac{\hbar}{i}\frac{\partial}{\partial r} r = \underset{\sim}{p}_r^2$$

mit $\quad \underset{\sim}{p}_r = \frac{1}{r}\frac{\hbar}{i}\frac{\partial}{\partial r} r = (\hat{r}\underset{\sim}{p} + \underset{\sim}{p}\hat{r})\frac{1}{2} = \frac{\hbar}{i}\left(\frac{1}{r} + \frac{\partial}{\partial r}\right).$

Die Zerlegung

$$\underset{\sim}{p}^2 = \frac{\underset{\sim}{L}^2}{r^2} + \underset{\sim}{p}_r^2, \qquad \underset{\sim}{p}_r = \frac{1}{r}\frac{\hbar}{i}\frac{\partial}{\partial r} r, \qquad \underset{\sim}{p}^2 = \left(\frac{\hbar}{i}\right)^2 \Delta$$

entspricht der bekannten Darstellung von Δ in Kugelkoordinaten.

R 13. Die Fourier-Transformierte von $-e^{\pm ikr}/4\pi r$, die später ohnehin gebraucht wird, lautet

$$\tilde{G}_\pm(k', k) := \int \frac{e^{-ik'r}}{(2\pi)^{3/2}} \frac{e^{\pm ikr}}{-4\pi r} d^3r$$

$$= -\int_0^\infty dr \int_{-1}^{+1} d\zeta e^{-ik'r\zeta} \frac{e^{\pm ikr}}{r} 2\pi r^2 \frac{1}{4\pi(2\pi)^{3/2}}.$$

Hier muß ein konvergenzerzeugender Faktor $e^{-\epsilon' r}$, $\epsilon' > 0$ hinzugefügt werden. Dabei ist immer der Grenzwert $\epsilon' \to 0$ gemeint, ohne daß er hingeschrieben wird. Damit ergibt sich

$$\tilde{G}_\pm(k', k) = \frac{1}{2ik'}(2\pi)^{-3/2} \int_0^\infty dr (e^{-ik'r} - e^{+ik'r}) e^{\pm ikr} e^{-\epsilon' r}$$

$$= \frac{1}{2ik'}(2\pi)^{-3/2}\left\{\frac{i}{\pm k - k' + i\epsilon'} - \frac{i}{\pm k + k' + i\epsilon'}\right\}$$

$$= \frac{1}{2ik'}(2\pi)^{-3/2} \frac{2ik'}{(\pm k + i\epsilon')^2 - k'^2} = \frac{(2\pi)^{-3/2}}{k^2 - k'^2 \pm 2ik\epsilon'}$$

$$= \frac{(2\pi)^{-3/2}}{k^2 - k'^2 \pm i\epsilon}, \qquad \epsilon > 0.$$

Mit diesem Resultat läßt sich leicht die Gl. (26.6) nachweisen:

$$(\Delta + k^2)G_\pm(\mathbf{r}, k) = \frac{1}{(2\pi)^3} \int d^3k' (\Delta + k^2) e^{ik'r} \frac{1}{k^2 - k'^2 \pm i\epsilon}$$

$$= \frac{1}{(2\pi)^3} \int d^3k' \frac{(-k'^2 + k^2) e^{ik'r}}{k^2 - k'^2 \pm i\epsilon} = \frac{1}{(2\pi)^3} \int d^3k' e^{ik'r} = \delta^3(\mathbf{r}).$$

R 14.

$$\tilde{\rho}(q) = \int d^3r\rho_0 e^{-\alpha r} e^{-iqr} = \int 2\pi r^2 dr \rho_0 e^{-\alpha r}(e^{-iqr} - e^{+iqr}) \frac{1}{-iqr}$$

$$= \frac{2\pi}{iq}\rho_0 \int r dr e^{-\alpha r} e^{iqr} + \text{c.c.} = \frac{2\pi\rho_0}{iq}\left(-\frac{\partial}{\partial\alpha}\right)\int dr e^{i(q+i\alpha)r} + \text{c.c.}$$

$$= \frac{2\pi\rho_0}{q}\left(-\frac{\partial}{\partial\alpha}\right)\left\{\frac{1}{q+i\alpha} + \text{c.c.}\right\} = 4\pi\rho_0\left(-\frac{\partial}{\partial\alpha}\right)\frac{1}{q^2+\alpha^2} = \frac{8\pi\rho_0\alpha}{(q^2+\alpha^2)^2},$$

$$F(q) = \frac{\tilde{\rho}(q)}{\tilde{\rho}(0)} = \left(\frac{\alpha^2}{q^2+\alpha^2}\right)^2.$$

R 15. Die Entwicklung von $f(\vartheta)$ nach den $Y_{\ell m}$ enthält nur die $Y_{\ell o}$, da $L_3 f = \frac{\hbar}{i}\frac{\partial}{\partial\varphi} f = 0$ und somit $m = 0$ sein muß.

$|Y_{\ell o}(0)|$ kann man aus dem Additionstheorem der Kugelfunktionen entnehmen, das ohnehin später gebraucht wird.

Man kann es folgendermaßen gewinnen:

Der Ausdruck

$$F_\ell(\hat{r}, \hat{r}') := \sum_{m=-\ell}^{+\ell} Y_{\ell m}(\hat{r}) Y^*_{\ell m}(\hat{r}')$$

projiziert auf alle Eigenzustände von L^2 mit dem Eigenwert $\hbar^2\ell(\ell+1)$. Da L^2 invariant unter Drehungen R ist, ist auch $F_\ell(\hat{r}, \hat{r}')$ invariant unter $\hat{r} \to R\hat{r}$, $\hat{r}' \to R\hat{r}'$ und somit $F_\ell(\hat{r}, \hat{r}') =: f_\ell(\hat{r}\hat{r}') = f_\ell(\cos\vartheta) = f^*_\ell(\cos\vartheta) = F_\ell(\hat{r}', \hat{r})$ mit $\vartheta = \sphericalangle\{\hat{r}, \hat{r}'\}$. Man kann die Invarianz von $F_\ell(\hat{r}, \hat{r}')$ auch direkt mit Gl. (25.15) unter Benutzung der Unitarität der $D^\ell_{mm'}$ in Gl. (20.19) zeigen.

Wählt man $\hat{r}' = e_z$, dann gilt mit der üblichen Schreibweise $Y_{\ell o}(\hat{r}) = Y_{\ell o}(\vartheta)$

$$f_\ell(\cos\vartheta) = Y_{\ell o}(\hat{r}) Y^*_{\ell o}(e_z) = Y_{\ell o}(\vartheta) Y^*_{\ell o}(0).$$

Aufgrund der Normierung der $Y_{\ell m}$ ergibt sich für das Integral

$$\int d\Omega F_\ell(\hat{r}, \hat{r}) = (2\ell+1) = f_\ell(1) 4\pi = |Y_{\ell o}(0)|^2 4\pi,$$

also $$|Y_{\ell o}(0)|^2 = \frac{2\ell+1}{4\pi}.$$

Insgesamt erhält man das Additionstheorem der Kugelfunktionen

$$\sum_{m=-\ell}^{+\ell} Y_{\ell m}(\hat{r}) Y^*_{\ell m}(\hat{r}') = \frac{Y_{\ell o}(\vartheta)}{Y_{\ell o}(0)} |Y_{\ell o}(0)|^2 = \frac{2\ell+1}{4\pi} P_\ell(\cos\vartheta),$$

$$P^*_\ell(\cos\vartheta) = P_\ell(\cos\vartheta)$$

und $$\int \frac{d\zeta}{2} P_\ell(\zeta) P_\ell(\zeta) \cdot 4\pi = \int d\Omega Y_{\ell o}(\vartheta) Y^*_{\ell o}(\vartheta) |Y_{\ell o}(0)|^{-2} = \frac{4\pi}{2\ell+1}.$$

R 16. Mit der Definition (26.18) für $s_\ell(k)$ gilt nach Gl. (26.25) und (27.38)

$$(S-1)_{\mathbf{k}'\mathbf{k}} = -\frac{i}{\pi}\frac{\hbar^2}{2m}\delta(E-E')\sum_\ell \frac{2\ell+1}{2ki} P_\ell(\zeta)(s_\ell(k)-1).$$

Andererseits gilt mit der Definition der Eigenwerte s_ℓ der S-Matrix in Gl. (27.41)

$$(\Phi^0_{\mathbf{k}'}, (S^0-1)\Phi^0_{\mathbf{k}}) = \sum_{\ell m\ell'm'} \frac{1}{kk'}(\Phi^0_{k'\ell'm'}, (S^0-1)\Phi^0_{k\ell m})Y_{\ell'm'}(\hat{k}')Y^*_{\ell m}(\hat{k})$$

$$= \sum_{\ell m} \frac{1}{k^2}\delta(k-k')(s_\ell(k)-1)Y_{\ell m}(\hat{k}')Y^*_{\ell m}(\hat{k})$$

$$= \sum_\ell \frac{1}{k^2}\delta(k-k')(s_\ell(k)-1)\frac{2\ell+1}{4\pi}P_\ell(\hat{k}'\hat{k}).$$

Hier wurde das Additionstheorem (R 15) benutzt. Wegen

$$\delta(k-k') = (k+k')\delta((k+k')(k-k')) = 2k\delta(k^2-k'^2) = \frac{2k\hbar^2}{2m}\delta\left(\frac{\hbar^2}{2m}(k^2-k'^2)\right)$$

ergibt sich

$$(S-1)_{\mathbf{k}',\mathbf{k}} = \sum_\ell \frac{\hbar^2}{km}(s_\ell(k)-1)\frac{2\ell+1}{4\pi}P_\ell(\zeta)\delta(E-E').$$

Der Vergleich zeigt, daß beide Definitionen übereinstimmen: Die Amplitude der asymptotisch auslaufenden Partialwelle zum Drehimpuls ℓ in Gl. (26.18) ist der ℓ-te Eigenwert der in Gl. (27.18) bzw. (27.22) definierten S-Matrix.

R 17. Wenn der Zustand Φ_0 einem unter den Transformationen G irreduziblen Raum H_{irr} angehört, so läßt sich jeder Zustand Φ aus H_{irr} in der Form $\Phi = \sum_G c_G U_G \Phi_0$ schreiben. Die so dargestellten Zustände bilden nämlich sicher einen unter G invarianten Raum. Wäre er echt kleiner als H_{irr}, so enthielte H_{irr} entgegen der Definition der Irreduzibilität einen invarianten Teilraum. Also lassen sich alle Zustände von H_{irr} in der oben angegebenen Weise darstellen.

Für alle Observablen Q soll nun gelten $[U_G, Q] = 0$. Mit P_{irr} bezeichnen wir den Projektionsoperator auf den Raum H_{irr}. Ausgedrückt durch eine orthonormierte Basis $\{\Phi_n\}$ von H_{irr} lautet er $P_{irr} = \sum_n \Phi_n)(\Phi_n$. Da auch $U_G\Phi_n$ eine Basis ist, gilt

$$P_{irr} = U_G\Phi_n)(U_G\Phi_n = U_G\Phi_n)(\Phi_n U_G^* = U_G P_{irr} U_G^{-1}.$$

Für die auf H_{irr} eingeschränkten Operatoren $\tilde{Q} := P_{irr}QP_{irr}$ folgt aus $[Q, U_G] = 0$ daher auch $[\tilde{Q}, U_G] = 0$.

Alle Eigenzustände von $\tilde{Q}$ mit den Eigenwerten $\tilde{q} \neq 0$ liegen in H_{irr}: Aus

$$\tilde{Q}\Phi_{\tilde{q}} = \tilde{q}\Phi_{\tilde{q}}$$

folgt wegen $P_{irr}\tilde{Q} = \tilde{Q}$ durch Multiplikation mit P_{irr}

$$P_{irr}\tilde{Q}\Phi_{\tilde{q}} = \tilde{q}P_{irr}\Phi_{\tilde{q}} = \tilde{Q}\Phi_{\tilde{q}} = \tilde{q}\Phi_{\tilde{q}}, \qquad \text{d. h.} \qquad P_{irr}\Phi_{\tilde{q}} = \Phi_{\tilde{q}}.$$

Nach obigem läßt sich jeder Zustand in H_{irr} schreiben als $\Phi = \sum_G c_G U_G \Phi_{\tilde{q}}$. Wegen der Vertauschbarkeit von $\tilde{Q}$ und U_G ergibt sich

$$\tilde{Q}\Phi = \tilde{q}\Phi, \qquad \tilde{q} \text{ unabh. von } \Phi$$

für alle $\Phi \epsilon H_{irr}$. In Anwendung auf Zustände des irreduziblen Raumes H_{irr} ist $\tilde{Q}$ also ein Vielfaches des Einheitsoperators.

Diese Aussage ist in dem sogenannten Schurschen Lemma enthalten.

In der Form

$$(\Phi', \tilde{Q}\Phi) = (\Phi', Q\Phi) = \tilde{q}(\Phi', \Phi)$$

mit $\Phi', \Phi \epsilon H_{irr}$ ist eine Relation für die ursprünglichen Observablen Q gewonnen.

R 18. Wenn z. B. von drei Teilchen zwei den Einteilchenzustand α und eins den Einteilchenzustand β besitzen, so gehen aus dem Zustand $\Phi_{\alpha\alpha\beta}$ durch Permutationen drei unabhängige Zustände hervor:

$$\Phi_{\alpha\alpha\beta}, \qquad \Phi_{\alpha\beta\alpha}, \qquad \Phi_{\beta\alpha\alpha}.$$

Der eindimensionale total symmetrische Teilraum ist gegeben durch

$$\Phi_S = \Phi_{\alpha\alpha\beta} + \Phi_{\alpha\beta\alpha} + \Phi_{\beta\alpha\alpha}.$$

Die Zustände des verbleibenden zweidimensionalen irreduziblen Teilraumes müssen von $S = \text{const} \sum_P U_P$ annulliert werden:

$$S(\Phi_{\alpha\alpha\beta} + x\Phi_{\alpha\beta\alpha} + y\Phi_{\beta\alpha\alpha}) = 0,$$

d. h. $1 + x + y = 0$. Der allgemeine Zustand dieses Teilraumes hat also die Form

$$\Phi = \Phi_{\alpha\alpha\beta} + x\Phi_{\alpha\beta\alpha} - (1 + x)\Phi_{\beta\alpha\alpha}, \qquad x = \text{bel. komplex.}$$

Als Basis kann gewählt werden ($x = -1, 0$)

$$\{\Phi_{\alpha\alpha\beta} - \Phi_{\alpha\beta\alpha}, \Phi_{\alpha\alpha\beta} - \Phi_{\beta\alpha\alpha}\}.$$

Da diese zweidimensionale Darstellung Doppelbesetzung der Einteilchenzustände zuläßt, muß sie aufgrund des Pauli-Prinzips verboten werden.

R 19. Wir wählen $y' = y$, $z' = z$, dann ist statt der Invarianz von $d^3p/2w$ die von dp_x/w zu zeigen. Wegen

$$p'_x = \left(1 - \frac{v^2}{c^2}\right)^{-1/2} \left(p_x - \frac{v}{c} w\right) \quad \text{und} \quad w' = \left(1 - \frac{v^2}{c^2}\right)^{-1/2} \left(w - \frac{v}{c} p_x\right)$$

gilt $$\frac{dp'_x}{w'} = \frac{\partial p'_x}{\partial p_x} \frac{dp_x}{w'} = \frac{dp_x}{w - \frac{v}{c} p_x} \frac{\partial}{\partial p_x} \left(p_x - \frac{v}{c} w\right)$$

und wegen

$$\frac{\partial w^2}{\partial p_x} = \frac{\partial p_x^2}{\partial p_x}$$

$$\frac{dp'_x}{w'} = \frac{dp_x}{w - \frac{v}{c} p_x} \left(1 - \frac{v}{c}\frac{p_x}{w}\right) = \frac{dp_x}{w}.$$

Mit der gleichen Wahl der Koordinaten ergibt sich

$$w\delta^3(\Delta \mathbf{p}) = w\delta^2(\Delta \mathbf{p}_\perp)\delta(\Delta p_x), \qquad \Delta \mathbf{p} = \mathbf{p}_1 - \mathbf{p}_2, \Delta \mathbf{p}_\perp = \Delta \mathbf{p}'_\perp,$$

$$w'\delta(\Delta p'_x)\Big|_{\Delta p'_\perp = 0} = \left(w - \frac{v}{c} p_x\right)\delta\left(\Delta p_x - \frac{v}{c}\Delta w\right)\Big|_{\Delta p_\perp = 0}$$

$$= \frac{w - \frac{v}{c} p_x}{\frac{\partial}{\partial \Delta p_x}\left(\Delta p_x - \frac{v}{c}\Delta w\right)\Big|_{\Delta p = 0}} \delta(\Delta p_x) = w\delta(\Delta p_x).$$

Hier wurde die Formel $\delta(f(x)) = |f'(0)|^{-1}\delta(x)$ benutzt, die für den Fall gilt, daß $x = 0$ die einzige Nullstelle von $f(x)$ ist.

R 20. Mit der in Gl. (40.54) gegebenen Darstellung der γ-Matrizen gilt nach Gl. (40.66)

$$\psi^c(x) = \eta_c \psi^*(x), \qquad \gamma_\mu^T = -\gamma_\mu^*$$

und daher

$$\begin{aligned}
C[\bar\psi, \gamma_\mu\psi]C^{-1} &= [\bar\psi^c, \gamma_\mu\psi^c] = [\psi^{**}\gamma_0, \gamma_\mu\psi^*] \\
&= (\psi\gamma_0)_\alpha(\gamma_\mu\psi^*)_\alpha - (\gamma_\mu\psi^*)_\alpha(\psi\gamma_0)_\alpha = \psi\gamma_0\gamma_\mu\psi^* - \psi^*\gamma_\mu^T\gamma_0^T\psi \\
&= \psi\gamma_0\gamma_\mu\gamma_0^T\bar\psi - \bar\psi\gamma_0\gamma_\mu^T\gamma_0^T\psi = -\psi\gamma_\mu^*\bar\psi + \bar\psi\gamma_\mu^{*T}\psi \\
&= +\psi\gamma_\mu^T\bar\psi - \bar\psi\gamma_\mu\psi = +(\gamma_\mu\psi)_\alpha\bar\psi_\alpha - \bar\psi_\alpha(\gamma_\mu\psi)_\alpha = -[\bar\psi, \gamma_\mu\psi].
\end{aligned}$$

Die so in der speziellen Darstellung bewiesene Gleichung

$$C[\bar\psi, \gamma_\mu\psi]C^{-1} = -[\bar\psi, \gamma_\mu\psi]$$

ist invariant gegen einen Darstellungswechsel

$$\gamma_\mu = S\tilde\gamma_\mu S^{-1}, \qquad \psi = S\tilde\psi, \qquad \psi^* = \tilde\psi^* S^{-1}, \qquad S^*S = 1,$$

weil C keine Dirac-Indizes trägt, also mit S vertauscht, und

$$\bar\psi\gamma_\mu\psi = \psi^*\gamma_0\gamma_\mu\psi = \tilde\psi^*\tilde\gamma_0\tilde\gamma_\mu\tilde\psi$$

gilt.

R 21. Wird der Gradient in

$$\mathbf{B}\bar{u}(p, \sigma)\boldsymbol{\gamma} \times i\hbar\nabla_p u(p, \sigma')$$

auf eine Funktion von $\mathbf{p}^2$ angewandt, so ist er proportional zu $\mathbf{p}$ und die zugehörigen Terme verschwinden wegen $\mathbf{B} \parallel \mathbf{p}$ und $\mathbf{B} \cdot (\text{Vektor}) \times \mathbf{p} = 0$.
Damit verbleibt mit Gl. (40.23) nur

$$\mathbf{B}\bar{u}(p, \sigma)\boldsymbol{\gamma} \times i\hbar(-\boldsymbol{\gamma})u_0(\sigma')\{2mc(mc + w)\}^{-1/2}$$

$$= \mathbf{B}u_0^*(\sigma)\{w + mc) - \boldsymbol{\gamma}\mathbf{p}\}\boldsymbol{\gamma} \times \boldsymbol{\gamma}u_0(\sigma')\frac{\hbar}{i}\{2mc(mc + w)\}^{-1}.$$

Wegen der Vertauschungsrelation $\gamma_0\boldsymbol{\gamma} + \boldsymbol{\gamma}\gamma_0 = 0$ und $\gamma_0 u_0 = u_0$ verschwinden Produkte mit einer ungeraden Anzahl von $\boldsymbol{\gamma}$'s zwischen u_0^* und u_0. Man erhält daher mit Gl. (40.27) das exakte Resultat

$$\mathbf{B}\bar{u}(p, \sigma)\boldsymbol{\gamma} \times i\hbar\nabla_p u(p, \sigma') = \mathbf{B}u_0^*(\sigma)\boldsymbol{\gamma} \times \boldsymbol{\gamma}u_0(\sigma')\frac{\hbar}{2imc}$$

$$= -\frac{\hbar}{mc}\mathbf{B}u_0^*(\sigma)\boldsymbol{\Sigma}u_0(\sigma') = -2\hbar\mathbf{B}\boldsymbol{\sigma}_{\sigma\sigma'}.$$

R 22. Bis zur zweiten Ordnung in p/mc ergibt sich mit Gl. (40.23)

$$\frac{1}{2}(ww')^{-1/2}\bar{u}(p, \sigma)\gamma_0 u(p, \sigma)$$

$$= (4mc)^{-1}\{(w + mc)(w' + mc)ww'\}^{-1/2}u_0^*(\sigma)(w + mc - \mathbf{p}\boldsymbol{\gamma})\gamma_0(w' + mc - \boldsymbol{\gamma}\mathbf{p}')u_0(\sigma')$$

$$= \frac{1}{2}\left\{\frac{(w + mc)(w' + mc)}{ww'}\right\}^{1/2}\delta_{\sigma\sigma'} + (2mc)^{-3}u_0^*(\sigma)\boldsymbol{\gamma}\mathbf{p}\gamma_0\boldsymbol{\gamma}\mathbf{p}'u_0(\sigma').$$

Terme mit einer ungeraden Zahl von $\boldsymbol{\gamma}$'s zwischen u_0^* und u_0 fallen weg (R 21).
Die Entwicklung des ersten Terms ergibt wegen der Symmetrie $\mathbf{p} \Leftrightarrow \mathbf{p}'$

$$\left\{1 - \frac{1}{8m^2c^2}(\mathbf{p}^2 + \mathbf{p}'^2)\right\}\delta_{\sigma\sigma'}.$$

Aus den Vertauschungsrelationen (40.6) folgt

$$(\boldsymbol{\gamma}\mathbf{p})(\boldsymbol{\gamma}\mathbf{p}') = -\mathbf{p}\mathbf{p}' + \frac{1}{2}\boldsymbol{\gamma} \times \boldsymbol{\gamma}\mathbf{p} \times \mathbf{p}'$$

und mit Gl. (40.27)

$$u_0^*(\sigma)\boldsymbol{\gamma}\mathbf{p}\gamma_0\boldsymbol{\gamma}\mathbf{p}'u_0(\sigma') = 2mc\mathbf{p}\mathbf{p}'\delta_{\sigma\sigma'} + iu_0^*(\sigma)\boldsymbol{\Sigma}u_0(\sigma')\mathbf{p} \times \mathbf{p}'$$

$$= 2mc\{\mathbf{p}\mathbf{p}'\delta_{\sigma\sigma'} + i\boldsymbol{\sigma}_{\sigma\sigma'}\mathbf{p} \times \mathbf{p}'\}.$$

Faßt man alle Terme zusammen, so erhält man bis zur zweiten Ordnung

$$\frac{1}{2}(ww')^{-1/2}\bar{u}(p,\sigma)\gamma_0 u(p,\sigma')$$
$$= \left\{1 - \frac{1}{8m^2c^2}(\mathbf{p}-\mathbf{p}')^2\right\}\delta_{\sigma\sigma'} + \frac{i}{4m^2c^2}\sigma_{\sigma\sigma'}\mathbf{p}\times\mathbf{p}',$$

also Gl. (41.30).

R 23.

$$\widetilde{fg}(\mathbf{p}) = \int d^3r f(\mathbf{r})g(\mathbf{r})\frac{e^{-i\frac{\mathbf{p}}{\hbar}\mathbf{r}}}{(2\pi\hbar)^{3/2}}$$
$$= \int d^3p' \int d^3r f(\mathbf{r})\frac{e^{-i\frac{\mathbf{p}-\mathbf{p}'}{\hbar}\mathbf{r}}}{(2\pi\hbar)^3}\tilde{g}(\mathbf{p}') = \int d^3p'\tilde{f}(\mathbf{p}-\mathbf{p}')\tilde{g}(\mathbf{p}').$$

Naturkonstanten

Um bei der numerischen Auswertung quantentheoretischer Gleichungen die Zahlenwerte der Naturkonstanten zur Hand zu haben, werden sie hier stark gerundet zusammengestellt ($J := kg\,m^2\,s^{-2}$)

$\hbar = h/2\pi = 1{,}055 \cdot 10^{-34}\ J\,s$	Plancksche Konstante
$c = 2{,}998 \cdot 10^{8}\ m\,s^{-1}$	Lichtgeschwindigkeit
$k = 1{,}381 \cdot 10^{-23}\ J\,K^{-1}$	Boltzmannsche Konstante
$e_{e\ell} = -4{,}803 \cdot 10^{-15}\sqrt{10\ J\,m}$	Ladung des Elektrons
$\tilde{e}_{e\ell} := \sqrt{4\pi\,\epsilon_0} \cdot e_{e\ell} = -1{,}602 \cdot 10^{-19}\ A\,s$	
$\mu_0 = 4\pi \cdot 10^{-7}\ A^{-2}\,J\,m^{-1}$	Magnetische Feldkonstante
$\epsilon_0 = \mu_0^{-1}\,c^{-2} = 8{,}854 \cdot 10^{-12}\ A^2\,J^{-1}\,m^{-1}\,s^2$	Elektrische Feldkonstante
$e^2/(\hbar c) = \tilde{e}^2/(4\pi\,\epsilon_0\,\hbar\,c) = 1/137{,}0$	Feinstrukturkonstante
$m_{e\ell} = 9{,}110 \cdot 10^{-31}\ kg$	Elektronenmasse
$m_{Proton} = 1{,}673 \cdot 10^{-27}\ kg$	Protonenmasse
$N = 6{,}022 \cdot 10^{23}$	Molekülzahl eines Mols

Nicht gesetzliche aber gebräuchliche Einheiten

$1\ Å = 10^{-10}\ m, \quad 1\ f = 10^{-15}\ m$

$1\ MeV := -\tilde{e}_{e\ell}\,10^6\ V = 1{,}602 \cdot 10^{-13}\ J$

$1\ esE := \sqrt{erg\ cm} = 10^{-5}\sqrt{10\ J\,m}$

$1\ G := \sqrt{erg\ cm^{-3}} = \sqrt{J/10\ m^3}$

Sachverzeichnis

MIX
Papier aus verantwortungsvollen Quellen
Paper from responsible sources
FSC® C105338

If you have any concerns about our products,
you can contact us on
ProductSafety@springernature.com

In case Publisher is established outside the EU,
the EU authorized representative is:
Springer Nature Customer Service Center GmbH
Europaplatz 3, 69115 Heidelberg, Germany

Printed by Libri Plureos GmbH
in Hamburg, Germany